"十一五"国家重点图书

Shiyanshi Shengwu Anquan
实验室生物安全

主　编　徐　涛
副主编　车凤翔　董先智　都培双

中国教育出版传媒集团
高等教育出版社·北京

内 容 提 要

实验室生物安全是科研人员和社会大众普遍关注的问题,而针对一线科研人员的系统管理始终是我国生物安全管理的一个薄弱环节。

本书是由中国科学院生物物理研究所、军事医学科学院和中国疾病预防与控制中心等多家单位的专家通力合作完成的。该书针对我国生物安全管理的现状,系统介绍了实验室生物安全的发展和演变、实验室设备及其管理的基本特点和要求。本书的内容主要包括:导论、致病微生物实验室的个人防护、实验室生物安全设备、实验室生物安全防护设施、动物实验室生物安全设备和设施要求、实验室应用电离辐射技术的放射安全、大型生物仪器的安全操作、实验室生物安全应急体系与预案以及实验室生物安全管理。

本书是编者针对我国生命科学领域一线操作人员的具体需求"量身定做"的一本参考书,内容特色鲜明,非常适合各科研院所和高等院校等一线科研人员的岗前培训。

《实验室生物安全》编委名单

主　编：徐　涛

副主编：车凤翔　董先智　都培双

编　委：曹远林　车凤翔　邓红雨　董先智
　　　　都培双　韩　俊　王盛典　徐　涛
　　　　杨福全　郑钧正

目　　录

第一章　导论 …………………………………………………………… 1
 1.1　实验室生物安全的产生与发展 ………………………………… 2
  1.1.1　萌芽期(1826 年—1949 年) ……………………………… 2
  1.1.2　形成期(1949 年—1983 年) ……………………………… 3
  1.1.3　成熟期(1984 年—2004 年) ……………………………… 4
  1.1.4　繁荣期(2004 年—　　) ………………………………… 5
 1.2　实验室感染的主要原因及其控制 ……………………………… 5
  1.2.1　实验室微生物气溶胶的种类 ……………………………… 6
  1.2.2　实验室生物气溶胶的产生 ………………………………… 6
  1.2.3　实验室空气传播与感染的控制 …………………………… 8
 1.3　生物安全事件发生及管理的基本特点 ………………………… 11
  1.3.1　生物安全事件的发生具有概率性 ………………………… 12
  1.3.2　生物安全事件的危害具有公共性 ………………………… 12
  1.3.3　生物安全事件的后果具有严重性 ………………………… 13
  1.3.4　生物安全的管理具有强制性 ……………………………… 13
 1.4　实验室生物安全管理的基本原则 ……………………………… 14
  1.4.1　遵守操作规程和奖惩制度 ………………………………… 14
  1.4.2　实行分级管理与准入制度 ………………………………… 15
  1.4.3　全面落实一线科研人员的培训 …………………………… 15
 1.5　实验室生物安全管理的基本理念 ……………………………… 16
  1.5.1　坚持预防为主和科学管理的基本理念 …………………… 16
  1.5.2　坚持与时俱进和以人为本的基本理念 …………………… 17
 参考文献 ………………………………………………………………… 17
第二章　致病微生物实验室的个人防护 ……………………………… 19
 2.1　个人防护的总体要求 …………………………………………… 20
 2.2　实验室个人防护的部位及其装备 ……………………………… 21
  2.2.1　手臂防护 …………………………………………………… 22
  2.2.2　头面部防护 ………………………………………………… 22
  2.2.3　呼吸道防护 ………………………………………………… 23

2.2.4　躯体和下肢的防护 …………………………………………… 24
　2.3　各种安全等级实验室的个人防护 …………………………………… 25
　　2.3.1　一级生物安全实验室 ………………………………………… 25
　　2.3.2　二级生物安全实验室 ………………………………………… 26
　　2.3.3　三级生物安全实验室 ………………………………………… 27
　　2.3.4　四级生物安全实验室 ………………………………………… 29
　参考文献 ………………………………………………………………… 30

第三章　实验室生物安全设备 ……………………………………………… 32
　3.1　生物安全柜(BSC) …………………………………………………… 33
　　3.1.1　Ⅰ级生物安全柜(BSC-Ⅰ) …………………………………… 35
　　3.1.2　Ⅱ级 A1 型生物安全柜(ⅡA1) ……………………………… 37
　　3.1.3　Ⅱ级 A2 型生物安全柜(ⅡA2) ……………………………… 38
　　3.1.4　Ⅱ级 B1 型生物安全柜(ⅡB1) ……………………………… 39
　　3.1.5　Ⅱ级 B2 型生物安全柜(ⅡB2) ……………………………… 40
　　3.1.6　Ⅲ级生物安全柜(BSC-Ⅲ) …………………………………… 41
　　3.1.7　生物安全柜的安装和管道连接 ……………………………… 43
　　3.1.8　生物安全柜的操作规范 ……………………………………… 44
　　3.1.9　生物安全柜的保养维护 ……………………………………… 46
　3.2　其他物理防护设备 …………………………………………………… 49
　　3.2.1　负压安全罩 …………………………………………………… 49
　　3.2.2　动物隔离器 …………………………………………………… 49
　　3.2.3　传递隔离器 …………………………………………………… 49
　　3.2.4　安全解剖台 …………………………………………………… 50
　　3.2.5　压力蒸汽灭菌器 ……………………………………………… 50
　3.3　各级实验室物理防护设备的配置和选型 …………………………… 51
　　3.3.1　一级生物安全实验室 ………………………………………… 51
　　3.3.2　二级生物安全实验室 ………………………………………… 51
　　3.3.3　三级生物安全实验室 ………………………………………… 52
　　3.3.4　四级生物安全实验室 ………………………………………… 53
　参考文献 ………………………………………………………………… 53

第四章　实验室生物安全防护设施 ………………………………………… 55
　4.1　一级生物安全实验室(BSL-1) ……………………………………… 58
　4.2　二级生物安全实验室(BSL-2) ……………………………………… 61
　4.3　三级生物安全实验室(BSL-3) ……………………………………… 62

| 4.4 | 四级生物安全实验室（BSL-4） | 65 |
| 4.5 | 生物危险标志及其使用 | 69 |

参考文献 … 71

第五章 动物实验室生物安全设备和设施要求 … 73
- 5.1 动物实验的风险 … 73
  - 5.1.1 气溶胶 … 74
  - 5.1.2 动物造成的损伤 … 74
  - 5.1.3 动物的破坏和逃逸 … 75
- 5.2 动物实验室生物安全相关法规 … 75
  - 5.2.1 《中华人民共和国进出境动物检疫法》 … 76
  - 5.2.2 《中华人民共和国进出境动植物检疫法实施条例》 … 76
  - 5.2.3 《中华人民共和国动物防疫法》 … 77
  - 5.2.4 《兽医实验室生物安全管理规范》 … 77
  - 5.2.5 《北京市实验动物管理条例》 … 77
- 5.3 人畜共患病 … 77
  - 5.3.1 人畜共患病的定义和范畴 … 77
  - 5.3.2 人畜共患病对新发传染病的影响 … 78
  - 5.3.3 环境变迁对人畜共患病的影响 … 79
  - 5.3.4 常见的人畜共患病 … 79
  - 5.3.5 人和动物实验室感染途径 … 81
- 5.4 动物实验室生物安全防护设施和设备 … 84
  - 5.4.1 一级动物生物安全实验室（ABSL-1） … 85
  - 5.4.2 二级动物生物安全实验室（ABSL-2） … 85
  - 5.4.3 三级动物生物安全实验室（ABSL-3） … 85
  - 5.4.4 四级动物生物安全实验室（ABSL-4） … 86
  - 5.4.5 动物实验室的特殊要求 … 86

参考文献 … 88

第六章 实验室应用电离辐射技术的放射安全 … 90
- 6.1 电离辐射技术在生命科学领域的应用概述 … 90
  - 6.1.1 核素示踪技术 … 90
  - 6.1.2 超微量分析技术 … 92
  - 6.1.3 放射性核素在分子生物学中的应用 … 94
  - 6.1.4 分子核医学 … 94
  - 6.1.5 电离辐射技术的医学应用概要 … 95

6.2 有关放射性的基本概念和基础知识 ………………………………… 97
 6.2.1 原子结构 ……………………………………………………… 97
 6.2.2 放射性衰变 …………………………………………………… 100
 6.2.3 天然电离辐射源 ……………………………………………… 104
 6.2.4 人工电离辐射源 ……………………………………………… 104
 6.2.5 射线与物质的相互作用 ……………………………………… 106
6.3 电离辐射量与单位梗概 ………………………………………………… 109
 6.3.1 计量电离辐射的重要性 ……………………………………… 109
 6.3.2 国际辐射单位与测量委员会 ………………………………… 109
 6.3.3 电离辐射的基本量及其单位 ………………………………… 110
 6.3.4 电离辐射防护剂量学中的量及其单位 ……………………… 114
6.4 放射防护与安全的法规和标准 ………………………………………… 118
 6.4.1 放射防护与安全的宗旨和基本原则 ………………………… 118
 6.4.2 我国的放射防护法规与标准体系框架 ……………………… 122
 6.4.3 《中华人民共和国职业病防治法》和
   《中华人民共和国放射性污染防治法》 …………………… 124
 6.4.4 《放射性同位素与射线装置安全和防护条例》 …………… 127
 6.4.5 我国政府各有关部委局颁发的部门规章 …………………… 129
 6.4.6 《电离辐射防护与辐射源安全基本标准》
   （GB 18871—2002） ………………………………………… 129
 6.4.7 放射防护与安全的次级专项标准 …………………………… 133
6.5 非密封源放射工作场所的分级及要求 ………………………………… 137
 6.5.1 放射源与射线装置的放射危险分类 ………………………… 137
 6.5.2 放射性核素的毒性分组 ……………………………………… 141
 6.5.3 非密封源放射性实验室的分级 ……………………………… 142
 6.5.4 非密封源放射性实验室的基本要求 ………………………… 143
6.6 开放型放射性物质的安全操作 ………………………………………… 147
 6.6.1 开放型放射性物质的放射危险 ……………………………… 147
 6.6.2 内照射的放射防护要点 ……………………………………… 149
 6.6.3 放射性物质的安全操作 ……………………………………… 150
 6.6.4 工作人员的放射防护用品 …………………………………… 155
 6.6.5 放射工作人员的职业健康管理 ……………………………… 163
6.7 放射性污染的清除和监测 ……………………………………………… 165
 6.7.1 放射性表面污染的控制水平 ………………………………… 166

6.7.2　各类放射性表面污染的清除 …………………………… 167
　　　6.7.3　体内放射性物质的阻断吸收与加速排出 ………………… 172
　　　6.7.4　与内照射相关的放射防护监测 …………………………… 173
　6.8　放射性废物的管理 ………………………………………………… 179
　　　6.8.1　放射性废物的分类 ………………………………………… 179
　　　6.8.2　一般放射性废物的处理 …………………………………… 180
　　　6.8.3　废旧放射源的管理 ………………………………………… 182
　6.9　放射性事故的防范与应急预案 …………………………………… 183
　　　6.9.1　防范放射性事故的重要性 ………………………………… 183
　　　6.9.2　放射性事故的分级 ………………………………………… 183
　　　6.9.3　放射性事故的处理原则 …………………………………… 185
　　　6.9.4　防范放射性事故的应急准备 ……………………………… 188
　6.10　结语 ………………………………………………………………… 190
　附录一　通用放射性核素衰变计算表 …………………………………… 192
　附录二　常用放射性核素主要参数表 …………………………………… 195
　参考文献 …………………………………………………………………… 211

第七章　大型生物仪器的安全操作 ……………………………………… 213
　7.1　生物安全操作的一般原则 ………………………………………… 213
　7.2　流式细胞仪 ………………………………………………………… 214
　　　7.2.1　流式细胞仪的工作原理和基本类型 ……………………… 214
　　　7.2.2　流式细胞仪在生物学研究中的应用 ……………………… 216
　　　7.2.3　流式细胞仪的生物安全使用规范 ………………………… 218
　　　7.2.4　生物样品的处理 …………………………………………… 221
　7.3　电子显微镜 ………………………………………………………… 223
　　　7.3.1　电子显微镜的基本类型 …………………………………… 223
　　　7.3.2　电子显微镜在生物学研究中的应用 ……………………… 225
　　　7.3.3　电子显微镜的安全使用规范 ……………………………… 226
　　　7.3.4　电子显微镜样品制备过程中的安全规范 ………………… 227
　7.4　激光共聚焦显微镜 ………………………………………………… 229
　　　7.4.1　激光共聚焦显微镜的基本原理、结构及类型 …………… 229
　　　7.4.2　激光共聚焦显微镜在生物学研究中的应用 ……………… 230
　　　7.4.3　激光共聚焦显微镜的安全使用规范 ……………………… 231
　　　7.4.4　生物样品的处理 …………………………………………… 233
　7.5　蛋白质单晶 X 线衍射数据收集系统 ……………………………… 235
　　　7.5.1　蛋白质单晶 X 线衍射数据收集系统的基本组成 ………… 235

目 录

7.5.2 蛋白质单晶 X 线衍射数据收集系统在生物学研究中的应用 ………………………………………… 239
7.5.3 蛋白质单晶 X 线衍射数据收集系统的安全使用规范 …………………………………………………… 239

7.6 生物质谱 ………………………………………………………… 240
7.6.1 生物质谱仪的基本组成和类型 ………………………… 240
7.6.2 生物质谱仪的基本类型 ………………………………… 244
7.6.3 生物质谱仪在生物学研究中的应用 …………………… 244
7.6.4 生物质谱仪的安全使用规范 …………………………… 245
7.6.5 生物样品处理的安全规范 ……………………………… 246

7.7 核磁共振波谱仪 ………………………………………………… 247
7.7.1 核磁共振波谱仪的基本类型 …………………………… 247
7.7.2 核磁共振方法及其在生物学研究中的应用 …………… 248
7.7.3 核磁共振波谱仪的安全运行和使用 …………………… 250

7.8 电子自旋共振波谱仪 …………………………………………… 251
7.8.1 电子自旋共振波谱仪的基本类型 ……………………… 251
7.8.2 电子自旋共振波谱仪在生物学研究中的应用 ………… 252
7.8.3 电子自旋共振波谱仪的安全使用规范 ………………… 253
7.8.4 生物样品的处理 ………………………………………… 254

7.9 原子力显微镜 …………………………………………………… 255
7.9.1 原子力显微镜的基本类型 ……………………………… 255
7.9.2 原子力显微镜在生物学研究中的应用 ………………… 257
7.9.3 原子力显微镜的安全使用规范 ………………………… 261
7.9.4 生物样品处理 …………………………………………… 263

7.10 离心机 …………………………………………………………… 263
7.10.1 离心机的基本类型 ……………………………………… 263
7.10.2 离心机的安全使用规范和常见事故分析 ……………… 264

7.11 生物分子相互作用检测仪 ……………………………………… 266
7.11.1 生物分子相互作用仪简介 ……………………………… 267
7.11.2 生物分子相互作用仪在生物学研究中的应用 ………… 268
7.11.3 蛋白质相互作用仪的安全使用规范 …………………… 269
7.11.4 样品处理 ………………………………………………… 269

7.12 离子通道研究仪器系统——膜片钳 …………………………… 270
7.12.1 膜片钳技术简介 ………………………………………… 270
7.12.2 膜片钳技术的各种模式及其在生物学研究中的应用 …… 270

        7.12.3 膜片钳记录系统的电学噪声和机械震动噪声的消除 …… 271
        7.12.4 使用膜片钳仪器系统的注意事项 …… 272
    7.13 停留谱仪 …… 272
        7.13.1 停留谱仪的基本类型 …… 272
        7.13.2 停留谱仪在生物学研究中的应用 …… 273
        7.13.3 停留谱仪的安全使用规范 …… 273
        7.13.4 生物样品处理 …… 274
    附录一 ××××所实验风险评估表 …… 275
    附录二 ××××所样品检测申请表 …… 278
    附录三 ××××所样品检测审批表 …… 279
    附录四 ××××所样品检测管理责任书 …… 280
    参考文献 …… 281

第八章 实验室生物安全应急体系与预案 …… 282
    8.1 实验室生物安全应急体系与预案的必要性和重要性 …… 282
        8.1.1 概述 …… 282
        8.1.2 世界卫生组织(WHO)的要求 …… 282
        8.1.3 有关概念和定义 …… 283
        8.1.4 应急预案的作用 …… 283
    8.2 微生物实验室硬件意外故障应急预案 …… 284
        8.2.1 应急准备 …… 284
        8.2.2 应急物资储备 …… 285
        8.2.3 实验室可能遇到的紧急情况 …… 285
    8.3 意外事故的处理 …… 287
        8.3.1 菌(毒)外溢处理的一般原则 …… 287
        8.3.2 皮肤刺伤(破损) …… 288
        8.3.3 感染性物质的食入 …… 288
        8.3.4 潜在危害性气溶胶的释放(在生物安全柜以外) …… 289
        8.3.5 容器破碎及感染性物质的溢出 …… 289
        8.3.6 离心管发生破裂 …… 289
        8.3.7 发现相关症状 …… 290
    8.4 事故报告制度 …… 290
        8.4.1 事故等级划分建议 …… 290
        8.4.2 事故差错报告原则 …… 291
        8.4.3 实验室相关感染的记录 …… 291

8.5 实验室相关感染的监测和预判 …………………………………… 292
　　8.5.1 实验室相关感染 ………………………………………… 292
　　8.5.2 实验室感染的负面影响 ………………………………… 292
　　8.5.3 实验室感染原因回顾和分析 …………………………… 292
参考文献 ………………………………………………………………… 297

第九章 实验室生物安全管理 …………………………………………… 298
9.1 中国实验室生物安全管理体系 …………………………………… 298
　　9.1.1 概述 ……………………………………………………… 298
　　9.1.2 实验室管理组织体系 …………………………………… 298
　　9.1.3 法制管理 ………………………………………………… 299
　　9.1.4 政府管理 ………………………………………………… 300
　　9.1.5 实验室单位管理 ………………………………………… 302
　　9.1.6 实验室人员责任 ………………………………………… 302
　　9.1.7 致病微生物的管理 ……………………………………… 303
9.2 管理制度 …………………………………………………………… 304
　　9.2.1 人员培训制度 …………………………………………… 304
　　9.2.2 实验室准入制度 ………………………………………… 305
　　9.2.3 安全计划审核、检查制度 ……………………………… 305
　　9.2.4 标准操作规程(SOP)制度 ……………………………… 305
　　9.2.5 高等级实验室批准制度 ………………………………… 305
　　9.2.6 监督管理制度 …………………………………………… 306
　　9.2.7 实验室感染事故报告控制制度 ………………………… 307
9.3 人员管理 …………………………………………………………… 309
　　9.3.1 病原微生物工作人员的选录 …………………………… 309
　　9.3.2 工作人员培训和上岗 …………………………………… 310
　　9.3.3 工作人员医疗监护 ……………………………………… 311
9.4 感染性材料的管理 ………………………………………………… 311
　　9.4.1 病原微生物菌(毒)种库 ………………………………… 312
　　9.4.2 感染性样本的采集(接收)和保管 ……………………… 312
　　9.4.3 感染性物质运输 ………………………………………… 314
　　9.4.4 感染性废物的处理 ……………………………………… 316
9.5 实验动物的管理 …………………………………………………… 318
　　9.5.1 小型动物的管理 ………………………………………… 318
　　9.5.2 大型动物的管理 ………………………………………… 319
　　9.5.3 特大型动物的管理 ……………………………………… 320

9.6 实验室硬件管理 ……………………………………………………………… 321
9.6.1 实验室设备管理 …………………………………………………… 321
9.6.2 实验室设施管理 …………………………………………………… 323
9.7 实验室软件管理 ……………………………………………………………… 326
9.7.1 生物安全责任管理 ………………………………………………… 326
9.7.2 生物安全防护管理 ………………………………………………… 327
9.7.3 工作人员制度管理 ………………………………………………… 327
9.7.4 标准操作程序管理 ………………………………………………… 327
9.7.5 生物安全档案管理 ………………………………………………… 328
9.7.6 风险防范和应急管理 ……………………………………………… 328
9.7.7 生物安全评价管理 ………………………………………………… 328
9.8 实验室标准操作规程(SOP) ………………………………………………… 329
9.8.1 微生物标准操作 …………………………………………………… 329
9.8.2 化学品标准操作 …………………………………………………… 330
9.8.3 实验室仪器标准操作 ……………………………………………… 331
9.8.4 标准操作规程(SOP)的写作 ……………………………………… 334

参考文献 ……………………………………………………………………………… 335
词汇索引 ……………………………………………………………………………… 336

第一章 导 论

生物安全是国家安全的组成部分,它是指防范和控制与生物有关的各种因素对国家社会、经济、人民健康及生态环境所产生的危害或潜在风险。与生物有关的因素主要有天然生物因子、转基因生物和生物技术。有害生物,特别是致病性微生物所导致的安全问题,是人类社会所面临的最重要和最现实的生物安全问题。人们在利用生物技术造福人类的同时,也可能带来意想不到危害,而非和平应用生物技术则对国际社会构成了极为严重的潜在威胁。当前的生物危害主要体现在以下几方面:

1. 传染病的巨大危害

传染病仍是危害人类健康的重大问题。原有病原体不断变异,新传染病不断出现。近20多年来,全球新发现的传染病有40余种,其中,半数为病毒病,我国已发现20多种。在我国广大农村和中西部欠发达地区,传染病仍是首要危害。近年来,我国先后发生了上海甲肝流行、河南艾滋病(AIDS)事件、SARS和禽流感(H1N1)等重大传染病疫情。

2. 生物武器和生物恐怖的潜在威胁

近年来,国际社会普遍认为生物武器的潜在威胁已大大增加,一是一些国家和地区可能仍在继续研发生物武器;二是生物技术的迅速发展大大增强了生物武器的潜在威胁;三是以美国"炭疽事件"为标志,生物恐怖对国际安全已经构成了现实威胁。目前,全世界有15个左右的国家和地区可能拥有生物武器研究发展计划,这些国家和地区大多处于不稳定的热点地区及我国周边地区。2006年,美国"生物武器计划"也浮出了"冰山一角"。生物武器被称为"穷人的原子弹",是较理想的恐怖主义手段,正日益威胁着国际和平和安全。

3. 生物技术的非和平应用

生物技术的非和平应用使基因武器成为现实,使种族基因武器成为可能。英国医学协会认为"基因武器的问世将不会晚于2010年"。生物技术可以大大提高生物战剂的生产能力,可使一间普通实验室便可具有一家大型生物工厂的生产能力。

4. 生物学实验室的安全隐患

生物实验室管理上的疏漏和意外事故不仅可以导致实验室工作人员的感

染,也可造成环境污染和大面积人群感染。管理愈不规范,防护条件愈差,发生意外事故的可能性就愈大。

因此,正视和重视生物安全问题、建立和完善突发公共卫生事件的应急机制、科学防范生物危害是生物安全管理的必然选择。工作在生物科学研究第一线的科学实验人员,难免经常接触到致病微生物或相关的生物技术,具有被感染的潜在危险和随之而来的重大责任,尤其需要提高生物安全意识,熟悉生物安全的操作规范和管理体系。现在,国外出现的新名词"biological safety"、"biosafety"或是"laboratory safety",均体现了国外对生物科学研究安全的重视。因此,加强实验室生物安全的操作水平和管理能力势在必行。

1.1 实验室生物安全的产生与发展

人们对生物安全问题的认识是随着生物科学的发展而不断深化的。实验室生物安全的发展经历萌芽期、形成期、成熟期到现今的繁荣期,生物安全管理也随着人们的重视而不断发展。

1.1.1 萌芽期(1826年—1949年)

从1826年法国医生Laennec结核病接触感染首例实验室感染的记载,1867年巴斯德对生命自然发生学说的否定,到1947年美国国立卫生研究院(NIH)认识到Q热感染均与实验室内形成立克次氏体气溶胶有关,标志着实验室生物安全管理的萌芽期的结束。

自19世纪中叶人类认识到细菌的致病性以来,从事与病原微生物有关的实验人员日益增多,其感染病原微生物的危险性明显高于普通人群。同时,实验的病原微生物也可能感染非实验人员。有记载的首例实验室感染可能是1826年由听诊器的发明者、法国医生Laennec描述的,他本人在接触结核病患者的脊椎骨后,其左手食指感染皮肤结核病菌。有记载的首例实验室感染死亡病例可能是1849年维也纳的1名医生,他由于在解剖1例因患产褥败血症的死亡病例时划破手指而感染发病死亡。

1867年,巴斯德为了证明有机物发酵是由空气中的微生物引起的,发明了曲颈瓶。为了证明空气中存在细菌,他在阿尔卑斯山2 000 m高处,用他发明的世界上第1个空气微生物采样器,采到了细菌,从而否定了生命自然发生学说。1898年,Riesman报道1例实验室白喉杆菌感染。同年,维也纳1名动物饲养员因处理患皮肤鼠疫的豚鼠而感染肺鼠疫死亡,并导致1名医生和1名护士感染而死亡。1899年,Birt和Lamb报道3例因实验室感染布氏杆菌的病例。1903年,Evans报道首例实验室真菌感染。此后,世界各地先后报道多起实验室感染,感染的病原微生物种类逐渐增多,感染例数也显著上升。

随着生产力的发展和人们对科学技术认识水平的提高,科学研究向规模化发展。科学研究的组织和体系不断扩大,各种科技工作者汇集起来共同进行研究。这虽然有利于科学研究的进行,也是科学发展的必然,但同时也使人们面临生物安全的更大考验。1938 年,美国密歇根州立学院 45 名工作人员感染羊布氏杆菌发病,其中 1 例死亡,并有多人隐性感染,他们均未从事布氏杆菌的操作,经推测是由同楼的布氏杆菌实验室造成感染。第二次世界大战期间,日本军国主义在对中国实施惨无人道的细菌战的同时,他们的实验室工作人员也有上万人受到感染,死亡上千人。1939 年,NIH 在 54 天内出现了 153 例由立克次氏体引起的 Q 热感染,其中 1 人死亡。1947 年,在 NIH 再次发生了 47 例 Q 热感染,均与实验室内形成立克次氏体气溶胶有关。

此时的实验室生物安全管理处在自发阶段,在对科学研究的认识上还未成系统,也缺乏对生物安全操作进行管理的完整体系。

1.1.2 形成期(1949 年—1983 年)

从 1949 年 Sulkin 和 Pike 第 1 篇与实验室相关感染的调查报告发表,20 世纪 50—60 年代生物安全实验室在美国出现,到 1983 年世界卫生组织(World Health Organization,WHO)《实验室生物安全手册》第 1 版的出版,标志着实验室生物安全管理的形成。

在上述的第 1 篇调查报告中,Sulkin 和 Pike 总结了 222 例病毒性感染,其中 21 例(9.4%)是致死性的;至少有 1/3 的病例,其感染原因与操作传染性动物和组织有关;仅有 27 例(12.2%)可以根据记录判断为由已知事故引起的。后来,他们分析 5 000 名实验人员的问卷调查结果发现,在 1 342 个病例中,也只有 1/3 的感染事件曾被报道过,这些事故大部分与用口吸移液管以及针头和注射器的使用不当有关。他们的调查报告到 1976 年已累积达到 3 921 例,在所有病例中,不到 20% 与已知的事故有关,而报道的病例中 80% 以上可能是由于感染气溶胶暴露所引起。1967 年,德国研究人员在处理来自乌干达的非洲绿猴组织时,31 人发病,其中 7 人死亡。1976 年,Harrington 和 Shannon 的调查亦表明,在英国医学实验室的工作人员中,他们"获得结核感染的危险比普通人群高 5 倍"。Skinholi 报道,丹麦一个临床化学实验室的肝炎发病率则比普通人群高出 7 倍。

针对实验室感染事故的特点,美国率先在 20 世纪 50—60 年代建立了生物安全实验室。自 20 世纪 70 年代起,许多其他国家也充分认识到实验室感染的危害,制定了相应的实验室生物安全操作规则,实验室感染逐渐减少。美国学者首先于 1969 年提出对微生物的实验室危害性分级,并于 1976 年和

1981年进行了两次修订,将微生物分为4个等级,1级危害性最低,4级最高。1979年,世界卫生组织基本采取了美国的分级标准;1983年,世界卫生组织出版了《实验室生物安全手册》第1版,鼓励各国接受和执行生物安全的基本概念,并鼓励针对本国实验室如何安全处理致病微生物的实际情况制定操作规程。从此,生物安全实验室在世界范围内有了一个统一的标准和基本原则。

1983年以来,也已经有许多国家利用该手册所提供的专家指导制定了本国的生物安全操作规程。欧洲共同体也于1990年制定了相应的分级标准。澳大利亚、新西兰和加拿大等国也有相应的标准。这些分级标准基本相同,仅在描述上略有差异。其标准是:1级:对人不致病或几乎不致病;2级:对人致病,但引起流行的可能性小,并有特异治疗和/或预防方法;3级:对人高度致病,能引起严重疾病,但引起流行的可能性较小,并有特异治疗和/或预防方法;4级:对人高度致病,可引起严重疾病,发生流行的可能性大,并缺乏有效的治疗和预防方法。自1991年后,未见有霍乱、钩端螺旋体病、鼠疫、鼠咬热、兔拉热和伤寒等实验室感染的报道。

1.1.3 成熟期(1984年—2004年)

1983年,《实验室生物安全手册》第1版的出版有力推动了实验室生物安全的发展。通过对AIDS等的深入研究,1993年生物安全等级(BSL)制度的建立,1993年和2004年《实验室生物安全手册》第2、3版的相继出版,标志着实验室生物安全管理步入成熟期。

随着科学技术的进一步发展,科学研究手段向自动化发展。一些新型仪器的出现提高了研究效率,降低了人为操作的危险性。尽管采取了各种预防实验室感染的措施,但是实验室感染仍时有发生。细菌引起的感染以布氏杆菌最为常见。1990年后,世界各地至少有15个实验室报道了66例布氏杆菌引起的实验室感染,其原因有:① 实验室操作时未采取防护措施。② 离心管破裂污染实验室地面。③ 用鼻嗅培养细菌的气味。④ 不明原因,即采取了所有的防护措施,但仍发生感染等。

对美国49个实验室于1990—1994年结核菌实验室感染情况的调查显示,其中13个实验室共计21名工作人员感染结核菌。2000年,美国2个实验室各发生1例流行性脑膜炎球菌感染,其中1例死亡。同年,美国陆军医学研究所从事马鼻疽研究的1名研究人员因感染鼻疽假单胞菌而患马鼻疽。从1981年发现首例艾滋病到1995年,至少有223例在工作中感染了人免疫缺陷病毒(HIV)的报道,其中,34例发生在临床实验室,5例发生在非临床实验室。猿猴免疫缺陷病毒(SIV)也可因针刺或者工作接触而发生实验室感染。英国、巴西和美国等曾先后因为操作意外而发生过痘苗病毒感染,即使在操作中无意外发生,也可引起痘苗病毒的实验室感染。

针对不明原因的感染事件,部分实验室逐渐加强了生物安全管理体系的系统化和规范化建设。由于各种微生物的危害性不同和重组 DNA 技术的兴起,美国于 1976 年制订了 4 个物理隔离等级(physical containment)来控制实验室的生物危害,即所谓的 P1,P2,P3,P4 实验室。随后,对之进行了数次修订,并于 1993 年淘汰了该分级,完全改用更确切的生物安全等级(BSL)制度。BSL 也分为 4 个等级,BSL-1 要求最低,BSL-4 要求最高,并且对临床型、研究型和工业性实验室的具体要求均有明确的规定。从事不感染人或动物的微生物工作时,采用 BSL-1;如果病原体不形成气溶胶,如肝炎病毒、人免疫缺陷病毒、多数肠道致病菌和金葡萄球菌等,采用 BSL-2;如果病原体传染性强,且能通过气溶胶传播,如布氏杆菌,或虽属 BSL-2 病原体,但在操作时可能发生大量接触,均应采用 BSL-3;BSL-4 仅在极少数情况下采用。这些措施能够帮助实验人员用较少的代价确定合理的防护等级,有效抑制了不明原因的感染事件,促进了生物安全管理走向成熟。

1.1.4　繁荣期(2004 年—　)

2003—2004 年,我国和新加坡等地发生的 3 起 SARS 实验室感染事件,使政府和科研人员对生物危害有了较为深刻的认识,也使生物安全实验室建设和实验室生物安全管理进入了繁荣期。

随着科学研究工作进入到网络化阶段,生物安全问题也面临重大的挑战。尽管有关国家建立了各级别的实验室,规定了严格的管理体制,并采取较多的保护性措施,如采用生物安全柜,防护性手套、防护服和防护面罩,以及合理规划实验室硬件设施等,但是仍然不能完全避免危险事件的发生。这里面除了硬件设施的建设,实验室生物安全管理成为格外受到关注的因素。2004 年,我国发布了国务院 424 号令《病原微生物实验室生物安全管理条例》和国家标准(GB 19489—2004)《实验室生物安全通用要求》,强调了生物安全管理的重要作用,要求生物实验室操作人员必须具备规范化和标准化地使用生物安全设备的能力。

1.2　实验室感染的主要原因及其控制

实验室感染的发生是多种因素综合作用的结果。除了人为因素和社会因素外,致病微生物特性(即感染力)、人对致病因子的易感性、环境条件以及操作方法是构成实验室感染的 4 大因素。随着生物安全研究工作的发展,人们认识到实验室生物安全事故发生的原因主要是在操作中产生了微生物气溶胶,从而造成空气传播感染。本节以气溶胶为例,就其传播与控制特点进行介绍。

1.2.1 实验室微生物气溶胶的种类

在病原微生物实验室的操作中产生的微生物气溶胶有两大类:飞沫核气溶胶和粉尘气溶胶。前者的产生是由于外力作用于含有微生物的液体,如液体标本或培养液,形成一种非常小的颗粒,分散在空气之中,颗粒中的水分迅速蒸发,最后留下核心的颗粒悬浮在空气中,形成微生物气溶胶;后者的产生是由于外力作用于干燥的培养物,或干结的带有微生物硬壳、皮毛和毛发的碎屑,或沉降在物体表面和地面的灰尘等,从而形成微小的颗粒,悬浮于空气之中,形成粉尘气溶胶。这两类微生物气溶胶对实验室工作人员都具有一定程度的感染危害性,危害程度取决于微生物本身的毒力、气溶胶的浓度、气溶胶粒子大小以及当时实验室内的局部气候条件。

1.2.2 实验室生物气溶胶的产生

实验室中许多操作过程可以产生微生物气溶胶,并随空气扩散而污染实验室的空气,当工作人员吸入了污染的空气,便可以引起实验室相关感染。病原体气溶胶感染有如下特点:

(1)微生物气溶胶可随空气流动而进入密闭的、没有空气过滤装置的空间而造成空气和表面污染,因此,它的空间和面积效应都比较大。

(2)呼吸道吸入微生物气溶胶的易感性比消化管感染要高很多。

(3)气溶胶吸入感染能同时造成大量人群感染,并且在临床上可能引发非典型症状病例,因而诊断困难,造成延误治疗。

(4)对于从呼吸道吸入而感染气溶胶的防治比较困难。

有人曾对276种实验操作进行了测试,发现其中239种操作可以产生微生物气溶胶,占全部操作的86%以上。在表1.1中,将各种操作归纳为21大项,按其产生微生物气溶胶的多少,分为重度、中度和轻度3级。在表1.1中,那些一次可产生大量微生物气溶胶的操作危害程度固然较大,而那些一次操作产生微生物气溶胶量较少,却需要多次重复的操作,也同样可以在短暂的时间内产生大量的微生物气溶胶,对工作人员的危害也是较大的。

表1.1 可产生不同程度微生物气溶胶的实验室操作

轻度(少于10个颗粒)	中度(11~100个颗粒)	重度(多于100个颗粒)
玻片凝集实验	腹腔接种动物,局部不涂消毒剂	离心时离心管破裂
倾倒毒液	实验动物尸体解剖	打碎干燥菌种安瓿

续表

轻度(少于10个颗粒)	中度(11~100个颗粒)	重度(多于100个颗粒)
火焰上灼热接种环	用乳钵研磨动物组织	打开干燥菌种安瓿
颅内接种	离心沉淀后注入、倾倒、混悬毒液	搅拌后立即打开搅拌器盖
接种鸡胚或抽取培养液	毒液滴落在不同表面上	小白鼠鼻内接种
	用注射器从安瓿中抽取毒液	注射器针尖脱落喷出毒液
	接种环接种平皿、试管或三角瓶等	刷衣服、拍打衣服
	打开培养容器的螺旋瓶盖	
	摔碎带有培养物的平皿	

现在,在微生物实验室中,像搅拌、振荡、撞击、离心、超声波破碎、吹打和敲打等操作依然存在,并且经常发生,这些操作都可以产生大量的微生物气溶胶。还有一些操作过程也可以产生微生物气溶胶,例如,液体薄膜突然破裂可以产生气溶胶;将烧热的接种环放入菌液中也可以激起微生物颗粒形成气溶胶。另外,在人们认为已经没有微生物气溶胶感染危险的某些操作中,危险实际上依然存在。Stern 等证明,把菌液或病毒液放在瓶内,盖上瓶盖密闭,振荡瓶内液体混匀时产生的微生物气溶胶,在密闭的瓶静止放置的情况下,瓶内的微生物气溶胶可以存在 1 h。实验室中的静电排斥作用,在一定的条件下也可以产生气溶胶,而带静电的物品(如塑料器皿)由于可以吸附空气中的微生物颗粒,污染程度往往要比不带静电的器皿高外,一些在自然环境中可以繁殖的微生物,如果一旦进入实验室的空调系统或通风系统,或污染了空调的冷却水,则可以形成更广泛的微生物气溶胶污染。这一点对于军团菌检验实验室非常重要。

除了实验室操作可以产生微生物气溶胶外,患有呼吸道传染病或皮毛上染有病原微生物的实验动物也可以产生微生物气溶胶。1972 年,Wedum 报告,暴露于炭疽芽孢气溶胶的动物,在整个饲养期(13 d),其笼子周围的空气中都可以采集到炭疽杆菌芽孢;感染的猴子粪便和唾液可带菌 4 d。Reitman 等将豚鼠暴露于枯草杆菌黑色变种芽孢气溶胶以后,可连续产生该菌气溶胶长达 21 d 之久。

微生物气溶胶在一个实验室内产生后,还可以通过气流转移到同一建筑物的其他地方,甚至污染整个建筑物内的空气。Gilchrist 报告,如果一个实验室的通风系统以每小时 6~12 次的频率换气,那么,实验室内产生的微生物气溶胶可以在 30~60 min 随着通风系统的气流逃逸出去。布氏菌属、Q 热立克次氏体、鹦鹉热衣原体和结核杆菌等病原体的大部分实验室感染暴发,都是由感染性气溶胶所引起。BSL-3(三级生物安全水平)和 BSL-4(四级生物安全水平)实验室中的病原微生物都有通过气溶胶呼吸道传播的可能性。

实验室生物气溶胶的产生,大多是在不知不觉中形成的,很难察觉。因此,应将防止实验室微生物气溶胶的产生和扩散作为预防实验室空气传播与感染的重要措施加以落实。

1.2.3 实验室空气传播与感染的控制

通过以上分析可见,实验室空气传播与感染主要由两个过程组成,一是微生物气溶胶的产生过程;二是微生物气溶胶的扩散过程。因此,要控制实验室空气传播和感染的发生或减少此类事故的发生,要有相应的生物安全措施,以控制实验室微生物气溶胶的产生和扩散。

1.2.3.1 防止微生物气溶胶产生的安全操作技术

在前述 239 种能够产生微生物气溶胶的操作中,有些是由于工作人员在操作过程中精力不集中、操作动作不稳定或违反操作规程等导致的;另外一些是由于方法不当或器材使用不恰当所致。

1. 病原微生物的接种

微生物接种环的使用是实验室常见的一种产生气溶胶的来源。使用接种环产生气溶胶的操作有接种环上液体的自然流出、接种环在固体培养基上划线(特别是在粗糙界面上划线)、把"热"的接种环放入培养液中冷却和在开放的火焰上加热接种环等,这些操作都能产生气溶胶。因此,在使用接种环接种微生物时应注意以下几点:

(1) 打开菌(毒)种管时,应用挤干乙醇的棉球围住安瓿颈部防止气溶胶散出。将安瓿颈部烧热,用冷的湿棉球使之突然破裂,可以大大减少气溶胶的产生。

(2) 琼脂平板要尽可能地选用表面光滑的,不用表面粗糙的平板。接种环应采用弹性小的金属丝制作。丝杆要短,环不宜过大,划板动作要轻。

(3) 蘸有菌液的接种环应在毛巾上吸干后再放到火焰上烧灼,以减少气溶胶的产生。为了防止热接种放入菌液中产生气溶胶,可用两个接种环轮换使用。

(4) 混匀微生物悬液时,用旋转式转动代替左右摇动,可减少气溶胶的产生;摇动时不要使悬液弄湿试管塞,最好在试管塞外再包一层消毒纸巾,以防止气溶胶外逸。

2. 注射器的使用

使用注射器和针头是最有危害的实验室操作,当使用者推进空气调整注射器容量时会产生气溶胶,当从橡皮中拔出针头时会产生气溶胶,当在注射过程中针头从注射器突然脱落下来时会产生气溶胶等。可见,使用注射器和针头时,有很多操作都能产生气溶胶。因此,在使用注射器和针头时要特别注意以下几点:

(1) 针头必须牢固固定在注射器上,最好使用带有锁扣的针头与注射器。

(2) 从带有橡皮塞的瓶中抽取微生物悬液时,应该用消毒棉球将瓶口与针头围住,以防向内注入空气或拔出针头时产生的气溶胶逸出。

(3) 抽吸微生物悬液时,尽量减少泡沫的产生,推出气体时必须用棉球包住针头。吸有微生物悬液的注射器针头也要用棉球包好,以防不慎推动管芯将悬液喷出。

(4) 动物(或蛋壳)的注射部位,在注射前后都应用消毒液涂抹消毒,防止微生物悬液污染皮毛或蛋壳后产生气溶胶。

3. 加样器的使用

移液是另一种一直具有潜在危害的实验室技术,不正确使用加样器而产生气溶胶是实验室潜在危险之一。当使用加样器混匀微生物悬液时,能够产生气溶胶;当加样器中微生物悬液滴落在硬桌面或工作台面时,可以产生气溶胶。防止使用加样器产生气溶胶应注意以下几点:

(1) 尽量不用加样器混匀微生物悬液。必须使用时,应尽量将加样器的管口置于液面以下吹吸,尽可能地不产生或少产生气泡。

(2) 加样器中的液体应依靠重力沿容器壁流下,不得垂直滴入容器和用力吹出,以免产生气溶胶。

(3) 在使用加样器移液时,工作台面应铺一层浸有消毒液的毛巾,以防止加样器中的微生物悬液滴落到工作台面产生气溶胶。

4. 其他注意事项

在实验室中,使用搅拌机、匀浆机、振荡机、超声波粉碎仪和混合仪等处理含有感染性病原微生物的材料时,也可以产生感染性微生物气溶胶。因此,在进行这类操作时,应将这些仪器放入生物安全柜中,再进行操作。另一种可替代的方法是把感染性材料放入塑料袋中,密闭塑料袋口中,再用这些仪器进行相应的处理。

在微生物实验室中,一些日常操作中也存在着有危害的操作。例如,把有盖玻璃培养皿的玻璃盖移开、打开试管帽时,如果在这些相互接触的两个表面之间有一层液体存在,那么分开这两个表面就能够产生气溶胶。液体滴落在一个硬的表面(如桌面、工作面和地面等)上时,能够产生大量的气溶胶并污染环境。打开低压冻干的培养物时,冻干的材料能够气溶胶化,产生气溶胶。为了避免气溶胶产生时被吸入,这些操作也应该在生物安全柜中进行。

在微生物研究与检验实验室中,涉及的操作技术种类很多,要做到所有操作符合生物安全操作的要求,一是要牢固树立实验室生物安全操作意识,不可放松警惕;二是在平时的操作过程中,养成按微生物实验室标准进行操作的习惯,杜绝违规操作的现象。有关在微生物学和生物医学实验室中,不同生物安全水平等级的标准操作和特殊操作,请参看《微生物学和生物医学实验室生物安全手册》。

1.2.3.2 防止微生物气溶胶扩散的生物安全措施

无论是哪一种微生物实验室,总有一些操作本身不可避免地要产生气溶胶,尽管采取一些防范措施可以减少微生物气溶胶的产生,但也不可能达到100%避免。因此,除了一些操作上的措施外,还要防止产生的气溶胶扩散出去。生物安全实验室主要的生物安全设备包括生物安全柜、排风净化装置以及必要的个体防护用品。

1. 使用生物安全柜

生物安全柜是用于可产生微生物气溶胶操作场合的安全装置。生物安全柜有单人使用和双人使用的,有单面操作和双面操作的。根据保护对象的不同,生物安全柜可分为Ⅰ、Ⅱ、Ⅲ级生物安全柜。生物安全柜是最为重要的生物安全设备,形成主要的安全屏障,用于进行可能导致致病微生物和毒素泄露的实验操作。而且,不得用超净台代替生物安全柜。必要时,实验室需要配备其他的安全设备,如排气罩等,用来排风净化,确保致病微生物不会逸出,以及使用安全密闭的离心杯以确保安全。个人防护设备,即生物安全设备和个体防护装置,是确保实验工作人员不与致病微生物和病原直接接触的一级屏障,包括隔离衣、安全眼镜、面罩及洗眼机等。

2. 通风系统

合理的、适当的通风系统对于防止实验室微生物气溶胶扩散到整个工作区,甚至扩散到工作区以外非常必要的。设计和安装通风系统的原则是对实验室以外区域形成一个相对密闭的系统,对实验室内部则是一个气流定向流动的系统。

实验室内部气流定向流动是指实验室内的气流由未污染区流向污染严重的区域。根据污染程度的不同,可以把污染区分成不同的等级,一般分为缓冲区、潜在污染区和严重污染区,每个区域之间要保持一定的压差,防止空气倒流。负压最低区是污染最严重的地区,一般是实验工作区和感染实验动物饲养和解剖区。室内要安装气压监测报警器,一旦压差失衡,报警器即刻报警。

这种密闭系统一旦出现泄漏,其后果不堪设想。英国伯明翰大学病毒实验室发生的天花病毒感染事故,就是因为天花病毒气溶胶通过维修管道的竖井进入上层解剖实验室,致使 1 名工人感染死亡。另外,在通向污染区的出口处要设有气锁,缓冲间内要安装紫外灯或人工通风对污染空气进行消毒。实验室通风换气次数平时可保持在每小时 10~15 次。当空气流量相当于每小时换气 13.3 次时,可以在 15 min 内将爆发性产生的大量气溶胶清除到无害程度,但要清除小量经常性的气溶胶,则需要大的换气量。近年发展的层流通风,对防止微生物气溶胶有良好的效果。

3. 个人防护

个人防护是防止实验室气溶胶感染的最后一道防线,通常有物理防护和疫苗免疫防护两种。

物理性防护主要是对呼吸道和眼睛的防护,常用的防护器材有防风镜、口罩、防护面具、正压头盔和正压服等。口罩是最常用的呼吸道防护器材,在没有条件使用生物安全柜或正压服时,口罩的使用就更加突出。用棉布或棉制成的防疫口罩对气溶胶的过滤效果可达 97% 以上;我国用氯乙烯高效滤材制作的 64 型口罩,过滤性能好,与面部吻合较为严密,滤效可达 99.9% 以上。防毒面罩对微生物气溶胶有极好的滤效,但使用时不太方便。正压头盔是由金属和塑料制成的,戴用是可以将头和肩部罩住,新鲜而洁净的空气从头顶向下输送,从肩部排出。

头盔内是正压,可防止微生物气溶胶进入。全身密封式正压服是用防渗材料制成的,用通气管或气瓶供应新鲜空气,可调温调湿。正压服可较好地保护工作人员的安全,穿着舒服,操作方便,可淋浴消毒后再用。

免疫接种主要是预防性的防护,主要分为主动疫苗接种预防和被动抗血清接种预防两种。通过适当的预防免疫,可为处于危险中的工作人员提供多一层的保护。除此以外,还有药物预防。

1.3 生物安全事件发生及管理的基本特点

生物安全的核心是安全评估风险控制。任何一种技术都不可能 100% 的安全,对安全性的不同理解和要求,必然导致不同的管理政策和控制措施。同时,政策和法规的制定涉及一个"度"的问题,对安全性要求过高、控制过严,会妨碍生物技术的发展;对安全性要求过低、控制过松甚至不加管理,也可能使人类健康和环境遭受严重威胁。这就要求对生物安全的管理,必须在保障人类健康和环境安全的同时推动生物技术的发展,使之为人类创造最大的利益。生物安全政策与法规的根本目的就是使这两个目标达到一种高度的和谐。

认识生物安全事件可能给人类的生活乃至生存带来某种危害及其特点,有利于我们加强这方面的研究和管理。

1.3.1 生物安全事件的发生具有概率性

在广阔的自然界中,微生物远远早于人类出现在地球上。到目前为止,已经发现的微生物种类共有十几万种,其中能引起人类疾病的通称为病原性微生物。病原性微生物包括真菌、细菌、放线菌、病毒、立克次氏体、螺旋体、支原体、衣原体等类群。这类病原体微生物虽然从数量上讲,只是占了微生物总量的少数,但在微生物实验室种工作人员受到意外感染的报道却屡见不鲜,从而造成不少微生物学者在研究病原性微生物的致病原因及其防治方法、药物、疫苗等的实验过程中,自己也有可能成为受害者。

2003年,那场突如其来的SARS大流行,至今仍让我们记忆犹新。当SARS刚发生的时候,恐怕很少有人知道它会蔓延到那样的程度。2003年9月,即在全球控制"严重急性呼吸综合征"(SARS)流行后约3个月,新加坡1名实验室工作人员感染SARS冠状病毒(SARS-CoV),并被确诊为SARS,系由于其研究材料被同实验室的SARS-CoV污染所致。同年12月17日,我国台湾1名研究人员被确诊为SARS,在其发病10天前,即12月6日,该研究人员发现其生物安全四级实验室的传递窗中有液体漏出,遂用乙醇消毒10 min后,认为病毒已被灭活,然后直接打开传递窗处理漏出液而感染。2004年4月,中国疾病预防控制中心(CDC)某研究室采用未经证实的灭活病毒方法处理SARS-Cov后,将病毒从三级生物安全实验室带至普通实验室内操作,从而引起2例SARS感染,其中1例又传给2例二代病例,继而又传染给5例三代病例,共9例发病,其中1例死亡。

另一个颇具说服力的例子就是近年来席卷西欧各国并造成巨大经济损失和政治恐慌的"疯牛病"。起初,人们认为将动物骨粉和脏器经过高温消毒后作为畜用饲料是安全无害的,但若干年后,突然冒出一种不受核酸控制、不怕高温灭菌、并可以传染的"疯牛病"蛋白质因子,导致多人死亡。

正是由于认识到生物技术有可能对人类和环境产生不良影响,同时,又无法确切知道这种影响到底有多大,所以才使人们越来越关注生物安全问题。

1.3.2 生物安全事件的危害具有公共性

从事病原体相关工作的人员(包括实验室工作人员、实验动物饲养人员和涉及病原体生物制品的生产工人等)发生获得性感染的事件在国内外经常发生。1956年,莫斯科伊万诺夫斯基病毒研究所1名工作人员在楼梯处不慎打破9支冷冻干燥的委马病毒毒种管,当时对地面进行了消毒处理,但未处理周围墙壁和空气,未封锁楼道,仍允许人员通过,在24~48 h之内有22人发病,先后共感染24人。1976年8—9月在欧洲因接触非洲来的绿猴或猴肾细胞培养物,先后有25人感染马尔堡病毒,之后又通过呼吸道感染他人6例。2001年,英国爆发的口蹄疫,可能是由于实验室里口蹄疫病毒泄漏扩散所致。波布莱特是世界最大的口蹄疫病毒实验室,不仅保存着大量的口蹄疫病毒,而且生产口蹄疫疫苗,其中,就包括此次英国爆发的泛亚型口蹄疫疫苗。布伦特伍德是首先发现口蹄疫的地区,它位于波布莱特东北方约50 km处。口蹄疫病毒可以通过空气传播,在60%的湿度和微风条件下,下风向的50~100 km范围就处于危险状态。在英国常年盛行西风和西南风,因此,很可能是由于病毒从实验室里泄漏后,经空气传播到布伦特伍德附近的农场,从而引发大规模的口蹄疫爆发。1978年8月24日,英国伯明翰大学医学院1名医学摄影师被确诊为天花,并传染给另1名工作人员,是由位于下一层楼的天花实验室引起,该室含天花病毒的空气经电话线管道进入该摄影师工作室。

由此可见,生物安全事件发生时可能只局限于几个人,但其背后却隐藏着巨大的公共风险。

1.3.3 生物安全事件的后果具有严重性

生物学实验室的生物危害值得高度警惕,其危害程度远远超过一般公害,甚至比交通事故有过之而无不及。生物学实验室生物危害的受害者不仅限于实验者本人,同时还要殃及周围同事。事实上,还要考虑到被感染者本人也是一种生物危害,作为带菌者,他可能进一步传染其家属成员、不速之客乃至家畜或实验动物。即使所携带的为非致病菌,也可能污染其他菌株和生物剂。

1979年4月4日至5月18日,莫斯科东部Sverdlovsk市(现为俄罗斯Ekaterinburg市)发生96例炭疽,其中64例死亡。同时,该市郊区5个村庄也发生家禽炭疽暴发。经调查确认,是由于其军方的一个微生物实验室发生炭疽杆菌泄漏所致。

更加需要注意的是,SARS和炭疽等大型生物安全事件的危害,很多时候不仅仅停留在物质层面上。例如,SARS对我们的打击,不仅仅是肉体上的,因为在全球范围内也不过是8 000多例临床诊断病例,SARS肆虐在很大程度上是从打击人的心理开始的,干扰我们正常的生活工作和学习,使我们每天都笼罩在SARS的阴影之下。这种威胁所带来的经济和社会影响是极其巨大的。

1.3.4 生物安全的管理具有强制性

目前,生物安全问题已经引起了国际社会的高度重视,为了达到趋利避害的目的,许多国家和国际组织在积极发展生物技术的同时,也在积极进行生物安全方面的研究,并制定、发布和实施了一些生物技术安全方面的法规、条例和规定。生物安全管理政策表明了政府对生物技术安全性的理解以及由此产生的管理原则,并通过相应的管理法规得到体现。

1976年,美国国立卫生研究院颁布世界上第1部《重组DNA分子研究准则》。

1978年,德国仿照美国的自愿准则颁布了《重组生物体实验室工作准则》;英国也于同年发布了《基因操作规章》。法国于1975年开始起草有关基因工程安全规章的工作。日本文部省于1979年初次颁布类似美国自愿准则的《在大学及其他有关科研机构进行重组DNA准则》。安全规范初始发展阶段的主要特点是不论准则还是规章,基本依靠研究机构自愿遵守,尚不具有普遍约束力;而准则或规章的内容也限于实验室安全问题。

1986年,美国总统办公厅科技政策办公室发布《生物技术法规管理协调框架》,阐明了美国生物技术安全管理的基本原则,规定了主要管理部门及其职责。1990年,欧共体通过两个指令:《关于封闭使用遗传修饰微生物的90/219/EEC指令》和《关于向环境有意释放遗传修饰生物体的90/220/EEC指令》。这是世界上第1个有关管理基因工程实验和转基因生物的区域性专门立法。为执行这两个指令,欧共体成员国分别起草通过了相应的国内法规。日本科学技术厅、厚生省和农林水产省也分别于1986和1987年颁布多项重组DNA产品的法规。少数发展中国家也开始了生物安全立法工作。1988年,拉美等国家制定了《基因工程技术或重组DNA技术的使用与安全准则》,1991年,又制定了《向环境释放遗传修饰生物体准则》。在这一时期,国际社会普遍重视和发展基因工程,转基因生物安全规范的制定及完善工作逐步加强,管理机构进一步健全,管理内容趋向全面合理。

1992年召开的联合国环境与发展大会促进了国际上对生物安全立法工作的重视,各国开始考虑在更高层次上加强立法工作。2000年1月24日至29日,在加拿大蒙特利尔召开了《生物多样性公约》缔约国大会"续会",130多个国家派代表团参加会议。终于,在1月29日达成《生物安全议定书》(又称卡塔赫那议定书)。这表明生物安全管理已经在国家层面上具备了强制执行的特点。

1.4 实验室生物安全管理的基本原则

1.4.1 遵守操作规程和奖惩制度

由于生物安全在国民经济中的重要意义以及其对社会生活的巨大影响力,世界各国纷纷出台法律法规以规范研究机构和生产企业的相关行为。自1993年起,我国已相继出台了一系列法规,其中典型的有:《实验室生物安全通用要求》、《病原微生物实验室生物安全管理条例》、《微生物和生物医学实验室生物安全通用准则》《基因工程安全管理办法》《农业生物基因工程安全管理实施办法》《兽医实验室生物安全管理规范》等。同时，我国还出台了一些与生物安全相关的法规，如《医疗废物管理条例》等。这些规程根据生物安全在各个学科领域的不同特点，规范了相应的研究手段以及操作方法，是我们研究生命科学、开发生物技术和制造生物产品的基本依据，因此，也成为生物安全管理和教学的主要依据。在实际工作中，必须认真理解相应的规程，严格按照操作，以达到"保护自己，保护环境"的基本要求。

为了保障制度的落实，有效地监督检查机制和严格的奖惩制度是非常重要的。对于缺乏安全防护、随意抛弃危险废弃物以及准入制度执行不力的研究单位和个人应予以批评查处，直至吊销其上岗合格证，严重者还应依法追究其法律责任。

实验室生物安全操作最重要的原则是"安全第一"原则。安全包含两个层面的含义：首先是操作者的安全。目前，所有的生物安全法律法规都是围绕着"保护操作者"的思路展开的，因此，首先受到规范的是和个体防护相关的设备以及规程。其次是环境的安全，操作者在获得自身安全的前提下，必须保障周围的环境和人群的安全，这就要求实验室的硬件设施达到一定标准，操作人员的工作符合一定的规程，有方便的标志与准入体系，有足够的安全监督与检查等。

1.4.2 实行分级管理与准入制度

分级管理是生物安全管理的基本手段，根据生物因子的危险等级对操作进行分类，将其风险标志于操作区的显著位置，以区分于周围环境。目前，将生物因子对个体/群体的危害程度分为4级，从低个体/群体危害（Ⅰ级）到高个体/群体危害（Ⅳ级），相应的生物安全防护和标志管理也按照4级进行。进入不同标志的区域时应具备相应的个人防护条件并得到管理人员的许可。

作为分级管理的延续，准入制度不仅确保了操作者的素质，也保护了来访者的安全。事实上，很多生物安全事故的发生都与准入制度执行不力有关。国内的一些实验室对外来人员的管理比较松懈，一些实验室进修人员、实习的学生以及临时来访者在进入实验室前并未接受有关生物安全知识的培训，对于危险区域的警示标志不熟悉，又没有受到准入制度的约束，很容易被危险的生物因子侵袭，轻则导致实验室工作人员的感染，重则导致传染性微生物外泄，殃及社会，给国家带来巨大的损失。

1.4.3 全面落实一线科研人员的培训

生物安全教育与培训是生物安全管理中的重要环节，但也常常是薄弱环节。由于生命科学发展迅速，生物安全操作的培训工作往往滞后于相关研究。如果说没有分级管理和准入制度,就无法保障实验人员的安全,那么没有足够的培训,上述制度就只能是一纸空文。经历了 2003 年的 SARS 风波之后,世界各国均大力加强了生物安全的监督和管理。在我国,中国疾病预防控制中心、北京大学医学部等单位也开展了定期的生物安全培训,然而针对一线科研人员的系统培训始终是我国高校乃至全国生物安全管理的一个薄弱环节。一线科研人员主要由硕士、博士(后)和技术员组成,他们是各种生物和化学实验的主要完成者,但他们的生物安全防护知识却往往仅来自于实验室管理者的传授乃至自身的操作实践。在很多生物学实验室,针对固定工作人员的生物安全培训并不缺乏,而针对硕士和博士等流动科研群体的培训往往被弱化乃至忽略。这些实验室中的一线科研人员往往对技术环节比较精通,但是对实验室的规范管理和有可能承担的法律责任常常意识淡漠;有的研究人员对自身的安全防护相当重视,但对于保护周围的环境和他人的规范化操作却往往流于形式。所以,普及实验室生物安全培训,提高一线人员执行生物安全规范的能力和意识,是我国提升实验室生物安全水平的当务之急。

1.5 实验室生物安全管理的基本理念

生物医学研究中不可避免地会接触到各种病原体。病原体如果从实验室泄露,可能在实验室、实验室周围甚至更广泛的范围内造成疾病的传播或流行。基因技术造福社会的同时,亦可能由于病原体基因的突变从而使病原体的致病性加强。这类变异的病原体更加难以防治,而且目前尚无有效的防治措施,一旦从实验室泄露并造成流行,后果不堪设想。自实验室泄露出去的变异病原体还可能被敌对的恐怖分子利用,转化为大规模杀伤性生物武器,从而对社会造成极为严重的危害。因此,对实验室生物安全管理应树立"预防为主、科学管理、与时俱进、以人为本"的基本理念。

1.5.1 坚持预防为主和科学管理的基本理念

"凡事预则立,不预则废",这一点在生物安全操作与管理中尤为重要。从以上的论述中我们知道,在实验室中,微生物气溶胶的产生大多无法察觉,由于人们放松警惕性或缺乏生物安全知识而在不知不觉中受到了感染。因此,实验室生物安全的操作与管理必须坚持"预防为主"的原则,做到防患于未然。

生物的传染病的种类很多,其发生和发展与流行的规律不同,防治方法也因传染病的性质不同而异。例如,在我国法定传染病就有 39 种,其中,甲类 2 种,乙类 26 种,丙类 11 种。重大传染性疾病的防治工作所面临的形势不同,鼠疫和霍乱 2 种甲类传染病流行趋势不容忽视;甲型 H1N1、艾滋病、性病、结核病、病毒性肝炎等部分乙类传染病防治形势严峻；血吸虫病等地方病防治面临新的挑战；一些新发传染病，如 SARS、禽流感、手足口病等的威胁依然存在；食物中毒等突发事件频频发生。为此，要有效地预防各类传染病，就必须对各类传染病的发生和发展规律进行深入研究，对实验室的生物安全进行"科学管理"。

国内外大量实践表明，实验室生物安全事件的发生中，软件问题占 90%，硬件问题占 10%。为此，根据不同传染病的特点，深入落实和贯彻科学发展观，针对实验室生物安全的薄弱环节，抓住关键问题进行科学管理，是防止实验室生物安全事件发生的重中之重。重点应做好以下几个方面的工作：① 健全组织管理体系。② 加强实验室的制度建设。③ 制定实验室操作规范。④ 严格实验室人员管理。⑤ 严格实验室毒种管理。

1.5.2 坚持与时俱进和以人为本的基本理念

生物安全工作不仅是一个快速发展的学术领域，更是一个关乎国家和人民生命财产安全的实践领域。因此，在生物安全实验室建设和生物安全管理中，必须科学统筹、立足发展，树立与时俱进、以人为本的根本理念，既要保护好实验人员的安全和健康，又要不断提高他们的生物安全意识和实际操作技能；既要大力打造先进、严谨的实验室防护装置和严格的病原微生物操作规程，又要努力形成与之相应的人员素质。生物安全管理为科学技术研究提供保障，而人是科学技术中最重要的因素。因此，不断提高科研人员的生物安全素质，最终保障他们的健康和安全是生物安全管理中最基本的一个理念。

参考文献

1. 世界卫生组织.实验室生物安全手册(修订本).2版.陆兵,等译.北京:人民卫生出版社,2004.
2. 世界卫生组织.实验室生物安全手册(中文版).3版.北京:中国疾病预防控制中心,2005.
3. 马文丽,郑文岭.实验室生物安全手册.北京:科学出版社,2003.
4. 车凤翔.空气生物学原理及应用.北京:科学出版社,2004.
5. 俞詠霆,李太华,董德祥,等.生物安全实验室建设.北京:化学工业出版社,2006.
6. 曲连东,张永江.动物实验的生物安全与防护.北京:中国农业科学技术出版社,2007.
7. 中华人民共和国卫生部.微生物和生物医学实验室生物安全通用准则.北京:中国标准出版社,2002.
8. 中华人民共和国国务院.病原微生物实验室生物安全管理条例.2004.
9. 中华人民共和国农业部.兽医实验室生物安全管理规范.2004.
10. 中华人民共和国建设部,中华人民共和国监督检验防疫总局.生物安全实验室建筑技术规范(GB 50346—2004).北京:中国建筑工业出版社,2004.
11. 中国合格评定国家认可委员会.实验室生物安全认可准则.2006.

12. 李劲松.生物安全柜应用指南——原理、使用和验证.北京:化学工业出版社,2005.
13. 中华人民共和国卫生部.中华人民共和国传染病防治法.2004.
14. 中华人民共和国农业部.高致病性动物病原微生物实验室生物安全管理审批办法(第52号).2005.
15. 中华人民共和国卫生部.人间传染的高致病性病原微生物实验室和实验活动生物安全审批管理办法(第50号).2006.
16. WHO.Laboratory Biosafety Manual.3rd ed.Genava:WHO[EB/OL],2004.
17. US Department of Health and Human Services. Biosafety in Microbiological and Biomedical Laboratories. Washington:US Government Printing Office,2007.

(徐涛,曹远林,董先智)

第二章 致病微生物实验室的个人防护

　　个人防护主要是指实验室工作人员在处理含有致病微生物和病原或其毒素的实验对象时,使用防护性手套、防护服和防护面罩等个人防护装置,严格遵从标准化的工作及操作程序和规程,确保自身不受实验对象的侵染,同时,防止工作人员受到工作场所中其他物理和化学有害因子的伤害而采取的防护措施。个人防护和生物安全设备的使用可以确保实验室工作人员不与致病微生物和病原等有害因子直接接触,从而构成了实验室生物安全防护的一级屏障。

　　在致病微生物实验室里,由于实验室工作人员要经常直接接触感染性病原微生物,受感染的几率最高,受到的威胁最大。在早期的研究中,由于人们对致病微生物的了解不深,疏于防范,造成不少微生物学者在研究病原性微生物的致病原因及其防治方法、药物和疫苗等的实验过程中,自己也有可能成为受害者,他们受到意外感染的报道屡见不鲜。有记载的首例实验室感染死亡病例可能是1849年维也纳的1名医生,他在解剖1例因患产褥败血症的死亡病例时,因划破手指而发病死亡。1898年,Riesman报道1例实验室白喉杆菌感染,同年,维也纳1名动物饲养员因处理患皮肤鼠疫的豚鼠而发生肺鼠疫死亡,并导致1名医生和1名护士感染而死亡。1899年,Birt和Lamb报道3例因实验室感染布氏杆菌病例。1903年,Evans报道首例实验室真菌感染。此后,世界各地先后报道多起实验室感染,感染的病原微生物种类逐渐增多,感染例数也显著上升。

　　同时,随着从事与病原微生物有关的实验人员日益增多,研究者发现其感染病原微生物的危险性明显高于普通人群。1949年,Sulkin和Pike发表第1篇实验室相关感染的调查报告,总结了222例病毒性感染,其中,21例(9.4%)是致死性的。至少1/3的病例,其感染原因与操作传染性动物和组织有关,仅有27例(12.2%)可以根据记录判断为已知事故引起。1976年,Harrington和Shannon的调查亦表明,在英国医学实验室中工作的人员,他们"获得结核感染的危险比普通人群高5倍"。Skinholi报道,丹麦一个临床化学实验室的肝炎发病率比普通人群高出7倍。针对实验室感染事故的频繁发生,鉴于此,美国率先在20世纪50—60年代建立了生物安全实验室。自20世纪70年代起,许多其他国家也充分认识到实验室感染的危害,制定了相应的实验室生物安全操作规则,提出了个人防护的基本概念。1983年,WHO出版了《实验室生物安全手册》第1版,要求各国接受并执行,并鼓励针对本国实验室如何安全处理致病微生物制定操作规程,使得生物安全和个人防护的概念深入人心。此后,随着微生物分级标准在各国的制定及相应生物安全防护措施的采用,令实验室感染的案例逐渐减少。自1991年后,未见有霍乱、钩端螺旋体病、鼠疫、鼠咬热、兔拉热和伤寒等实验室感染的报道。1993年WHO又出版了《实验室生物安全手册》第2版;1997年,出版了《卫生保健实验室安全》;2004年,正式出版《实验室生物安全手册》第3版;使得生物安全实验室在世界范围内有了一个统一的标准和基本原则。

总之,在致病微生物实验室的工作中,如果缺乏有效的个人防护,感染性材料会通过多种途径感染工作人员,如微生物气溶胶吸入、皮肤黏膜接触、感染的实验动物咬伤,甚至不明原因的实验室相关感染及意外接种等。个人防护的首要目的是保护工作人员免受工作场所生物危害的伤害,防止实验室意外感染事故的发生。按不同级别的防护要求做好个人防护是极为必要而有效的,是保障生物安全的重要组成部分,对于生物安全管理体系的系统化和规范化建设具有非常重要的意义。

2.1 个人防护的总体要求

实验室工作人员需配备必要的个人防护用品。在生物试验中因为要接触不同的试剂、细菌、质粒、病毒甚至辐射源等对人体有害的因素,所以,生物安全防护的工作很重要,一是体现在防护意识上,二是体现在防护措施上,三上体现在事故处理方面。防护意识包括防护意识差或是过度防护造成心里恐惧两个方面。防护措施主要包括口罩、连体衣、袖套和防护目镜等个人防护装备的使用。应急事故处理主要包括应急处理程序和应急处理设备。

个人防护装备(personal protective equipment,PPE)是指用来防止人员受到物理、化学和生物等有害因子伤害的器材和用品。使用个人防护装备是为了减少操作人员暴露于气溶胶、喷溅物以及意外接种等危险环境而设立的一个物理屏障,防止工作人员受到工作场所中物理、化学和生物等有害因子的伤害。在危害评估的基础上,实验室工作人员须结合工作的具体性质,按照不同级别的防护要求选择适当的个人防护装备。

1. 选择合格产品

实验人员选择的任何个人防护装备应符合国家有关标准。同时,实验人员还应接受关于个人防护装备的选择、使用和维护等方面的指导和培训。对个人防护装备的选择、使用和维护应有明确的书面规定、程序和使用指导,形成标准化体系。

2. 使用前验证

个人防护装备使用前应仔细检查,不使用标志不清、破损或泄漏的个人防护用品，保证个人防护的可靠性。

3. 个人防护装备的净化和消毒

为了防止个人防护装备被污染而携带生物因子，所有在致病微生物实验室使用过的个人防护装备均应视为已被"污染"，应进行净化和消毒后再作处理。实验室应制定严格的个人防护装备去污染的标准操作程序并遵照执行。同时，所有个人防护装备不得带离实验室。

4. 个人防护的易操作性和舒适性

个人防护要适宜、科学。在危害评估的基础上，按不同级别的防护要求选择适当的个人防护装备。在确保防护水平高于保护工作人员免受伤害所需要的最低防护水平的同时，也要避免个人防护过渡，造成操作不便甚至有害健康。建议个人防护分为3级，一级防护用于BSL-1和BSL-2，二级防护用于BSL-3，三级防护用于BSL-4。

2.2 实验室个人防护的部位及其装备

在实验室工作中，个人防护所涉及的防护部位主要包括眼睛、头面部、躯体、手足、耳（听力）以及呼吸道，其防护装备包括眼镜（安全镜、护目镜）、口罩、面罩、防毒面具、防护帽、手套、防护服（实验服，隔离衣，连体衣，围裙）、鞋套以及听力保护器等。表2.1汇总了在实验室中使用的一些个人防护装备及其所能提供的保护。

表 2.1 个人防护装备

装备	避免的危害	安全性特征
实验服、隔离衣、连体衣	污染衣服	背面开口，罩在日常服装外
塑料围裙	污染衣服	防水
鞋袜	碰撞和喷溅	不露脚趾
护目镜	碰撞和喷溅	防碰撞镜片（必须有视力矫正或外戴视力矫正眼镜），侧面有护罩
安全眼镜	碰撞	防碰撞镜片（必须有视力矫正），侧面有护罩
面罩	碰撞和喷溅	罩住整个面部，发生意外时易于取下
防毒面具	吸入气溶胶	在设计上包括一次性使用的、整个面部或一半面部空气净化的、整个面部或加罩的动力空气净化呼吸器（powered air purifying respirator，PAPR）的以及供气的防毒面具
手套	直接接触微生物	得到微生物学认可的一次性乳胶、乙烯树脂或聚腈类材料的保护手套

2.2.1 手臂防护

当进行实验室操作时,手由于直接进行操作,最有可能被污染,也容易受到"锐器"伤害。在进行实验室一般性工作以及在处理感染性物质、血液和体液时,应广泛地使用一次性乳胶、乙烯树脂或聚腈类材料的手术用手套。可重复使用的手套虽然也可以用,但必须注意一定要正确冲洗、摘除、清洁并消毒。手套的作用是防止生物危险、化学品、辐射污染、冷和热、产品污染、刺伤、擦伤和动物咬伤等。手套的选用应该按照所从事操作的性质来选择,符合舒服、合适、灵活、握牢、耐磨、耐扎和耐撕的要求,以提供足够的保护。

在操作完感染性物质、结束生物安全柜中的工作以及离开实验室之前,均应该摘除手套并彻底洗手。用过的一次性手套应该与实验室的感染性废弃物一起丢弃。实验室或其他部门工作人员在戴乳胶手套,尤其是那些添加了粉末的手套时,曾有过发生皮炎及速发型超敏反应等变态反应的报道,应该配备替代加粉乳胶手套的品种。在进行尸体解剖等可能接触尖锐器械的情况下,应该戴不锈钢网孔手套。但这样的手套只能防止切割损伤,而不能防止针刺损伤。

手套不得戴离实验室区域。

2.2.2 头面部防护

1. 头部防护(帽子)

在实验室工作中佩戴由无个人防护器材污染携带生物因子纺布制成的一次性简易防护帽,可以保护工作人员避免化学和生物危害物质飞溅至头部(头发)造成的污染;同时,可防止头发和头屑等污染工作环境,保护负压实验室的空气过滤器。

2. 面部防护(口罩、面具)

面部的防护装备主要有口罩和防护面罩。常用的外科手术口罩由三层纤维组成,可预防飞沫进入口鼻,适用于 BSL-1 和 BSL-2 实验室,可以保护部分面部免受生物危害物质,如血液、体液及排泄物等的喷溅污染。N95 口罩适用于一些高危的工作程序,如在 BSL-2 或 BSL-3 实验室操作经呼吸道传播的高致病性微生物感染性材料时,则需要佩戴 N95 级或以上级别的口罩。N 系列口罩适用于无油性烟雾的工作环境,可过滤 0.3 μm 或以上的微粒(如飞沫或结核菌),效率达 95%(N95 级)、99%(N99 级)甚至 99.97%(N100 级)。在有油性烟雾的情况下,可选择 R 系列或 P 系列的口罩(R 为抗油,P 为防油)。

防护面罩可保护实验室工作人员的面部避免碰撞或切割伤,以及感染性材料飞溅或接触脸部、眼睛和口鼻的危害。防护面罩一般由防碎玻璃制成,通过头带或帽子佩带,分一次性面罩和耐用面罩。当需要对整个面部进行防护,尤其是进行可能产生感染性材料喷溅或气溶胶时,需要在使用防护面罩的同时,根据需要佩带口罩、安全镜或护目镜。

3. 眼部防护(防护镜、生物安全镜、洗眼装置)

在所有易发生潜在眼睛损伤,包括理化和生物等因素引起的损伤,以及有潜在黏膜吸附感染危险的实验室中工作时,必须采取眼部防护措施。眼部防护装备主要包括生物安全眼镜和护目镜。另外,必要时还应配备洗眼装置。

应根据所进行的操作来选择相应的装备,安全眼镜和护目镜可保护眼睛免受有害物质飞溅进入眼内而透过黏膜进入体内。制备屈光眼镜(prescription glasses)或平光眼镜应当配以专门镜框,将镜片从镜框前面装上,这种镜框用可弯曲的或侧面有护罩的防碎材料制成(安全眼镜)。安全眼镜即使侧面带有护罩也不能对喷溅提供充分的保护。护目镜应该戴在常规视力矫正眼镜或隐形眼镜(它们对生物学危害没有保护作用)的外面来对飞溅和撞击提供保护。

根据《实验室生物安全通用要求》(GB 19489—2004)的规定,实验室内,尤其是BSL-2或BSL-3实验室,必须配备紧急洗眼装置。洗眼装置应安装在室内明显和易取的地方,并保持洗眼水管的通畅。

2.2.3 呼吸道防护

当进行高度危险性的操作(如清理溢出的感染性物质)时,如不能安全有效地将气溶胶限定在许可范围内,必须采用呼吸道防护装备来进行防护。呼吸道防护装备主要包括高效口罩、正压头盔和防毒面具。

1. 高效口罩

高效口罩即前面所述的N95级和以上级别的口罩,可有效过滤$0.3\ \mu m$或以上级别的有害微粒,在一定程度上防止呼吸道受到危害。

2. 正压头盔

正压头盔也称头盔正压式呼吸防护系统,主要有正压式、双管供气式、电动式3种类型。正压面罩除了可对呼吸系统防护外,还可提供眼睛,面部和头部的防护。

3. 防毒面具

应根据操作的危险类型来选择防毒面具。防毒面具中装有一种可更换的过滤器,可以保护佩戴者免受气体、蒸汽、颗粒和微生物的影响。过滤器必须与防毒面具的类型相配套。为了达到理想的防护效果,每一个防毒面具都应与操作者的面部相适合并经过测试。具有一体性供气系统的配套完整的防毒面具可以提供彻底的保护。在选择正确的防毒面具时,要听从专业卫生工作者等有相应资质人员的意见。有些单独使用的一次性防毒面具(ISO 13.340.30)设计用来保护工作人员避免生物因子暴露。

防毒面具不得戴离实验室区域。

2.2.4 躯体和下肢的防护

躯体和腿部的防护装备主要是防护服,包括工作服、实验服、隔离衣、连体衣、围裙以及正压防护服。各级实验室应确保具备足够的、有适当防护水平的、清洁防护服可供使用。不用的时候,应将清洁的防护服置于专用存放处。已污染的防护服应在有适当标记的防漏袋中放置和运输。每隔适当的时间,应更换防护服以确保清洁。当知道防护服已被危险材料污染时,应立即更换。工作人员离开实验室区域之前应脱去防护服。

当有潜在危险的物质可能溅到工作人员身上时,应该使用塑料围裙或防液体的长罩服。在这种工作环境中,如有必要,还应穿戴其他的个人防护设备,如手套、防护镜、面具和头面部保护罩等。穿着合适的鞋子和鞋套或靴套,可防止实验人员的足部(鞋袜)免受损伤,尤其可以防止有害物质喷溅造成的污染以及化学腐蚀伤害。

1. 工作服

实验室人员在常规工作中应穿工作服。工作服可保护工作人员躯体及日常穿着免受实验室各种理化因素的危害。

2. 实验服

前面能完全扣住的实验服一般用于 BSL-1 实验室进行下述工作时的躯体防护:静脉血和动脉血的穿刺抽取;血液、体液或组织的处理加工;质量控制和实验室仪器设备的维修保养;化学品和试剂的处理和配制;洗涤、触摸或在污染/潜在污染台面上工作。

3. 隔离衣

隔离衣为长袖背开式,穿着时应保证颈部和腕部扎紧。隔离衣通常在BSL-2和BSL-3实验室内使用,适用于接触大量血液或其他潜在感染性材料时穿着。

4. 正压服

正压防护服适用于涉及致死性生物危害物质或第Ⅰ类生物危险因子的操作。进入正压型 BSL-4 实验室和混合型 BSL-4 实验室的工作人员应穿着正压防护服。该防护服具有生命支持系统,分为内置式和外置式两种,包括提供超量清洁呼吸气体的正压供气装置,保证防护服内气压相对周围环境为持续正压。

5. 围裙

在必须对血液或培养液等化学或生物学物质的溢出提供进一步防护时,应在实验服或隔离衣外面再穿上塑料高颈保护的围裙。

6. 鞋及鞋套

实验室工作鞋应该舒适,鞋底防滑。推荐使用皮制或合成材料的不渗透液体的鞋类。在从事可能出现漏出液体的工作时可以穿一次性防水鞋套。鞋套可防止将病原体带离工作地点而扩散到生物安全实验室以外。BSL-2 和 BSL-3 实验室中要坚持穿鞋套或靴套,BSL-3 和 BSL-4 中还要求使用专用鞋(如一次性鞋或橡胶靴子)。

2.3 各种安全等级实验室的个人防护

实验室大致分为一般生物安全防护实验室(不使用实验脊椎动物和昆虫)和实验脊椎动物生物安全防护实验室。依照国家标准,根据所操作的生物因子的危害程度和采取的防护措施,又将生物安全实验室的生物安全防护水平分为 4 级。通常以 BSL-1、BSL-2、BSL-3、BSL-4 表示实验室的相应生物安全防护水平;以 ABSL-1、ABSL-2、ABSL-3、ABSL-4 表示动物实验室的相应生物安全防护水平。各级实验室的生物安全防护要求依次为:一级最低,四级最高。

2.3.1 一级生物安全实验室

2.3.1.1 BSL-1 实验室

一级生物安全实验室(BSL-1)是指那些实验室结构和设施、安全操作规程及安全设备适用于已知对健康成年人无致病作用的微生物,如用于教学的普通微生物实验室等,具有一级防护水平。在 BSL-1 实验室工作时,实验人员应做好以下自我防护措施:

(1) 在实验室工作时,任何时候都必须穿着连体衣、隔离服或工作服。

(2) 在进行可能直接或意外接触到血液、体液以及其他具有潜在感染性的材料或感染性动物的操作时,应戴上合适的手套。手套用完后,应先消毒再摘除,随后必须洗手。在处理完感染性实验材料和动物后,以及在离开实验室工作区域前,都必须洗手。

(3) 为了防止眼睛或面部受到泼溅物、碰撞物或人工紫外线辐射的伤害,必须戴安全眼镜、面罩(面具)或其他防护设备。

(4) 严禁穿着实验室防护服离开实验室,如去餐厅、咖啡厅、办公室、图书馆、员工休息室和卫生间。不得在实验室内穿露脚趾的鞋子。禁止在实验室工作区域进食、饮水、吸烟、化妆和处理隐形眼镜。禁止在实验室工作区域储存食品和饮料。实验室用品应该与日常生活用品隔离放置。

此外,在实验室的工作区外应当设立专门的进食、饮水和休息的场所。

2.3.1.2　ABSL-1 实验室

生物安全一级动物实验室(animal biosafety level 1, ABSL-1)是指实验室结构和设施、安全操作规程以及安全设备适用于对健康成年人已知无致病作用的微生物,如用于教学的普通微生物实验室等。

一级动物实验生物安全水平(ABSL-1)指能够安全地进行没有发现肯定能引起健康成人发病的,对实验室工作人员、动物和环境危害微小的,特性清楚的病原微生物感染动物工作的生物安全水平。

在 ABSL-1 实验工作中,除了满足 BSL-1 的要求外,还应注意以下方面:

(1) 建筑物内设施应与开放的人员活动区分开。

(2) 应安装自动闭门器,当有实验动物时应保持锁闭状态。

(3) 如果有地漏,应始终保持用水或消毒液液封,或直接连接消毒设施。

(4) 动物笼具的洗涤应满足清洁要求。

2.3.1.3　个人防护器材的消毒

实验室污染区和半污染区内的一切物品,包括空气、水体和所有的表面(仪器)等均被视为污染的有危害物质,都要对其进行消毒处理。特别是对实验后的废液、器材和手套,务必严格进行处理。废液和废物在拿出实验室之前,务必彻底灭菌。在实验完成后离开实验室过程中的每一步必须经过有效消毒,把好每一关,以防有害因子的泄漏。

2.3.2　二级生物安全实验室

2.3.2.1　BSL-2 实验室

二级生物安全实验室(BSL-2)是指那些实验室结构和设施、安全操作规程及安全设备适用于对人或环境具有中等潜在危害的微生物,具有二级防护水平。在 BSL-2 实验室内,除了满足 BSL-1 的要求外,个人防护还应注意以下方面:

(1) 在实验室内应使用专门的工作服,戴乳胶手套。

(2) 在生物安全柜中进行可能发生气溶胶的操作程序,门保持关闭并贴上适当的危险标志,潜在被污染的废弃物同普通废弃物隔开。

(3) 应设洗眼设施,必要时应有应急喷淋装置。

(4) 应有足够的存储空间摆放物品以方便使用。在实验室工作区域外还应当有供长期使用物品的存储空间。

(5) 实验室出口应有在黑暗中可明确辨认的标识。

此外，应具备在实验室的工作区域外设立存放个人衣物以及用品的条件。

2.3.2.2 ABSL-2 实验室

生物安全二级动物实验室(animal biosafety level 2, ABSL-2)是指实验室结构和设施、安全操作规程及安全设备适用于对人或环境具有中等潜在危害的微生物。

二级动物实验生物安全水平(ABSL-2)指能够安全地进行对工作人员、动物和环境有轻微危害的病原微生物感染动物工作的生物安全水平。这些病原微生物通过消化管、皮肤和黏膜暴露而产生危害。因此，在 ABSL-2 实验室的安全防护，除了满足 BSL-2 和 ABSL-1 的要求外，还应该满足以下要求：

(1) 出入口应设缓冲间。

(2) 动物实验室的门应当具有可视窗，并且可以自动关闭，并有适当的火灾报警器。

2.3.2.3 个人防护器材的消毒

在实验室所在的建筑内配备高压蒸汽灭菌器，用于实验室内物品的消毒灭菌，并按期检查和验证，以保证符合要求。在 ABSL-2 实验室中，为保证动物实验室运转和控制污染的要求，用于处理固体废弃物的高压蒸汽灭菌/消毒器应经过特殊设计，合理摆放，加强保养；焚烧炉应经过特殊设计，同时，配备补燃和消烟设备；污染的废水必须经过消毒处理。

2.3.3 三级生物安全实验室

2.3.3.1 BSL-3 实验室

三级生物安全实验室(BSL-3)是指那些实验室结构和设施、安全操作规程及安全设备适用于主要通过呼吸系统的途径使人传染上严重的甚至致死疾病的致病微生物及其毒素，具有三级防护水平。在 BSL-3 实验室工作时，除了保证与二级生物安全水平的基础实验室一样的防护水平外，实验人员还应注意做好以下防护措施：

(1) 使用表面防水、耐腐蚀、耐热的实验台。实验室中的家具应牢固。为便于清洁，实验室设备彼此之间应保持一定距离。

(2) 所有和感染性物质有关的操作均需在生物安全柜或其他基本防护设施

中进行。使用符合安全以及工作要求的Ⅱ级或Ⅲ级生物安全柜,其安装位置应离开污染区入口和频繁走动的区域。

(3) 低温高速离心机或其他可能产生气溶胶的设备应置于负压罩或其他排风装置(通风橱、排气罩等)之中,使其可能产生的气溶胶经高效过滤后排出。

(4) 在污染区和半污染区出口处设洗手装置。洗手装置的供水应为非手动开关。供水管应安装防回流装置。不得在实验室内安设地漏。下水道应与建筑物的下水管线完全隔离,且有明显标识。下水应直接通往独立的液体消毒系统,以便统一收集,经有效消毒后处理。

(5) 应使用实验室设置的通讯系统将实验记录等资料通过传真机、计算机等手段发送至实验室外。

(6) 清洁区设置淋浴装置,进出实验室需进行淋浴。必要时,在半污染区设置紧急消毒淋浴装置。

2.3.3.2 ABSL-3 实验室

生物安全三级动物实验室(animal biosafety level 3, ABSL-3)是指实验室结构和设施、安全操作规程及安全设备适用于主要通过呼吸系统的途径使人传染上严重的甚至是致死疾病的致病微生物及其毒素,通常已有预防传染的疫苗和治疗药物。

三级动物实验生物安全水平(ABSL-3)指能够安全地从事国内和国外的,可能通过呼吸道感染,引起严重的或致死性疾病的病原微生物感染动物工作的生物安全水平。与上述相近或有抗原关系但尚未完全被认识的病原体感染,也应在此种水平条件下进行操作,直到取得足够的数据后,才能决定是继续在此种安全水平下工作还是在低一级安全水平下工作。在 ABSL-3 实验室工作时,除了满足 BSL-3 和 ABSL-2 的要求外,还应该注意以下要求:

(1) 建筑物应当具有符合要求的抗震能力以及防盗、防鼠、防虫的功能。

(2) ABSL-3 实验室由清洁区、半污染区和污染区(动物饲养间)组成。污染区和半污染区之间应设缓冲间。必要时,半污染区和清洁区之间也应设缓冲间。

(3) 相对室外大气压,污染区为-60 Pa,并与室外安全柜等装置内气压保持合理压差。保持定向气流,并保持各区之间的气压差均匀。

(4) 室内应配备人工或自动消毒器具(如消毒喷雾器,臭氧灭菌器等),并备有足够的消毒剂。

(5) 当房间内有感染动物时,应戴防护面具和穿防护服。

2.3.3.3 个人防护器材的消毒

禁止将污染的物品和器材带到实验室外,应在污染区内设置不排蒸汽的高压蒸汽灭菌器或其他消毒装置对器材进行消毒。

2.3.4 四级生物安全实验室

2.3.4.1 BSL-4 实验室

四级生物安全实验室(BSL-4)是指那些实验室结构和设施、安全操作规程及安全设备适用于对人体具有高度危险性,通过气溶胶途径传播或传播途径不明,目前尚无有效疫苗或治疗方法的致病微生物及其毒素,具有四级防护水平。在BSL-4实验室工作时,除下列修改及添加以外,应采用三级生物安全水平的操作规范:

(1) 实行双人工作制,任何情况下严禁任何人单独在实验室内工作。这一点在防护服型四级生物安全水平实验室中工作时尤其重要。

(2) 在进入实验室之前以及离开实验室时,要求更换全部衣服和鞋子。

(3) 工作人员要接受人员受伤或发生疾病状态下紧急撤离程序的培训。

(4) 在四级生物安全水平的最高防护实验室中的工作人员与实验室外面的支持人员之间必须建立常规情况和紧急情况下的联系方法。

同时,BSL-4实验室必须配备由下列一种或几种组合而成的、有效的基本防护系统。

Ⅲ级生物安全柜型实验室:在进入有Ⅲ级生物安全柜的房间(安全柜房间)前,要先通过至少有两道门的通道。在该类实验室结构中,由Ⅲ级生物安全柜来提供基本的防护。实验室必须配备带有内外更衣间的个人淋浴室。对于不能从更衣室携带进出安全柜型实验室的材料和物品,应通过双门结构的高压灭菌器或熏蒸室送入。只有在外门安全锁闭后,实验室内的工作人员才可以打开内门取出物品。高压灭菌器或熏蒸室的门采用互锁结构,除非高压灭菌器运行了一个灭菌循环,或已清除熏蒸室的污染,否则外门不能被打开。

防护服型实验室:自带呼吸设备的防护服型实验室,在设计和设施上与配备Ⅲ级生物安全柜的四级生物安全水平实验室有明显区别。防护服型实验室的房间布局设计成人员可以由更衣室和清洁区直接进入操作感染性物质的区域;必须配备清除防护服污染的淋浴室,以供人员离开实验室时使用;还需另外配备有内外更衣室的独立的个人淋浴室。进入实验室的人员还需穿着一套正压的、供气经高效空气粒子过滤器(HEPA)过滤的连身防护服。防护服的空气必须由双倍用气量的独立气源系统供给,以备紧急情况下使用。人员通过装有密封门的气锁室进入防护服型实验室。必须为在防护服型实验室内工作的人员安装适当的报警系统,以备发生机械系统或空气供给故障时使用。

2.3.4.2　ABSL-4 实验室

生物安全四级动物实验室(animal biosafety level 4,ABSL-4)是指实验室结构和设施、安全操作规程及安全设备适用于对人体具有高度危险性,通过气溶胶途径传播或传播途径不明,目前尚无有效疫苗或治疗方法的致病微生物及其毒素。与上述情况类似的不明微生物,也必须在四级生物安全防护实验室中进行。待有充分数据后再决定此种微生物或毒素应在四级还是在较低级别的实验室中处理。

四级动物实验生物安全水平(ABSL-4)指能够安全地从事国内和国外的,能通过气溶胶传播的,实验室感染高度危险、严重危害人和动物生命和环境的,没有特效预防和治疗方法的微生物感染动物工作的生物安全水平。与上述相近的或有抗原关系的,但尚未被完全认知的病原体感染,也应在此种水平条件下进行操作。在 ABSL-4 实验室中,除了满足 BSL-4 和 ABSL-3 的要求外,还应该满足以下要求:

(1)一般情况下,操作感染动物,包括接种、取血、解剖、更换垫料和传递等,都要在物理防护条件下进行。能在生物安全柜内进行的必须在其内进行;特殊情况下,不能在生物安全柜内饲养的大型动物或者动物数量较多时,要根据情况特殊设计。例如,设置较大的生物安全柜和可操作的物理防护设备,尽可能在其内进行高浓度污染的操作。

(2)进入设施时,工作人员必须脱下日常服装,换上专用防护服。工作结束后,必须脱下防护服进行高压灭菌,淋浴后方可离去。

(3)工作人员必须进行医学监测。

2.3.4.3　个人防护器材的消毒

实验室必须配备双门、传递型高压灭菌器,洁净端在防护室外的房间内。对于不能进行蒸汽灭菌的器材、物品,应提供其他清除污染的方法。

2.3.4.4　喷淋消毒

在工作区的出口处应设置一个内设喷淋的更衣室。因为在工作区内,工作人员有可能受到致癌剂或病原体污染的气载性颗粒污染。人员进入时,需更换全部衣服,而离开时,应先沐浴,再穿上自己的日常服装。

参考文献

1. 世界卫生组织.实验室生物安全手册(中文版).3 版.北京:中国疾病预防控制中心,2005.
2. 曲连东,张永江.动物实验的生物安全与防护.北京:中国农业科学技术出版社,2007.

3. 许钟麟,王清勤.生物安全实验室与生物安全柜[M].北京:中国建筑工业出版社,2004.
4. 李劲松.生物安全柜应用指南——原理、使用和验证[M].北京:化学工业出版社,2005.
5. 世界卫生组织.实验室生物安全手册(修订本).2版.陆兵,等译.北京:人民卫生出版社,2004.

(王盛典)

第三章　实验室生物安全设备

实验室进行生物安全实验时,必然接触到来自各种生物试剂和物品的危害。所以,进行生物安全实验时,必须具备各种生物安全设备,主要有各种灭菌设备,生物安全柜以及用于个人防护的各种设备。

1. 消毒灭菌设备

生物安全实验室中的消毒灭菌设备主要包括高压灭菌器和紫外线灯管等。高压灭菌器能够把所有具有感染性的固体废弃物以及液体废弃物彻底灭菌。紫外线消毒多用于室内,包括传递窗和生物安全柜的表面和空气消毒。它可以是固定式的,也可以是活动式的。紫外线消毒方法方便实用,但却不能彻底灭菌,特别是对细菌的芽孢杀灭效果很差。

2. 生物安全柜

生物安全柜(biological safety cabinet, BSC)是最重要的安全设备,形成最主要的防护屏障。各级实验室应按要求分别配备Ⅰ、Ⅱ、Ⅲ级生物安全柜。

生物安全柜的防护原理是进入安全柜工作区的空气经过 HEPA 过滤,在安全柜内形成一个百级洁净度的环境,从而保护了操作对象;而从安全柜排出的空气经过 HEPA 过滤释放,可以保护外界环境;安全柜内形成的负压和气幕可以防止气溶胶外泄,从而保护了操作者。

在进行感染性物质操作的过程中,如对琼脂板进行划线接种、用吸管接种细胞培养瓶、使用加样器转移感染性混悬液、对感染性物质进行匀浆及涡旋振荡、对感染性液体进行离心以及进行动物操作时,均可能产生某些感染性气溶胶和微小颗粒。这些气溶胶和颗粒极易被操作者吸入体内或污染工作台面以及其他材料。

实践表明,正确使用生物安全柜可以有效减少由于气溶胶暴露所造成的实验室感染和培养物交叉污染,并对实验对象和环境具有良好的保护作用。

3. 个人防护

实验室工作人员需配备必要的个人防护用品。各种个人防护装备和防护服是减少操作人员暴露于气溶胶、喷溅物以及意外接种等危险的一个有效屏障。在危害评估的基础上,实验室工作人员须结合工作的具体性质,不同级别的防护要求选择适当的个人防护装备。例如,在实验室中工作时,必须穿着防护服;在离开实验室前,要脱下防护服并洗手等。

通常,个人防护装备的选择须遵循以下原则:
(1) 个人防护用品应符合国家规定的有关标准。
(2) 对个人防护装备的选择、使用和维护应有明确的书面规定、程序和使用指导。
(3) 使用前应仔细检查,不使用标志不清、破损或泄漏的防护用品。

需要注意的是,不同生物安全级别的实验室对个人防护的要求也相应有所不同,更加详细的内容会在下面章节中予以介绍。

3.1 生物安全柜(BSC)

1. 生物安全柜的定义

生物安全柜是为操作原代培养物、病毒株以及诊断性样品等具有感染性的实验材料时,用来保护操作者本人、实验室环境以及实验材料,使其避免暴露于上述操作过程中可能产生的感染性气溶胶和溅出物而设计的负压过滤排风柜。

根据主要几项国际标准的规定,生物安全柜可分为Ⅰ级、Ⅱ级和Ⅲ级,以满足不同的生物研究和防疫要求。安全柜的分类级别与生物安全等级无关。所有可能使致病微生物及其毒素溅出或产生气溶胶的操作,除实际上不可实施外,都必须在生物安全柜内进行。不得用超净工作台代替生物安全柜。实验室中许多操作过程,如搅拌、振荡、撞击、离心、超声破碎和吹打等,都可以产生大量的气溶胶。而直径小于 $5~\mu m$ 的气溶胶颗粒及直径为 $5\sim100~\mu m$ 的小液滴是肉眼不可见的,实验室工作人员通常因意识不到它们的存在而将它们吸入,从而引起实验室相关感染,并可能污染实验室工作器材。生物安全柜的正确使用,可以有效地降低因气溶胶的产生和扩散引起的实验室相关感染和交叉污染。

2. 生物安全柜的种类

多年来,生物安全柜的基本设计已历经多次改进,最主要的变化有两个方面。一方面是排风系统增加了 HEPA。对于直径为 $0.3~\mu m$ 的颗粒,HEPA 可以截留 99.97%;而对于更大或更小的颗粒,HEPA 可以截留 99.99%。可以说,HEPA 的特性使得它能够非常有效地截留所有已知的传染因子,从而确保从安全柜中排出的气体是完全不含微生物的干净空气。另一方面是将经过 HEPA 过滤的空气送到工作台表面,保护工作台面上的物品不受污染,有效地保护实验对象。这些基本的设计概念导致了 3 种级别的生物安全柜的改进。表 3.1 总结了各类型生物安全柜所能提供的保护。

表 3.1 不同保护类型及生物安全柜的选择

保护类型	生物安全柜的选择
个体防护,针对危险度 1~3 级的微生物	Ⅰ级、Ⅱ级、Ⅲ级生物安全柜
个体防护,针对危险度 4 级的微生物,手套箱型实验室	Ⅲ级生物安全柜
个体防护,针对危险度 4 级的微生物,防护服型实验室	Ⅰ级、Ⅱ级生物安全柜
实验对象保护	Ⅱ级、柜内气流是层流的Ⅲ级生物安全柜
少量挥发性放射性核素/化学品的防护	Ⅱ级 B1 型、外排风式Ⅱ级 A2 型生物安全柜
挥发性放射性核素/化学品的防护	Ⅰ级、Ⅱ级 B2 型、Ⅲ级生物安全柜

根据已有的生物安全柜标准,按对人员、环境和实验材料的保护程度进行分级,生物安全柜分为Ⅰ、Ⅱ、Ⅲ共 3 级。如表 3.2 所示:Ⅰ级生物安全柜仅保护人员和环境,不保护样品;Ⅱ级生物安全柜不仅能提供人员保护,而且能保护工作台面的物品以及环境不受其污染;Ⅲ级生物安全柜是一种完全封闭的、彻底不泄漏的通风安全柜,通过连着的橡胶手套来进行安全柜内的操作。对于局部隔离的Ⅰ、Ⅱ级生物安全柜,有两点需要注意:① 靠负压从开口部向内吸入气流这样的防御手段不是绝对可靠的,尤其是在处理高度危险的病原体和化学物质时。这是因为一旦安全柜停止运行,气流的隔离作用就不存在了。② 空气中的气体成分可以透过高效过滤器,在使用这些气体物质时,要注意在安全柜中气体被稀释到原来 1/10 的浓度需 20~30 s,当把生物安全柜用于化学实验时,必须根据处理的物质的性状和数量分别给予适当处置。

表 3.2 生物安全柜分级

级别	类型	排风	循环排风比例/%	柜内气流	吸入口风速/(m·s^{-1})	防护对象
Ⅰ级		可向室内排风	—	乱流	≥0.36	使用者
Ⅱ级	A1 型	可向室内排风	70	单向流	≥0.36	使用者和产品
	A2 型	可向室内排风	70	单向流	≥0.50	
	B1 型	不可向室内排风	30	单向流	≥0.50	
	B2 型	不可向室内排风	0	单向流	≥0.50	
Ⅲ级		不可向室内排风	0	乱流	无吸入口,当一只手套筒取下时,手套筒风速≥0.70	首先是使用者,有时兼顾产品

需要注意的是,超净台和通风橱不属于生物安全柜,也不能用于生物安全操作。通风橱是为在化学实验过程中清除腐蚀性化学气体和有毒烟雾而设计的。由于没有装备 HEPA,通风橱不能有效清除微生物介质。放置在通风橱内的微生物样品会散播到柜外,污染实验室环境。超净台是为了保护试验品或产品而设计的,通过吹过工作区域的垂直或水平的层流空气防止试验品或产品受到工作区域外的粉尘或细菌的污染。一旦微生物样品放置于工作区域,层流空气将把带有微生物介质的空气吹向前台工作人员而产生危险。

一般来说,除非需要做一些未知菌种和病毒和活体的研究需要使用Ⅲ级生物安全柜,Ⅱ级生物安全柜已经基本能满足我们正常的工作需要。对于不含有毒性、放射性、挥发刺激性溶剂样品的实验,A/B3 型生物安全柜就已经能满足使用要求。对于医院系统,因为病毒及菌种类别较复杂,而且实验条件变化大,建议使用 B2 全排型生物安全柜。表 3.3 总结了各级安全柜之间的差异。

表 3.3 Ⅰ级、Ⅱ级及Ⅲ级生物安全柜间的差异

生物安全柜	正面气流速度 /(m·s^{-1})	气流百分数/%		排风系统
		重新循环部分	排出部分	
Ⅰ级	0.36	0	100	硬管
Ⅱ级 A1 型	0.38~0.51	70	30	排到房间或套管连接处
外排风式Ⅱ级 A2 型	0.51	70	30	排到房间或套管连接处
Ⅱ级 B1 型	0.51	30	70	硬管
Ⅱ级 B2 型	0.51	0	100	硬管
Ⅲ级	N/A*	0	100	硬管

*不适用所有生物学污染的管道均为负压状态,或由负压的管道和压力通风系统围绕。

3.1.1 Ⅰ级生物安全柜(BSC-Ⅰ)

1. 结构

Ⅰ级生物安全柜的设计非常简单,结构如图 3.1 所示。

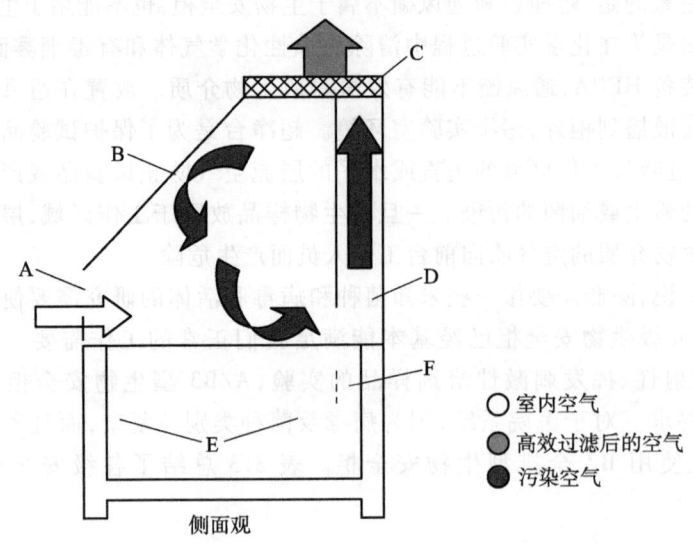

图 3.1　Ⅰ 级生物安全柜构造图
A. 视窗开口　B. 视窗　C. 排气　D. 排气室　E. 工作台面　F. 格状开口

2. 原理

房间空气从前面开口处以 0.38 m/s 的低速度进入安全柜,空气经过工作台表面,并经排风管排出安全柜。定向流动的空气可以将工作台面上可能形成的气溶胶迅速带离实验室工作人员而被送入排风管内。操作者的双臂可以从前面的开口伸到安全柜内的工作台面上,并可以通过玻璃窗观察工作台面的情况。安全柜的玻璃窗还能完全抬起来,以便清洁工作台面或进行其他处理。

安全柜内的空气可以通过下列方式排出:① 先经安全柜的 HEPA 排到实验室中,然后再通过实验室排风系统排到建筑物外面。② 通过实验室排风系统的 HEPA 排到建筑物外面。③ 直接经安全柜的 HEPA 排到建筑物外面。

3. 作用

在样品不需要保护的实验工作中,使用 Ⅰ 级生物安全柜是经济且符合实验需要的,因此它到目前为止仍在全世界范围内广泛使用。Ⅰ 级生物安全柜供给操作区的空气是来自室内,所以不能进行需要无菌洁净条件的操作,但是对医院等作为一般性生化和血清学检验是很合适的。Ⅰ 级生物安全柜能够为人员和环境提供保护,可用于操作放射性核素和挥发性有毒化学试剂,也适用于需要达到特定的密封效果或可能在室内产生气溶胶的操作场合,如存放离心机和超声波清洗机等。

3.1.2 Ⅱ级 A1 型生物安全柜(ⅡA1)

1. 结构

Ⅱ级 A 型生物安全柜又细分为 A1 和 A2 型两种。Ⅱ级 A1 型生物安全柜(如图 3.2)只采用一台风机,驱动工作台内空气在回风过滤器与排风过滤器之间循环。在风机和两台过滤器之间的空气是污染的,而且空气呈正压。同Ⅰ级生物安全柜一样,气体也是从外部流入Ⅱ级生物安全柜,通常称为进流。进流能够防止微生物操作时产生的气溶胶从安全柜前面操作窗口逃逸到实验室内。然而,它们不同于Ⅰ级生物安全柜之处在于,只让经 HEPA 过滤的无菌空气流过工作台面,内置风机将空气经前面的开口引入安全柜内并进入前面的进风格栅。因此,没有经过过滤器过滤的空气不会直接进入工作区,从而保护安全柜内部存放的样品和仪器不被外界空气所污染。

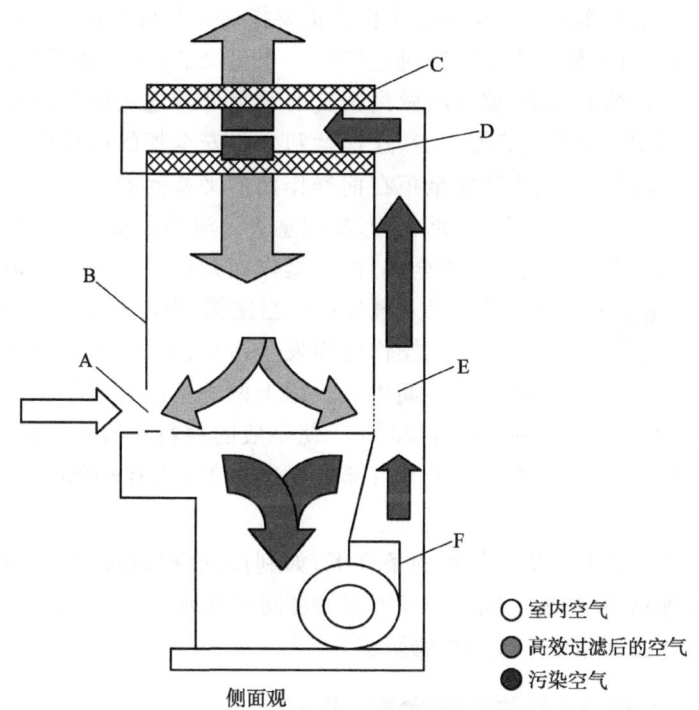

图 3.2 Ⅱ级 A1 型生物安全柜构造图
A. 视窗开口　B. 视窗　C. 排气　D. 供气　E. 后气室　F. 风机

2. 原理

Ⅱ级生物安全柜的一个独有特征就是空气由垂直层状薄片的(无定向的)HEPA 过滤后,在安全柜内部形成向下流动的气流,这在空气洁净技术中称为垂直单向流,通常也称为垂直层流。气流不断地向能够产生空气传播感染的安全柜内部流动,从而避面存放在柜体内的样品受到感染。

气流控制是生物安全柜的核心技术。作为一台合格的生物安全柜,除了气流速度需要达到要求,气流也需要达到定向性、稳定性和均匀性,以满足生物危害性试验的要求。国际生物安全柜标准都规定有基本的气流安全范围,例如,美国 NSF49 标准规定,Ⅱ级生物安全柜进气流最低为 0.5 m/s;欧盟 EN12469 规定的进气流最小值为 0.40 m/s,下沉气流为 0.25~0.50 m/s。安全柜的气流速度一定要处在一个合适的数值范围,既不要太高也不要太低,气流速度太高就容易引起湍流,导致试验品失去保护;太低就不能发挥足够的保护作用,造成柜内的污染物很容易逃逸出工作区。不同的生物安全柜进气流速度的最佳设定值是不同的,最佳设定速度可使生物安全柜发挥最大的防护作用。生产厂商应该对其生产的所有型号安全柜进行气流测试,以确定气流安全性能区和气流设定最佳值,并提供给用户以供参考。

前操作面的平衡是Ⅱ级生物安全柜的重要指标。Ⅱ级生物安全柜都存在一个开口的前操作面,便于操作的同时也带来一个污染的可能,如果平衡不好,那么会产生这个区域的污染,就无法做到正常的避免外界进入操作室污染样品以及操作室内部空气外泄污染操作者,这样就和生物安全柜的设计理念出现了本质的偏差。所以说,Ⅱ级生物安全柜在前操作面的平衡问题很关键。由于吸入口吸引的影响,开口的下部与上部相比,实现垂直层流是困难的。大约单向流气流的 1/2 和前面开口吸入气流的全部,由前操作面开口部分下端的条形吸入口吸入。所以,垂直平行流和开口吸入气流的恰当比例,决定着安全柜的性能。如果吸入作用强,则室内空气深入到操作区而发生污染;相反,如果垂直单向流作用强,则污染气溶胶就要逸出到房间中去。以上两种情况都要避免。使用安全柜时,前操作面开口高度应不高于 20 cm,使一般的材料和器具可以出入,但是大型的器材出入要小心,必须保证开口部分气流速度变动在±10%。

3. 作用

在需要对实验对象进行保护的条件下,如利用细胞和组织培养物来进行病毒繁殖或其他培养时,就不能让未经灭菌的房间空气通过工作台面了。Ⅱ级 A1 型生物安全柜主要用于一般的生物防护。

3.1.3 Ⅱ级 A2 型生物安全柜(ⅡA2)

1. 结构

Ⅱ级 A2 型生物安全柜(如图 3.3)利用 70%的循环空气,30%经排风过滤器过滤后的空气排至室外。台式工作空间中操作产生的污染气溶胶和从室内吸入的空气混合,进入回风道。该类型的生物安全柜与Ⅱ级 A1 型的差别就在于,Ⅱ级 A2 型生物安全柜的回风道始终处于负压状态,安全性高于Ⅱ级 A1 型。

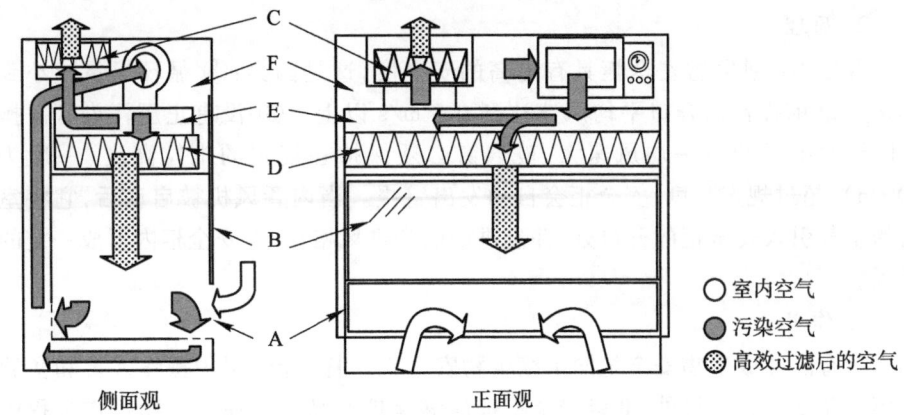

图 3.3　Ⅱ级 A2(原 B3)型生物安全柜构造图
A. 视窗开口　B. 视窗　C. 排气　D. 供气　E. 工作气室　F. 负压气室

2. 原理

Ⅱ级 A2 型生物安全柜原理同 A1 型。二者的差别就在于，A2 型正面进风速度大于 0.51 m/s，而 A1 型为 0.38~0.51 m/s。

3. 作用

Ⅱ级 A2 型生物安全柜提供比 A1 型更高级别的生物防护，但不提供化学防护。

3.1.4　Ⅱ级 B1 型生物安全柜(ⅡB1)

1. 结构

Ⅱ级 B1 型生物安全柜的结构如图 3.4 所示。

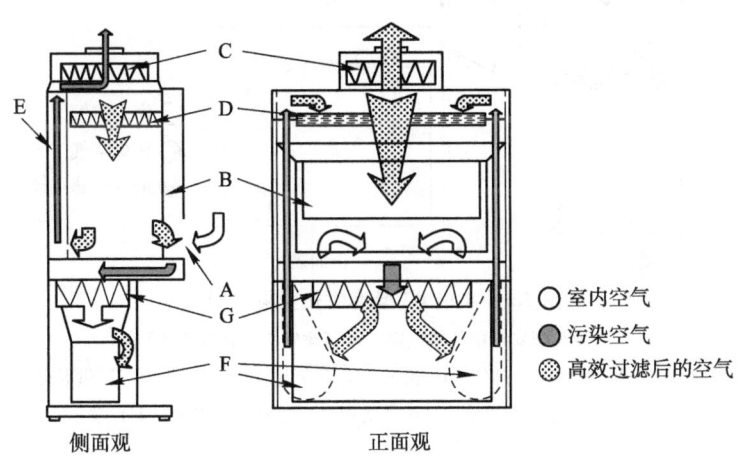

图 3.4　Ⅱ级 B1 型生物安全柜(基本型)构造图
(该类型安全柜的排气需连接至建筑物的排气系统)
A. 视窗开口　B. 视窗　C. 排气　D. 供气　E. 负压排气室　F. 风机　G. 附加排气

2. 原理

Ⅱ级 B1 型生物安全柜具有更高的安全度,这是因为:① 循环风量减小到 30%。② 前操作面开口平均风速达到 0.5 m/s 以上。③ 没有正压污染区。操作时注意由于开口平均风速大,玻璃窗必须保持在规定的推拉高度(一般为 20 cm),超过规定高度,安全柜会自动发出警报。当内置风机被启动后,它将室内的空气引入安全柜的开口处,并流进前面的进风格栅,在安全柜内形成一定的负压。

3. 作用

所有的Ⅱ级生物安全柜同Ⅰ级生物安全柜一样,能够保护操作人员和实验室环境免受危害。另外,Ⅱ级安全柜也能够保护产品样本在微生物操作过程中免受污染。这种特性使Ⅱ级生物安全柜成为微生物学上用得最多的一种安全柜。Ⅱ级 B1 型生物安全柜提供最高级别的生物防护。

3.1.5 Ⅱ级 B2 型生物安全柜(ⅡB2)

1. 结构

Ⅱ级 B2 型生物安全柜的结构如图 3.5 所示。

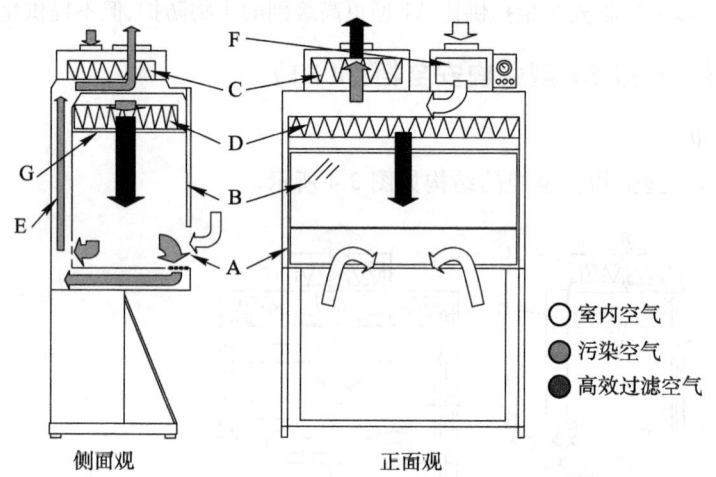

图 3.5　Ⅱ级 B2 型生物安全柜构造图
(该类型安全柜的排气需连接至建筑物的排气系统)
A.视窗开口　B.视窗　C.排气　D.供风　E.负压排气室　F.风机　G.供风分布口
(注意:建筑物的排气系统及活性炭过滤器不列于本图上)

2. 原理

Ⅱ级 B2 型生物安全柜原理同 B1 型。但Ⅱ级 B2 型生物安全柜具有更高的安全度,循环风量减小到零。

3. 作用

有些生物医学研究需要用到少量具某种危害性的化学药品,如致癌物质。在这些需要生物和化学双重防护的操作中,使用Ⅱ级A型安全柜是危险的,因为Ⅱ级A型安全柜利用70%的循环空气,而小的气体分子能够通过HEPA过滤器。在操作有毒挥发性化学物质时,要用到比Ⅱ级A型安全性更高的生物安全柜,即Ⅱ级B2型生物安全柜。

不同型号的Ⅱ级生物安全柜的主要区别在于排气的比例以及气体经过空气高压再循环的比例不同,可分为4种不同类型,分别为A1、A2、B1和B2型。另外,不同的Ⅱ级生物安全柜具有不同的排气方式,有的安全柜将空气过滤后直接排到室内,有的是通过连接到专用通风管道上的套管或通过建筑物的排风系统排到建筑物外面。Ⅱ级生物安全柜可用于操作危险度2级和3级的感染性物质。在使用正压服的条件下,Ⅱ级生物安全柜也可用于操作危险度4级的感染性物质。表3.4总结了所有Ⅱ级生物安全柜的使用范畴。

表3.4 Ⅱ级A型和Ⅱ级B型安全柜的比较

项 目		Ⅱ级A型	Ⅱ级B型
正压污染区		A1有,A2无	无
前面遮挡结构		开启固定型或垂直开启推拉型窗	
前面开口高度/mm		200	
操作区送风速度/(m·s^{-1})		≥0.23	
循环风比例/%		70	30/0
排风		A1室内/A2室外	室外
使用对象	一般病原体	1~3级	1~3级
	重组遗传基因	P1~P3级	P1~P3级
	化学致癌剂	A1不可/A2可(低浓度时)	可(低浓度时)
	放射性物质	A1不可/A2可(低浓度时)	可(低浓度时)
	挥发性溶媒	A1不可/A2可(低浓度时)	可

3.1.6 Ⅲ级生物安全柜(BSC-Ⅲ)

1. 结构

Ⅲ级生物安全柜可以分为单体形式(如图3.6)和系列形式。系列形式的安全柜是单体形式的安全柜以"线性"方式串连起来得到一个较大的工作区。这种安全柜需订制,安装在系列安全柜内的设备(如冰箱、小型升降机、小动物笼、显微镜、离心机和孵化箱等)一般也需订制。Ⅲ级生物安全柜的进风通过高效过滤器自上而下送风进入柜内,而排风则是由两组串连的高效过滤器处理后才能排放。如图 3.6 所示,柜内的负压一般保持在 125 Pa 左右。Ⅲ级安全柜对高效过滤器有更高的要求,有的国际标准规定要对 0.3 μm 的颗粒有 99.997% 以上的拦截率。

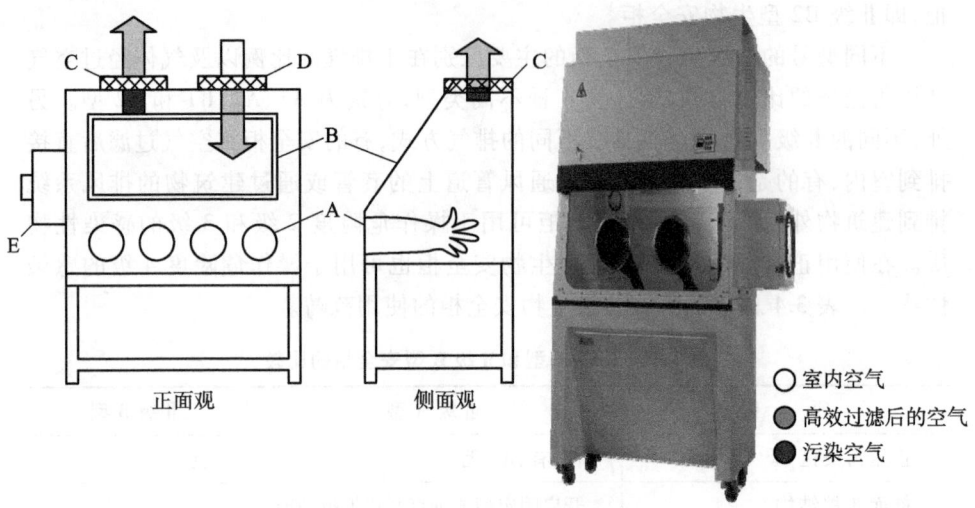

图 3.6　Ⅲ级生物安全柜构造图
(该类型安全柜的排气需连接至建筑物的气系统,右为实物照片)
A. 手套端的 O 形环　B. 视窗　C. 排气　D. 供风　E. 两头型灭菌锅或传递箱
(注意:在安全柜中化学浸泡槽应被装置在工作台面之下)

2. 原理

在使用Ⅲ级生物安全柜操作时,由于病原体完全被密封在手套箱式装置之中,所以实验室可不受污染,就不需要特别的防护工作服、手套和面具之类的装备了。

3. 作用

Ⅲ级生物安全柜是为操作四级生物安全水平(BSL-4)的病原微生物而设计的,适用于在病原病毒、病原细菌、病原寄生虫以及重组遗传基因等实验方面具有最高危险度的操作,能对环境和人员提供最大限度的保护。它是一个没有开放式观察窗的气闭性结构(泄漏率 $\leqslant 1\times 10^{-5}$ cm³/s),操作人员通过设于完全密闭的负压柜体上的长橡胶手套,在安全柜的密闭操作区进行感染动物的饲育和解剖、组织和材料的处理、病原体的培养、显微镜观察和离心操作等一切实验工作。全部的操作都必须通过长筒手套进行,所有进出的物料必须通过双扇灭菌锅或盛满消毒剂的浸泡槽。

3.1.7 生物安全柜的安装和管道连接

1. 生物安全柜的安装

安装生物安全柜时应符合下列规定：① 生物安全柜在安装搬运过程中，严禁将其横倒放置和拆卸，宜在搬入安装现场后拆开包装。② 生物安全柜安装位置未指明时应避开人流频繁处，并避免房间气流对操作口空气幕的干扰。③ 安全柜不能安装在房间通风系统的进口，以免气流直接吹到安全柜正面的操作口和排风过滤器上。

安装通风柜时应符合以下要求：① 先安装框架，框架安装时必须用螺丝紧紧固定。② 水汽连接参照管道连接方式。③ 通风柜通风连接选用直径 250 mm 高密度 PP 风管，采用热熔或法兰连接方式，在法兰连接处选用高品质 PP 胶水密封，保证其密封性。在安装导流板时，注意保证其导流角度以及表面的光滑性。在安装完成后，用风速测定表检测其表面各个点的表面风速，标定其风速测定仪初始数据。

2. 生物安全柜的管道连接

生物安全柜与排风系统的连接方式应按表 3.5 执行。对于Ⅲ级生物安全柜，没有工作面风速的要求。但为了保证操作人员的安全，当操作手套发生脱落或出现破损后，通过手套连接口的风速不应小于 0.7 m/s。正常工作时，Ⅲ级生物安全柜内的负压不应小于 120 Pa。

表 3.5　生物安全柜与排风系统的连接方式

生物安全柜级别		工作口平均进风速度 /(m·s^{-1})	循环风比例/%	排风比例/%	连接方式
Ⅰ级		0.38	0	100	密闭连接
Ⅱ级	A1	0.38~0.51	70	30	可排到房间或设置局部排风罩
	A2	0.51	70	30	设置局部排风罩或密闭连接
	B1	0.50	30	70	密闭连接
	B2	0.50	0	100	密闭连接
Ⅲ级		不适用	0	100	密闭连接

Ⅱ级 A1 型和 A2 型生物安全柜，可使用"套管(thimble)"或"伞形罩(canopyhood)"连接。二者安装在安全柜的排风管上，将安全柜中需要排出的空气引入建筑物的排风管中。在套管和安全柜排风管之间保留一个直径差通常为

2.5 cm的小开口,以便房间内的空气也可以吸入到建筑物的排风系统中。建筑物排风系统的排风能力必须能满足房间排风和安全柜排风的要求。套管(或伞形罩)必须是可拆卸的,或者设计成可以对安全柜进行操作测试的类型。如此连接,可减少建筑物气流波动对生物安全柜性能的影响。Ⅱ级 B1 型和 B2 型生物安全柜,通过硬管连接,即没有任何开口地、牢固地与排风管道连接,最好连接到专门的排风系统。建筑物排风系统的排风量和静压必须与生物安全柜生产商所指定的要求一致。对硬管连接的生物安全柜进行检验时,要比将空气再循环送回房间或采用套管连接的生物安全柜更费时。

3.1.8 生物安全柜的操作规范

生物安全柜的作用是提供必要的实验人员保护和实验对象保护。但是,对生物全柜的不当使用会使其不能发挥应有的功能。在使用生物安全柜的时候应注意到的以下几个方面的内容。

1. 生物安全柜的放置

气流是人眼不可见的,但是,在操作生物安全柜时,应时刻考虑到气流是否受到影响。因为,平稳正常的气流是安全柜实现起安全保护作用的根本。除了Ⅲ级生物安全柜,空气通过前面的开口进入安全柜的速度为 0.38~0.51 m/s,具有这样速度的定向气流极易受到干扰。实验人员在生物安全柜附近走动所形成的气流、开窗和送风系统调整以及开门都可能对其造成影响。因此,最理想的是生物安全柜应位于远离人员、物品流动以及可能会产生干扰气流的地方。在生物安全柜的后方及每一个侧面要尽可能留有 30 cm 的空间,以利于对安全柜的维护。在安全柜的上面应留有 30~35 cm 的空间,以便确定速率的气流通过排风过滤器,并对排风过滤器进行更换。

2. 生物安全柜使用前准备

首先,应关闭工作台面下方的排气阀,避免溅出的污染物逸出安全柜以外。

使用生物安全柜时应穿好实验工作服,并戴乳胶手套保护双手,手套应套在实验服衣袖外。为了达到最低限度地干扰生物安全柜的气流,应在工作之前列好实验时柜内应放置的材料清单,以减少手臂穿过安全柜气幕屏障的次数。放慢手臂的进出速度,以直角进出安全柜的开口。工作之前,操作者应调节凳子的高度确保自己的脸在前开口之上。手臂放进安全柜约 1 min 后,才能进行材料的操作,这样做的目的是使安全柜恢复稳定气流,并让气流带走沾染在手臂和手表面的微生物。注意,决不能让实验记录本、枪头盒等物品放在前格栅上,这样将导致室内空气直接流向工作区而不是流入前格栅,操作者也要注意操作时不要将胳膊放在前格栅上而应稍稍抬起胳膊使气流流入前格栅。生物安全柜前面的进气格栅不能被纸、仪器设备或其他物品阻挡。放入安全柜内的物品应采用

70%乙醇来消除表面污染。可以在消毒剂浸湿的毛巾上进行实验,以吸收可能溅出的液滴。所有物品应尽可能地放在工作台后部靠近工作台边缘的位置,并使其在操作中不会阻挡候补格栅。可产生气溶胶的设备(例如混匀器、离心机等)应靠近安全柜的后部放置。有生物危害性的废弃物袋、盛放废弃吸管的盘子以及吸滤瓶等体积较大的物品,应该放在安全柜内的某一侧。在工作台面上的实验操作应该按照从清洁区到污染区的方向进行。耐高压灭菌的生物危害性废弃物袋以及吸管盛放盘,不应放在安全柜的外面,否则,在使用这些物品时双臂就必须频繁进出安全柜,这样会干扰安全柜空气屏障的完整性,从而影响对人员和物品的防护。

开始工作之前,应使生物安全柜的风机事先运转 3~5 min 以净化柜内空气。净化过程能去除柜内各种粒子。生物安全柜的工作台面、内壁表面(除送风滤器面)和观察窗内面,应以 70%乙醇擦拭。也有文献表明,可用 0.05%次氯酸钠擦拭的,但不推荐,因为氯可对不锈钢面造成严重腐蚀,如用次氯酸钠擦拭,还应用无菌水再擦一遍以除去残余的氯。同样原因,所有放置于生物安全柜中的材料和容器表面也应以 70%乙醇擦拭,以避免将外界环境中污染物带入。

生物安全柜内放置的材料和设备会干扰柜内的气流,导致紊乱,可能造成交叉污染和/或破坏防护能力。多余的实验材料,如额外的手套、培养皿或培养瓶、培养基等,应放在安全柜以外。只有当前工作直接需要的材料和设备可置于安全柜当中。另外,过多冗余物放置在生物安全柜内,会导致紫外消毒时在阴影处留下污染区域。

在使用生物安全柜时,应穿着个体防护服。在进行一级和二级生物安全水平的操作时,可穿着普通试验服。前面加固处理的反背式试验隔离衣具有更好的防护效果,应在进行三级和四级生物安全水平(防护服型实验室除外)的操作时使用。手套应套在隔离衣的外面,可以戴加有松紧带的套袖来保护研究人员的手腕。有些操作可能还需要戴口罩和安全眼镜。

3. Ⅱ级生物安全柜内的操作

(1)开启:戴手套防止手部被污染;在开始工作以前,将实验所必需的物品全部放进安全柜内,并对表面进行消毒处理,对生物安全柜的工作台面、侧壁表面以及后壁内侧进行消毒处理;让生物安全柜工作区排气几分钟之后再开始工作;不要在工作区内排放过多的物品;在操作开始前关闭排水阀。

(2)操作:不要阻塞前台或后墙附近的进气格栅;实验操作尽可能靠近安全柜内部进行,尽量减少手臂的移动。移动时要缓慢,防止干扰柜内气流;从安全柜内移出手臂之前,一定要进行表面消毒处理,然后缓慢移出(移动方向垂直于工作区开口),降低外部气流震荡;拿放物品一定要遵守从洁净区到污染区的顺序;生物废弃物袋应放在安全柜内不能拿出安全柜;一旦实验过程中产生溢出物,用消毒纸巾置于其表面吸附清理;从安全柜内部拿取可能产生污染的物品时,一定要进行表面消毒处理;将产生气溶胶的器皿尽可能摆放在安全柜工作区靠里的位置;洁净的物品应放置在距离产生气溶胶器皿至少150 mm以外,降低交叉污染的可能性;将盛有样品的试管或试盘的表面密封以防止下沉气流侵袭样品;禁止使用气体火焰,以防影响安全柜内部气流;将会产生气流震荡的仪器,如混匀器、离心机或是定位器等,放置在靠近柜内后壁1/3处。

(3) 关闭:大多数生物安全柜的设计允许全天24 h工作。研究人员还发现,连续工作有助于控制实验室中灰尘和颗粒的水平。向房间中排风或通过套管接口与专门的排风管相连接的I级 A1 和 A2 型生物安全柜,在不使用时是可以关闭的。其他,如Ⅱ级 B1 和 B2 型生物安全柜,是通过硬管安装的,就必须始终保持空气流动以维持房间空气的平衡。尽量使安全柜处于持续工作状态,并对所有物品进行表面消毒处理,提供最大程度的人员保护;系紧用过的生物废物袋;对安全柜内壁、后壁、工作台面、去水盘表面及前窗内侧进行消毒处理;使安全柜进行一段时间的气体空排;如果情况允许,安装前窗挡物板或关闭前操作窗口并开启紫外灯。

3.1.9 生物安全柜的保养维护

1. 生物安全柜的维护

合理定期的维护对保证任何设备的正常工作都是至关重要的,这一点对生物安全柜也不例外。按照下面推荐的维护日程表对生物安全柜进行维护,保持其最佳性能。

(1) 每日维护:① 用70%的乙醇(其他杀菌剂视用户使用的材料而定)彻底对安全柜内部工作区域的表面、侧壁、后壁、窗户进行表面净化。不要用含有氯的杀菌剂,因为它可能对安全柜的不锈钢结构造成损坏。也要对紫外灯和电源输出口表面进行清洁。当清洁安全柜内部区域时,操作人员除了手以外,身体的其他任何部位不能进入安全柜。② 检查警报并检测基本气流。

(2) 每周维护:① 用70%的乙醇(其他杀菌剂视使用的材料而定)彻底对排水槽进行清洗。② 检查俘获纸孔处的残留物质。

(3) 每月维护:① 用湿布对安全柜外部表面进行擦拭,尤其是安全柜的前面和上部,把堆积的灰尘打扫干净。② 检查所有维护配件的合理使用情况。③ 上述的每日维护。

(4) 每季维护:① 检查安全柜的任何物理异常或故障。检查荧光显像管以确保其工作正常。② 当不锈钢上表面有难以去除的斑点时,可以使用 MEK(methyl-ethyl-ketone)。使用 MEK 后,快速用清水和液体清洁剂冲洗不锈钢板,并且用聚亚安酯布或者海绵进行擦拭。定期清洁不锈钢表面会使之保持表面的光滑美。

(5) 每年维护：① 具备资格的认证技术人员对安全柜进行性能认证。生物安全柜的所有维修工作应该由有资质的专业人员来进行。在生物安全柜操作中出现的任何故障都应该报告，并应在再次使用之前进行维修。② 更换紫外灯。实际上，生物安全柜中不需要紫外灯。如果使用紫外灯的话，应该每周进行清洁，以除去可能影响其杀菌效果的灰尘和污垢。在进行安全柜重新认证时，要检查紫外线的强度，以确保有适当的光发射量。房间中有人时一定要关闭紫外灯，以保护眼睛和皮肤，避免因不慎暴露而造成伤害。③ 上述的每季维护。

2. 生物安全柜的清洁和消毒

由于剩余的培养基可能会使微生物生长繁殖，因此，在实验结束时，生物安全柜里包括仪器设备在内的所有物品都应清除表面污染，并移出安全柜。

在每次使用前后，要清除生物安全柜内表面的污染。工作台面和内壁要用消毒剂进行擦拭，所用的消毒剂要能够杀死安全柜里可能发现的任何微生物。在每天实验结束时，应擦拭生物安全柜的工作台面、四周以及玻璃的内外侧等，以清除表面的污染。在对目标生物体有效时，可以采用漂白剂溶液或70%乙醇来消毒。在使用如漂白剂等腐蚀性消毒剂后，还必须用无菌水再次进行擦拭。推荐将安全柜一直维持运行状态。如果要关闭的话，则应在关机前运行5 min以净化内部的气体。

生物安全柜在移动以及更换过滤器之前，必须清除污染。最常用的方法是采用甲醛蒸汽熏蒸。应该由有资质的专业人员来清除生物安全柜的污染。实验室中要张贴如何处理溢出物的实验室操作规程，每一位使用实验室的成员都要阅读并理解这些规程。一旦在生物安全柜中发生有生物学危害的物品溢出时，应在安全柜处于工作状态下立即进行清理。要使用有效的消毒剂，并在处理过程中尽可能减少气溶胶的生成。所有接触溢出物品的材料都要进行消毒或高压灭菌。

生物危害物品溢出的处理可参考如下步骤进行：

(1) 生物安全柜内：① 等待至少5 min，让安全柜充满气溶胶。② 在清理时穿戴实验服、安全眼镜和手套。③ 清理时让安全柜继续工作。④ 进行消毒处理并保证至少20 min 的接触时间。⑤ 使用浸泡消毒剂的消毒纸巾吸附溢出物。⑥ 使用浸泡消毒剂的消毒纸巾擦拭安全柜的内壁、工作台表面和柜内所有设备。⑦ 按照正确的生物废弃物处理步骤处理被污染的物质[如高压灭菌器或生物过滤装置(BFI)]。⑧ 将可回收的被污染物品放入生物危害物回收袋或高压灭菌盘并且用报纸包起来，然后进行消毒或清理。⑨ 用消毒剂对无法进行高压灭菌的物品进行至少20 min 的消毒处理后再拿出安全柜。⑩ 脱下个人防护服并放进污染物收集袋中进行高压灭菌处理。

在进行新的实验或者关闭安全柜之前，让安全柜运行10 min。

(2) 实验室内,安全柜外:① 如果所要清理的物品达到 2 级生物安全水平或者更高,联系生物安全办公室负责人。② 先疏散实验室工作人员。至少 15 min 以后,等气溶胶消散后再进入溢出区。③ 将生物危害物袋内的污染服和其他任何物品进行高压灭菌处理。④ 穿戴一次性实验大褂、安全眼镜和手套。⑤ 使用消毒剂进行清洁的具体步骤如下:a. 用干纸巾覆盖溢出物(用来吸附液体),然后再放上浸泡消毒液的纸巾。b. 使用消毒剂包围溢出物,确保消毒剂与污染溢出物充分接触,尽可能减少气溶胶的形成。c. 对溢出物附近的所有物品进行消毒处理。d. 等待 20 min,使消毒剂的消毒作用得到充分发挥。e. 使用正确的消毒剂擦拭设备。f. 按照正确的生物危害物处理程序处理被污染的物品(如高压灭菌器或 BFI)。g. 对可回收利用的物品进行消毒处理。

(3) 离心机内部:① 疏散所有无关人员。② 30 min 后,待气溶胶完全沉淀后开始清理溢出物。③ 进行清理时穿戴实验室服装、安全眼镜以及手套。④ 将离心转子和离心桶移到离生物安全柜最近地方进行清洁。⑤ 对离心机内部进行彻底的消毒;按照正确的生物危害物处理程序处理被污染的物品(如高压灭菌器或 BFI)。

(4) 实验室外部,运输过程中:① 将标有生物危害警告标识的生物危害物装入一个不易破碎、密闭完好的容器中,然后在放入外层标有生物危害警告标示并且牢固的容器(如制冷机、塑料盘或桶)内运送。② 如果在公共场所出现溢出物,不能在没有正确防护设备的情况下直接进行清洁处理。③ 确保发生溢出物的区域安全,妥善安置无关人员远离溢出物。④ 联系专业人员帮助进行清洁处理。⑤ 在专业人员进行溢出物清理时随时待命,并在必要时给予协助。

(5) 生物安全柜(感染性物品)污染的处理办法:① 先以厚纸巾或吸水性良好的抹布覆盖污染处。② 消毒液倾注于覆盖纸巾上。③ 以电话向实验室负责人及生物安全管理人员报告。④ 如无特别指示,30 min 后,清除纸巾及破裂物(玻璃片以镊子夹取,细碎片用刷子处理),废弃物置入生物安全柜内的弃物容器里。⑤ 用浸消除液厚纸巾擦拭污染区域 2 次(不可用手直接擦拭);数分钟后用清水擦拭。⑥ 更换外层手套,脱下的手套放入生物安全柜的弃物容器里。⑦ 先打开高压灭菌器门;废弃物连同容器管关进高压灭菌器灭菌。⑧ 灭菌后的废弃物处理。⑨ 填写意外事件处理报告,呈报实验室负责人及生物安全管理委员会。

以上的处理限用于生物安全柜内的少量污染处理,如果是大量的污染,人员必须尽快离开实验室(生物安全柜不能停止运转),实验室门外张贴警示标志,并报告实验室负责人及生物安全管理人,由生物安全委员会指派专人处理。

3. 生物安全柜使用注意事项

在生物安全柜内所形成的几乎没微生物的环境中,应避免使用明火。使用明火会对气流产生影响,并且在处理挥发性物品和易燃物品时,也易造成危险。在对接种环进行灭菌时,可以使用微型燃烧器或电炉,而不应使用明火。尤其注意不能使用酒精灯,否则会影响生物安全柜内的气流,可能破坏过滤器,应该使用微型电加热器或使用一次性接种环。加热器也可能引起由内向外的气流而威胁到实验操作人员的安全,并且降低Ⅱ级生物安全柜的抗交叉污染性能。当Ⅱ级生物安全柜完全关闭时,如果安全柜内的加热器持续工作,其产生的热量会损坏过滤器。加热器应该尽可能地放置在离工作前台较远的地方,防止其影响安全柜工作;电磁阀同供气管互锁以自动关闭加热器。

警报器的安装可以为操作提供更高的安全保障。常用的警报器包括窗式警报器和气流警报器。可以在两种警报器中选择一种来装备生物安全柜。窗式警报器只能装在带有滑动窗的安全柜上。发出警报时表明操作者将滑动窗移到了不当的位置。处理这种警报时,只要将滑动窗移到适宜的位置就可以了。气流警报器报警时,表明安全柜的正常气流模式受到了干扰,操作者或物品当即处于危险状态。当气流警报响起时,应立刻停止工作,并通知实验室主管。生产商的说明手册中将提供更详细的资料,在生物安全柜的使用培训中也应包括这一方面的内容。

3.2 其他物理防护设备

3.2.1 负压安全罩

安全罩(safety hood)置于实验室工作台或仪器设备上的负压排风罩,以减少实验室工作者的暴露危险。

3.2.2 动物隔离器

动物隔离器是一种从微生物学的角度与外界隔离,可饲养无菌动物的装置,一般采用密闭箱的形状。隔离器根据隔离室内外的气压差分成正压隔离器和负压隔离器两大类。正压隔离器用于饲养无菌动物和悉生动物等;负压隔离器主要用于饲养感染动物和放射性同位素污染动物等。隔离器从材质上分为钢制隔离器和塑料隔离器。钢制隔离器还分成自身具有高压蒸汽灭菌功能的封闭式隔离器和将隔离器放入高压蒸汽灭菌处理的开放式隔离器两种;塑料式隔离器又分为硬质和软质塑料隔离器。对于微生物感染的试验动物操作主要采用负压隔离器。

3.2.3 传递隔离器

传递隔离器是用于传递物品和动物的隔离系统,分有正压和负压隔离器。

隔离器及其辅助装置共同组成的隔离系统,用于饲养无特定病原体动物(SPF)、无菌动物和悉生动物。隔离器可置于亚屏障系统或开放系统内运转。如在开放系统内,则要严格控制系统内环境的温、湿度。

操作时,工作人员只能通过隔离器上的橡胶手套来进行饲养或实验。物品是通过包装消毒后,由灭菌渡舱或传递窗传入;动物是经由无菌剖宫产的方法进入。进入隔离器的空气,应经高效过滤,保证隔离器内空气洁净度达100级,无菌并维持正压状态。根据实验需要也可维持负压状态,但需要配置空气排放装置,保证空气排放符合标准。

3.2.4 安全解剖台

在操作病原微生物感染的实验对象时,为了确保工作人员的安全、确保周围环境的安全、确保标本传送的安全,应使用安全解剖台。其主要特点是防止操作时的喷溅,使用了负压装置。当致病微生物的生物安全等级较高时,应建立以安全解剖台为中心的解剖实验室,如SARS尸体解剖实验室。

3.2.5 压力蒸汽灭菌器

1. 结构

压力蒸汽灭菌器根据蒸汽管在灭菌锅内的位置不同有套层式、套管式之分。前者的蒸汽管在灭菌锅腔体外,是经典的方式,具有不占容积、便于灭菌物品排放和便于灭菌锅维护的特点。后者的蒸汽管在灭菌锅腔体内,具有加工较方便,传热面积广、加热更直接迅速的特点。根据冷空气排放方式的不同,压力蒸汽灭菌器分为下排气式压力蒸汽灭菌器和预真空压力蒸汽灭菌器两大类。下排气式压力蒸汽灭菌器也称重力置换式压力蒸汽灭菌器,其灭菌是利用重力置换的原理,使热蒸汽在灭菌器中从上而下,将冷空气由下排气孔排出,排出的冷空气由饱和蒸汽取代,利用蒸汽释放的潜热使物品达到灭菌。预真空压力蒸汽灭菌器的灭菌原理是利用机械抽真空的方法,使灭菌柜室内形成负压,蒸汽得以迅速穿透物品并在物品内部进行灭菌。根据预真空压力蒸汽灭菌器抽真空次数的多寡,分为预真空和脉动真空两种,后者因多次抽真空,空气排除更彻底,效果更可靠。

2. 原理

压力蒸汽灭菌是最常用的高温湿热灭菌方法。对生物材料有良好的穿透力,能造成蛋白质变性凝固而使微生物死亡。布类、木质物、玻璃器皿、金属器皿、胶和某些培养液都可以用这方法灭菌。灭菌的直接因素是温度而不是压力,常用的是121℃以上20 min,这是以芽孢杆菌的芽孢灭活温度而设定的,具体的条件根据培养基和灭菌要求的不同而有所不同。当锅内压强达到0.1 MPa,也就是100 kPa以上时才开始计时;保持压强在100 kPa以上30 min才能达到灭菌效果。

3. 作用和注意事项

由于高压蒸汽灭菌的目的在于保证无菌操作,围绕此目的有如下条款务必注意:

(1) 检查包装的完整性,若有破损不可作为无菌物品使用。

(2) 湿包和有明显水渍的包不作为无菌包使用;启闭式容器,检查筛孔是否已关闭。

(3) 每批灭菌处理完成后,应按流水号登册,记录灭菌物品包的种类、数量、灭菌温度、作用时间和灭菌日期与操作者等。有温度、时间记录装置的,应将记录纸归档备查。

(4) 合格的灭菌物品,应标明灭菌日期,合格标志。

(5) 灭菌后的物品,应放入洁净区的柜橱或架子上、推车内;柜橱或架子应由不易吸潮、表面光洁的材料制成,表面再涂以不易剥蚀脱落的涂料,使之易于清洁和消毒。

(6) 灭菌后物品储存的有效期受包装材料、封口的严密性、灭菌条件和储存环境等诸多因素影响。对于棉布包装材料、牛皮纸和开启式容器,建议温度在25℃以下时保存7~14 d,潮湿多雨季节应缩短天数。对于一次性无纺布、一次性包装纸和纸塑包装材料,其有效期为一年以上。

3.3 各级实验室物理防护设备的配置和选型

3.3.1 一级生物安全实验室

要求较低,不需要物理隔离分区。对高压灭菌器和离心机安全罩没有要求,操作要求Ⅰ型生物安全柜。具有开放实验台。

3.3.2 二级生物安全实验室

1. 物理隔离分区

用物理隔断(包括墙体)和密封门把实验室与公共的外环境隔离开,如BSL-2实验室用自动关闭的门把实验室与公共走廊隔离开。

2. 生物安全柜

各实验室根据实际情况选用合适的Ⅱ级生物安全柜。生物安全柜应安装在BSL-2实验室内气流流动小、人员走动少、离门和中央空调送风较远的地方。生物安全柜的周围应有一定的空间,与墙壁至少保持30 cm的距离,便于清洁环境卫生。

3. 高压灭菌器

选择立式或台式不排气（产生的蒸汽被回收）的高压灭菌器。可放置在实验室内或门外。

4. 洗眼器

根据实验室实验活动的内容，确定是否需要安装洗眼器。如果需要，应安装在 BSL-2 实验室内靠近出口的地方。

3.3.3　三级生物安全实验室

1. 物理隔离分区

BSL-3 实验室由外向里可以划分为清洁区（更衣、淋浴）、缓冲区 I、半污染区（准备间）、缓冲区 II 和核心区（实验操作区）5 个区域，核心区设在最里面，非污染区设在周围，半污染区置于中间。缓冲区 I 连接清洁区和半污染区；缓冲区 II 连接半污染区和核心区。缓冲区的两扇门应为互锁，即同一时间只能打开一扇门。此种系统加上负压通风，可以保证实验室内空气的定向流动，即气流方向永远是非污染区—半污染区—核心区。

2. 负压通风过滤技术

在 BSL-3 实验室通风系统设计中，要求各区室内的气压保持一定的压力梯度，使空气只能由清洁区流向核心区，呈单向流动。BSL-3 实验室核心区和半污染区的空气一律要经过 HEPA 过滤后才能排放，因此 HEPA 安装的位置很重要。原则是应尽量缩小空气污染的范围，即滤器应尽可能靠近污染源，按照 GB 19489—2004 的要求。BSL-3 实验室应从顶部送风，从下面排风，且送风口和排风口呈对角分布。应特别强调的一点是，BSL-3 实验室排风口的 HEPA 应安装在排风口的最前端，使核心区和半污染区内的空气在排出房间前已被净化。如果 BSL-3 实验室排风口的 HEPA 安装在排风管道的末端或者安装在远离排风口的排风口前端，则会造成排风管道的污染，且一旦污染很难消毒。

3. 生物安全柜

BSL-3 实验室必须安装和使用生物安全柜，并且根据病原微生物实验活动的内容的不同，选择不同类型的生物安全柜。II 级生物安全柜应安装在 BSL-3 实验室内气流流动小、人员走动少、离门和中央空调送风口较远的地方。生物安全柜的周围应留有一定的空间至少距墙 30 cm，便于清洁环境卫生。

4. 高压灭菌器

在三级生物安全实验室的半污染区和清洁区之间，适合安装双门生物安全型高压灭菌器，即高压灭菌器跨墙安装，双门互锁结构，且对高压产生的蒸汽具有回收再高压的性能。高压灭菌器的安装，必须确保高压灭菌器与墙体之间的密封,不能够有一点泄露。污染区内应设置不排蒸汽的高压蒸汽灭菌器或其他消毒装置。

5. 离心机安全罩

是否需要离心机安全罩取决于离心机的类型。如果是传统型的离心机,最好安装离心机安全罩;如果离心机是新式生物安全型的,即负压离心机或有离心杯帽的离心机,则不需要离心机安全罩。离心机和安全罩都应该靠近排风口。

6. 洗手装置

应在污染区和半污染区出口处设洗手装置。洗手装置的供水应为非手动开关。供水管应安装防回流装置。下水道应与建筑物的下水管线完全隔离,且有明显标志。下水应直接通往独立的液体消毒系统集中收集后消毒处理。

3.3.4 四级生物安全实验室

1. 物理隔离分区

参照 3.3.3 的内容。

2. 负压通风过滤技术

参照 3.3.3 的内容。

3. 生物安全柜

四级生物安全实验室必须安装和使用生物安全柜,应根据病原微生物实验内容的不同选择Ⅱ级 B 型和Ⅲ级两种不同类型的生物安全柜。在正压防护服型的四级生物安全实验室内,可以选择Ⅱ级生物安全柜;在生物安全柜型四级安全实验室内,选择Ⅲ级生物安全柜;在混合型四级生物安全实验室,选择Ⅲ级生物安全柜。

4. 高压灭菌器

在半污染区和清洁区的墙上或者在半污染区和污染区的墙上,设置不排蒸汽的双门高压灭菌器和浸泡消毒渡槽或熏蒸消毒室或带有消毒装置的通风互锁传递窗,以便传递或消毒不能从更衣室携带进出的材料、物品和器材。高压灭菌器的安装,必须确保高压灭菌器与墙体之间的密封,不能够有一点泄露。污染区和半污染区墙上设置不排蒸汽的双门高压灭菌器应与Ⅲ级生物安全柜直接相连。

参考文献

1. 世界卫生组织.实验室生物安全手册(中文版).3 版.北京:中国疾病预防控制中心,2005.
2. 上海市临床检验中心.生物安全手册.上海:上海市临床检验中心,2004.
3. 曲连东,张永江.动物实验的生物安全与防护.北京:中国农业科学技术出版社,2007.
4. 许钟麟,王清勤.生物安全实验室与生物安全柜.北京:中国建筑工业出版社,2004.

5. 李劲松.生物安全柜应用指南——原理、使用和验证.北京:化学工业出版社,2005.
6. 世界卫生组织.实验室生物安全手册(修订本).2版.陆兵,等译.北京:人民卫生出版社,2004.
7. 中华人民共和国国务院.病原微生物实验室生物安全管理条例.2004.
8. 实验室生物安全通用要求标准实用手册.长春:吉林科学技术出版社,2007.
9. 中华人民共和国卫生部.人间传染的高致病性病原微生物实验室和实验活动生物安全审批管理办法(第50号).2006.
10. 中华人民共和国农业部.高致病性动物病原微生物实验室生物安全管理审批办法(第52号).2005.
11. 中国实验室国家认可委员会(CNAL).实验室生物安全通用准则.2005.
12. 中国合格评定国家认可委员会.实验室生物安全认可准则.2006.
13. 郑振辉,周淑佩,彭双清.实用医学实验动物学.北京:北京大学医学出版社,2008.
14. CDC/NIH.Biosafety in the Microbiological and Biomedical Laboratories. 4th ed.Washington:US Government Printing Office,1995.
15. U.S. Department of Health and Human Services. Biosafety in Microbiological and Biomedical Laboratories. Washington:US Government Printing Office,2007.
16. WHO.Laboratory Biosafety Manual. 3rd ed.Geneva:WHO[EB/OL],2004.
17. UCSD EH&S Biosafety Team.UCSD Biosafety Handbook.The University of California,1996.

(邓红雨)

第四章　实验室生物安全防护设施

实验室生物安全防护的内容包括安全设备、个体防护装置和措施(一级防护),实验室的特殊设计和建设要求(二级防护),严格的管理制度和标准化的操作程序和规程。

1. 个体防护装置和安全设备

生物安全设备和个体防护装置是确保实验工作人员不与致病微生物和病原直接接触的一级屏障。安全实验室主要的生物安全设备包括生物安全柜、排风净化装置以及必要的个体防护用品。生物安全柜是最为重要的生物安全设备,形成主要的安全屏障,根据不同实验的需要分为Ⅰ、Ⅱ、Ⅲ级生物安全柜,用于进行可能导致致病微生物和毒素泄露的实验操作,而且,不得用超净台代替生物安全柜。必要时,实验室需要配备其他的安全设备,如排气罩用来排风净化,确保致病微生物不会逸出,以及使用安全密闭的离心杯以确保安全。个人防护设备包括隔离衣、安全眼镜、面罩及洗眼机等。

2. 实验室的特殊设计和建设要求

主要包括实验室的选址、平面布置、围护结构、通风空调、安全装置及特殊设备等设计与建造的特殊要求。

3. 标准化的操作程序和规程

不同等级的生物安全实验室制订有不同的管理制度以及标准化的操作程序和规程,包括标准的安全操作规程和针对不同病原微生物和毒素所制订的特殊化的安全操作规程。这些必须在实验室的生物安全手册中明确列出并加以执行。

严格的管理制度,分为实验室基本管理制度和特殊管理制度。

(1) 实验室基本管理:① 实验室应合理设置清洁区、半污染区和污染区。② 与实验无关的物品和人员不准进入实验室。③ 不得在实验室内进行与实验无关的活动。④ 实验室工作人员、外来合作者以及进修学习人员等在进入实验室前都必须经过实验室主任的批准。⑤ 实验室工作人员必须接受过良好的专业教育,并在独立开展工作之前接受实验室中高级技术人员的培训指导并达到合格标准。⑥ 实验室工作人员需要接受实验室安全教育并使之了解在实验室工作的潜在危险,自愿从事实验室工作。⑦ 实验室工作人员必须遵守实验室的规章制度和操作规范。⑧ 对于在三级和四级生物安全实验室工作的人员,开展工作前并须保留本底血清以便定期复检,并接受相关疫苗的注射。

(2)实验室特殊管理:① 对于可能的危险因素,设计针对性的安全工作程序,并事先进行专门的培训和模拟训练。② 能够提供紧急救助和专业治疗措施,足以应付紧急事件。

4. 实验室事故的紧急处理

实验室工作人员在操作过程中发生安全事故,应根据事故的不同类型立即进行紧急处理。具体措施必须形成书面文件并严格遵守执行。详细记录事故经过和损伤的具体部位及程度,同时,必须向相关领导和专家汇报。应填写正式的事故登记表,并按规定报告给国家相应级别的卫生主管部门。

(1)范围:具体来讲,生物安全防护涉及的领域和学科非常广泛,是系统复杂的工程,是多层次、多部门、多学科有机配合才能做好的一项非常重要的工作。① 从生物安全理论上讲,涉及气溶胶学(主要是微生物气溶胶的发生、扩散、存活以及人体暴露和个人防护等)和空气动力学等。② 从物理防护原理分析,涉及 HEPA 过滤、消毒和灭菌、屏障隔离和围场操作等。③ 从生物角度讲,实验室生物安全属于生物医学,其中,涉及微生物学(病毒、细菌、真菌、毒素等)、传染病学(人、畜)、流行病学、实验动物学、生物工程和医疗仪器等。④ 从管理角度来分析,属于管理学(条例、制度等),涉及各层领导、法规规制定部门、技术监督等部门。⑤ 从规划上讲,涉及环境保护和环境评价。⑥ 从工学角度来看,属于建筑和装饰工程学,包括土建、水暖、空调、强电、弱电、安全监控、自动化等。

(2)分类和分级(表4.1)

表 4.1 与微生物危险度等级相对应的生物安全水平、操作和设备

危险度等级	生物安全水平	实验室类型	实验室操作	安全设施
1级	基础实验室——一级生物安全水平	基础教学和研究	GMT**	不需要;开放实验台
2级	基础实验室——二级生物安全水平	初级诊断服务和研究	GMT**加防护服、生物危害标志	开放实验台,此外需要BSC*用于防护可能生成的气溶胶
3级	防护实验室——三级生物安全水平	特殊诊断和研究	在二级生物安全防护水平上增加特殊的防护服、进入制度、定向气流	BSC*和/或其他所有实验室工作所需的基本设备

续表

危险度等级	生物安全水平	实验室类型	实验室操作	安全设施
4级	最高防护实验室——四级生物安全水平	危险病原体研究	在三级生物安全防护水平上增加气锁入口、出口淋浴、污染物品的特殊处理	Ⅲ级BSC*或Ⅱ级BSC*，并穿着正压服、双开门高压灭菌器（穿过墙体）、经过滤的空气

* BSC：生物安全柜。

** GMT：微生物学操作技术规范。

① 危险度1级——基础实验室（一级生物安全防护实验室）：

适用于对健康成年人已知无致病作用，并且对于个人和环境都没有明显潜在危害的微生物。一级生物安全实验室无需与同一建筑物内的其他一般区域隔离开，所有工作都在开放的实验台上进行，并运用标准的微生物学操作技术。如果没有特殊的微生物危险，实验室内不需要特殊结构设计和安全设备以达到封锁隔离效果。实验室工作人员必须接受相关操作的培训以及高级科研人员的指导。根据其自身特点，一级生物安全实验室主要应用于普通的微生物实验教学和研究。

② 危险度2级——基础实验室（二级生物安全防护实验室）：

在一级生物安全实验室的基础上建设，是用于对个人和环境有中度潜在危害的病原微生物。与一级生物安全实验室有以下不同点：a. 实验室工作人员必须在工作开展前接受专业培训，并由能够胜任病原微生物操作的科技人员进行指导。b. 在二级生物安全实验室内开展工作时，人员的出入将受到限制。c. 在进行能够引起感染性气溶胶和溅出物的操作时，必须在生物安全柜中或其他的隔离限制设备中完成。二级生物安全实验室适用于初步卫生服务、医疗诊断和研究。

③ 危险度3级——屏障实验室（三级生物安全防护实验室）：

实验室结构和设施、安全操作规程及安全设备适用于主要通过呼吸途径使人感染严重甚至是致死疾病的致病微生物及其毒素，通常已有预防传染的疫苗。艾滋病病毒的研究（血清学实验除外）应在三级生物安全防护实验室中进行。实验室工作人员必须接受操作潜在致死病原的专业培训，而且必须在合格的实验技术人员的指导下完成。所有对于潜在感染对象的操作都应在生物安全柜或其他的隔离限制设备中完成，对于实验室工作人员，要配备相关个人防护设备，如穿上防护服。三级生物安全实验室具有特殊的建筑结构和设计特点，适用于专门的诊断、治疗、教学研究和生产设施。

④ 危险度4级——屏障实验室(四级生物安全防护实验室):

实验室结构和设施、安全操作规程及安全设备适用于对人体具有高度的危险性,通过气溶胶途径传播或传播途径不明,目前尚无有效的疫苗或治疗方法的致病微生物及其毒素。与上述情况类似的不明微生物,也必须在四级生物安全防护实验室中进行。待有充分数据后再决定此种微生物或毒素应在四级还是在较低级别的实验室中处理。实验室所有人员必须已经接受操作高度致病性病原的理论和技术培训,充分理解标准操作规程和特殊操作规程的初级和二级隔离防护功能,熟悉实验室各种生物安全设备和实验室的结构布局和设计特点。实验室所有工作人员和管理人员都必须达到能够在四级生物安全水平上按照规范操作病原微生物。进入四级生物安全实验室需要得到实验室管理人员的许可以及符合研究单位的政策规定。

四级生物安全实验室有两种模型:柜式(cabinet laboratory),对病原的操作全部在Ⅲ级生物安全柜中进行;服式(suit laboratory),所有实验室工作必须穿着正压防护服。

四级生物安全实验室具有专门的工程设计特点,以确保微生物无法从实验室扩散到周围环境中。

实验脊椎动物生物安全防护实验室,其适用的微生物范围与同级的一般生物安全防护实验室相同。

(3) 作用(构成二级防护)

生物安全实验室通过结合生物安全设备(一级防护屏障)以及生物安全设施构成二级防护屏障,通过二者的不同组合构成四级防护水平。生物安全实验室可以保证研究人员不受实验因子的伤害,保护环境和公众的健康,保护实验因子不受外界因子的污染,是建立科学、安全的研究传染病的平台,以便人类彻底战胜各种传染病,更好地贯彻国务院颁布的《病原微生物实验室生物安全管理条例》。

4.1 一级生物安全实验室(BSL-1)

1. 进入实验室的规定

(1) 在处理危险度2级或更高危险度级别的微生物时,在实验室门上应标有国际通用的生物危害警告标志。

(2) 只有经批准的人员方可进入实验室工作区域。儿童不应被批准或被允许进入实验室工作区域。

(3) 实验室的门应保持关闭。

(4) 进入动物房应当经过特别批准。

（5）与实验室工作无关的动物不得带入实验室。

2. 实验人员的自我防护

（1）在实验室工作时，任何时候都必须穿着连体衣、隔离服或工作服。

（2）在进行可能直接或意外接触到血液、体液及其他具有潜在感染性实验材料或动物的操作时，应戴上合适的手套。手套用完后，应先消毒再摘除，随后必须洗手。在处理完感染性实验材料和动物后以及在离开实验室工作区域前，都必须洗手。

（3）为了防止眼睛或面部受到泼溅物、碰撞物或人工紫外线辐射的伤害，必须戴安全眼镜、面罩(面具)或其他防护设备。

（4）严禁穿着实验室防护服离开实验室，如去餐厅、咖啡厅、办公室、图书馆、员工休息室和卫生间等。不得在实验室内穿露脚趾的鞋子。禁止在实验室工作区域进食、饮水、吸烟、化妆和处理隐形眼镜。禁止在实验室工作区域储存食品和饮料。实验室用品应该与日常生活用品隔离放置。

3. 操作规范

（1）所有的技术操作要按尽量减少气溶胶和微小液滴形成的方式来进行。

（2）应限制使用皮下注射针头和注射器。除了进行肠道外注射或抽取实验动物体液，皮下注射针头和注射器不能用于替代移液管或用作其他用途。

（3）必须制订关于如何处理溢出物的书面操作程序，并予以遵守执行。

（4）污染的液体在排放到生活污水管道以前必须清除污染(采用化学或物理学方法)。根据所处理的微生物因子的危险度评估结果，可能需要准备污水处理系统。

（5）出现溢出、事故以及明显或可能暴露于感染性物质时，必须向实验室主管报告。实验室应保存这些事件或事故的书面报告。

4. 实验室工作区管理规则

（1）实验室应保持清洁整齐，严禁摆放和实验无关的物品。

（2）发生具有潜在危害性的材料溢出以及在每天工作结束之后，都必须清除工作台面的污染。

（3）所有受到污染的材料、标本和培养物在废弃或清洁再利用之前，必须清除污染。

（4）在进行包装和运输时必须遵循国家和/或国际的相关规定。

（5）如果窗户可以打开，则应安装防止节肢动物进入的纱窗。

5. 基本生物安全设备

（1）移液辅助器。

（2）生物安全柜。在以下情况使用：

① 处理感染性物质：如果使用密封的安全离心杯，并在生物安全柜内装样、

取样,则这类材料可在开放实验室离心。

② 空气传播感染的危险增大时。

③ 进行极有可能产生气溶胶的操作时(包括离心、研磨、混匀、剧烈摇动、超声破碎、打开内部压力和周围环境压力不同的盛放有感染性物质的容器、动物鼻腔接种以及从动物或卵胚采集感染性组织)。

(3) 一次性塑料接种环。也可在生物安全柜内使用电加热接种环,以减少生成气溶胶。

(4) 螺口盖试管及瓶子。

(5) 用于清除感染性材料污染的高压灭菌器或其他适当工具。

在投入使用前,高压灭菌器和生物安全柜等设备必须用正确方法进行验收。应参照生产商的说明书定期检测化学品、火、电、辐射以及仪器设备安全。

6. 建设特征及要求

(1) 典型的一级生物安全水平实验室如图4.1所示。无需特殊选址,选择普通建筑物即可,但应有防止节肢动物和啮齿动物进入的设计。

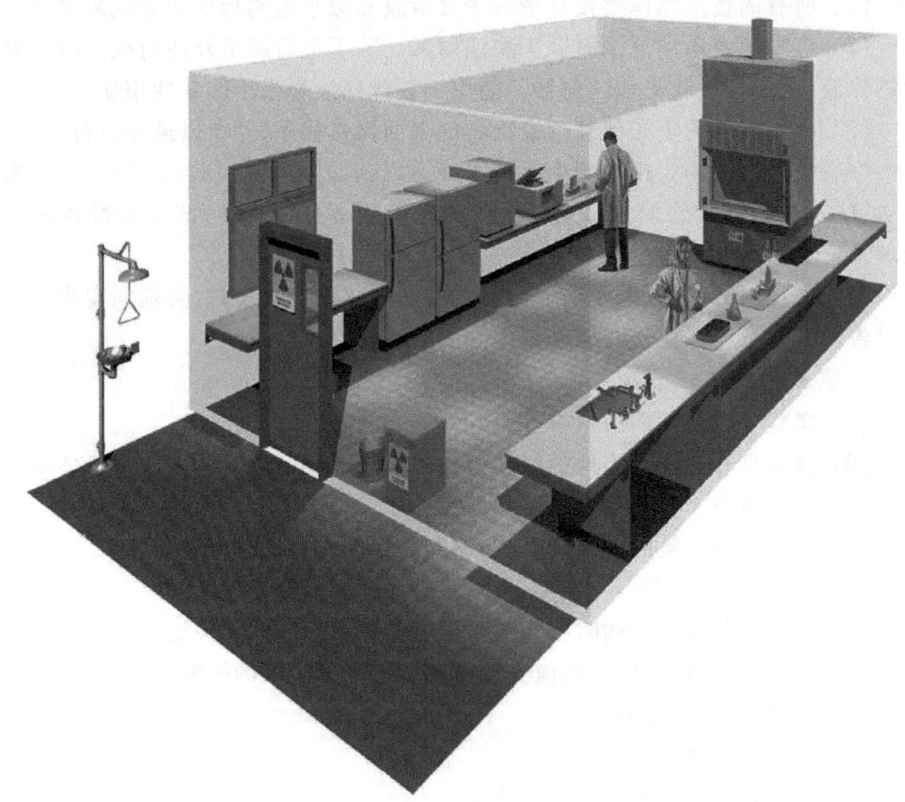

图4.1 典型的一级生物安全水平实验室

(2) 必须为实验室的安全运行、清洁和维护提供足够的空间。

(3) 每个实验室应设洗手池,宜设置在靠近出口处。

(4) 实验室的墙壁、天花板和地面应平整、易清洁、不渗水、耐化学品和消毒剂的腐蚀。地面应防滑,不得铺设地毯。

(5) 实验台面应防水,耐腐蚀、耐热。

(6) 实验室中的橱柜和实验台应牢固。橱柜和实验台彼此之间应保持一定距离,以便于清洁。

(7) 实验室内应保证工作照明,避免不必要的反光和强光。

(8) 实验室如有可开启的窗户,应设置纱窗。

(9) 应有适当的消毒设备。

(10) 应当有足够的储存空间来摆放随时使用的物品,以免实验台和走廊内混乱。在实验室的工作区外还应当提供另外的可长期使用的储存间。

(11) 应当为安全操作及储存溶剂、放射性物质、压缩气体和液化气等提供足够的空间和设施。

(12) 在实验室门口处应设挂衣装置,个人便装与实验室工作服分开放置。在实验室的工作区外应当有存放外衣和私人物品的设施。

(13) 在实验室的工作区外应当有进食、饮水和休息的场所。

4.2 二级生物安全实验室(BSL-2)

典型的二级生物安全防护实验室如图 4.2 所示。

在生物安全柜中进行可能发生气溶胶的操作程序。门保持关闭并贴上适当的危险标志。潜在被污染的废弃物同普通废弃物隔开。

(1) 满足一级生物安全实验室的要求。

(2) 实验室门应带锁并可自动关闭。实验室的门应有可视窗。

(3) 应有足够的存储空间摆放物品以方便使用。在实验室工作区域外还应当有供长期使用的存储空间。

(4) 在实验室内应使用专门的工作服,戴乳胶手套。

(5) 在实验室所在的建筑内应配备高压蒸汽灭菌器,并按期检查和验证,以保证符合要求。

(6) 应在实验室内配备生物安全柜。

(7) 应设洗眼设施,必要时应有应急喷淋装置。

(8) 应通风,如使用窗户自然通风,应有防虫纱窗。

(9) 有可靠的电力供应和应急照明。必要时,重要设备,如培养箱、生物安全柜、冰箱等,应设备用电源。

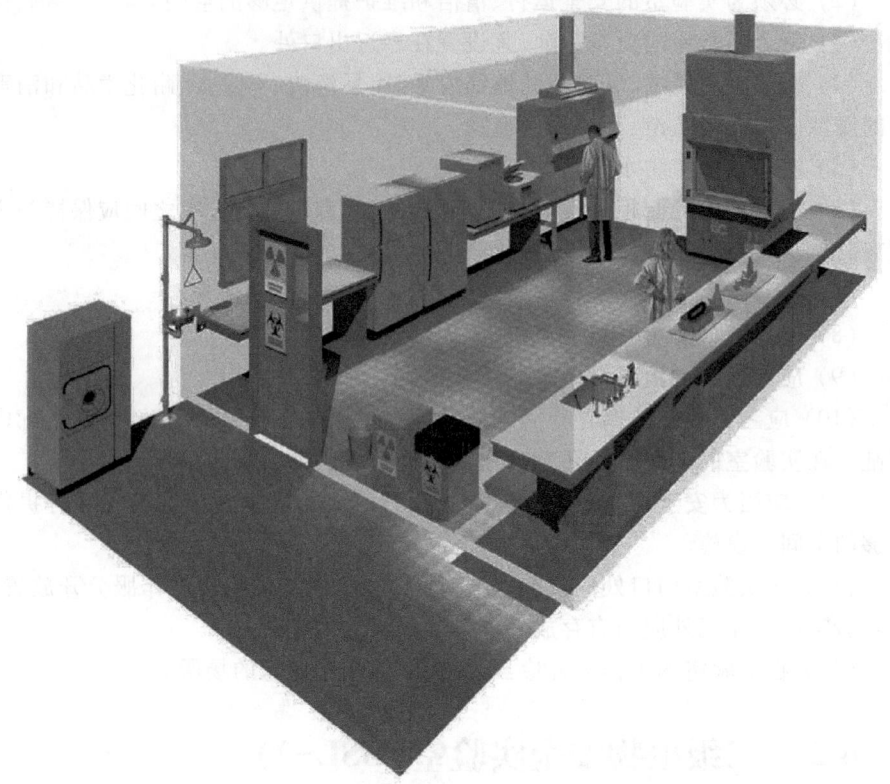

图 4.2 典型的二级生物安全水平实验室

(10) 实验室出口应有在黑暗中可明确辨认的标识。

(11) 在实验室的工作区域外应有存放个人衣物以及用品的条件。

4.3 三级生物安全实验室(BSL-3)

典型的三级生物安全防护实验室如图 4.3 所示。实验室应在建筑物中自成隔离区(有出入控制)或为独立建筑物。实验室与公共通道分开并通过缓冲间(双门入口或二级生物安全水平的基础实验室)或气锁室进入。处理废弃物前,在实验室内先进行高压灭菌以清除污染。应有非手控的水槽。形成向内气流,而且涉及感染性材料的全部操作应在生物安全柜中进行。

1. 布局组成

(1) 实验室应与同一建筑物内自由活动区域分隔开,具体办法可将实验室置于走廊的盲端,或设隔离区和隔离门,或经缓冲间(即双门通过间或二级生物安全水平的基础实验室)进入。

4.3 三级生物安全实验室(BSL-3)   ·63·

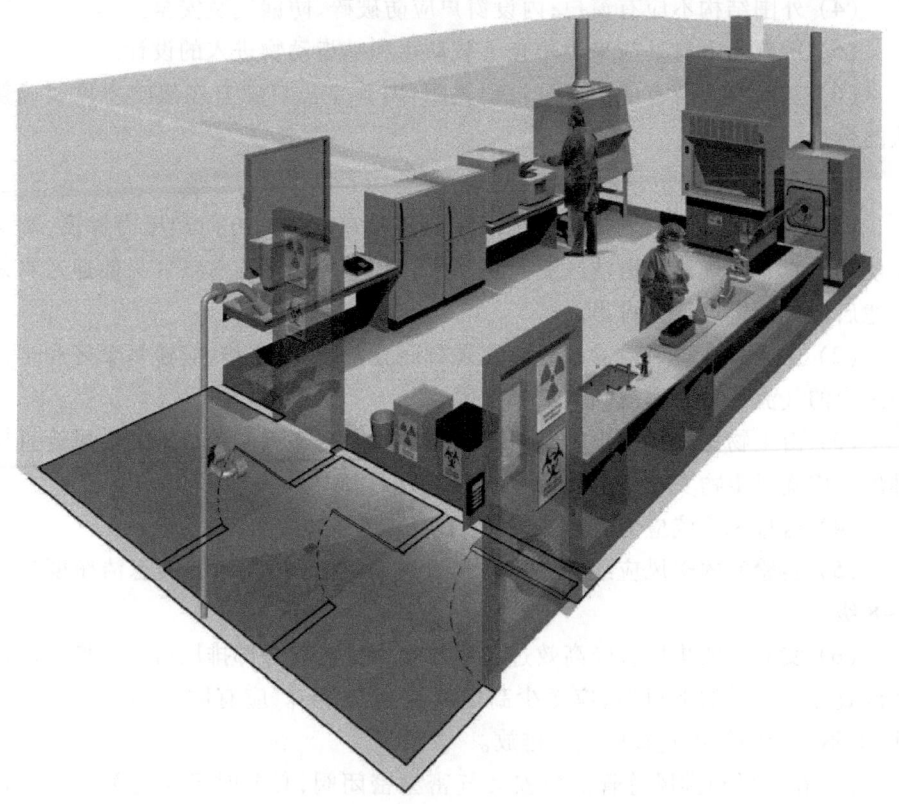

图 4.3 典型的三级生物安全水平实验室

（2）实验室由清洁区、半污染区和污染区组成。污染区和半污染区之间应设缓冲间。必要时，半污染区和清洁区之间也需要设缓冲间。缓冲间是一个在实验室和邻近空间保持压差的专门区域，其中，应设有分别放置洁净衣服和脏衣服的设施，而且也可能需要有淋浴设施。缓冲间的门可自动关闭且互锁，以确保某一时间只有一扇门是开着的。应当配备能被击碎的面板供紧急撤离时使用。在半污染区应供紧急撤离使用的安全门。

（3）污染区与半污染区之间、半污染区和清洁区之间应设置传递窗，传递窗双门不能同时处于开启状态，传递窗内应设物理消毒装置。

2. 围护结构以及性能

（1）实验室围护结构内表面应光滑、耐腐蚀、防水，以易于消毒清洁；所有缝隙应可靠密封，防震、防火。

（2）围护结构外围墙体应有适当的抗震和防火能力。

（3）天花板、地板、墙间的交角均为圆弧形且可靠密封。地面应防渗漏、无接缝、光洁、防滑。

（4）外围结构不应有窗户；内设窗户应防破碎、防漏气及安全。

（5）所有出入口处应采用防止节肢动物和啮齿动物进入的设计。

（6）实验室内所有的门应可自动关闭；实验室出口应有在黑暗中可明确辨认的标识。

3. 送排风系统

（1）应安装独立的送排风系统以控制实验室的气流方向和压力梯度，确保在使用实验室时气流由清洁区流向污染区，同时，确保实验室空气只能通过高效过滤后经专用排风管道排出。

（2）送风口和排风口的布置应该是对面分布，上送下排，应使污染区和半污染区内的气流死角和涡流降至最小程度。

（3）由生物安全柜排出的经内部高效过滤的空气可通过系统的排风管直接排出。应确保生物安全柜与排风系统的压力平衡。

（4）送排风系统应为直排式，不得采用回风系统。

（5）实验室的送风应经初、中、高3级过滤，保证污染区的静态洁净度达到7~8级。

（6）实验室的排风应经高效过滤后向空中排放。外部排风口应远离送风口并设置在主导风的下风向，应至少高出所在建筑2 m。应有防雨、防鼠、防虫设计，但不应影响气体直接向上空排放。

（7）在送风和排风总管处应安装气密型密闭阀，必要时可完全关闭以进行室内化学熏蒸消毒。

（8）高效空气过滤器应安装在送风管道的末端和排风管道的前端。

（9）通风系统和高效空气过滤器的安装应符合气密性要求，并且牢固。高效过滤器在更换前需要消毒，或采用可在气密袋中进行更换的过滤器，更换后应立即进行消毒或焚烧。每台高效过滤器在安装、更换、维护后都应按照经确认的方法进行检测，运行后每年至少进行一次检测从而确保其性能。

（10）应安装风机和生物安全柜启动自动联锁装置，确保实验室内不出现正压和确保生物安全柜内气流不倒流。排风机一备一用。

（11）在污染区和半污染区内不应另外安装分体空调、暖气和电风扇等。

4. 环境参数

（1）相对室外大气压，污染区气压为-40 Pa（名义值），并与生物安全柜等装置内气压保持安全合理压差。保持定向气流并保持各区之间气压差均匀。

（2）实验室内的温度和湿度符合工作要求且适合于人员工作。

（3）实验室的人工照明应符合工作要求。

（4）实验室内噪声水平应符合国家相关标准。

5. 特殊设备及装置

(1) 配备符合安全以及工作要求的Ⅱ级或Ⅲ级生物安全柜,其安装位置应离开污染区入口和频繁走动区域。

(2) 低温高速离心机或其他可能产生气溶胶的设备应置于负压罩或其他排风装置(通风橱、排气罩等)之中,其可能产生的气溶胶经高效过滤后排出。

(3) 污染区内应设置不排蒸汽的高压蒸汽灭菌器或其他消毒装置。

(4) 在实验室入口处的明显位置设置带报警功能的室内压力显示装置,显示污染区和半污染区的负压状况。从而当负压值偏离控制区间时可以通过声、光等手段向实验室内外的人员发出警报。还应设置装备显示高效过滤器气流阻力。

(5) 配置备用电源以确保实验室工作期间有不间断的电力供应。

(6) 在污染区和半污染区出口处设洗手装置。洗手装置的供水应为非手动开关。供水管应安装防回流装置。不得在实验室内安设地漏。下水道应与建筑物的下水管线完全隔离且有明显标识。下水应直接通往独立的液体消毒系统统一收集,经有效消毒后处理。

6. 其他

(1) 实验台表面应防水,耐腐蚀、耐热。实验室中的家具应牢固。为便于清洁,实验室设备彼此之间应保持一定距离。

(2) 实验室所需压力设备(如泵、压缩气体等)不应影响室内负压的有效梯度。

(3) 实验室应设置通讯系统。实验记录等资料应通过传真机、计算机等手段发送至实验室外。

(4) 清洁区设置淋浴装置。必要时,在半污染区设置紧急消毒淋浴装置。

除此之外,在三级生物安全水平实验室中选择设备的原则,与二级生物安全水平的基础实验室一样。但在三级生物安全水平,所有和感染性物质有关的操作均需在生物安全柜或其他基本防护设施中进行。像离心机等需要另外配置防护用附件(如安全离心桶或防护转子)的仪器需要进行特别考虑。有些离心机或其他设备(如用于感染性细胞的分选仪器)可能需要再局部另外安装带有HEPA的排风系统以达到有效的防护效果。

4.4 四级生物安全实验室(BSL-4)

1. 操作规范

除下列修改及添加以外,应采用三级生物安全水平的操作规范。

(1) 实行双人工作制,任何情况下严禁任何人单独在实验室内工作。这一点在防护服型四级生物安全水平实验室中工作时尤其重要。

（2）在进入实验室之前以及离开实验室时，要求更换全部衣服和鞋子。

（3）工作人员要接受人员受伤或疾病状态下紧急撤离程序的培训。

（4）在四级生物安全水平的最高防护实验室中的工作人员与实验室外面的支持人员之间必须建立常规情况和紧急情况下的联系方法。

2. 实验室的设计和设施

三级生物安全水平的防护实验室的要求也适用于四级生物安全水平的最高防护实验室，但需增加以下几点：

（1）基本防护

必须配备由下列一种或几种组合而成的、有效的基本防护系统。

① Ⅲ级生物安全柜型实验室：在进入有Ⅲ级生物安全柜的房间（安全柜房间）前，要先通过至少有两道门的通道。在该类实验室结构中，由Ⅲ级生物安全柜来提供基本的防护。实验室必须配备带有内外更衣间的个人淋浴室。对于不能从更衣室携带进出安全柜型实验室的材料和物品，应通过双门结构的高压灭菌器或熏蒸室送入。只有在外门安全锁闭后，实验室内的工作人员才可以打开内门取出物品。高压灭菌器或熏蒸室的门采用互锁结构，除非高压灭菌器运行了一个灭菌循环，或已清除熏蒸室的污染，否则外门不能被打开。

② 防护服型实验室：自带呼吸设备的防护服型实验室，在设计和设施上与配备Ⅲ级生物安全柜的四级生物安全水平实验室有明显区别。防护服型实验室的房间布局设计为人员可以由更衣室和清洁区直接进入操作感染性物质的区域。必须配备清除防护服污染的淋浴室，以供人员离开实验室时使用；还需另外配备有内外更衣室的独立的个人淋浴室。进入实验室的人员还需穿着一套正压的、供气经HEPA过滤的连身防护服。防护服的空气必须由双倍用气量的独立气源系统供给，以备紧急情况下使用。人员通过装有密封门的气锁室进入防护服型实验室。必须为在防护服型实验室内工作的人员安装适当的报警系统，以备发生机械系统或空气供给故障时使用。

（2）进入控制

四级生物安全水平的最高防护实验室必须位于独立的建筑内，也可以是在一个安全可靠的建筑中明确划分出来的区域内。人员或物品的进出必须经过气锁室或通过系统。人员进入时，需更换全部衣服；而离开时，应先沐浴，再穿上自己的日常服装。

（3）通风系统控制

设施内应保持负压。供风和排风均需经HEPA过滤。Ⅲ级生物安全柜型实验室和防护服型实验室的通风系统有显著差异，这体现在以下方面。

① Ⅲ级生物安全柜型实验室：通入Ⅲ级生物安全柜的气体可以来自室内，

并经过安装在生物安全柜上的 HEPA,或者由供风系统直接提供。从Ⅲ级生物安全柜内排出的气体在排到室外前需要经两个 HEPA 的过滤。处于工作状态时,安全柜内相对于周围环境应始终保持负压。应为安全柜型实验室安装专用的直排式通风系统。

② 防护服型实验室:需要配备专用的房间供风和排风系统。通风系统中的供风和排风部分需保持相互平衡,以在实验室内产生由最小危险区流向最大潜在危险区的定向气流。还应配备更强的排风扇,以确保设施内始终处于负压。必须监测防护服型实验室内部不同区域之间及实验室与毗连区域间的压力差。必须监测通风系统中供风和排风部分的气流,同时安装适宜的控制系统,以防止防护服型实验室内的压力上升。供风经 HEPA 过滤后输送至防护服型实验室、用于清除污染的浴室以及用于清除污染的气锁室或传递室内。防护服型实验室的排风必须通过两个串联的 HEPA 过滤后才能释放到室外,或者在经过两个 HEPA 过滤后再循环使用,但仅限于防护服型实验室内。

在任何情况下,四级生物安全水平实验室所排出的气体均不能循环至其他区域。如果选择在防护服型实验室内循环使用空气,那么在操作中要极度谨慎,必须要考虑所进行研究的类型、在防护服型实验室中所使用的仪器、化学品及其他材料,以及研究中所使用动物的种类。所有的 HEPA 必须每年进行检查、认证。HEPA 支架的设计使得过滤器在拆除前可以原地清除污染。也可以将过滤器装入密封的、气密的原装容器中以备随后进行灭菌或焚烧处理。

(4)污水的净化消毒

所有源自防护服型实验室、用于清除污染的传递间、用于清除污染的浴室或Ⅲ级生物安全柜的污水,在最终排往下水道之前,必须经过净化消毒处理。首选加热消毒(高压灭菌)法。污水在排出前,还需将 pH 调至中性。个人淋浴室和卫生间的污水可以不经过任何处理直接排到下水道中。

(5)废弃物和用过物品的灭菌

实验室内必须配备双门、传递型高压灭菌器。对于不能进行蒸汽灭菌的仪器、物品,应提供其他清除污染的方法。

(6)气锁室

必须要有供标本、实验用品以及动物进入的气锁室。

(7)电源

必须配备应急电源和专用供电线路。

(8)排水管

必须安装安全防护排水管。

由于安全柜型或防护服型四级生物安全设施在工程、设计及结构方面具有高度复杂性,这里没有给出此类设施的代表性图片。

此外,由于四级生物安全水平实验室工作的高度复杂性,应单独制订详细的工作手册,并在培训中进行检查。还应制订应急方案。在制订应急方案的准备过程中,应与国家和地方的卫生主管机构积极协作。同时,也要包括消防机构、警察局、定点收治医院等其他应急服务机构。

更具体一点,根据 BSL-4 实验室根据使用的生物安全柜的类型和穿着防护服的不同,可以分为安全柜型、正压服型和混合型实验室。

3. 安全柜型 BSL-4 实验室

(1) 选址

实验室应建在独立的建筑物内,或位于建筑物中独立的完全隔离区域内,该建筑物应远离城区。

(2) 布局

实验室由清洁区、半污染区和安放有Ⅲ级生物安全柜的污染区组成。清洁区包括外更衣室、淋浴室和内更衣室。其中,相邻区由缓冲间连接。

应在半污染区和清洁区墙上、半污染区和污染区墙上设置不排蒸汽的双门高压灭菌器和浸泡消毒渡槽或熏蒸消毒室,或者是带有消毒装置的通风互锁传递窗,以便传递或消毒不能从更衣室携带进出的材料、物品和器材。

污染区和半污染区墙上设置的不排蒸汽的双门高压灭菌器应与Ⅲ级生物安全柜直接相连。

半污染区应设紧急出口,紧急出口通道应设置缓冲间和紧急消毒处理室。

(3) 围护结构

按 4.3 的规定。

(4) 送排风系统

排风应连续经过两个高效过滤器处理,其他要求按 4.3 的规定。

(5) 环境参数

按 4.3 的规定。

(6) 安全装置及特殊设备

应有符合安全和工作要求的Ⅲ级生物安全柜。

其他要求按 4.3 的规定。

(7) 其他

按 4.3 的规定。

4. 正压服型 BSL-4 实验室

该类型实验室由 BSL-4 级实验设施、Ⅱ级生物安全柜和具有生命支持供气系统的正压防护服组成。

(1) 选址

按 4.4 中 1 的规定。

（2）布局

由清洁区、半污染区和安放有Ⅱ级生物安全柜的污染区组成，相邻区由缓冲间连接。清洁区包括外更衣室、淋浴室、内更衣室（可兼缓冲间）。污染区和半污染区之间的缓冲间应设化学淋浴装置，工作人员离开实验室时，经化学淋浴对正压防护服表面进行消毒。

其他要求按 4.4 中 2 和 4 的规定。

（3）围护结构

按 4.3 的规定。

（4）送排风系统

按 4.4 中 4 的规定。

（5）环境参数

按 4.3 的规定。

（6）安全装置及特殊设备

应使用Ⅱ级外排风型生物安全柜。

进入污染区的工作人员应穿着正压防护服。生命支持系统包括提供超量清洁呼吸气体的正压供气装置、报警器和紧急支援气罐。工作服内气压相对周围环境应为持续正压，并符合规定。生命支持系统应有自动启动的紧急电源供应设施。

其他要求按 4.3 的规定。

（7）其他

按 4.3 的规定。

5. 混合型 BSL-4 实验室

在本级实验设施基础上，同时使用Ⅲ级生物安全柜和具有生命支持的供气系统（正压防护服），并应同时符合本标准中 4.1 和 4.2 的全部要求。

4.5 生物危险标志及其使用

1. 生物危险标志

生物危险标志如图 4.4 所示。

2. 生物危险标志的使用

在二级以上的生物安全防护实验室的入口明显位置处，必须贴有生物危险标志，并标明级别。

所有盛装传染性物质的容器表面明显位置处，必须贴有生物危险标准，并按所在生物安全防护实验室的级别，标明相应的级别。

图 4.4　生物危险标志

（1）新建三级和四级生物安全防护实验室的验收和启用，分为工程竣工验收、专家组验收和批准启用3个阶段。工程竣工验收后，新建的三级和四级生物安全防护实验室必须先由专家组进行验收，并提出验收报告，然后须经由关主管部门批准后方可启用。

（2）专家组验收

① 专家组验收时必须进行文件审查、现场实地验收检查和对工作人员的抽查考核等内容，并提出验收报告。

② 专家组验收时必须审查的文件包括以下内容：

a. 立项报告和相关文件。

b. 实验微生物危害评估报告。

c. 设计任务书、设计说明以及设计图纸，如已纳入的基建项目，基建程序所要求必备的其他文件。

d. 可部分参照 JCJ 71—1990 洁净室施工及验收规范进行竣工验收和检测报告；

e. 第三方检测报告，包括各房间压差、洁净度、噪声和排风高效空气过滤器检漏等。

f. 实验室使用和操作技术规程。

g. 实验室管理制度。

h. 实验微生物操作规程（每种1份）。

i. 紧急情况处理规程。

j. 工作人员(含本人签字)登记表。

k. 实验室内仪器登记表。

l. 工作人员培训记录。

m. 工作人员体检(含血清检查)和免疫接种登记表。

以上各项(d~k)应汇总装订成一册,封面标题为"生物安全手册"。登记表和记录部分应留有足够的空间供后续之用。

n. 实验室使用登记本(工作日志)。

o. 紧急情况登记和处理记录本。

(3) 实验室工作人员抽查考核

在验收过程中,应对工作人员以口试或笔试的形式进行随机抽查,抽查人数不得少于工作人员总数的1/4。

现用三级和四级生物安全防护实验室和二级生物安全柜的检测:

现用三级和四级生物安全防护实验室的围护结构、通风系统(含更换高效过滤器)经维修后,以及生物安全柜经移动或检修后,必须进行重新检测(含生物安全柜)。检测根据本标准和 JGJ 71—1990 的要求以及设计任务书的指标进行。

现用三级和四级生物安全防护实验室启用后,每年进行一次年度检测。

各级生物安全防护实验室中使用的Ⅱ级生物安全柜必须每年进行一次年度现场检测。

现用三级和四级生物安全防护实验室的使用和维护必须按本标准和实验室生物安全手册的要求进行。

对于已通过验收的实验室中与生物安全有关的设施和设备不能擅自进行改动。如确实需要变更实验室的结构和设备,必须经过有关专家论证和主管部门的批准。

实验室应由专业人员在保证安全的条件下进行应急和定期检修与保养。

参考文献

1. 世界卫生组织.实验室生物安全手册(中文版).3 版.北京:中国疾病预防控制中心,2005.
2. 世界卫生组织.实验室生物安全手册(修订本).2 版.陆兵,等译.北京:人民卫生出版社,2004.
3. Public Health Agency of Canada. Laboratory Biosafety Guidelines. 3rd ed.2004.
4. 中华人民共和国建设部,中华人民共和国监督检验防疫总局.生物安全实验室建筑技术规范(GB 50346—2004).北京:中国建筑工业出版社,2004.
5. 中华人民共和国国家质量监督检验检疫总局,中国国家标准化管理委员会.实验室生物安全通用要求.2004.
6. 中国实验室国家认可委员会(CNAL).实验室生物安全通用准则.

7. 中国合格评定国家认可委员会.实验室生物安全认可准则.2006.
8. 中华人民共和国卫生部.微生物和生物医学实验室生物安全通用准则.2002.
9. 俞詠霆,李太华,董德祥,等.生物安全实验室建设.北京:化学工业出版社,2006.
10. 许钟麟,王清勤.生物安全实验室与生物安全柜.北京:中国建筑工业出版社,2004.
11. Department of Health and Human Services, Centers for Disease Control and Prevention, National Institutes of Health.Biosafety in Microbiological and Biomedical Laboratories.4th ed.1999.
12. WHO.Laboratory Biosafety Manual.3rd ed.Geneva:WHO[EB/OL],2004.

(邓红雨)

第五章 动物实验室生物安全设备和设施要求

人们经过长期实践总结出支撑生命科学发展的4大要素,即 A、E、R、I。A 是实验动物(animal),E 是设备(equipment),R 是试剂(reagent),I 是信息(information)。当今,由于科学技术的发展,要获得高、精、尖的仪器设备,纯度高的试剂以及必要的文献信息,已是容易办到的事。随着生命科学的发展,实验动物也得到了重视。

生命科学中,人类的健康和福利研究离不开应用实验动物。在对人的各种生理现象和病理机制及疾病的防治研究中,实验动物是人的替难者。例如,癌症是威胁人类健康的最大疾病,由于在肿瘤的移植、免疫、治疗等研究中使用了裸鼠、悉生动物和无菌动物,对各种恶性肿瘤的致癌原因,尤其是化学致癌物质、病毒致癌物质以及肿瘤的病毒、免疫和治疗等方面的研究有了极大的进展。各种疾病,如高血压、动脉硬化和心脏病等的发病、治疗与痊愈的机制,以及其生理、生化、病理和免疫等方面的机制,都是经过动物实验加以阐明或证实。

5.1 动物实验的风险

动物实验作为生命科学的重要研究手段而被广泛使用,研究者越来越多地使用动物进行艾滋病、流行性出血热、病毒性肝炎、麻风病、狂犬病和鼠疫等烈性传染病研究。动物感染实验从接种病原体到实验结束,其间要经过以日、周、月计算的过程,在此期间,还要继续给动物喂食、给水、更换垫料及笼具等,遇有病原体随动物尿粪、唾液排出,就会有感染性气溶胶不断向环境扩散的危险;剖检动物时,实验者还会有接触在动物体液和脏器中繁殖的病原体的危险;根据动物种类不同,还可能被动物咬伤,甚至有由于注射器和手术刀的创伤而被感染的危险等。另外,近年来发展快速的重组 DNA 实验所带来的潜在危险,以及由肿瘤病毒引起的潜在致癌性等问题,也是动物实验中存在的生物危害。

因此,生命科学领域中的实验动物工作在为人类的健康做出越来越重要的作用的同时,不容置疑地也涉及一定的生物安全问题,也具有一系列威胁人类健康安全的潜在危险。

5.1.1 气溶胶

造成动物实验室感染的主要原因之一是感染动物释放的气溶胶,对实验室内进行的动物感染实验对工作人员和辅助人员来说,是造成他们感染疾病的危险的传染源。依照病原微生物的传播途径,可将感染分为呼吸道感染、消化管感染、血液感染、体表感染和性传播感染 5 类。通过吸入、摄入、接种和皮肤黏膜污染是导致实验室相关性感染的最常见的暴露因素。据有关资料报道,大约 2/3 的实验室相关感染是由于工作人员与病原菌直接接触导致的;另外一些是与实验室的偶发事件有关,其中,大约 70% 的是由于意外的针刺、切割和溅出或喷雾而致。病原体气溶胶感染有如下特点:

(1) 微生物气溶胶可随空气流动而进入密闭的、没有空气过滤装置的空间而造空气和表面污染,因此,它的空间和面积效应都比较大。

(2) 呼吸道吸入微生物气溶胶的易感性比消化管感染要高很多。

(3) 气溶胶吸入感染能同时造成大量人群感染,并且在临床上可能发生非典型症状病例,因而诊断困难,造成延误治疗。

(4) 对于从呼吸道吸入而感染气溶胶的防治比较困难。

在动物实验过程中,由于动物的特殊性,还会有动物性气溶胶产生。在观察饲养期间,感染动物在呼吸、排泄、抓咬、挣扎、逃逸和跳跃的时候,在更换垫料进行病原感染接种时,在尸体解剖、病理组织和排泄物的处理过程中等,会产生传播危害极大的动物性气溶胶。有研究报道,暴露于炭疽菌芽孢气溶胶的动物,在整个饲养期间(13 d),在其笼子周围空气中都可找到炭疽菌芽孢;被感染的猴的粪便和唾液中可带菌 4 d。将豚鼠暴露于枯草芽孢杆菌黑色变种芽孢气溶胶以后,可连续产生该菌气溶胶长达 21 d 之久。不同的病原微生物在空气中的存活能力也不相同,但病原微生物形成气溶胶后,都可以提高呼吸道吸入导致感染的发生。存活力强的病原微生物,可能会随着空气播散而传播到较远的地方,并引起疾病的流行。

总之,在实验室中微生物气溶胶的产生大多无法察觉,人们往往放松警惕,而在不知不觉中受到感染。因此,应将防止气溶胶的产生和防止已经产生的气溶胶进一步扩散作为动物实验室感染预防的首要措施。

5.1.2 动物造成的损伤

在动物安全实验室接触感染动物时候,虽然有个人防护措施,但很可能会遇到与之相关的意外伤害,如试验动物的咬伤、抓伤和踢伤等。实验室工作人员应该在所从事的动物处理工作方面接受过专业培训,并具有一定的经验,还应熟悉每种动物的生活习性和潜在危害,并且配备适当的能够防护自身的工作服和仪器设备。

如果实验人员被动物抓伤或咬伤,应对伤口进行急救处理,并立即报告主管人员,以决定是否需要进一步的治疗。负责动物饲养管理的主管人员有责任保证动物实验室的急救箱的供应,并应保持适当的库存,急救箱的位置应该设有明显的标志。同时,工作人员应采取特殊防护措施以防止被动物抓伤或咬伤。

动物饲养管理人员在使用如用于笼具洗刷的工业去垢剂、清洁剂、强力消毒剂等普通化学药品时,应该熟知药品特性并遵照安全操作方法,就可以避免由化学药品造成的损伤。此类药品不可以与动物饲料同室储存。用作麻醉剂和安乐术的挥发性药液及其他有毒易挥发的物品,应储存在一个温度低、通风良好、无阳光直射的场所。

5.1.3 动物的破坏和逃逸

饲养中的动物将接种的病原体通过呼吸和粪尿等途径排出体外污染实验室环境,如果实验人员防护或操作不当,就会接触到污染物而被感染。实验中的废弃物、动物尸体和排放气体等如果没有得到有效处理,亦会扩散到实验室外污染周围环境,对人类产生危害。感染动物如果逃离实验室,就会将病原微生物散播到环境中并传染给其他野生动物,其后果不堪设想。另外,一些科学研究往往利用野外捕捉的野生动物进行实验,这些野生动物可能携带有对人类产生严重威胁的人兽共患病的病原微生物,如果得不到有效控制,亦必将引起疾病扩散,给人类带来巨大灾难。

动物实验室的建筑应确保实验动物无法逃逸,非实验室动物(如野鼠、昆虫等)不能进入。实验室的设计(如空间、进出通道等)应符合所用实验动物的需要。实验室应能严格保证动物不会逃逸到自然环境中,并杜绝野生状态下的各种动物与实验动物发生接触的可能性。

5.2 动物实验室生物安全相关法规

在许多生命科学的研究领域中,实验动物是研究者进行有关生命现象及其本质研究的必不可少的重要的支撑工具。没有实验动物,目前,几乎所有的生命科学领域的科研、教学、生产、检定、安全评价和成果评定等工作都无法进行。据统计,我国生物医学科研课题的60%以上需要动物实验。因此,随着21世纪生命科学新时代的到来,动物实验已影响到生命科学的各个研究领域。

动物实验室是一个独特的工作环境,很有可能造成室内或周围人员感染传染病的危险,这种生物安全的危险主要来源于实验动物本身所携带的人兽共患病感染、动物实验室获得性疾病感染以及动物性气溶胶等因素。因此,生命科学领域中的实验动物工作在为人类的健康做出越来越重要的贡献的同时,不容置疑地也涉及一定的生物安全问题。

WHO 一直非常重视生物实验室生物安全问题。早在 1983 年,WHO 就出版了《实验室生物安全手册》(Laboratory Biosafety Manual)。该手册将病原性微生物根据其致病能力和传染的危险程度等划分为 4 类;将生物实验室根据其设备和技术条件等划分为 4 级;其相应的操作程序也划分为 4 级,并对 4 类微生物可操作的相应级别的实验室及程序进行了规定。2004 年,该手册第 3 版规定的生物安全指导方针更加详细和明确,分别从建筑、通风、进出方式、灭菌设施和生物安全柜的使用等方面都作出规定,以适应不同生物安全级别的需要。NIH 和 CDC 联合出版的《微生物学及生物医学实验室生物安全准则》(Biosafety in Microbiological and Biomedical Laboratories, BMBL)中,也针对各种病原体对人体和环境的危害程度而将病原性微生物分为 4 大类。很多国家在生物安全等级分类上都有相关规范,虽然在若干定义上稍有不同,但对于危害等级分类的范畴却十分接近。

与国际相比,我国在病原体及其实验室生物安全法律、法规、安全指南和手册方面起步较晚。从 20 世纪 90 年代起,一些规范、法规的出台和实施,体现了我国政府对生物安全的高度重视,也标志着我国对生物安全的管理正越来越科学化、标准化、法制化。近些年来,国家通过建立的法规条文有以下内容。

5.2.1 《中华人民共和国进出境动物检疫法》

本法于 1991 年 10 月 30 日第 7 届全国人民代表大会常务委员会第 22 次会议通过,由中华人民共和国主席令第 53 号发布,自 1992 年 4 月 1 日起执行。

本法对检疫对象(动物传染病、寄生虫病和植物危险性病、虫、杂草以及其他有害生物)、检疫制度、检疫单位、过境检疫、携带和邮寄物检疫、发现检疫对象后的处理方法等作出了规定。根据危害性将检疫对象分成一类和二类,具体由农业行政主管部门制订实施。但本法没有对检疫单位的检疫设施、能力、从业人员的安全防护作出规定,检疫对象的分类也与国际惯例不一致。

5.2.2 《中华人民共和国进出境动植物检疫法实施条例》

本条例自 1997 年 1 月 1 日起施行。本次修订界定了适用范围,其中,环境条件的分类及技术指标要求更为科学,操作性强,既与国际接轨又符合国情。修订标准区别了实验动物的繁育、生产和动物实验设施环境指标;且根据不同种类动物的生物学特性提出不同的环境要求;新增了各类动物居所密度指标。

5.2.3 《中华人民共和国动物防疫法》

本法于 1997 年 7 月 3 日中华人民共和国第 8 届全国人民代表大会常务委员会第 26 次会议通过,自 1998 年 1 月 1 日起施行。本法包括总则、动物疫病的预防、动物疫病的控制和扑灭、动物和动物产品的检疫、动物防疫监督、法律责任和附则共 7 章内容。

本法加强对动物防疫工作的管理,强调预防、控制和扑灭动物疫病,但没有对检疫单位的检疫设施、能力、从业人员的安全防护作出了规定。

5.2.4 《兽医实验室生物安全管理规范》

为加强兽医实验室的生物安全工作,防止动物病原微生物扩散,确保动物疫病的控制和扑灭工作以及畜牧业生产安全,农业部根据《中华人民共和国动物防疫法》和《动物防疫条件审核管理办法》的有关规定,参照国际有关对实验室生物安全的要求,于 2003 年 10 月 15 日制定了《兽医实验室生物安全管理规范》。

该规范规定了兽医实验室生物安全防护的基本原则、实验室的分级、各级实验室的基本要求和管理。本规范为最低要求,适用于各级兽医实验室的建设、使用和管理。

5.2.5 《北京市实验动物管理条例》

本条例由北京市第 12 届人民代表大会常务委员会第 17 次会议于 2004 年 12 月 2 日修订,自 2005 年 1 月 1 日起开始施行。

本条例在从事实验动物工作的单位及人员、实验动物的生产及应用、防疫、实验室工作的监督检查和法律责任等方面都作了较详细的规定。

本条例适用于在北京市行政区域内从事实验动物的科学研究、生产和应用的单位和个人。国家法律、法规另有规定的,按照有关规定办理。

5.3 人畜共患病

5.3.1 人畜共患病的定义和范畴

在操作一种特定的病原体或者进行动物研究时,选择一个恰当的生物安全水平将取决于许多因素。实验动物和实验用动物本身有可能就患有人畜共患病(zoonotic disease)。根据世界卫生组织和联合国粮农组织的定义,人畜共患病是指"人和脊椎动物是由共同病原体引起的,又在流行病学上有关联的疾病"。人畜共患病的病原包括细菌、病毒、真菌以及寄生虫等病原体。

根据其储存宿主和传播方式,人畜共患病可分为以下几个类型:

(1) 动物源性人畜共患病:即由动物传给人的人畜共患病。疾病主要在野生动物间流行,病原体在野生动物间保持其世代延续,储存宿主为野生脊椎动物,疫源地存在于野生动物之间,是真正的自然疫源性疾病,人因偶尔进入这些疫源地而感染疾病。如野鼠型鼠疫和森林脑炎等。

(2) 人源性人畜共患病:即由人传给动物的人畜共患病。疾病主要在人中间流行,病原体主要在人中间流行,病原体主要在人中间保持其世代延续,储存宿主为人,偶尔可由人传给动物。如人型结核和阿米巴病等。

(3) 互源性人畜共患病:即疾病在人中间和动物间均有流行,既可以由动物传给人,亦可以由人传给动物的人畜共患病。人和动物均为其储存宿主,病原体在人中间和动物间均可保持世代延续,疫源地在人中间和动物间都存在,故这类疾病虽然在野生动物中有其自然疫源地。但由于其在人中间也有疫源地,故这类疾病已不是传统意义上的自然疫源性疾病,人类并非偶尔进入其自然疫源地才患此类疾病。如血吸虫病和钩端螺旋体病等。

5.3.2 人畜共患病对新发传染病的影响

据有关统计,在动物实验过程中,由实验动物感染给人引发的实验室相关感染疾病(laboratory acquired illnesses)的病例在世界各地屡见不鲜(表 5.1)。

表 5.1 实验动物感染给人引发的实验室相关感染疾病

疾病名称	感染的可能来源	感染病例数
类丹毒(erysipeloid)	马匹剖检	13
钩端螺旋体(leptospirosis)	处理感染小鼠	8
羊脑脊髓炎病毒(louping ill virus)	小鼠鼻内接种	3
淋巴细胞性脉络丛脑膜炎(LCM)	感染地鼠和处理传染物	10
淋巴细胞性脉络丛脑膜炎(LCM)	感染地鼠和处理传染物	48
鹦鹉热(psittacosis)	鹦鹉传染	11
裂谷热(rift valley fever)	处理试剂和传染小鼠	11
Q 热(Q fever)	动物性尘埃	15
Q 热(Q fever)	地鼠感染	35
土拉菌病、兔热病(tularemia)	处理剖检啮齿类动物	6
鼠伤寒(murine typhus)	小鼠内鼻腔接种	6

续表

疾病名称	感染的可能来源	感染病例数
鼠伤寒（murine typhus）	小鼠内鼻腔接种	12
水疱性口炎（vesicular stomatitis）	处理试剂和感染动物	54
病毒性出血热（viral hemorrhagic fever）	气载性干燥的啮齿类动物尿和粪便	113
类牙巴病（yaba like disease）	处理感染猴	5
类牙巴病（yaba like disease）	处理感染猴	15

注："重复者"为发现人和发生时间不同。

从上表可以看出，共有365位实验人员在研究实验和处理实验动物中感染了实验室相关感染疾病。人畜共患病产生的危害，要用安全防护设备（一级隔离）和其他个人防护设备（personal protective equipments，PPE）来防止病原微生物对实验人员的感染。当操作对象为导致人畜共患病的病原微生物（如SARS-CoV和H1N1等）时，生物安全及相应措施显得尤为重要。

5.3.3 环境变迁对人畜共患病的影响

环境变迁是相对于社会变迁而言，指的是气候变迁、陆地及海洋生物生产力的变化、大气化学成分的变化、水资源的变化及生态系统变迁的统称，其中，气候变迁和生态系统变迁对于生物的进化过程尤为重要。人畜共患病中的病原微生物、传播媒介和宿主动物等环节都会受到气候变迁和生态系统变迁的影响。例如，病原微生物会发生基因突变而导致传染宿主动物范围的扩大，并最终造成人—人传播的灾难性后果。

历史上曾有多次人畜共患病大流行。如强大的古罗马帝国因鼠疫大流行而致人口死亡过半；中世纪欧洲多次发生鼠疫，人的死亡率达40%~60%；西方国家近几年疯牛病也此起彼伏；美国疾病预防与控制中心报告，2003年6月初，美国因草原犬鼠等野生啮齿动物引发了猴痘疫情。卫生部最近公布的2003年上半年全国重点传染病疫情中，位居死亡数和病死率榜首的是狂犬病。不少资料显示，2003年，横行一时的非典也有可能来源于动物。人畜共患病严重地影响了社会的发展，直接或间接地危害人类的身体健康。其中，环境因素占有很重要的地位。地球上的人口不断增多，人类无限制地开发自然，破坏了生态环境，将动物中的病原带到人类中间。如对森林、湖泊、湿地的开发，把血热带到了人类中间。

5.3.4 常见的人畜共患病

在众多引起的动物性疾病的病原微生物中，约1/3可以同时引起人类的感染(表5.2)。《人兽共患病》一书中介绍了154种人兽共患病及其感染,对所涉及的脊椎动物宿主种类的分析表明,这154种疾病和感染中涉及鱼类的有4种,两栖类1种,爬行类2种,鸟类33种,涉及哺乳类的则有148种,且同一种疾病或感染可涉及几种不同的动物宿主。

表5.2 常见的人畜共患病

病原体	易感动物	危害和国内流行情况
出血热病毒	人、犬、小鼠	隐形感染,长期排毒;急性感染,造成人和动物死亡;国内实验人员多次感染
狂犬病毒	犬、猫、猴、人等	急性接触性传染,散发出现
口蹄疫病毒	牛、猪、人等	急性接触性传染,传播快
伪狂犬病毒	犬、猫、人	皮肤剧痒、发热、脑脊髓炎、神经炎;我国多种动物发生过该病
猴B病毒	猴、人	上呼吸道疾病,可在猴体内长期潜伏,死亡率高;我国猴群中抗体阳性率为20%~50%
麻疹病毒	猴、人	同人麻疹,并发巨细胞肺炎;我国猴群中抗体阳性率为46.77%
马尔堡病毒	猴、人	急性烈性传染病,发热和出血,发病急,死亡率高
埃波拉病毒	猴、人	急性烈性传染病,发热和出血,发病急,死亡率高
猴痘病毒	猴、人、松鼠	皮疹,严重者死亡;我国猴群抗体阳性率为3.74%
猴雅巴痘病毒	猴、人	局部皮下肿瘤,传染人
淋巴细胞脉络丛脑膜炎病毒	小鼠、豚鼠、仓鼠、人	人兽共患,垂直传播;人感染表现流感症状和脑膜炎;普通小鼠群抗体阳性率为3%
沙门氏菌	人和所有动物	急性爆发型:发病急,死亡快;恶急性型:腹泻、肠炎;慢性型:隐形感染,长期带菌
志贺氏菌	猴、人	消化管感染;急性型:高热、呕吐、脓血便;慢性型:菌痢史,间歇发作,部分长期带菌

续表

病原体		易感动物	危害和国内流行情况
布氏杆菌		猪、犬、人、羊	生殖道感染为主;流产、阴道排污秽体液;睾丸炎、丧失生育能力
丹毒杆菌		猪、人、小鼠	人感染后称为"类丹毒"
表皮真菌	石膏样毛藓菌 石膏样小孢菌 羊毛状小孢菌	人和所有动物	侵害毛发、皮肤、指(趾)
深部真菌	新生隐球菌 荚膜组织胞浆菌 粗球孢子菌	人和所有动物	侵入内脏器官和深部组织
条件致病真菌	白色念珠菌 烟曲霉菌 毛、根、犁头霉菌	人和所有动物	在机体免疫功能损伤和内环境出现紊乱的情况下才具有致病性

引自《实验动物环境学》。

啮齿类动物,如兔等,常携带的人畜共患病有弓形虫、绦虫、淋巴细胞性脉络丛脑膜炎、鼠咬热、沙门氏菌、癣、皮肤病原真菌、钩端螺旋体、汉坦病毒和腺鼠疫等。在众多实验动物中,要特别重视非人类灵长类实验动物的检疫和质量检测工作,因为这类动物本身对人类的常见传染病很敏感,而且是几种严重人畜共患病的潜在传染源。

5.3.5 人和动物实验室感染途径

病原微生物入侵生物机体,并在一定的部位定居和生长繁殖,从而引起生物机体的一系列病理反应,这个过程称为感染。动物感染病原微生物后会有不同的临床表现,从完全没有临床症状到明显的临床症状,甚至死亡。实验室感染是一个过程,该过程包括病原体逸散、传播和侵入3个途径。进入人体的病原体是否能形成感染,主要决定于病原体的毒力和侵袭力、进入人体的病原体数量、人体的免疫状态及易感性。实验室感染中,感染途径是重要的因素,了解可能的感染途径,就能找到切断感染的有效方法。常见的实验室感染途径包括吸入含病原体的气溶胶引起感染、摄入病原体、意外接种、由皮下或黏膜渗透等。

引发实验室相关感染性疾病的病原及其感染途径见表5.3。

表 5.3 生物安全实验室感染疾病相关病原微生物感染途径

病原微生物			感染途径			
			黏膜接触	吸入	食入	接触动物
细菌		炭疽芽孢杆菌	√	√	√	√
		百日咳杆菌	√	√	?	?
		疏螺旋体属	√			√
		布鲁菌属	√	√		√
		弯曲菌属	√		√	√
		衣原体属	√	√	?	?
		伯氏考克斯体	√	√		√
		土拉热弗朗西斯菌	√	√	√	√
		钩端螺旋体	√	√	√	
		结核分枝杆菌	√	√		
		类鼻疽假单胞菌		√		
		立克次体属	√	√		√
		伤寒沙门菌	√		√	
		沙门菌属其他菌	√		√	
		梅毒螺旋体	√	√		
		霍乱弧菌	√		√	
		弧菌属其他菌	√		√	√
		鼠疫杆菌	√	√		
病毒		汉坦病毒	√	√	√	√
		肝炎病毒(乙肝和丙肝)	√			
		单纯疱疹病毒	√			
		猴疱疹病毒				√
		人类免疫缺陷病毒	√			
		拉沙病毒	√	√	√	√
		淋巴细胞性脉络丛脑膜炎病毒	√	√	√	√
		马尔堡病毒	√			
		埃波拉病毒	√			√

续表

病原微生物		感染途径			
		黏膜接触	吸入	食入	接触动物
病毒	细小病毒属		√		
	狂犬病毒	√	√		√
	委内瑞拉马脑炎病毒	√	√		
	水疱性口炎病毒	√	√		√
真菌	皮炎芽生菌	√	?		
	厌酷球孢子菌	√	√		
	新型隐球菌	√	?		√
	荚膜组织胞浆菌	√	?		√
	分枝孢菌				√
	皮真菌				√
寄生虫	利什曼(原)虫属	√			√
	疟原虫原	√			
	鼠弓形体	√		√	√
	锥虫属	√	√		

注: √表示感染。? 表示有待研究。

引自《生物安全柜指南》。

在很多引起动物性疾病的病原微生物中,约 1/3 可以同时引起人类的感染,主要依靠安全防护设备和其他个人防护设备来防止其对实验人员的感染危害。应注意以下几个方面:

(1) 接触动物组织时佩戴防护手套。

(2) 对有过敏史的人员在工作前进行有针对性的过敏反应实验,而且无论何时,都应穿着防护服以杜绝或减少同感染动物接触的机会。

(3) 要求在动物室内穿着专门配发的工作服,不能将工作服穿出动物室以外的地方。

(4) 对工作中接触有害微生物的工作人员进行免疫预防接种和血清学检查,并建立具有参考意义的血清样本库。

5.4 动物实验室生物安全防护设施和设备

动物生物安全实验室是一种特殊的通过人工或自然感染进行动物感染试验的实验室。一般认为,动物实验室的生物安全水平与一般进行传染性病原微生物实验研究的微生物学实验室标准基本相似,但也应注意到,动物生物安全实验室也具有许多不同的特点,要引起高度重视。为此,动物室负责人在选择和使用动物生物安全实验水平标准时,应当做好以下3个环节。

(1) 要确实落实和确认以下内容:① 动物安全设施、实验技术操作规范和实验动物的管理质量,必须符合国家规定的标准和法规。② 用于进行试验的动物品种和品系,必须进行精心的选择。

(2) 应编写和制订职业健康和安全保证规划,确保实验人员、动物护理和饲养人员的身心健康。

(3) 要熟悉和确保以下内容:① 用于传染病和非传染病研究试验的动物实验设施,其建设地点要和动物生产、检疫、感染动物观察室分开。② 要仔细考虑实验室内人员、物品、供应设备和动物运输的行走路线,尽量消除或减少产生交叉污染的危险性。经验证明,在设施平面布局上采用双走廊形式,对减少交叉污染最为有利。③ 应根据动物的种类、品种、品系、体型大小、生活习性和试验目的等,选择具有相应生物安全防护水平的,专用于实验动物并符合国家相应标准的生物安全柜(BSC),以及用于动物饲养、动物实验、清洗去污、灭菌消毒等设施和设备。④ 实验室建筑应确保实验动物无法逃逸,非实验室动物不能进入。⑤ 实验室规划设计时应详细考虑其平面布局、功能划分、进出通道控制以及人员和物品行动路线的安排,所有这些要求皆应符合实验所用动物的需要。⑥ 动物室排出的空气不能再循环使用,动物室内含有气溶胶的污染空气应经过 HEPA 过滤后方能向外排放。⑦ 动物实验室的环境指标应符合《实验动物环境及设施》(GB 14925—2001)的规定。

2004年8月28日修订通过的《中华人民共和国传染病防治法》第22条规定,疾病预防控制机构、医疗机构的实验室和从事病原微生物实验的单位,应当符合国家规定的条件和技术标准,建立严格的监督管理制度,对传染病病原体样本按照规定的措施实行严格监督管理,严防传染病病原体的实验室感染和病原微生物的扩散。

不同危害群的微生物必须在不同的物理性防护条件下进行操作,一方面防止实验人员和其他物品受到污染,同时也防止其释放到环境中。生物安全动物实验室的设计原则就是要做到三保护:保护人、保护环境和保护实验动物。① 保护人员免受相关危害。如感染、过敏、中毒或被动物抓挠、撕咬等。② 保护动物即保证实验动物的质量和保证人道主义地使用实验动物。③ 保护环境即保证室内空气、污水及废弃物(垫料、粪便、动物组织、动物尸体等)不污染室外环境。

为达到三保护的原则,生物安全动物实验室主要通过设施(facilities)、设备(equipment)、人员及素质(practices)的有效结合加以实现。为此,在生物安全防护中应包括3项主要措施:实验室规程和操作技术、实验室安全设备以及实验室建筑设计和运行管理规程。对某种特殊病原体因子作出正确的危险评估(risk assessment)之后,综合应用这3种措施进行生物完全防护。

5.4.1　一级动物生物安全实验室(ABSL-1)

除了满足 BSL-1 的要求外,还应满足以下要求:
(1) 建筑物内的设施应与开放的人员活动区分开。
(2) 应安装自动闭门器,当有实验动物时应保持锁闭状态。
(3) 如果有地漏,应始终保持用水或消毒液液封,或直接连接消毒设施。
(4) 动物笼具的洗涤应满足清洁要求。

5.4.2　二级动物生物安全实验室(ABSL-2)

除了满足 BSL-2 和 ABSL-1 的要求外,还应该满足以下要求:
(1) 出入口应设缓冲间。
(2) 动物实验室的门应当具有可视窗,并且可以自动关闭,并有适当的火灾报警器。
(3) 为保证动物实验室的运转和控制污染的要求,用于处理固体废弃物的高压蒸汽灭菌/消毒器应经过特殊设计,合理摆放,加强保养;焚烧炉应经过特殊设计,同时配备补燃和消烟设备;污染的废水必须经过消毒处理。

5.4.3　三级动物生物安全实验室(ABSL-3)

除了满足 BSL-3 和 ABSL-2 的要求外,还应该满足以下要求:
(1) 建筑物应当具有符合要求的抗震能力以及防盗、防鼠、防虫的功能。
(2) 实验室由清洁区、半污染区和污染区(动物饲养间)组成,污染区和半污染区之间应设缓冲间。必要时,半污染区和清洁区之间也应设缓冲间。
(3) 相对室外大气压,污染区的气压为-60 Pa,并与室外安全柜等装置内的气压保持合理压差。保持定向气流,并保持各区之间的气压差均匀。
(4) 室内应配备人工或自动消毒器具(如消毒喷雾器和臭氧灭菌器等),并备有足够的消毒剂。
(5) 当房间内有感染动物时,应戴防护面具和穿防护服。

5.4.4 四级动物生物安全实验室(ABSL-4)

除了满足 BSL-4 和 ABSL-3 的要求外,还应该满足以下要求:

(1) 应增加动物进入的通道。

(2) 感染动物应饲养在具有Ⅲ级生物安全柜性能的隔离器中。

(3) 动物饲养方法要保证动物气溶胶经高效过滤后排放,不能进入室内。

(4) 一般情况下,操作感染动物,包括接种、取血、解剖、更换垫料和传递等,都要在物理防护条件下进行。能在生物安全柜内进行的必须在其内进行;特殊情况下,不能在生物安全柜内饲养的大型动物或者动物数量较多时,要根据情况进行特殊设计,如设置较大的生物安全柜和可操作的物理防护设备,尽可能在其内进行高浓度污染的操作。

5.4.5 动物实验室的特殊要求

5.4.5.1 动物饲养的环境要求

(1) 气候因素:包括温度、湿度、气流和风速等。在普通级动物的开放式环境中,主要是自然因素在起作用,仅可通过动物房舍的建筑朝向和结构、动物放置的位置和空间密度等方面来做有限的调控。在隔离系统、屏障或亚屏障系统中的动物,主要是通过各种设备对上述的因素予以人工控制。在国家制订的实验动物标准中,对各质量等级动物的环境气候因素控制都有明确的要求。

(2) 理化因素:包括光照、噪声、粉尘、有害气体、杀虫剂和消毒剂等。这些因素可影响动物各生理系统的功能及生殖机能,需要严格控制,并实施经常性的监测。普通级动物要在适当的范围内采取有效的措施,对此予以监控;尤其是清洁级以上等级的动物,应通过实验动物设施内的各种设备,按国家颁布的各个等级标准,严格予以控制。

(3) 生物因素:是指实验动物的饲育环境中,特别是动物个体周边的生物状况,包括动物的社群状况、饲养密度、空气中微生物的状况等。例如,在实验动物中的许多种类都有能自然形成具有一定社会关系群体的特性。对动物进行小群组合时,就必须考虑到这些因素,不同动物种之间或同种动物的个体之间,都应有间隔或适合的距离。对实验动物设施内空气中的微生物有明确要求,动物等级越高要求越为严格。国家标准规定,亚屏障系统设施内空气落下的菌落数应≤12.2 个/皿时,屏障系统设施内空气落下的菌落数应≤2.45 个/皿时,隔离系统设施内空气落下的菌落数应≤0.49 个/皿时。

(4) 实验动物的房舍设施:这里指实验动物和动物实验设施的总称,是为实现对动物所需的环境条件实行控制目标而专门设计和建造的。实验动物设施依其使用功能的不同,划分为各个功能区域,各自有不同的要求。

按照"实验动物环境与设施"国家标准(1994)的规定,实验动物环境设施分为4等,控制程度从低到高,依次为开放系统、亚屏障系统、屏障系统和隔离系统。实验动物饲养的辅助设施和设备是指在动物房舍设施内用于动物饲养的器具和材料,主要包括笼具、笼架、饮水装置和垫料等,还有层流架、隔离罩和运输笼等。这些器具和物品与动物直接接触,产生的影响最直接,务必予以重视。其中,层流架和隔离罩等设备可在房舍设施中独立使用,隔离罩更是现今用于无菌动物饲育和实验的主要设备。

5.4.5.2 动物解剖

实验动物的处死方法很多,应根据动物实验的目的、实验动物的品种以及需要采集标本的部位等因素,选择不同的处死方法。无论采用哪种方法,都应该遵循安乐死的原则。安乐死是指在不影响动物实验结果的前提下,使实验动物短时间内无痛苦地死亡。处死实验动物时应注意以下事项:① 要保证实验人员的安全。② 要确认实验动物已经死亡,通过对呼吸、心跳、瞳孔、神经反射等指征的观察,对死亡作出综合判断。③ 要注意环保,避免污染环境,妥善处理好尸体。

实验动物剖检一般采取背卧位。对患有传染病的实验动物通常不剥皮。一般先切断肩胛骨内侧和髋关节周围肌肉,使四肢摊开。然后,沿着腹部中线由剑状软骨到肛门切开腹壁,再沿左右最后肋骨切开腹壁到脊柱部。这样,腹腔器官全部暴露。此时,检查腹腔液的数量和性状,腹膜是否光滑,有无充血、淤血、出血、破裂、脓肿、粘连、肿瘤和寄生虫等;再检查脏器的位置是否正常,肠管有无变化、破裂,膈的紧张程度及有无破裂,大网膜脂肪的含量等。一般是先取胸腔脏器,后取腹腔脏器。

5.4.5.3 动物尸体处理

暴露于生物危害中的实验动物常导致死亡,实验动物死后的剖检应在Ⅱ级生物安全柜中进行。检查人员需戴面罩、手套、安全服及其他特殊装备。剖检桌面应为不锈钢质,适于灭菌和彻底清洗。

然后对实验动物进行尸检,通过对实验动物进行病理解剖观察,分析死亡原因,对实验结果进行判定。动物尸检的基本原则是尽可能保持各脏器之间的原有状态,以便对病变部位与其他脏器之间进行正确分析。

所有接触过生物安全试剂的动物尸体应该放置于特定的容器中,并注明物种、生物危险性质、日期、剂量、名称、电话和主要负责人等。如果动物注射过传染性试剂,其尸体要在250℃的条件下经过8 h处理,最终还要经过彻底的焚烧处理。一般情况下,焚烧炉内的灰烬可以作为普通家庭废弃物处理并运走,高压灭菌过的废弃物可以在其他地方焚烧后处理,或在指定的垃圾场掩埋处理。

5.4.5.4 个人防护的特殊要求

各级实验室应确保具备足够的有适当防护水平的清洁防护服可供使用。不用的时候,应将清洁的防护服置于专用存放处。污染的防护服应在有适当标记的防漏袋中放置和运输。每隔适当的时间应更换防护服以确保清洁。当知道防护服已被危险材料污染时,应立即更换。工作人员离开实验室区域之前应脱去防护服。

当有潜在危险的物质可能溅到工作人员身上时,应该使用塑料围裙或防液体的长罩服。在这种工作环境中,如有必要,还应穿戴其他的个人防护设备,如手套、防护镜、面具、头面部保护罩等。

1. 面部及身体防护

在处理危险材料时,应该使用安全眼镜、面部防护罩或其他眼部和面部的保护装置。如果操作会产生含生物因子的气溶胶时,这种操作应该在适当的生物安全柜中进行。

2. 手套

手套的作用是防止生物危险、化学品、辐射污染、冷和热、产品污染、刺伤、擦伤和动物咬伤等。手套的选用应该按照所从事操作的性质来选择,符合舒服、合适、灵活、握牢、耐磨、耐扎和耐撕的要求,以提供足够的保护。

3. 鞋

实验室工作鞋应该舒适,鞋底防滑。推荐使用皮制或合成材料的不渗透液体的鞋类。在从事可能出现漏出液体的工作时可以穿一次性防水鞋套。在BSL-3和BSL-4中要求使用专用鞋(如一次性鞋或橡胶靴子)。

4. 呼吸防护和正压防护服

根据实验危害的评估,选用适当的呼吸防护装备(如面具、个人呼吸器和正压防护服等)。进入正压型四级生物安全实验室和混合型四级生物安全实验室的工作人员应穿着正压防护服。应该设置工作场所的监视和控制报警装置,以确保工作人员始终正确使用该类设备。

参考文献

1. 世界卫生组织.实验室生物安全手册(修订本).2 版.陆兵,等译.北京:人民卫生出版社,2004.
2. 世界卫生组织.实验室生物安全手册(中文版).3 版.北京:中国疾病预防控制中心,2005.
3. 俞詠霆,李太华,董德祥等.生物安全实验室建设.北京:化学工业出版社,2006.

4. 曲连东,张永江.动物实验的生物安全与防护.北京:中国农业科学技术出版社,2007.
5. 中华人民共和国卫生部.微生物和生物医学实验室生物安全通用准则.北京:中国标准出版社,2003.
6. 中华人民共和国国务院.病原微生物实验室生物安全管理条例.北京:中国科技文化出版社,2004.
7. 中华人民共和国农业部.兽医实验室生物安全管理规范.2004.
8. 中华人民共和国建设部,中华人民共和国监督检验防疫总局.生物安全实验室建筑技术规范(GB 50346—2004).北京:中国建筑工业出版社,2004.
9. 王壮.三级生物安全实验室对环境潜在影响及对策研究.军事医学科学院院刊.2005,29(3):263-267.
10. 中国合格评定国家认可委员会.实验室生物安全认可准则.北京:中国城市出版社,2006.
11. 李劲松.生物安全柜应用指南——原理、使用和验证.北京:化学工业出版社,2005.
12. 陈为民.人兽共患病.武汉:湖北科技出版社,2006.
13. 李海山,梁崇礼,张红祥.实验动物环境学.昆明:云南科技出版社,2002.
14. 李学勇.实验动物设施运行管理指南.北京:科学出版社,2008.
15. 北京市实验动物管理办公室.屏障设施运行与管理.北京:军事医学科学出版社,2002.
16. 中华人民共和国卫生部.中华人民共和国传染病防治法.北京:中国法制出版社,2005.
17. 中华人民共和国农业部.高致病性动物病原微生物实验室生物安全管理审批办法(第52号).2005.
18. 中华人民共和国卫生部.人间传染的高致病性病原微生物实验室和实验活动生物安全审批管理办法(第50号).2006.
19. WHO.Laboratory Biosafety Manual.3rd ed.Geneva:WHO[EB/OL],2004.
20. US Department of Health and Human Services. Biosafety in Microbiological and Biomedical Laboratories. Washington:US Government Printing Office, 2007.

(师晓栋,都培双)

第六章 实验室应用电离辐射技术的放射安全

越来越多的现代科学研究实验需要利用具有独特功能的各种放射性核素和电离辐射技术。而发现历史仅 110 多年的各种电离辐射技术,已经迅速广泛地应用到国民经济的各行各业乃至日常生活,并且日益在物质结构分析、材料科学、地质科学、生物化学、分子生物学、生物技术、核农学、药物学、基础医学和临床医学研究等领域大显身手。毋庸置疑,现代实验室安全必须包括放射安全。中华人民共和国国家标准 GB 19489—2004《实验室生物安全通用要求》是参考国际标准化组织(ISO)的有关标准和 WHO 的有关手册而制定的。该项强制性国家标准就专门列有第 13 章"放射安全"。重视实验室的放射安全不仅旨在有效保护相关工作人员和广大公众,保护环境,而且更重要的是能够促进相关学科与事业的可持续发展,即有助于推动科技进步和社会发展。因此,有关科技人员和管理人员必须了解放射性的基本概念和电离辐射剂量学等相关基础知识,掌握放射防护与安全的法规标准、基本原则、技术方法和各个环节的安全防护要点,并加强放射防护与安全的监督管理,做好放射事故防范与应急准备。这些都是当前全社会大力培植安全文化的重要组成部分。

6.1 电离辐射技术在生命科学领域的应用概述

6.1.1 核素示踪技术

核素示踪方法是电离辐射技术对生命科学领域的最大贡献之一。20 世纪 20 年代,放射性核素(同位素)示踪方法开始应用于生物学实验研究中。1925 年,探索实现了可测定人体的血流速度。30 年代研制成功回旋加速器,很快就用于研究开发用途广泛的各种人工放射性核素,已占据目前所知 2 000 多种核素中的大多数。40 年代建成核反应堆,不断涌现的放射性核素制剂(包括各种类型的核素显像剂、放射免疫分析试剂和放射性药物等)在临床医学和各个领域的科研中越来越广泛使用。有科学家盛赞,核素(同位素)示踪技术的开创和推广应用是自从显微镜发明以来生物医学历史上最重大的成就。因为,显微镜只能显示细胞和微生物等生物单元的形态结构,而放射性核素示踪技术则进一步揭开人体和生物体内及细胞中新陈代谢变化的内幕,从而可进一步洞悉生命现象的本质和生命活动的物质基础,乃至疾病发生原因和药物作用机制等。放射性核素示踪方法在生物学、医学、农学等各领域应用,刷新了许多概念,引发了生物化学、基础与临床医学等诸多学科的革命性变化,推进了分子生物学、分子免疫学、分子药理学、分子遗传学等新兴学科的诞生与发展。通过核素(同位素)示踪技术已经取得卓越成就的科技成果很多。例如,历经 7 年不懈努力后,我国科学家于 1965 年人工合成了结晶牛胰岛素,实现了世界上人工合成蛋白质的创举。而这一杰出成就中,碳 14(^{14}C)标记为结晶牛胰岛素人工合成的成功提供了可靠的新证据,并且,^{14}C-牛胰岛素的合成也有助于研究胰岛素在体内的代谢及作用机制。随后,氢 3(氚,^{3}H)标记技术,为人工合成酵母丙氨酸转移核糖核酸提供了一种高灵敏度的生物测定方法。应用碘 125(^{125}I)标记发现,促黄体素释放激素有一种不同于一般肽类激素的作用机制。在颇受国际关注的具有中国特色的青蒿素(治疟疾中药)的作用机制研究以及棉酚节育药物研究中,分别运用了 ^{3}H 和 ^{14}C 标记示踪实验方法。应用磷 32(^{32}P)标记技术成功鉴定了限制性核酸内切酶的识别特异性,此核素标记技术联合双向电泳与同层析的分离方法,还被用于寡核苷酸的序列测定。诸如揭示传递遗传信息的脱氧核糖核酸(DNA)复制的奥秘,剖析人体蛋白质生物合成的代谢过程,以及重要的胆固醇和卟啉的生物合成研究进展等,都是由于多学科交叉融合并且运用了核素示踪方法而取得的杰出科研成果。

核素示踪方法就是利用独特的同位素标记的化合物(通常称"标记化合物",labeled compounds,labelled compounds)作为示踪剂(tracer),等于给被研究对象加上特殊的可识别记号,利用示踪剂的可检测信息实现在实验体系或生物机体内很好地追踪其行径与动向,从而了解被研究对象的相关活动运转与变化规律,进而揭示出能深入反映事物本质的结果。

质子数(即原子序数)相同,而中子数(则原子质量数)不同的一类原子组成的某元素的各种核素,在著名的化学元素周期表上占据着同一位置,故统称该元素的同位素(isotope)。许多元素均有多种同位素,例如,碘既有稳定性同位素,又有多达 36 种放射性同位素;而氢的放射性同位素有 32 种。

元素的各同位素中能自发发生核衰变的核素是放射性同位素(radioactive isotope,radioisotope),如 ^{3}H、^{14}C、^{15}O、^{18}F、^{32}P、^{125}I 等;反之,则为稳定性同位素(stable isotope),如 ^{2}H、^{12}C、^{13}C、^{18}O、^{32}S、^{127}I 等。一般依据现代放射性探测器能否探测到衰变而区分这两类核素;也可以用半衰期小于 1×10^{9} 年(a)为界限区分

出放射性同位素。某种元素的各种同位素都具有相同的化学性质与生物学特性，但物理特性有所不同。而放射性同位素自发核衰变所发出的射线，却可以用各种射线探测器进行既精确又是动态的定性、定量、定位检测，故用其标记的示踪剂在诸多研究领域得到很广泛的应用。放射性同位素示踪方法的灵敏度可高达 $10^{-14} \sim 10^{-18}$ g 的微量分析水平，测量方法比较简便，并且可在合乎生理条件下进行实验，同时，还可利用放射性核素自身具备的放射自显影方法确定标记物在机体组织器官内的分布与积聚等。因而，放射性同位素示踪技术迅速发展，常用于研究生物合成、药物代谢、分子杂交、基因工程、病毒、肿瘤以及蛋白质、核酸、酶及生物胺等高分子的结构与功能等。此外，稳定性同位素也可以用于示踪研究，利用原子质量不同的特性，可借助质量分析设备进行定量检测分析。例如，用质谱仪、气相层析仪、气相层析与质谱联用分析仪（GC/MS）、高效液相层析与质谱联用分析仪（HPLC/MS）、核磁共振光谱分析、发射光谱分析及活化分析等方法。稳定性同位素示踪方法同样能进行灵敏、准确、定位分析，而且，稳定性同位素没有射线危害，一般也没有化学毒性，其具有不会发生自发核衰变的特点则又适用于实验周期长的示踪研究。稳定性同位素还可以与放射性同位素进行双标记示踪来扩展示踪技术的功能。

利用同位素特性开创的核素标记示踪技术不断发展，已经成为现代科学实验一种先进的重要研究手段。核素标记示踪技术不仅应用于基础与临床核医学（nuclear medicine），而且在生物化学、免疫学、病理生理学、药理学、药物代谢动力学、遗传学、分子生物学、法医学和计划生育等领域科研越来越广泛应用，并发挥很重要的作用。就标记示踪技术而言，在单标记基础上又形成双标记（double labeling）以及多标记（multiple labeling）示踪技术。双标记即采用一种或者两种不同的核素标记不同种类的化合物或同种化合物进行示踪实验。双标记示踪技术是基于示踪剂的两种化合物分子，或一种分子的两种形态（如某种药物的两种剂型），或一种分子的两个基团等，分别带有标记原子，其放射性活度或者质量的差别能被明确测量区分，经统计分析找出他们转化前后比值的变化，得出被观察对象的变化规律的异同。以这种方法在生命科学中探讨研究物质代谢规律优于单标记示踪研究方法。

6.1.2 超微量分析技术

超微量分析在现代生物学、基础与临床医学，以至整个生命科学领域研究中的重要性是不言而喻的。借助放射性核素手段而开创的超微量分析技术呈现方兴未艾的蓬勃发展态势。

很有影响的放射免疫分析（radioimmunoassay，RIA）方法，于 20 世纪 60 年代初就显示出其在生物医学领域微量分析的划时代创新，其创立者 Yalow 因此于

1977年荣获了诺贝尔生理学或医学奖。RIA是通过高比活度示踪物观察抗原与抗体结合反应产物来对微量物质进行定量分析的方法。放射免疫分析的主要原则已被广泛运用和发展为使用各种结合剂(binding reagent)和使用各种标记物的先进的配体分析(ligand assays)方法。结合剂中,除抗体(尤其是占重要地位的单克隆抗体)外,还有血清结合蛋白、受体、酶、单链DNA片段(即寡核苷酸探针)等;在标记物方面,先后出现了一系列非同位素标记物,其中,以发光标记的影响最大,把配体分析推向更高阶段。20世纪50年代末,开创的放射免疫分析属于竞争性放射分析,解决了体液中浓度在每毫升$10^7 \sim 10^{14}$分子的数量级以下激素的临床测定,在当时大大超过了其他测量方法。由于其灵敏度高、特异和简便,很快就由激素扩展应用到血液学、药理学等医学分析领域。例如,甲胎蛋白的放射免疫分析是早期发现肝癌的一种好方法,已经广泛应用于临床医学实践。后来,这种易于普及的微量物质的放射分析方法发展进入第2代,属于非竞争性放射分析,即免疫放射分析(immunoradiometric assay,IRMA)。IRMA随单克隆抗体技术问世而迅速推广。与标记抗原的RIA不同,采用高滴度标记单克隆抗体的IRMA采用非竞争性,反应达到平衡较快,灵敏度则显著提高。在20世纪80年代后,又兴起微小型、多分析物的微点阵分析(microarray assay),使用比传统免疫分析少得多的抗体,固化于极狭小($10~\mu m$左右)的微斑(microspot)上,可进行生物样品的定点测量,被测物的检出灵敏度可高达10^{-17} mol/L水平。

在借助电离辐射技术与相关技术融合进行超微量物质分析方面,还有许多新方法、新技术不断建立和发展。例如,酶标记免疫分析(enzyme immunoassay,EIA)、化学发光免疫分析(chemiluminescence immunoassay,CLIA)、时间分辨荧光免疫分析(time-resolved fluoroimmunoassay,TRFIA)、电化学发光免疫分析(electro-chemiluminescence immunoassay,ECLIA)、放射受体分析(radioreceptor assay,RRA)、扫描质子微探针(scanning proton microprobe,SPM)和同步辐射X射线微探针(synchrotron radiation X-ray microprobe,SRXRM)等。这些新技术接连不断地推陈出新,并获得了广泛应用,尤其在生命科学、材料科学、微电子学、环境科学等诸多领域的实验研究中大放异彩。限于篇幅,这里不能逐一介绍,感兴趣的读者可查阅有关文献以深入了解掌握和推广应用。

就样品中的微量和超微量元素分析的核技术而言,中子活化分析(neutron activation analysis,NAA)、带电粒子活化分析(charged particle activation analysis,CPAA)、γ射线活化分析(γ-ray activation analysis,γAA)以及质子激发X线发射分析(proton induced X-ray emission analysis,PIXEA)等也很受青睐。这些新技术已经在医学领域中大量应用,用于研究微量元素对人体的作用、微量元素与疾病的关系、微量元素在疾病诊断中的作用等,以及在深入探讨中医理论和分析各种传统中药成分研究、法医学研究、营养与食品卫生分析评价等领域发挥了不可或缺的重要作用,取得了引人注目的丰硕成果。

6.1.3 放射性核素在分子生物学中的应用

分子生物学着重研究生物大分子的结构与功能,以提出脱氧核糖核酸(DNA)分子双螺旋结构为其诞生的里程碑,随着近代基因工程技术和DNA序列分析技术迅速发展,着眼于不断从分子水平揭示生命活动本质,并促进生物医学以及工农业发展,展示了这一学科的巨大生命力和广阔应用前景。然而,在分子生物学的形成与发展过程中,放射性核素的作用至关重要,可谓功不可没。因为核技术的高效性和高灵敏度等特点已成为生命科学研究中必不可少的手段。除了前已述及放射性核素示踪技术的突出功绩外,还可列举许多典型例子。例如,证实病毒遗传信息携带者是大分子DNA而非蛋白质,就是通过 ^{32}P 标记的磷酸和 ^{35}S 标记的氨基酸作示踪剂进行实验研究而得出的结论;信使核糖核酸(mRNA)的首次分离以及mRNA的信息来自DNA,也是应用同位素标记技术的实验获得证明的。核酸序列分析和核酸分子杂交中最常用的示踪方法就是放射性核素示踪。

操作简便、快速的聚合酶链反应(polymerase chain reaction,PCR)是近些年来盛行的一种体外扩增特异DNA片段技术。在其反应体系中,如用标记的单核苷酸为原料,可制备大量特异性双链DNA探针;如用不对称PCR扩增,可制备单链DNA探针。将PCR技术与自动测序相结合,是最快、最有效测定核苷酸序列的方法。而聚合酶链反应-单链构象多态性(PCR-SSCP)技术,采用 ^{32}P 标记dNTP或者标记的引物来示踪,测定特定DNA片段内点突变、碱基缺失、插入等细微结构变化很灵敏,已经广泛应用于遗传性疾病和恶性肿瘤的病因分析。

用于原位杂交中的探针可以是双链cDNA、单链cDNA、合成的寡核苷酸和单链RNA等。探针的标记物常用的放射性核素有 ^{32}P、^{3}H、^{35}S 等。

蛋白质的生物合成研究,离开了放射性核素可谓寸步难行。无论体内实验、溶胞产物合成体系或者分部实验体系,研究真核细胞生物合成都必须利用放射性核素标记示踪方法。

放射性核素在分子生物学以及细胞生物学研究中的应用已经取得显著成果而受到充分关注。

6.1.4 分子核医学

分子核医学(molecular nuclear medicine)是20世纪90年代初开始提出的,是多学科交叉融合的核医学的最新进展。这是分子生物学与核素(同位素)示踪技术等核医学方法相得益彰地紧密结合,相互促进地有效用于人类疾病的诊断和治疗。简言之,分子核医学是将分子生物学和核素示踪技术有效地应用于人类疾病诊治的新兴学科。分子核医学的特点是,基于蛋白质、肽、核酸自身之间及其相互之间的分子识别理论,从分子水平揭示疾病的生化过程及变化。因此,其发展必须依赖于分子生物学技术、示踪技术和相应检测技术的发展和进步。当然也必须包括相应核医学设备,例如,能够动态、定量、精确地进行功能与代谢及受体显像的正电子发射断层扫描显像装置(PET)等,以及各类新显像剂和放射性药物的发展和进步。

分子核医学的发展改变了许多传统医学观念,鉴于放射性示踪可以观察到体内生化过程的变化,则可以把疾病与相关基因型联系起来,疾病诊断将不只是根据临床指征和症状进行分类。尽管许多疾病可以溯源到基因异常,但代谢异常的观察也是必不可少的,单一基因的改变可能有多种临床表现,而某一种疾病又可能由多个基因共同引起,所以,只有了解疾病的生化表型才能做出准确的诊断和正确的治疗决策。核医学的受体研究方法揭示出基本生化现象,可反应疾病的状态和程度,并且可用核素标记的基因探针来监测基因表达,而基因显像则是基因治疗的先导,这些表明利用放射性技术的分子核医学具有巨大的发展潜力和良好的前景。分子核医学的发展不仅能从分子水平认识人类疾病的发生机制,从根本上提高疾病的诊断与治疗水平,促进生命科学研究向纵深发展,而且带动相应的核素制剂生产和核医学医疗设备产业的不断发展。

6.1.5 电离辐射技术的医学应用概要

X(射)线于1895年11月被发现后数月就首先在医学上开始应用,开创了揭示人的活体内部结构之先河。正如《简明不列颠百科全书》所评价,X线的发现"宣布了现代物理学时代的到来,使医学发生了革命"。第2年,贝可勒尔发现了铀的放射性;紧接着,居里夫妇于1898年又成功提炼出镭和镁。这些都是荣膺诺贝尔奖的杰出发现,使人类从此迈入利用原子能与电离辐射技术的新时代。仅仅100余年,电离辐射技术在医学、科研、能源、工业、农业、地质、考古和军事等各行各业得到了日益广泛的应用,尤其是其医学应用的历史最久、普及最广、影响最大。现在,全世界生产的同位素总量中,90%以上用于医学;而全世界现有的加速器,约50%属于医用。X线诊断学(放射学)、临床核医学和放射肿瘤学(放射治疗学)等医用辐射技术在疾病的预防、保健、诊断与治疗中发挥了独特的作用,已成为现代医学不可或缺的重要组成部分(图6.1)。放射性核素不仅在临床核医学实践和基础(或称实验)核医学研究中身手不凡,而且在诸多领域的科学研究中,尤其是在生命科学领域的研究中发挥了独特的不可替代的作用。而所有这些应用密封放射源、非密封放射源（即开放型放射性物质）和电子加速器等各种类型射线装置的临床医学、基础医学和生命科学研究实践，都回避不了相应的放射防护与安全问题。因此，伴随着电离辐射技术这把双刃剑的日益广泛应用，应运而生了为其"保驾护航"的放射防护学。现在，专门研究放射性损伤和放射性疾病的预防与治疗及其机制的学科，已经不断发展为"放射医学与防护"学科。以趋利避害为宗旨的放射医学与防护学科，致力于保障各行各业放射工作人员、接受医疗照射的受检者与患者以及广大公众的身体健康与放射安全，致力于保护环境，同时，也促进核科学与电离辐射技术及其应用更好地发展。虽然本章侧重于阐述实验室应用电离辐射技术的放射防护与安全问题，但许多有关分支学科是密切关联并相互交叉的，有必要对图 6.1 所示整个电离辐射技术的医学应用领域的全貌有所了解。除了图 6.1 所示的 X 线诊断学（放射学）、临床核医学、放射肿瘤学（放射治疗学）3 大临床医学分支外，还应包括图中显示的由传统 X 线诊断、数字化 X 线诊断（X-CT、DSA、CR、DR 等）、核医学显像诊断（扫描机、γ 像机、发射型 CT 的 SPECT 和 PET 等），加上非电离辐射手段的超声波成像和核磁共振成像（MRI）5 大类医学成像技术，发展形成相辅相成和互为补充的影像医学，以及近代临床医学又崛起的介入放射学（interventional radiology）。现代影像医学已经从形态学迈向组织学和细胞学水平发展，即从传统的解剖成像转向功能、代谢和血流灌注成像，进而兴起在 DNA、RNA 和蛋白质水平研究疾病发生和发展的分子影像学。这不仅显著地提高了医学诊断质量，而且从根本上改变了生物医学图像的采集、显示、存储、传输与处理方法，并且可以通过网络实现远程放射学和远程医学（如图 6.1 所示的图像存储与传输系统 PACS）。至于正方兴未艾发展的介入放射学，通常较多借助数字减影血管造影 DSA 的 X 线等医学成像手段的实时导引，施行穿插介入器具进行各种抽取活检明确诊断，或者更多地进行心脏和神经等人体全身各部位不同于普通外科的直接介入治疗手术。为节省篇幅，用图 6.1 总结归纳反映此领域的相关发展概貌作为本节的小结。感兴趣和有需要的读者可以此图为线索进一步查找相应的参考文献深入了解。

综上所述，放射性核素和电离辐射技术的不断广泛普及和应用是近百余年来非常杰出的科技成就。在充分利用这把双刃剑为人类谋取巨大利益的同时，如何更好地趋利避害也就日益凸显其重要性和迫切性。所以，必须努力搞好相应的放射防护与安全。因而图 6.1 所示的放射医学与防护学科的作用不可忽视。

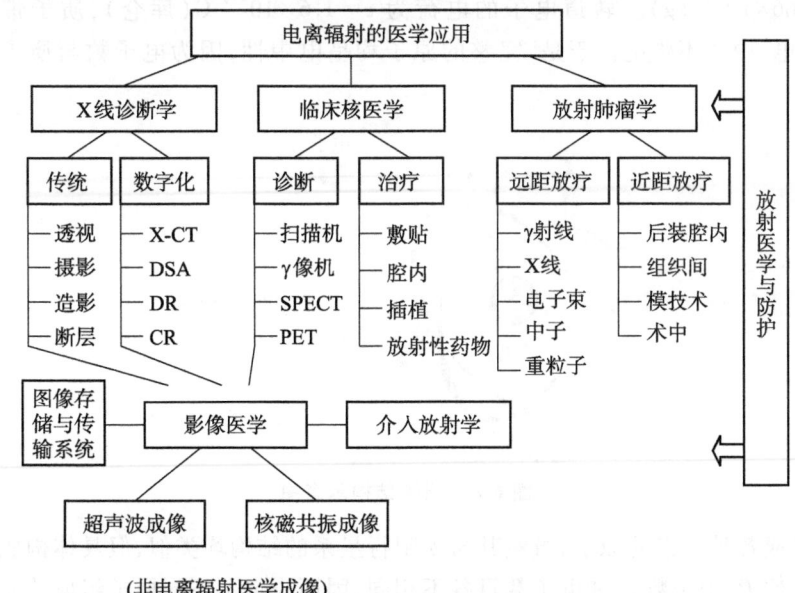

图 6.1 医用辐射各分支学科的发展概况和放射医学与防护

（注：X-CT：X 线计算机断层扫描摄影装置。DSA：数字减影血管造影。DR：数字摄影。CR：计算机摄影。SPECT：单光子发射计算机断层显像装置。PET：正电子发射计算机断层显像装置。）

6.2 有关放射性的基本概念和基础知识

6.2.1 原子结构

自然界存在的一切物质都是由各种不同的元素组成，所有天然存在的与人工制造的元素，已被揭示出都按一定规律排列在呈 7 行 18 列的元素周期表上，每种元素各占据周期表中一个固定位置，但可有很多种同位素。除了天然存在的 92 种元素外，迄今已有 20 多种人工制造的元素。而这些元素所存在的核素形式已达 2 000 多种，其中，80% 以上属于人工制造的核素。元素的基本单元是直径约 10^{-10} m 的原子。任何原子都类似一个小太阳行星系，中间是非常小的极高密度的带正电的原子核，周围是依一定规律分布围绕原子核沿特定的轨道运动的带负电的电子（玻尔原子模型，如图 6.2 所示）。原子核里有自旋量子数相同而质量差不多一样的质子和中子（统称核子，nucleon）；但电子的质量为 $m_e = 9.1 \times 10^{-31}$ kg，仅为质子质量的 1/1 840。所以，原子的质量几乎全部都集中于直径不及原子本身 1/10 000 的原子核里。鉴于电子、质子和中子的质量，即整个原子的质量都很小，国际上取碳原子质量的 1/12 为 1 个原子质量单位 u

（约 1.66×10^{-27} kg）。轨道电子的电荷为 $e=1.6\times10^{-19}$ C（库仑），质子带 1 个 e 的正电，中子不带电。于是，完整的原子均呈电中性，因为电子数与质子数正好相等。

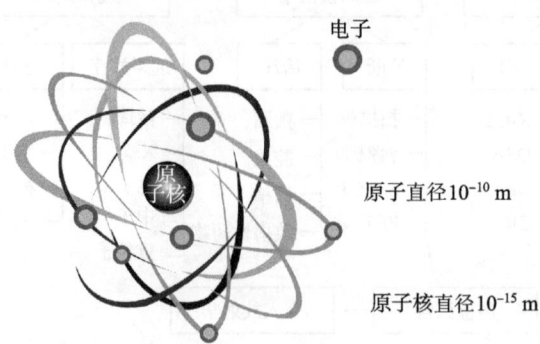

图 6.2　原子结构示意图

组成各种元素的原子，虽然其与太阳行星系的结构均类似，但具体构成原子的质子数 P、中子数 N 和电子数目各不相同，因而决定了不同原子组成的元素具有不同的特性，并分别占据元素周期表的各个特定位置。元素化学符号为 X 的原子所组成的各种核素，通常用如下符号统一表示：

$$_{Z}^{A}X_{N}$$

该符号的左下角标 Z 为其原子序数，等于原子核中的质子数 P，即 $P=Z$，也就是围绕核运转的轨道电子数；而左上角标 A 为元素 X 的原子质量数，等于原子核中质子和中子的总数，即 $A=P+N$；右下角标 N 为中子数，就有 $N=A-Z$。显然，对特定元素的符号 X，从元素周期表可方便了解其原子序数 Z，即质子数 P；质子数 P 加上中子数 N 就得知其原子质量数 A。所以通常把该符号简化为只标示出元素符号 X 和左上角标原子质量数 A，即 ^{A}X，而省略去再标示质子数 P 和中子数 N。每一种元素 X 可有多种原子质量数 A 不同的核素 ^{A}X 存在；而 $A=Z+N=P+N$，则质子数 P（即原子序数 Z）相同，中子数 N 不同（因而其原子质量数 A 也不一样）的核素即同位素。核素的内涵更广，包含了同位素。

由于原子核与绕核运转的轨道电子之间相互作用力的制约，核外绕行电子的轨道组成一系列与能级相对应的壳层，由原子核往外顺序称为 K、L、M、N、O、P、Q 壳层。核外绕行电子的这 7 个轨道壳层，正好对应了元素周期表的 7 行，即 7 个周期结构。原子中 1 个量子态最多只能容纳 1 个电子（泡利不相容原理），这 7 个壳层可以用对应的主量子数 $n=1\sim7$ 表示，则每个壳层上绕行的电子数的最大限制数正好为 $2n^{2}$。即这 7 个壳层对应可容纳的最大电子数分别为 2、8、18、32、50、72、98。轨道电子按由内往外的顺序依次先填满能量最低的内壳层，最外壳层则一般未填满。例如，原子序数为 1 的氢元素，排在元素周期表第 1 行第 1 列位置,其原子结构最简单。氢原子可简化地表示为 ^1_1H,即原子核内只有 1 个质子,氢原子核外的壳层轨道上仅有 1 个电子在 K 壳层上。对于原子序数为 13 的铝原子可表示为 ^{27}Al,即铝原子核内有 13 个质子和 14 个中子,核外 13 个电子在 K、L 壳层上已先填满了 2 个和 8 个电子,在其最外面的 M 壳层未填满,仅有 3 个电子。氢原子和铝原子的结构如图 6.3 所示。

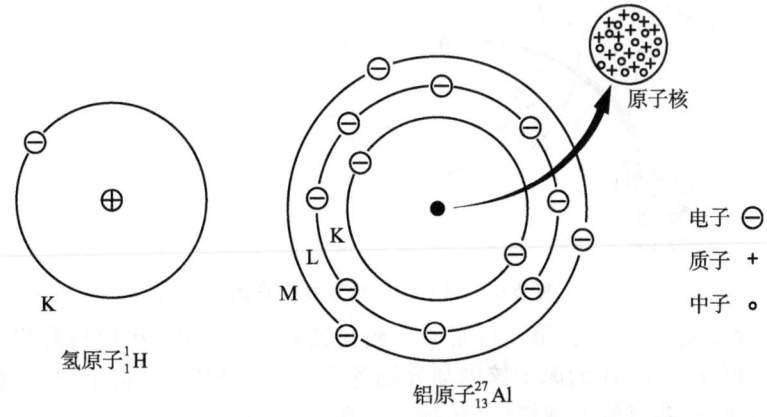

图 6.3 氢原子和铝原子的原子结构示意图

在某一壳层轨道上绕行的电子具有与该能级相对应的一定能量,K 壳层的电子能量最低,越往外层的轨道电子能量越高。轨道电子可吸收外来能量,从能级较低的轨道跃迁至能级较高的轨道,这种现象称为激发。反之,若低能级轨道缺少电子,则位于高能级轨道的电子也可跃迁到这低能级轨道,与此同时,该电子多余的能量一般就以光子(X 线、γ 射线)辐射释放出来。

迄今为止,原子结构已经清楚揭示了其具有电荷、质量、空间、自旋、磁矩和能量等多种重要属性。如果外部施加给的能量足够大,可以使壳层轨道上的电子脱离原子核的吸引力而自由运动,或者也可使电子附加到另外的原子上。于是,通常呈中性的原子就变成了带正电或者带负电的离子。离子所带电荷的多少取决于失去或者得到电子的数目。这种形成正负离子的过程即电离。图 6.4 表示一个原子在致电离粒子作用下产生的电离过程。电离作用是各种电离辐射的最基本特性,正是这一特性决定了其既可被广泛利用来为人类谋利益,又有可能产生潜在的放射危害。

有了原子结构的基本知识,就能更好地理解在 6.1.1 "核素示踪技术" 中所阐述的关于同位素(isotope)的重要概念。例如,原子序数为 1 的氢元素共有 3 种天然同位素,分别是稳定性同位素 ^1H(氕)、^2H(氘)和放射性同位素 ^3H(氚)。这 3 种核素的原子核内都只有 1 个质子,原子核外 K 壳层上就只有 1 个轨道电

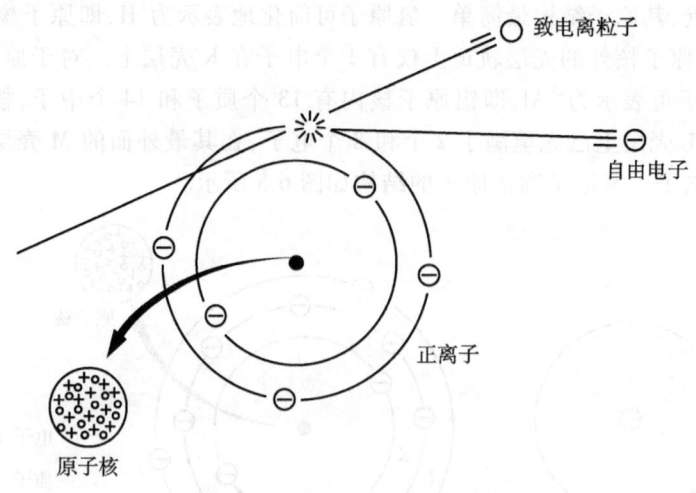

图 6.4 原子的电离过程示意图

子,在元素周期表上,占据第 1 行第 1 列相同位置的 ^{1}H、^{2}H、^{3}H 均具有相同的化学性质。但 ^{1}H、^{2}H、^{3}H 的原子核内却分别各有 0、1、2 个中子,由于中子数不同,质量数就不一,各自的物理特性(包括稳定性)也不全一样。

所有元素的同位素,还可在用以质子数和中子数为坐标的"核素图"上展示。6.1 节概述了在生命科学领域广泛应用的标记示踪技术,就是利用元素的同位素特性。在化合物中,原子被可探测的同位素所取代就是同位素标记(isotopic labeling)。前已述及,既可进行放射性同位素标记,也可实现稳定性同位素标记。氢元素普遍存在,所以氚标记示踪技术的应用很广泛。

由于原子结构的特点,出现了一种元素可有质子数相同而中子数不同的多种同位素,则存在各种同位素在其元素中所占比例大小的问题,被称之为"同位素丰度(isotope abundance)"。例如,在铀元素中,^{235}U 只占 0.7% 左右,而 ^{238}U 占 99.2% 等。同时,又形成一些原子核的质量数 A 相同,质子数 P(即原子序数 Z)不同的核素,专门称之为"同量异位素(isobar)"。例如,^{14}C、^{14}N、^{14}O 这 3 种核素的原子序数 Z 各为 6、7、8,分别位于元素周期表不同位置,但原子核的质量数 A 都一样。还有"同中异位素(isotone)",即中子数相同而质子数不同的核素;再如 ^{1}H 和 ^{3}He。此外,原子结构导致的原子能量差别还形成了质量数和质子数均相同,只有各自的能量状态不同的核素,称之为"同质异能素(isomer)"。例如,^{60m}Co 与 ^{60}Co、^{99m}Tc 与 ^{99}Tc 等,分别各是同质异能素,唯一差别在于标示质量数 A 后面加写 m 的核素其能量状态比较高。这些基本概念在电离辐射技术的广泛应用中经常要涉及。

6.2.2 放射性衰变

1896 年,贝可勒尔(Becquerel)发现铀盐的放射性,它能发射出穿透力很强又看不见的并可引起胶片感光的射线。研究表明,原子核自发地放射出的射线,主要由3种成分组成,即α射线、β射线和γ射线。α射线是以接近光速1/10的高速运动的氦原子核的粒子束,带正电,电离能力很强,但贯穿能力很小,用一张普通的纸就能把它挡住;β射线是高速运动的电子束,带负电,穿透能力比α射线强,可穿过几毫米厚的铝板,电离作用比α射线弱,能使空气电离;而γ射线是从原子核里面发射出来的一种波长短、能量大的电磁波,以光速运动,呈电中性,在电磁场中不发生偏转,穿透能力很强。除了上述的3种射线外,还有X线和中子等。X线与γ射线又称光子,都是既无静止质量也不带电的电磁辐射,但γ射线产生于原子核内的转变,而X线产生于原子核外电子从高能级轨道到低能级轨道之间的跃迁,以及X线管中高速电子轰击阳极靶产生的韧致辐射(bremsstrahlung)。中子主要来源于核裂变以及一些特殊的核反应。

众所周知,许多天然和人工生产的核素都具有放射性衰变的特性,即自发地放射出各种射线而转变成另一种核素。所发射的射线类型除了α射线、β射线和γ射线外,还有正电子β^+、质子、中子和中微子等其他粒子。可见,放射性衰变的形式多种多样,包括α衰变、β衰变(又可分为β^-衰变和β^+衰变)、γ衰变(跃迁)、自发或诱发裂变、电子俘获、内转换等。凡能自发进行放射性衰变的核素即放射性核素。

放射性母核素 X 发生放射性衰变后,变成子核素 Y,同时伴有射线发射 b 和能量 ΔE 的释放,则放射性衰变的一般表示式为:

$$X \rightarrow Y + b + \Delta E$$

例如,产生氦(He)原子核的α衰变,子核的质子和中子数均减少2个,而质量数减少4 u。即:

$$^{A}_{Z}X \rightarrow ^{A-4}_{Z-2}Y + ^{4}_{2}He + \Delta E$$

以镭226(半衰期1 602 a)的衰变图为例具体说明α衰变(见图6.5)。其中,约94%直接产生能量为4.784 3 MeV的氦核(α粒子)而衰变到氡222(半衰期3.82 d)的基态;同时,还有另外一个分支的α衰变并伴有能量为0.186 MeV的γ射线发射(缘于衰变成的氡222从激发态再向基态跃迁)。

至于γ跃迁,只是处于较高激发态的原子核向较低能级跃迁,跃迁过程中放出γ射线,即:

$$^{Am}_{Z}X \rightarrow ^{A}_{Z}X + \gamma$$

以放射性核素钴60(^{60}Co)为例。^{60}Co本身具有β放射性,先β衰变,发射出0.31 MeV的β射线而衰变到子核镍60(^{60}Ni)的激发态,^{60m}Ni又从激发态再跃迁到低激发态,从而发出两种能量分别为1.17 MeV和1.33 MeV的γ射线。γ跃迁与α或β衰变不同,不会导致核素的变化,而只改变原子核的内部状态。因此,γ跃迁的子核和母核,其电荷数和质量数均相同,只是内部能量状态不同

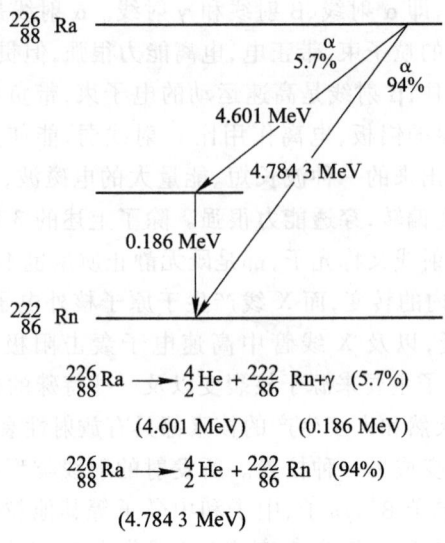

图 6.5　镭 226 的衰变图

而已。同时,γ 衰变也会有发射内转换电子的情况。内转换发生后,往往原子内的壳层(如 K、L 层)留下空位,又会伴有特征 X 线或者俄歇电子发射。

同理,β⁻ 衰变和 β⁺ 衰变和电子俘获等 β 衰变,以及自发裂变和诱发裂变等其他放射性衰变,乃至不只是单一而是递次(级联)衰变规律都可以用方程式形象地表达出来,或者画出衰变图等。

放射性衰变(radioactive decay)和自然界其他变化过程一样,都遵守很重要的电荷守恒、质量守恒、能量守恒等普遍规律。放射性核素的衰变规律满足如下很独特的指数衰减方程式:

$$N = N_0 e^{-\lambda t}$$

式中,N_0 为处于初始时未衰变的原子核数;N 为经过 t 时间衰变后的原子核数;λ 称为放射性衰变常数(radioactive decay constant),其量纲为 s^{-1},即其单位为时间的倒数。从放射性核素的指数衰减方程式可方便地导出放射性衰变常数 λ 的表达式。显然,放射性衰变是一个针对大量原子核变化的统计规律。衰变常数 λ 表示的是在单位时间内某种放射性核素的原子核发生衰变的概率。衰变常数表示该放射性核素衰变速率的快慢,λ 越大,衰变越快。每种放射性核素都有确定的衰变常数,其大小只取决于放射性核素本身的性质。就某一放射性核素而言,其平均寿命 τ,即核素的原子核平均生存的时间,正好与该核素放射性衰变常数 λ 互为倒数,即 $\tau = 1/\lambda$。

放射性衰变常数 λ 是放射性核素的重要特征之一。通常把放射性核素的原子核数衰减到原来数量 1/2 所需的时间称为半衰期(half-life)T(或 $T_{1/2}$)。例如，碳 14(^{14}C)的半衰期是 5 730 a；氚(^{3}H)是 12.33 a；磷 32(^{32}P)是 14.28 d；锝 99m(^{99m}Tc)是 6.02 h；而氧 15(^{15}O)的半衰期仅为 122 s 等。可见，不同放射性核素的半衰期长短相差非常大。凡半衰期 $T_{1/2}$ 小于 10 亿年的核素就界定为原子核不稳定的放射性核素(同位素)；反之，即稳定性核素(同位素)。半衰期 $T_{1/2}$ 是很重要的物理量，可以通过实验直接测量出；它与放射性核素的衰变常数 λ 有如下的反比关系，即：

$$T(或 T_{1/2}) = \ln\frac{2}{\lambda} = \frac{0.693}{\lambda}$$

这个由放射性核素自身特性决定的半衰期 $T(T_{1/2})$，通常又称为物理半衰期 (physical half-life)。鉴于所有放射性核素均遵从基本的指数衰减规律，依据各种放射性核素固有的半衰期 $T_{1/2}$，通过查找本章末的附录一"通用放射性核素衰变计算表"，就可方便地得出该核素的相对衰减。

在许多生物医学实验和临床医学实践中，还应注意明确区分物理半衰期 T (或 $T_{1/2}$)与生物半排期(biological half-life) T_b、有效半减期(effective half-life) T_e 等不同概念。生物半排期(T_b)是指由于人体生物代谢过程，把体内某指定的放射性核素总量从整个机体或者某一器官组织排出一半所需的时间。例如，钚(Pu)从肝排除的生物半排期 T_b 是 40 a，而从骨骼排除的生物半排期 T_b 是 100 a；氚(^{3}H)水从整个机体排除的 T_b 约 10 d 等。有效半减期(T_e)是指当某生物系统(如人体)中某指定的放射性核素，由于核素自身的放射性衰变和机体的生物代谢，排除二者的综合作用，其总量减少至一半所需要的时间。显然，这三者是相互关联的，可以推导出：

$$T_e = \frac{T_{1/2} \cdot T_b}{T_{1/2} + T_b}$$

于是，反映综合效果的有效半减期(T_e)可以从所考察的放射性核素的物理半衰期 $T(T_{1/2})$ 和生物半排期 T_b 求得。表 6.1 列出 3 种常见放射性核素各自的 T($T_{1/2}$)、T_b、T_e，单位均统一为天(d)。可见，如果放射性核素的物理半衰期 $T_{1/2}$ 与生物半排期 T_b 相差悬殊，那么数值最小者决定了有效半减期 T_e。

表 6.1　3 种放射性核素的物理半衰期、生物半排期和有效半减期

放射性核素	物理半衰期 $T_{1/2}$/d	生物半排期 T_b/d	有效半减期 T_e/d
^{60}Co(钴 60)	1.9×10^3(5.27 a)	10	10
^{90}Sr(锶 90)	1.1×10^4(28.8 a)	1.1×10^4	5.5×10^3
^{137}Cs(铯 137)	1.1×10^4(30.17 a)	70	70

6.2.3 天然电离辐射源

虽然人类发现电离辐射仅有110多年历史,但是,天然电离辐射源在自然界中一直无所不在、无时不有,自古以来就始终伴随着人类在地球上的繁衍生息。天然电离辐射源包括来自大气层外的宇宙射线,以及来自地壳物质中存在的天然放射性核素产生的陆地辐射等,俗称天然电离辐射本底照射。由于地质结构等条件不同,各地区的天然电离辐射本底水平高低不尽一样。

宇宙空间存在着来自银河系的许多高能粒子,即初级宇宙射线。初级宇宙射线进入地球大气层后,与大气层中固有的原子核相互作用发生级联效应或次级核反应,又形成次级宇宙射线。初级宇宙射线与大气层中某些原子核相互作用所生成的放射性核素称为宇生放射性核素。主要的宇生放射性核素有 ^{3}H、^{7}Be、^{14}C、^{22}Na 等。宇宙射线和宇生放射性核素的产生量因所处的海拔和地磁纬度不同而变化,也受太阳粒子事件的影响。

地球上的陆地辐射,主要是天然存在的原生放射性核素对人体产生的外照射和内照射。主要的原生放射性核素有土壤岩石中物理半衰期长达1亿~10亿年数量级的铀238(^{238}U)系、钍232(^{232}Th)系和钾40(^{40}K)等。生态环境中氡的照射是公众所遭受最大的天然电离辐射照射。

在人类生活环境中,不仅始终存在天然电离辐射源,而且随着科技发展和时代进步,人类活动还不断增加了天然电离辐射照射。例如,越来越多乘超音速飞机的高空旅行人员增加了接受宇宙射线的照射;还有某些工业活动,例如,磷酸盐和金属矿石加工、铀矿开采利用、石油和天然气的提取、建筑石材和其他建筑材料的加工利用等,增加了释放到环境中的天然放射性核素污染。

天然电离辐射源的无所不在又给出某种启示,即人类已经适应了生存环境中的天然电离辐射照射。其实,每个人的体内也都有微量的放射性核素钾40(^{40}K)。所以,对电离辐射要有正确认知,不必盲目恐惧。

上述宇宙射线和地球上的陆地辐射,包括室内、外环境的γ射线、氡钍射气及其子体、水与食品中天然放射性核素等造成的内、外照射,一直与人类的生活环境共存,始终伴随着人类世代衍生。尤其通过对世界上少数几处高天然电离辐射本底地区,开展了数十年大样本的放射流行病学调查研究,迄今获得的资料表明,即使比正常对照地区造成当地居民受到约高3倍的天然电离辐射本底照射,经统计分析也未发现该居民群体中发生实体癌和电离辐射遗传效应的有意义增加。

6.2.4 人工电离辐射源

人类不但成年累月地受着天然存在的电离辐射照射,而且,随着人类生产与生活活动的不断延伸扩展和科学技术的不断进步,又有意识地开发利用各种各样的人工电离辐射技术,即人为引入许多人工制造的电离辐射源,包括各种密封放射源、开放型放射性物质(非密封放射源)和各类射线装置等。并且,在各行各业日益推广应用中,当然包括放射性核素与电离辐射技术在生命科学领域的应用,因而,不仅增加许多从事放射性职业而接受职业照射的放射工作人员,而且,所有公众都要被动地增加接受日益增多的人工电离辐射照射的机会。

人工电离辐射照射来源主要有大气层核武器爆炸试验落下的灰,核能利用导致核燃料循环各环节产生的照射(包括铀矿开采与加工、铀富集与核燃料加工、核反应堆运行、乏燃料后处理和放射性废物处置等),各种放射源和放射性核素制剂的生产制备,形式与用途多种多样的各类射线装置,各行各业放射性职业照射,各种核与放射事故引起的意外照射等。

在6.1.5已经阐述过,电离辐射技术在各行各业的广泛应用中,当数其在医学应用的历史最久、最普及、影响最大。据联合国原子辐射效应科学委员会(UNSCEAR)的权威统计,1991—1996年,全世界X线诊断检查(含X线CT)年平均达19.1亿人次,还有年平均5.2亿人次的牙科X线检查,合计X线诊断检查总数达年平均24.3亿人次,涉及当时世界总人口约42%。同时,全世界还施行核医学显像检查年平均约3 250万人次,临床核医学的放射性药物治疗年平均40万人次,以及肿瘤放射治疗的患者年平均达510万例。我国"九五"期间,对全国医疗照射水平的调查研究表明,1998年,我国大陆31个省份的X线诊断检查达到2.45亿人次,同20世纪80年代中期年平均检查1.6亿人次相比,增加了53.1%。1998年,31个省份还施行临床核医学显像检查约72.5万多人次,进行核医学放射性药物治疗7.5万人次,接受肿瘤放射治疗的患者约50万例。由此可见,没有一种电离辐射技术的应用会像其医学应用这样广泛地涉及如此众多的人员。联合国原子辐射效应科学委员会(UNSCEAR)和国际放射防护委员会(ICRP)明确指出,越来越多的受检者与患者所接受的医疗照射,已经成为全球公众所受各种电离辐射照射中最大的,并且还是将继续不断增加的人工电离辐射照射来源。表6.2引自已正式出版的最新的"UNSCEAR 2000年报告书"。为便于进行放射防护的综合分析与评价,UNSCEAR把各种天然与人工电离辐射照射来源所产生的公众集体剂量,平均计算分摊给全世界总人口,用全世界人均的年全身有效剂量进行统一比较。从反映基本估计的表6.2可见,由X线诊断检查的医疗照射所导致公众的人均年有效剂量,仅次于天然电离辐射本底照射,而占人工电离辐射照射的绝大多数;比大气层核武器试验落下灰的污染、切尔诺贝利特大核事故所致照射、核能生产有关各环节所造成的照射,以及比医学、工业、农业、科研、能源、地质和军事等所有行业的放射性职业照射,均要高出好几个数量级。当然,全世界不同国家和地区的分布不均,故各种照射都各有一定的波动变化范围。如果同影响面很广的 X 线诊断检查相比,放射性核素与电离辐射技术在生物医学科研领域的应用所引起的电离辐射照射,只占很小的份额。

表 6.2　各种天然与人工电离辐射照射的全世界人均年有效剂量(2000 年)

照射来源	人均年有效剂量/mSv	范围及趋势说明/mSv
天然电离辐射源	2.4	典型范围为 1~10
人工电离辐射源 医学 X 线诊断	0.4	0.04~1.0(医疗保健水平差别)
大气层核武器试验 落下灰污染	0.005	从 1963 年最高的 0.15 逐渐下降, 北半球相对高于南半球
切尔诺贝利特大核事故	0.002	从 1986 年最高的 0.04(北半球平均值)逐渐下降
核能生产	0.000 2	可随核电站的增加而升高,但又随技术的改进而降低

6.2.5　射线与物质的相互作用

前已述及放射性核素的特性在于,具有能自发衰变发射出粒子或 γ 射线,或者在发生轨道电子俘获之后放出 X 线,或者发生自发裂变等称之为放射性的性质。这些产生各种类型的电离辐射的最基本特征是引起物质电离(如图 6.4 所示)。电离事件就是射线与物质相互作用的过程,其本质是射线与物质之间的能量传递、吸收和转移等。这些相互作用产生了电离辐射的物理化学效应和生物学效应,正是这些效应可以被利用来在各个领域为人类造福,并且利用来对其进行各种检测,同时成为研究如何加以防护和防治放射损伤的基础。

电离辐射的基本类型可分为直接致电离和间接致电离,而电离辐射的形式又包括粒子或射线两种。当然,通常所指的电离辐射既有二者之一,也有二者的混合。直接致电离辐射是本身带电荷,具有足够动能,可通过碰撞引起物质电离。例如,α 射线、β 射线、质子、重离子等。而光子(X 线和 γ 射线)和中子等不带电的粒子属于间接致电离辐射,只能与物质相互作用,首先产生次级直接致电离粒子,然后再引起物质电离。可见它们与物质原子发生作用的机制有所不同,能量损失情况和粒子被物质吸收的规律就有区别。

研究射线与物质的相互作用,当然应当区分带电的直接致电离粒子(如 α 粒子、电子、正电子、μ 介子、质子等)和不带电的间接致电离粒子。但属于后者的光子（X线和γ射线）和中子又有不同特性，各与物质的相互作用特点不一，因此，射线与物质的相互作用应分以下3类情况讨论。

（1）带电粒子与物质的相互作用主要表现在电离和激发、韧致辐射和弹性散射等，必须注意到各种带电粒子的射程，还必须考虑重带电粒子（如α粒子、质子、氘核、氚核等）的特殊性。这些在6.2.1"原子结构"和6.2.2"放射性衰变"部分已经阐述过相关的基础知识。

（2）与带电粒子明显不同，光子（X线和γ射线）的静止质量为零，不带电；光子与物质相互作用时，主要发生光电效应、康普顿散射和电子对生成等3类彼此独立的效应，其主要特征归纳于表6.3。由表6.3可见，光子与物质相互作用的概率，取决于很关键的X线和γ射线自身的能量，并且同与其相互作用物质的原子序数 Z 密切关联。图6.6则比较直观地进一步说明上述3类效应各自与光子能量、物质原子系数 Z 的相互关系。X线和γ射线通过吸收物质时一般按照指数规律衰减，在射线束被准直了的窄束条件（即散射影响趋于最小，并且必要时保证测量时的侧向电子平衡），穿过总线性吸收系数为 μ 而厚度为 d 的物质时，光子束的强度从 I_0 变为 I，即：

$$I = I_0 e^{-\mu d}$$

而在宽束条件下，此公式右边应多乘上一个与光子能量 E 和穿透物质厚度 d 有关的累积因子 $B(E, d)$（有相关手册资料可查找）。这些在进行X线和γ射线的屏蔽防护设计中很有用。

表6.3 光子与物质相互作用的3类效应概览

项目	光电效应	康普顿散射	电子对生成
作用的对象	内层电子	外层电子	原子核
光子能量	低（<1 MeV）	中等（0.2~5 MeV）	高（>1.02 MeV）
相互作用物质的原子序数	随原子序数增加而增加	与原子序数无关	随原子序数增加而增加
主要效果	内层电子产生光电子，可发出特征X线或俄歇电子等	外层电子产生光电子，可发出低能散射光子	发生电子湮没效应，变为2个能量各为0.511 MeV的正、负电子

注：1 eV（电子伏特）= 1.6×10^{-19} J（焦耳）。

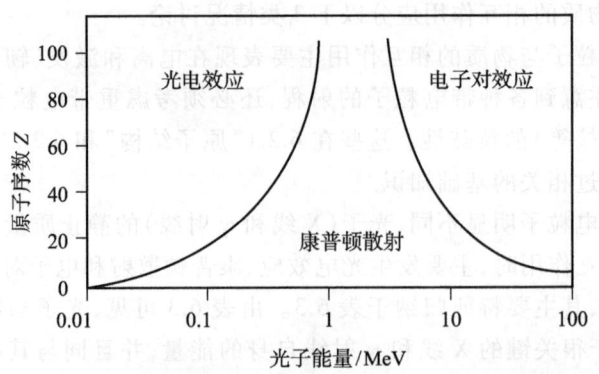

图 6.6　光子能量与相互作用物质的原子序数 Z 对发生 3 种效应的关联

（3）自由中子很不稳定（半衰期不到 12 min），极易衰变成质子并放出 1 个电子和 1 个反中微子。不带电的中子产生于核反应和核裂变。常用的中子源有放射性同位素中子源、加速器中子源和反应堆中子源。用于描述中子特性的主要参数有中子产额（或中子发射率）、中子的能量、中子的角分布和伴生 γ 射线本底情况（γ 射线的能量和强度）。中子不能直接与物质中的电子发生相互作用引起电离，而是与物质的原子核发生相互作用，从而产生核反应、核反冲、核裂变和活化等。中子与物质的相互作用一般有散射（弹性及非弹性散射）和核反应两大类。无论是慢中子、中能中子和快中子，还是轻核、中等核和重核，散射作用和中子俘获反应是主要的。中子俘获反应有多种，例如，(n,γ) 反应、(n,α) 反应、(n,p) 反应，以及裂变反应等。顺便指出，鉴于中子与机体组织作用时，弹性散射产生的反冲质子和碳、氮反冲核，以及 (n,α) 和 (n,p) 反应产生的 α 粒子和质子，都能引发机体组织发生强烈电离，俘获反应放出的 γ 射线也将在机体产生间接电离，因此，各种能量的中子的生物学效应显著，对机体危害更大。

各种类型的射线（粒子）与物质相互作用规律的深入探索，为各种电离辐射技术的广泛应用，以及对各种电离辐射进行探查测量等奠定了重要基础。作为本节的小结，表 6.4 概括总结归纳出主要类型的射线与物质相互作用的基本特点。

表 6.4　主要类型的射线与物质相互作用一览表

射线类型	相互作用形式特点	主要特征
α 射线	与束缚电子非弹性碰撞	电离和激发
β 射线	与核外电子非弹性碰撞	电离和激发
	在核库仑场作用下加、减速	产生轫致辐射

续表

射线类型	相互作用形式特点	主要特征
γ射线和X线（光子）	光电效应	光子被吸收
	康普顿效应	光子被散射
	电子对效应	产生0.511 MeV的正、负电子
中子	弹性散射	不产生γ射线
	非弹性散射	产生γ射线
	中子俘获	产生其他辐射

6.3 电离辐射量与单位梗概

6.3.1 计量电离辐射的重要性

电离辐射的计量,是计量科学不断发展的新分支,电离辐射与受照物质相互作用的物理量度十分重要,这是各行各业广泛利用放射性核素和电离辐射技术,以及放射防护学和放射损伤防治所必不可少的重要基础。计量电离辐射的基础是基于6.2.5部分中所阐述的电离辐射与受照射物质的相互作用所产生的效应。因此,已经形成并不断发展的电离辐射剂量学,是放射防护学、放射生物学、放射毒理学、放射医学以及所有应用电离辐射技术领域的基础。电离辐射剂量学主要研究电离辐射的能量在物质中的转移和吸收规律,受照射物质里的剂量分布及其与辐射场的关系,照射剂量与放射生物学效应的关系,在各种电离辐射应用中所涉及各类电离辐射量的测量以及计算方法等。这些是各个领域广泛利用核科学技术和电离辐射技术,研究制定放射防护标准,监测评价放射防护效果,以及解决放射损伤的预防、诊断与治疗问题的前提和基础。鉴于计量电离辐射的重要性,1925年,成立了专门研究此课题的国际学术团体——国际辐射单位与测量委员会(ICRU)。如今,了解、掌握和研究电离辐射剂量学及其应用,离不开权威机构ICRU的技术报告。

6.3.2 国际辐射单位与测量委员会

当伦琴发现X线并很快用于医学后,人们马上遇到如何对X线进行定量计量的问题。1925年,由X线诊断学(放射学)医师的国际组织于伦敦召开的第1届国际放射学大会(ICR)上,决定先于放射防护,成立"国际X线单位委员会";后来,随着其他射线的发现而改名为"国际辐射单位与测量委员会(International

Commission on Radiation Units and Measurements,ICRU)"。ICRU 是国际上公认的权威学术组织,专门研究提出关于电离辐射的量与单位,以及有关电离辐射量的测量和应用方面的技术报告。ICRU 的技术报告是电离辐射的量与单位及其测量和应用的权威文献。

ICRU 致力于收集和评价与电离辐射测量及剂量学问题有关的最新数据和技术资料,并在下述几个方面推荐最可以供当前使用的建议:① 电离辐射与放射性的量及其单位。② 在临床放射学与放射生物学中测量和应用这些量的恰当方法。③ 应用这些方法中为保证一致性所需要的物理数据。

ICRU 工作范围所涉及的主要技术领域包括电离辐射的量和单位、相关理论方面的问题、有关因子、放射治疗、放射诊断、核医学、放射生物学、放射防护、放射化学、放射性测量及 X 线与 γ 射线和电子的放射物理,以及中子和重粒子的放射物理等。ICRU 与国际计量局(BIPM)等诸多相关国际机构有很密切的工作联系,其中,在放射防护领域方面与国际放射防护委员会(ICRP)紧密合作。ICRU的技术报告顺序连续编号出版发行,内容过时的报告就由新的报告所取代。早期 ICRU 报告发表在《英国放射学杂志》、《放射学》等期刊上;第二次世界大战后一度以美国国家标准局手册发表;自 1967 年后,由委员会自行出版;2001 年起,委员会又以"ICRU 杂志"(Journal of the ICRU,国际标准刊号为 ISSN 1473-6691)的形式,每年 1 卷,由英国牛津大学出版社(Oxford University Press, OUP)出版发行。ICRU 报告还可以从英国核技术出版社(Nuclear Technology Publishing,NTP)购得。

ICRU 的技术报告不仅提出了各种电离辐射的量和单位的定义、测量以及应用方面的有关原则,而且是放射诊断、放射治疗、核医学以及各行各业放射实践中所有电离辐射剂量学问题的指南。截至 2008 年,已经发表至 ICRU 第 80 号报告,而仍然有效的有 60 多份。

6.3.3 电离辐射的基本量及其单位

人们从应用 X 线一开始,就面临如何统一标准进行衡量的问题。在 X 线应用早期,曾通行用引起皮肤红斑效应而规定的红斑剂量,这显然难以统一规范又很不科学。随后,计量 X 线剂量的主要沿革事件包括:1908 年,法国的 Villard 提出基于测量电离的 e 单位;1921 年,法国的 Solomon 提出与 1 g 镭相比较的 R 单位;1923 年,德国的 Behnken 提出以 1 cm^3 空气受 X 线照射产生的电离电荷为基础的伦琴(R)单位;1928 年,第 2 届国际放射学大会通过了伦琴单位最早期的统一定义;1937 年,第 5 届国际放射学大会把伦琴单位又推广应用到 γ 射线,明确用基于标准状况下 1 cm^3 空气的电离量表征;1930 年,建议 1 g 镭的蜕变率取作每秒 3.7×10^{10} 次;1948 年,又出现"物理当量伦琴"和"生物当量伦琴"单位,开始进入到能量吸收的概念;1953年,ICRU正式提出以拉德(rad)为单位的吸收剂量。直至1962年,ICRU第10a号报告才较系统地统一规范了电离辐射的量和单位。

国际辐射单位与测量委员会ICRU关于电离辐射量与单位的基本报告已经经历了1962年第10a号报告、1968年第11号报告、1971年第19号报告和1980年第33号报告4个阶段的变动更迭。现在,这4个题目都是《辐射量和单位》的关于电离辐射量与单位的基本报告均已失效过时,尤其是1980年发表的ICRU第33号报告竟沿用了一二十年。

20世纪90年代,ICRU第33号报告已经被ICRU第51号报告《辐射防护剂量学中的量和单位》(1993)和ICRU第60号报告《电离辐射的基本量和单位》(1998)所取代。现行有效的电离辐射量与单位的两份基本报告,是把ICRU第33号报告原先的两大部分(通用量和单位,电离辐射防护中使用的量和单位)更新成为两个报告。1993年,先发表了《辐射防护剂量学中的量和单位》;1998年,接着发表了《电离辐射的基本量和单位》。这两个报告一起更新了电离辐射量和单位的许多概念,还建立了若干新的电离辐射量。

ICRU第60号报告(1998)依然把电离辐射的基本量分为以下4类(6.3.3.1～6.3.3.4),共定义了38个基本辐射量(比被取代的1980年第33号报告中第1部分30个通用量多8个),并且,各个辐射量都采用国际标准化组织(ISO)和国际电工委员会(IEC)推荐的规范表达方式,即所有物理量都用斜体字母表示,非物理量都用正体字母表示,即便下标也不例外。

6.3.3.1 放射性计量学的量

放射计量学的量是与电离辐射场有关的最基本的量。ICRU第60号报告共定义了16个放射计量学的量,比被取代的第33号报告中第1部分增加了6个矢量。新的基本报告首次把放射计量学的量分属于标量和矢量。标量的放射计量学的量有10个:粒子数、辐射能、粒子通量、能通量、注量、能注量、注量率、能注量率、粒子辐射度和能量辐射度。这些标量的定义基本不变。而新提出的矢量的放射计量学的量有6个:矢量的粒子辐射度、矢量的能量辐射度、矢量的注量率、矢量的能注量率、矢量的注量和矢量的能注量。矢量的放射计量学的量分别是相应标量的量对时间或者对立体角的导数。

6.3.3.2 相互作用系数的相关量

ICRU第60号报告共定义了7个相互作用系数的相关量,比被取代的第33号报告中第1部分少了1个质能吸收系数。这7个相互作用系数的相关量是:截面、质(量)能(量)转移系数、质量减弱系数、质量阻止本领、辐射化学产额、传能线密度(LET)、气体中每形成1对离子所消耗的平均能量。虽然少了质能吸收系数,但利用质(量)能(量)转移系数和带电粒子的辐射损失份额的关系可以求得质能吸收系数。

6.3.3.3 剂量学的量

ICRU 第60号报告共定义了12个剂量学的量,比被取代的第33号报告中第1部分多了3个量。这12个剂量学的量是:比释动能(kerma)、比释动能率、照射量、照射量率、比转换能(cema)、比转换能率(cema rate)、沉积能(energy deposit)、授予能、线能、比(授予)能、吸收剂量和吸收剂量率。

新增加3个量,即比转换能(converted energy per unit mass,缩写为 cema,符号为 C)、比转换能率(cema rate,符号为 $\dot{C}$)和沉积能(energy deposit,符号为 ϵ_i)。

$$比转换能\ C = \frac{dE_C}{dm}$$

式中,dE_C 是带电粒子与核外电子发生非弹性碰撞而在质量为 dm 的物质中所损失的能量;其国际制(SI)单位为焦耳每千克($J \cdot kg^{-1}$),专用名称为戈瑞(Gy)。与原先已有的比释动能(kerma)所描述非带电粒子在各种介质中转移给所释放次级电子的动能不同,比转换能(cema)的入射粒子是带电粒子,并且在各种介质中与核外电子发生非弹性碰撞所损失的能量,包括克服核对电子的束缚能和所释放的次级电子所有初始动能之和。而比转换能率就是比转换能对时间的导数。比转换能和比转换能率适用于描述带电粒子在各种介质中的能量转移和传递。

沉积能 ϵ_i 是描述能量沉积的随机量。在1单次相互作用 i 中所沉积的能量 ϵ_i 可以表示为:

$$\epsilon_i = \epsilon_{in} - \epsilon_{out} + Q$$

式中,ϵ_{in} 是入射致电离粒子的能量(不包括静止能量),ϵ_{out} 是离开这次相互作用点的所有入射致电离粒子和因这次相互作用产生的次级电离粒子的能量之和(不包括静止能量),Q 为包含在这次相互作用中原子核和所有粒子的静止能量的变化。如果 $Q>0$,意味着静止能量减少;若 $Q<0$,意味着静止能量增加。沉积能的SI单位为焦耳(J),有时也用电子伏特(eV,1 eV = 1.6×10^{-19} J)。由这个更为基础的量可定义出授予能、线能、比(授予)能等。

除上述新引入的量外,值得关注的是常用的3组电离辐射剂量学的量,即吸收剂量 D 和吸收剂量率、比释动能 K 和比释动能率、照射量 X 和照射量率。这些无疑既是经常使用,又是很重要的剂量学的量。尤其是必须掌握这3组量之间的区别以及相互关系。为此,特总结归纳如下7个要点:① 吸收剂量适用于任何电离辐射和任何介质,SI 单位为焦耳每千克(J·kg^{-1}),专用名称为戈瑞(Gy)。比释动能则适用于非带电电离粒子和任何介质,其单位与吸收剂量一样。照射量仅适用于能量在几千电子伏至几兆电子伏范围内的光子(X 线和 γ 射线)和空气介质,单位为库仑每千克[C·kg^{-1};它与已经淘汰的旧专用单位"伦琴(R)"的转换关系为 1 C·kg^{-1} = 3.876×10^3 R,1 R = 2.58×10^{-4} C·kg^{-1}]。
② 提及这几个电离辐射的量时,均必须注意指明介质和所在位置。③ 照射量是根据次级电子对空气的电离能力来表征 X 线或 γ 射线辐射场。严格按照定义测量照射量必须满足电子平衡条件,即进入与离开所考察体积元的次级电子的总能量及能谱分布均等同。④ 非带电电离粒子与物质相互作用可分为两个步骤。首先,非带电电离粒子在物质中产生带电电离粒子和另外的次级非带电电离粒子而损失能量;然后,带电电离粒子将能量授与物质。这两个步骤一般并不发生在同一地点。比释动能表示第 1 个步骤的结果,而吸收剂量表示第 2 个步骤的结果。比释动能和吸收剂量虽然有相同的量纲及单位,但概念完全不同。
⑤ 如果在物质内部,在要确定其比释动能的那点处存在着带电粒子平衡,并且轫致辐射损失可以忽略不计,则该点处的比释动能与吸收剂量在数值上相等。
⑥ 如测得照射量 X 就可进一步推算出相应的吸收剂量 D,即 $D_m = f_m X$;式中,系数 f_m 可从有关手册资料中查找而得。⑦ 比释动能和照射量所反映的都是非带电电离粒子与物质相互作用的结果。比释动能适用于任何的非带电电离粒子和任何物质,剂量学上常以对某种适当物质的比释动能率来描述间接电离粒子辐射场。而照射量只能适用于能量在几千电子伏至几兆电子伏范围内的光子(X 线、γ 射线)和空气介质。当 X 线或 γ 射线与物质相互作用时,如果轫致辐射的损失和次级过程产生的带电粒子可以忽略不计,则照射量数值就等于空气中比释动能的电离当量。即:

$$K_{空气} = \frac{W}{e} \cdot X$$

6.3.3.4　与计量放射性有关的量

ICRU 第 60 号报告共定义了 3 个与计量放射性有关的量,同被取代的第 33 号报告中第 1 部分相比较没有变化。即放射性衰变常数 λ、放射性活度 A 以及空气比释动能率常数 $Γ_δ$ 3 个经常使用的放射性量,具体表征了放射性核素最本质的特点。如下所述的 3 个计量放射性的量均是很有用的量和概念。

(1) 放射性衰变常数 $\lambda = \dfrac{dP}{dt}$(单位 s^{-1})。

(2) 放射性活度 $A = \dfrac{dN}{dt}$(单位 s^{-1};专用名称为贝可勒尔,统一符号为 Bq)。

（3）空气比释动能率常数 $\Gamma_\delta = \dfrac{l^2 K_\delta}{A}$（单位 $m^2 \cdot Gy \cdot Bq^{-1} \cdot s^{-1}$）。

发射光子的放射性核素，其空气比释动能率常数 Γ_δ 是 $l^2 K_\delta$ 除以 A 所得的商，其中，K_δ 是距离活度为 A 的该核素的点源 l 处，由能量大于 δ 的光子所造成的空气比释动能率。空气比释动能率常数的单位是 $m^2 \cdot J \cdot kg^{-1}$。如果使用专用名称戈瑞(Gy)和贝可勒尔(Bq)，则 $m^2 \cdot J \cdot kg^{-1}$ 就变成 $m^2 \cdot Gy \cdot Bq^{-1} \cdot s^{-1}$。空气比释动能率常数有专门的手册资料可供查找。这是推算某种放射性核素所形成的辐射场的重要参数。

放射性衰变常数 λ 前面已经介绍过。结合 6.2.2"放射性衰变"所述就不难理解，放射性活度 A 的表达式明确显示 λ 是表征放射性核素衰变强弱的物理量，通常可以简称为活度。现在，λ 的国际制(SI)单位的专用名称是贝可勒尔(Becquerel, Bq)，可以简称为贝可，$1\ Bq = 1\ s^{-1}$。而活度已被淘汰的旧专用单位是居里(Ci)，过去把 $1\ Ci$ 定义为 3.7×10^{10} 次衰变。于是，新旧单位之间的转换关系可以导出如下常用换算关系式：

$$1\ Bq = 2.7 \times 10^{-11}\ Ci$$
$$1\ MBq = 2.7 \times 10^{-5}\ Ci = 27\ \mu Ci$$
$$37\ MBq = 1\ mCi$$

必须指出，放射性活度 A 仅仅是指单位时间内原子核衰变的数目，而不是指在衰变过程中发射出的所有粒子数。有些原子核在发生 1 次衰变时可能释放出多个粒子。例如，放射性核素铯 137(^{137}Cs)，如果在某一时间间隔内有 100 个原子核发生衰变，但释放出的粒子数却不止 100 个；其中，放射出最大能量为 1.17 MeV 的电子有 6 个，放射出最大能量为 0.512 MeV 的电子有 94 个，并且伴随放射出 94 个能量为 0.662 MeV 的光子。因此，这 100 个铯原子核衰变总共发射出 194 个粒子。为便于读者查找使用，常用的放射性核素的主要参数特专门收集列成表，参见本章末的"附录二"。

在实际工作中，除了经常要用到放射性活度外，还经常遇到需要进一步考虑单位质量的某种物质的放射性活度，称之为比(放射性)活度(specific activity)或者质量(放射性)活度(massic activity)，即 A/m。此外，还需要引入(放射性)活度浓度(activity concentration)或者称为体积(放射性)活度(volumic activity)，表示某放射性物质中单位体积的放射性活度，即 A/V。在各领域的实际工作中，比活度 A/m 和活度浓度 A/V，这两个反应活度的相对比值的量几乎与(放射性)活度同样重要。

6.3.4 电离辐射防护剂量学中的量及其单位

ICRU 第 51 号报告(1993)专门用于取代其第 33 号报告中第 2 部分，反映了电离辐射防护剂量学有关基本量和实用量的重要进展,并且与当时有效的国际放射防护委员会 ICRP 第 60 号出版物关于放射防护方面的量和单位的内容协调一致。

6.3.4.1 用于放射防护测量与计算的量

ICRU 第 51 号报告定义用于放射防护测量与计算的量有 12 个,即注量、授予能、吸收剂量、吸收剂量率、传能线密度、线能量、吸收剂量按传能线密度的分布、剂量当量、剂量当量率、周围剂量当量、定向剂量当量和个人剂量当量。具体定义可参见 ICRU 第 33、39、43、47 号等报告。

值得注意的是,为了区域环境监测和个人监测的实际测量,该报告明确定义了外照射的 3 个实用量:

(1) 周围剂量当量(ambient dose equivalent):即电离辐射场中某点处的周围剂量当量 $H^*(d)$,定义为相应的扩展齐向场在 ICRU 球内,逆齐向场的半径上深度 d 处所产生的剂量当量。对于强贯穿辐射,推荐 $d=10$ mm。

(2) 定向剂量当量(directional dose equivalent):即电离辐射场中某点处的定向剂量当量 $H'(d,\Omega)$,定义为相应的扩展场在 ICRU 球内,沿指定方向 Ω 的半径上深度 d 处所产生的剂量当量。在弱贯穿辐射情况下,对于皮肤,深度采用 $d=0.07$ mm;对于眼晶体,深度采用 $d=3$ mm。

(3) 个人剂量当量(personal dose equivalent):即个人某一指定点下面适当深度 d 处的软组织内的剂量当量 $H_P(d)$。这个剂量学的量可适用于强、弱贯穿辐射。放射工作人员所受职业照射的外照射个人剂量监测应当用这个实用量予以准确表达。

这 3 个外照射实用量是可测量的,通过可测实用量建立起与放射防护标准规定限制量的联系。

6.3.4.2 基于平均值并且用于限制目的的量

在放射防护实践中通常采用一些量的平均值,即把该量在不同点处的变化均衡化为平均值就足够了,当然这往往有些附加的简化条件。

其中,最基本的是器官平均吸收剂量 $D_T=\dfrac{\epsilon_T}{m_T}$。对某一大块组织求平均值应用积分来完成,即 $D_T=\dfrac{\int m_T D\,\mathrm{d}m}{m_T}$。吸收剂量的 SI 单位是焦耳每千克($J\cdot kg^{-1}$),其专用名称为戈瑞(Gy)。戈瑞与已经淘汰的旧专用单位"拉德(rad)"的转换关系为 1 Gy = 100 rad。

用于限制目的的量均按 ICRP 第 60 号出版物(1991)放射防护中使用的量,

包括基本剂量学的量和辅助剂量学的量。如放射防护评价中最常用的器官当量剂量 H_T 和全身有效剂量 E 等是必须掌握的。

有效剂量(effective dose)专指当所考虑的效应是随机性效应时,在全身非均匀照射的情况下,人体所有组织或器官 T 的当量剂量之加权和。即:

$$E = \sum W_T H_T \quad (单位 J \cdot kg^{-1};专用名称为希沃特,sievert,Sv)$$

其中,H_T 为组织或器官 T 所受的当量剂量;W_T 为该组织或器官 T 的组织权重因子。

电离辐射 R 在组织或器官 T 中产生的当量剂量 $H_{T,R}$ 是组织或器官 T 中的平均吸收剂量 $D_{T,R}$ 与辐射权重因子 W_R 之积。即:

$$H_{T,R} = W_R D_{T,R} \quad (单位 J \cdot kg^{-1};专用名称为希沃特,Sv)$$

当电离辐射场是由具有不同 W_R 值的多种类型电离辐射组成时,

$$H_T = \sum W_R D_{T,R}$$

因此有:

$$E = \sum W_T H_T = \sum W_T \sum W_R D_{T,R}$$

由上述当量剂量和有效剂量的表达式可见,器官或组织的当量剂量 H_T 和全身有效剂量 E 都是吸收剂量 D 的加权量,因而其单位的量纲都是相同的,为焦耳每千克($J \cdot kg^{-1}$);但其又具有与吸收剂量 D 很不相同的含义,故其单位的专用名称另外规定为希沃特(sievert,Sv)。希沃特与已经淘汰的旧专用单位雷姆(rem)相差 100 倍,即二者转换关系为:

$$1 \ Sv = 100 \ rem$$

当量剂量和有效剂量是基于平均值并用于放射防护限制目的的量,常用于对照放射防护标准要求进行比较评价。但这些量与前面所述的可监测的实用量 $H^*(d)$、$H'(d,\Omega)$ 和 $H_P(d)$ 不同,需要借助辐射权重因子 W_R 和组织权重因子 W_T 等无量纲因子进行计算。为此,表 6.5 和表 6.6 特给出 ICRP 于 2007 年第 103 号出版物关于 W_R 和 W_T 的新推荐值,并与 1991 年第 60 号出版物的推荐值加以比较。

由表 6.5 和表 6.6 可见,国际放射防护委员会关于放射防护的基本建议书是不断发展演进的,ICRP 于 2007 年底发表的第 103 号出版物《国际放射防护委员会 2007 年建议书》取代了 ICRP 于 1991 年发表的第 60 号出版物。其中,关于辐射权重因子 W_R 和组织权重因子 W_T 的推荐值,根据 10 多年间物理学和放射生物学等领域积累的新资料,做出了不少改变(包括其余组织等相应的计算方法)。当查阅此方面有关文献时,应先了解这个背景;而在进行全身有效剂量计算时,应注意采用新的 W_R 和 W_T 推荐值以及相应的新计算方法。

表 6.5 ICRP 推荐的辐射权重因子 W_R

辐射类型	W_R(2007 年推荐值)	W_R(1991 年推荐值)
光子(X 线、γ 射线)	1	1
电子和 μ 介子	1	1
质子和带电 π 介子	2	5(没有 π 介子)
α 粒子、裂变碎片、重离子	20	20
中子	中子能量 E_n 的连续函数*	依中子能量分 5 个能量区间各取为 5、10、20、10、5

* ICRP 第 103 号出版物 2007 年新建议书推荐的中子的 W_R 是中子能量 E_n 的连续函数:

$$W_R = \begin{cases} 2.5 + 18.2e^{-[\ln(E_n)]^2/6}, & E_n < 1 \text{ MeV} \\ 5.0 + 17.0e^{-[\ln(2E_n)]^2/6}, & 1 \text{ MeV} \leq E_n \leq 50 \text{ MeV} \\ 2.5 + 3.25e^{-[\ln(0.04E_n)]^2/6}, & E_n > 50 \text{ MeV} \end{cases}$$

表 6.6 ICRP 推荐的组织权重因子 W_T

组织或器官	W_T(2007 年推荐值)	W_T(1991 年推荐值)
红骨髓、结肠、肺、胃	0.12	0.12
乳腺	0.12	0.05
其余组织	0.12(分男女各取 13 个组织)	0.05(只规定 10 个组织进行计算)
性腺	0.08	0.20
膀胱、食管、肝、甲状腺	0.04	0.05
骨表面、脑、唾液腺、皮肤	0.01	0.01(没有规定脑和唾液腺)

顺便指出,在实际应用中,经常会遇到几个电离辐射量的习惯泛指的通称术语,应当明确其含义并清楚区分各自不同的概念。例如,① 剂量:可泛指某一考察对象所接受或者吸收的电离辐射的一种量度。根据上下文可以指某点的吸收剂量、器官的平均吸收剂量、当量剂量、有效剂量、待积当量剂量(内照射)和待积有效剂量等属于不同范畴的概念,而且这些不同概念的"剂量"的单位也不都一样。② 集体剂量:泛指某一群体所接受的总电离辐射照射的一种表示,即该群体成员人数与他们所接受的平均剂量之积,取决于平均剂量的含义,可以是集体当量剂量,也可以是集体有效剂量,常用单位为"人·Sv"。此外,关于有效剂量和集体剂量的概念、含义,以及这些量的应用场合与条件,ICRP 第 103 号出版物《国际放射防护委员会 2007 年建议书》重新作出了诠释和澄清,必须特别注意准确地使用之。③ 实用量:泛指 ICRU 提出的在放射防护实践中,可进行实际测量的周围剂量当量、定向剂量当量和个人剂量当量等。用于环境和人员监测

的实用量一般都可作为防护量的合理近似。

6.4 放射防护与安全的法规和标准

6.4.1 放射防护与安全的宗旨和基本原则

由 6.1 节所述可见，20 世纪以来，放射性核素与电离辐射技术在各行各业的应用日益广泛，给人类带来了巨大无比的效益。与此同时，如何更好地防范这把兼有利与害的双刃剑，防止有可能产生的放射性危害，也越来越凸显其重要性和迫切性。同时，放射性危害有其特殊性，不仅表现在其专业性非常强，而且往往容易与核武器恐怖等联系到一起，对社会安定和广大公众的心理影响较大。因而，放射防护与安全尤为重要。

1. 趋利避害是放射防护的指导思想

强化放射防护与安全的目的在于为人类提供一个适宜的放射防护规范与标准，又不致过于限制广泛应用电离辐射技术的有益实践。其指导思想可以归结为简洁的"趋利避害"4 个字。既要认真防范各种放射性事件和事故，又要在各行各业的正常应用中有效地保护放射性职业工作人员和所有公众免受或者少受各种电离辐射的照射，并保护人类赖以生存的生态环境，同时，还要促进电离辐射技术不断发展，以有利于更加广泛地应用其而更好地造福于人类。

实际上，如 6.2.3 所述，人类始终生活在充满宇宙射线、地壳陆地辐射等天然电离辐射照射的环境中，然而直到近 100 年前，人类才发现生存环境中的放射性。并且，随着人类生产与生活活动的不断延伸和扩展，以及科学技术的不断进步，又日益增加了各种各样的人工电离辐射照射来源。人类正是在不断发展利用电离辐射技术的过程中，也不断改进和加深对电离辐射本质的认识，从而能够驾驭这把双刃剑。

现在的放射防护体系已经不断地演进为由著名的"放射防护三原则"构成，即放射实践的正当性、放射防护的最优化和遵守个人剂量限值。

放射实践的正当性是指凡涉及产生电离辐射照射的实践，除非对受照射个人或社会带来的利益足以弥补其可能引起的放射危害（包括健康与非健康危害），否则就不得采取此实践。放射防护的最优化是指经正当性判断后确定要进行涉及电离辐射照射的实践，在考虑了经济和社会的因素之后，要采取有效的防护与安全措施，保证将电离辐射照射保持在可以合理达到的尽量低水平。遵守个人剂量限值是在正当性与最优化的基础上加一道防线，即针对放射性工作人员和公众成员，以及对所有相关实践联合产生的照射，规定个人剂量限值予以限制，以保证有关个人不会受到不可接受的放射危险；而标准所规定的个人剂量限值不适用于受检者与患者所接受的医疗照射,即医疗照射只能遵循实践的正当性和放射防护的最优化两条原则进行控制。

2. 国际放射防护委员会(ICRP)及其出版物

国际放射学(ICR)第1届大会成立ICRU之后,1928年,第2届ICR大会决定成立专门致力于研究电离辐射防护的国际学术组织,当时称为"国际X射线和镭防护委员会",于1950年改称为"国际放射防护委员会(international commission on radiological protection,ICRP)"。现在的ICRP由主委员会和放射生物学效应、内外照射剂量、医学应用的防护、委员会建议书的应用和非人类物种防护5个分委会组成。已有80年历史的ICRP颇具权威性,其出版物是有关国际组织(如国际原子能机构IAEA、世界卫生组织WHO等)和世界各国制定放射防护标准的基本依据。ICRP的出版物自1959年起顺序连续编号单独发行,内容过时的出版物由新出版物所取代,体现了放射防护知识的不断深入发展和与时俱进。ICRP的出版物既有关于放射防护总指导原则和放射防护体系的基本建议书,还有一系列各行各业具体应用各种电离辐射技术的放射防护指南。ICRP迄今已经正式发表的100余份出版物中,仍然有效的出版物约占2/3。笔者逐一查阅发现,其中与医用辐射防护有关的出版物竟然多达40余份,占仍有效出版物的大多数,这是与电离辐射技术在各领域应用中以医学应用居首位的状态和医疗照射防护的重要性相适应。

备受关注的ICRP关于放射防护的基本建议书,迄今已经经历了引人注目的4个历史阶段的更迭(见表6.7)。ICRP关于放射防护的权威的基本建议书,一旦被各国原则采纳而制订为本国的放射防护基本标准后,就成为规范与约束放射防护行为的法定准则。

表6.7 不同历史时期的ICRP放射防护基本建议

出版物序号 (发表年份)	主要概念	职业照射主要的 年个人剂量限值
1号(1959), 6号(1964), 9号(1966)	最大允许剂量	性腺、红骨髓,全身均匀照射5 rem
26号(1977)	剂量限制体系(放射防护三原则)	有效剂量当量(H_E)50 mSv
60号(1991)	放射防护体系(放射防护三原则)	有效剂量(E)20 mSv(允许连续5年内平均等)
103号(2007)	放射防护体系(放射防护三原则)	有效剂量(E)20 mSv(允许连续5年内平均等)

注:1 Sv(希沃特)=100 rem(雷姆;剂量当量的旧专用单位,已被淘汰)。

表 6.7 所归纳的是 ICRP 在不同历史时期关于放射防护的基本观点。早期的放射防护标准侧重于寻求一个理想的区分安全与危险的剂量限值,先后出现过耐受剂量、最大容许剂量等概念。ICRP 以最大容许剂量为基本概念的指导原则,从早期没有编号发表到顺序连续编号的第 26 号出版物,持续沿用了数十年。1950 年,以每周 0.3 rem 作为放射工作人员的职业照射基本限值;至 1959 年,发表第 1 号出版物时,该限值降为每年 5 rem。随后,1964 年和 1966 年的第 6 号和第 9 号出版物只是对第 1 号出版物的进行局部修改和补充。直至 1977 年的第 26 号出版物才出现基本建议书的重大变革。这次变革被誉为放射防护指导思想的里程碑式革命,由实践的正当性、防护的最优化和个人剂量限值构成的"剂量限制体系",淘汰了"最大容许剂量"的错误概念。13 年后的 1991 年,ICRP 发表取代第 26 号出版物的第 60 号出版物,进一步充实和改善了放射防护三原则构成的"放射防护体系"。ICRP 第 60 号出版物发表的放射防护基本建议书,从 20 世纪 90 年代起一直沿用了 16 年多。2007 年底,ICRP 又发表第 103 号出版物《国际放射防护委员会 2007 年建议书》取代了第 60 号出版物,这是第 4 个历史阶段的开始。4 个阶段基本建议书的新陈代谢反映了放射防护指导思想、基本原则及方针的不断发展和完善。ICRP 的 2007 年新建议书中,对构成放射防护体系最关键的放射防护三原则没有根本性变动,但采用区分计划照射情况(planned exposure situation)、应急照射情况(emergency exposure situation)和既存照射情况(existing exposure situation)3 类涵盖全部范畴的照射,取代了原来放射防护体系基于实践和干预的分类。这样,放射防护三原则从以前基于活动过程转向基于照射情况。计划照射情况是指涉及各种"源"的计划的引入和运行(包括过去归类为实践的情况)。应急照射情况是指一些意外发生的尤其值得关注的照射。例如,在某项计划执行过程可能发生的或者由恶意行为带来的事故照射。既存照射情况是指当决定必须进行控制前就已经存在的照射情况,包括天然存在的照射和过去发生的事件及事故等。例如,那些天然电离辐射本底照射,包括居室中氡的照射等。新建议书进一步强调了关键的放射防护最优化原则对 3 种照射情况,以及对职业照射、医疗照射和公众照射 3 类不同对象照射的指导作用。新建议书继续保留使用器官或组织的当量剂量(equivalent dose,H_T)和全身有效剂量(effective dose,E)等防护量,但对外照射和内照射的剂量计算方法和有关参数的选取等有新的规定。由表 6.7 可见,自 1991 年以来,ICRP 所推荐的职业照射个人的基本限值没有改变。

3. 随机性效应和确定性效应

放射防护三原则构成的放射防护体系是基于对放射生物学效应的认识而确立的。探究电离辐射的生物学效应是为了保护人类自身以及其他非人类物种免受电离辐射的有害影响;同时,在电离辐射的应用中最大限度地获取效益。关于电离辐射生物效应的分类从不同着眼点出发可有多种方法。按照电离辐射照射对象引发的生物效应可分为躯体效应和遗传效应两类。躯体效应是指电离辐射照射所致的、显现在受照射生物体本身上的有害效应；而遗传效应是指电离辐射照射所致的、显现在受照射生物体后裔身上的有害效应。按照电离辐射引起生物效应的显现时间又可分为近期效应和远期效应。近期效应是指1次或者短期内多次受到较大剂量的照射后，受照射生物体早期（如数周内）就发生的有害效应；而远期效应是指1次受到较大剂量照射或者多次受到较小剂量照射后，远后期（如数年以后）才会发生的有害效应。随着科技发展和认识不断深化，20世纪70年代以后，人们认识到，最重要的生物效应分类，应当考虑从作用机制出发，才有利于确定相应的对策加以防护。这也就是放射防护与安全所特别关注的问题。这种分类演进至今，即分为随机性效应和确定性效应两大类。

随机性效应（stochastic effect）是指其发生概率（而非严重程度）与照射剂量大小有关的一类效应。现在公认假定这种效应发生的概率正比于照射剂量，并且在放射防护感兴趣的小剂量范围内不存在剂量的阈值。这就是有名的"线性无阈假说"。以其为防护着眼点显然有利于偏安全。大家最关心的X线、γ射线、中子、电子、α粒子和重离子等各种电离辐射诱发的癌症以及遗传疾患都属于随机性效应。随机性效应属于群体概念，一般这种效应在受照射后一段时间才会显现出来。各种放射性核素和射线装置所发出的电离辐射，与生物体作用的能量传递和沉积是一个随机过程，即使在剂量很小的情况下，在细胞内关键体积沉积足够的能量后，可能导致细胞变异或者死亡。通常，只少数细胞死亡在组织中不会产生影响，然而像遗传变化或最终导致肿瘤转化之类的细胞变异却可能引起随机性效应这样的严重后果。对随机性效应而言，即使在剂量很小的情况下，也存在一定的发生概率。因此，根本就不存在一个"最大容许剂量"可以区分放射安全与危险。所以，放射防护体系演变成为放射防护三原则。这也就是放射防护强调防护最优化，以尽可能地避免一切不必要的照射和尽量合理降低群体剂量的道理。

确定性效应（deterministic effect）是指其严重程度取决于受照射剂量的大小，并且存在有剂量阈值的一类效应。这类效应由较大剂量照射时才会引起。例如，单次照射睾丸 0.15 Sv 可导致暂时不育，3.5～6.0 Sv 可导致永久不育；卵巢 2.5～6.0 Sv 可致不育；晶状体 0.5～2.0 Sv 可致浑浊，5.0 Sv 可致视力障碍（白内障）；骨髓 0.5 Sv 可致造血机能低下等。当然，全身数戈瑞（Gy）以上的急性大剂量一次照射就可导致死亡。各种确定性效应只发生在相应的大于阈值剂量的照射后，显然，其放射防护对策即把照射设法控制在确定性效应相应的剂量阈值以下。所以，放射防护的基本指导思想和原则之一是必须防止确定性效应的发生。

1977年，国际放射防护委员会（ICRP）在其第26号出版物提出按生物效应作用机制划分两类效应时,此类效应原来称为非随机性效应。1991年,发表ICRP第60号出版物起,才改称其为确定性效应。因为,各种电离辐射照射杀死受照射人体的某细胞本身是个随机性过程,体内少量细胞被杀死并不一定在临床上显现出机体可观察到的损伤;只有足够大剂量的照射而杀死足够数量的细胞,而且又不能够通过体内活细胞的增殖来加以补偿,才会表现出临床可检测和可观察到的确定性效应。可见,确定性效应是已有的一定剂量照射所确定必然发生的结果,原来称之为非随机性效应并不合适。

6.4.2 我国的放射防护法规与标准体系框架

国际原子能机构(IAEA)总结世界各地发生的核与放射性事故教训,积极倡导各国建立好本国放射防护的基础结构(infrastructure)。这个国家放射防护基础结构究其基本要素可以概括为4个方面:建立并不断健全放射防护法规与标准体系,确立权威的负责任的审管部门,保证足够的放射防护与安全投入,培训足够数量的具备合格资质的人员。其中,第一要素是建立并不断健全科学实用的放射防护法规与标准体系。因为,放射防护法规与标准,作为诸多相关学科科技成果的结晶和放射防护监督管理经验的升华,是实施放射防护监督管理和指导各种各样放射实践的依据与准则,是国家依靠行政强制力,强化实施放射防护与安全规范,大力培植和提高全社会安全文化的最有力手段。拥有健全的放射防护法规与标准体系,各行各业的放射实践才有法可依、有章可循,这正是放射防护法规与标准体系的重要性之突出体现。同时,只有认真贯彻执行一系列放射防护法规与标准,才能有效保障放射性职业工作人员、日益增多的接受各种医疗照射的受检者与患者以及广大公众的身体健康与放射安全;才能保护环境;才能有力促进核科学与电离辐射技术在各行各业的应用以便更好地造福于民。

多年来,随着我国法制建设的不断加强,在统一规范与约束全社会的放射防护与安全行为方面,我国的放射防护法规与标准体系已逐步建立,达到初具规模并不断发挥了重要作用。图6.7总结归纳了我国的放射防护法规与标准体系的框架。现从最顶层顺序往下,分别对"法"、"行政法规"、"部门规章"、"技术标准"4个层次扼要地稍加说明。

(1)如图6.7所示的这个金字塔,形象地揭示了我国放射防护法规与标准体系的框架结构。在3个法规层次中,下位法服从上位法是法制社会的基本原则。最高层次是全国人民代表大会制定的法律,经全国人民代表大会常委会三读审议通过后,由中华人民共和国主席以主席令公布施行。除了我国宪法和相关的通用法律(如《中华人民共和国行政许可法》)外,迄今直接同放射防护与安全有关的法律有两部,即《中华人民共和国职业病防治法》和《中华人民共和国放射性污染防治法》。

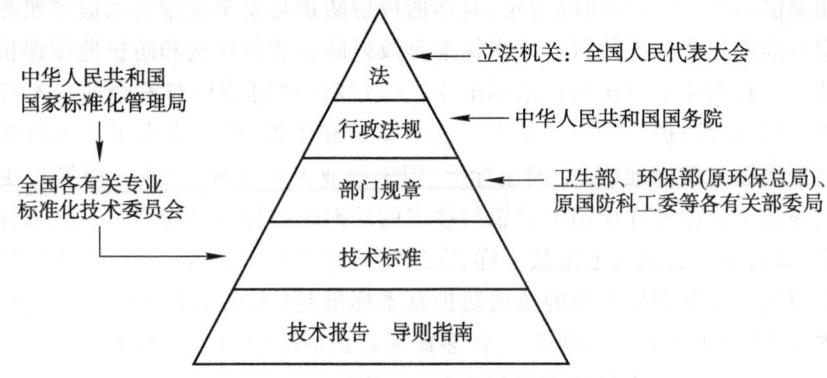

图 6.7　我国的放射防护法规与标准体系结构图

（2）第 2 个层次是中华人民共和国国务院颁发的行政法规，通常称为条例，经国务院常务会议审议通过后，由国务院总理以国务院令发布。迄今直接与放射防护有关的行政法规主要是《放射性同位素与射线装置安全和防护条例》，2005 年 9 月修订发布，用于取代 1989 年 10 月发布的《放射性同位素与射线装置放射防护条例》。此外，还有《中华人民共和国民用核设施安全监督管制条例》、《中华人民共和国核材料管理条例》、《核电厂核事故应急管理条例》以及《突发公共卫生事件应急条例》等，均同放射防护与安全有关。为有效防范包括核与放射性事件在内的突发公共事件，国务院已经建立了"国家突发公共事件应急预案体系"，并于 2006 年 1 月颁发了国务院规范性文件《国家突发公共事件总体应急预案》，其中包括《国家核应急预案》和《国家突发公共卫生事件应急预案》等。

（3）第 3 个层次是我国政府各有关部委局，为了具体贯彻执行国家法律和国务院发布的行政法规，依照各自职责制定的部门规章。几经沿革，我国主管各种放射实践与放射防护的有卫生部、国家环境保护总局（2008 年 3 月国务院机构再次改革后又改为环保部）、原国防科工委（2008 年 3 月国务院机构再次改革后划归工业信息部）以及公安部等。这些有关部委局先后制定颁发了一批有关放射性工作许可制度及放射防护管理办法、核与放射事故管理规定、放射性工作人员职业健康管理办法、放射防护器材与含放射性产品管理办法、核动力厂设计及运行安全规定、城市放射性废物管理办法、放射环境管理办法和放射性物质安全运输管理办法等。2006 年 1 月，国家环境保护总局新颁发的《放射性同位素与射线装置安全许可管理办法》和卫生部新颁发的《放射诊疗管理规定》，都是与国务院 449 号令发布的"条例"相配套的比较重要的部门规章，均自 2006 年 3 月 1 日起施行。

（4）以上 3 个层次均属于法规范畴。而贯彻执行这些法规所需要的大量有关放射防护与安全的具体技术规范和要求，都在第 4 个层次的技术标准中。在现行相关法律法规中,都明确规定,具体的放射防护与安全技术要求应遵照相关的国家标准或行业标准执行。技术标准是放射防护监督执法和防护监测评价的基本依据。在第4个层次的技术标准中,又以我国放射防护与安全的基本标准最重要。以放射防护与安全的基本标准为基础和依据,还派生出了一大批各种放射防护次级专项标准(包括国家标准、国家职业卫生标准、行业标准等),更加具体地规范了各种各样应用电离辐射技术的放射防护与安全行为。在技术标准体系中,如同下位法服从上位法一样,次级专项标准服从基本标准也是必须遵循的基本原则。我国现行有效的放射防护基本标准是《电离辐射防护与辐射源安全基本标准》(GB 18871—2002)。许多放射防护标准均与人体健康和安全密切相关,因而属于《中华人民共和国标准化法》规定的强制性标准。放射防护标准属于技术法规,是法制建设的重要组成部分。各种强制性或推荐性技术标准由各有关专业的标准化技术委员会组织制定审查,凡制定国家标准(GB),需报送国家质量监督检验检疫总局批准,并按专门的国家标准编号发布。我国加入世界贸易组织(WTO)后,为加强标准化工作,特专门成立了国家标准化管理委员会(对外称中华人民共和国国家标准化管理局),统一主管全国各行业的标准化工作。

(5) 图6.7所示最底层的技术报告和导则指南,没有法规标准的约束力,而是属于有关单位、组织、专家等进一步具体诠释以帮助理解和实施各有关法规与标准的相关参考资料。

6.4.3 《中华人民共和国职业病防治法》和《中华人民共和国放射性污染防治法》

1.《中华人民共和国职业病防治法》

《中华人民共和国职业病防治法》于2001年10月27日以第60号主席令发布,自2002年5月1日起施行。其立法宗旨是:① 预防、控制和消除职业病危害。② 防治职业病。③ 保护劳动者健康及其相关权益。④ 促进经济发展。因此,"职业病防治工作坚持预防为主、防治结合的方针,实行分类管理、综合治理"。凡在中华人民共和国领域内的职业病防治活动,均必须遵照其执行。职业病防治法所称职业病的界定,是指企业、事业单位和个体经济组织(以下统称用人单位)的劳动者在职业活动中,因接触粉尘、放射性物质和其他有毒、有害物质等因素而引起的疾病。而具体职业病的分类和目录已由卫生部会同劳动和社会保障部规定、调整和发布。

《中华人民共和国职业病防治法》由第1章"总则"(12条)、第2章"前期预防"(6条)、第3章"劳动过程中的防护与管理"(20条)、第4章"职业病诊断与职业病病人保障"(16条)、第5章"监督检查"(7条)、第6章"法律责任"(15条)和第7章"附则"(3条)共7章79条组成。

《中华人民共和国职业病防治法》把放射性物质作为3大职业的危害因素之一,体现了国家对放射性职业工作人员的充分关注。包括医疗、工业、农业、能源、科研、地质和军事等各行各业在内的各种放射实践中的职业照射,以及放射性职业病的诊断,均属于《中华人民共和国职业病防治法》的管理范畴。《中华人民共和国职业病防治法》规定的职业病防治措施、劳动者的权利、用人单位的责任、对职业卫生技术服务机构的管理、监督检查和处罚条款等内容,均适用于放射性职业病的防治管理。

国家实行职业卫生监督制度。国务院卫生行政部门统一负责全国职业病防治的监督管理工作。职业病防治必须从致害源头抓起,实施全过程监督。职业病防治法按前期预防、劳动过程中的防护与管理、职业病发生后的诊断治疗与患者保障3个阶段,分别规定了相应的管理制度和防治措施。开展各种各样放射实践的单位必须认真贯彻执行《中华人民共和国职业病防治法》,保障各类放射性工作人员的身体健康与放射安全。

前期预防阶段的重点是从源头加强管理,对建设项目(可能产生职业危害的新、改、扩建项目和技术改造、技术引进项目的统称)实行职业危害的预评价制度;强调建设项目的职业卫生防护措施,应当与主体工程同时设计、同时施工、同时运行或使用;竣工验收前还应进行建设项目职业危害的控制效果评价。

劳动过程中的防护与管理之关键是,用人单位必须认真承担明确的责任,建立、健全此法规定的有关制度,采取一系列有效的防治措施。例如,此法第18条规定,国家对从事放射、高毒等作业实行特殊管理。第23条规定,对放射工作场所和放射性同位素的运输和储存,用人单位必须配置防护设备和报警装置,保证接触放射线的工作人员佩戴个人剂量计。第26条规定,向用人单位提供可能产生职业病危害的化学品、放射性同位素和含有放射性物质的材料的,应当提供中文说明书。说明书应当载明产品特性、主要成分、存在的有害因素、可能产生的危害后果、安全使用注意事项、职业病防护以及应急救治措施等内容。产品包装应当有醒目的警示标识和中文警示说明。储存上述材料的场所应当在规定的部位设置危险物品标识或者放射性警示标识。此外,进口放射性同位素、射线装置和含有放射性物质的物品,应按照国家有关规定办理。用人单位应当告知劳动者有关职业危害以及职业卫生防护等方面的内容;还必须重视对放射性工作人员的上岗前和在岗期间定期的放射防护培训;为工作人员提供必要的放射防护设施与用品;认真按照此法要求做好职业健康监护,并建立与保存相应的职业健康监护档案。

关于职业病诊断与职业病患者保障在《中华人民共和国职业病防治法》中有详细规定。职业健康检查和职业病诊断均必须由省级以上人民政府卫生行政部门批准的医疗卫生机构承担。职业病诊断标准和职业病诊断、鉴定办法由国务院卫生行政部门制定。职业病伤残等级的鉴定办法由国务院劳动保障行政部门会同国务院卫生行政部门制定。职业病患者依法享受国家规定的职业病待遇。

2.《中华人民共和国放射性污染防治法》

《中华人民共和国放射性污染防治法》于2003年6月28日以第6号主席令发布,自2003年10月1日起施行。其立法宗旨是为了防治放射性污染,保护环境,保障人体健康,促进核能与核技术的开发与和平利用。此法适用于中华人民共和国领域和管辖的其他海域在核设施选址、建造、运行和退役以及核技术、铀(钍)矿和伴生放射性矿的开发利用过程中发生的放射性污染的防治活动。

国家对放射性污染的防治,实行"预防为主、防治结合、严格管理、安全第一"的方针。建立严格的放射性污染防治的法律制度,必须明确法律责任,从严查处违法行为。同时,既要防治放射性污染,又要促进核能和核技术的开发利用。此法对"放射性污染"的定义为:由于人类活动造成物料、人体、场所、环境介质表面或者内部出现超过国家标准的放射性物质或者射线。而"核技术利用"则是指密封放射源、非密封放射源和射线装置在医疗、工业、农业、地质调查、科学研究和教学等领域的使用。

《中华人民共和国放射性污染防治法》由第1章"总则"(8条)、第2章"放射性污染防治的监督管理"(9条)、第3章"核设施的放射性污染防治"(10条)、第4章"核技术利用的放射性污染防治"(6条)、第5章"铀(钍)矿和伴生放射性矿开发利用的放射性污染防治"(5条)、第6章"放射性废物管理"(9条)、第7章"法律责任"(12条)、第8章"附则"(4条)共8章63条组成。

《中华人民共和国放射性污染防治法》规定,国务院环境保护行政主管部门对全国放射性污染防治工作依法实施统一监督管理。国务院卫生行政部门和其他有关部门依据国务院规定的职责,对有关的放射性污染防治工作依法实施监督管理。核设施与核技术应用单位以及铀(钍)矿和伴生放射性矿开发利用单位,负责本单位的放射性污染防治,接受监督管理,并依法对其造成的放射性污染及其后果承担责任。

为对可能造成放射性污染的活动进行严格的全过程监督管理,《中华人民共和国放射性污染防治法》规定建立一系列放射性污染防治的有关制度。例如,选址、建造、装料调试、运行和退役安全许可制度,选址、建造、运行、退役环境影响评价与三同时验收制度,放射性污染监测制度,有关机构、人员实行考核与资格认定制度,核事故应急制度,对放射源实行全过程监督管理和放射性同位素备案制度,放射性固体废物专营和许可制度,核设施退役和放射性废物处置费用实行预提管理制度。这8类主要的监督管理制度在此法各章中均有具体明确的规定,这些是确保有效治理各种放射性污染的关键。

在《中华人民共和国放射性污染防治法》中,第7章法律责任的条数最多。这体现了突出强化依法行政和执法必严,才能确保取得污染防治效果。而且权利与责任并存，违法必究适用于所有各方，除核设施营运单位、核技术利用单位以及各类涉源单位外，也包括污染防治的监督管理执法方以及相关方。

一般来说，核设施营运、铀（钍）矿和伴生放射性矿的开发利用等所可能产生的放射性污染的防治，以及放射性三废管理等比较引人注目。然而，根据《中华人民共和国放射性污染防治法》关于"核技术利用"和"放射性污染"的定义，各种放射性物质与射线装置的生产、销售、使用中所可能产生的放射性污染都属于此法管理范畴。除第1章"总则"规定的基本原则和第7章法律责任外，第4章专门针对核技术利用的放射性污染防治有6条规定。其中，第33条要求，生产、销售、使用、储存放射源的单位，应当建立健全安全保卫制度，指定专人负责，落实安全责任制，制定必要的事故应急措施。发生放射源丢失、被盗和放射性污染事故时，有关单位和个人必须立即采取应急措施，并向公安部门、卫生行政部门和环境保护行政主管部门报告。因此，包括电离辐射医学应用在内的各行各业的放射实践均应认真贯彻执行放射性污染防治法。

6.4.4 《放射性同位素与射线装置安全和防护条例》

2005年9月14日，国务院总理以第449号国务院令发布了《放射性同位素与射线装置安全和防护条例》，自12月1日起施行。与此同时，废止了1989年10月发布的《放射性同位素与射线装置放射防护条例》（原1989年第44号国务院令）。

1989年10月发布的《放射性同位素与射线装置放射防护条例》，明确规定了我国放射防护管理的基本要求，如国家对放射工作实行许可登记制度等。这在当时我国尚没有与放射防护直接相关法律的情况下发挥了很重要作用。

实施16年后修订而重新发布的新条例调整了主要监管部门，规定"国务院环境保护主管部门对全国放射性同位素和射线装置的安全和防护工作实施统一监督管理。国务院的公安和卫生等部门，按照职责分工和本条例的规定，对有关放射性同位素和射线装置的安全和防护实施监督管理"；并要求县级以上地方人民政府的环境保护主管部门和其他有关部门，按照职责分工和此条例规定，对本行政区域内放射性同位素和射线装置的安全和防护工作实施监督管理。

国务院于2005年第449号令发布的新条例《放射性同位素与射线装置安全和防护条例》由第1章"总则"（4条）、第2章"许可和备案"（22条）、第3章"安全和防护"（13条）、第4章"辐射事故应急处理"（6条）、第5章"监督检查"（4条）、第6章"法律责任"（15条）、第7章"附则"（5条）共7章69条组成。新条例的宗旨是为了加强对放射性同位素和射线装置的安全及防护的监督管理，促进放射性同位素和射线装置的安全应用，保障人体健康，保护环境。凡在中华人民共和国境内生产、销售、使用放射性同位素和射线装置，以及转让、进出口放射性同位素的均应遵守此条例规定。新条例所称放射性同位素包括放射源和非密封放射性物质,而射线装置是指 X 线机、加速器、中子发生器以及含放射源的装置。

新条例除了调整统一监督管理放射防护与安全工作的主管部门这一重要变化外,还有如下特点:① 规定"国家对放射源和射线装置实行分类管理"。根据对人体健康和环境的潜在危害程度,从高到低将放射源分为Ⅰ、Ⅱ、Ⅲ、Ⅳ、Ⅴ共5 类,把射线装置分为Ⅰ、Ⅱ、Ⅲ共 3 类。对不同危险类别的放射源与射线装置分别采取相应不同的管理措施(包括分级审批、颁发许可证与监管等)。而这两种具体分类办法另由主管部门制定。② 新条例注重源头控制,规定应建立生产放射性产品的台账,对生产的放射源实行统一编码的身份管理。③ 强化了从生产、销售、使用,以及转让、进出口,直至退役、废弃处理、回收等各个有关活动环节的全过程监管。通过建立产品台账和编码的身份管理,加强生产和进口两方面源头的监管控制,加强转让活动的监管,加强闲置废旧源收储及有关退役管理等,确实保证所有相关活动的放射防护与安全,做到防患于未然。④ 新条例突出加强放射诊疗管理与医疗照射防护。⑤ 重新把放射事故分为特别重大、重大、较大、一般 4 个等级,同时,强化建立放射事故应急预案和事故的应急处理要求。⑥ 具体细化法律责任,并加大对违反条例的处罚力度等。

新条例中明确规定,生产、销售、使用放射性同位素和射线装置的单位,应依法取得许可证。许可证有效期为 5 年。"涉源"单位取得许可证所需具备的 5 个方面的条件包括:① 应有与其工作相适应的并具备相应资质的专业技术人员。② 有符合国家有关放射防护标准要求的场所、设施和设备。③ 有安全和防护管理机构或者专职、兼职管理人员,并配备必要的防护用品和监测仪器。④ 有健全的安全防护管理规章制度、辐射应急措施。⑤ 如产生放射性废气、废液、固体废物的,应有相应达标的处理能力或可行处理方案(见新条例第 7 条)。新条例第 8 条规定,生产、销售、使用放射性同位素和射线装置的单位,事先向有审批权的环境保护主管部门提出许可申请时,需提交符合上述新条例第 7 条规定条件的证明材料。

新条例第 8 条还规定,"使用放射性同位素和射线装置进行放射诊疗的医疗卫生机构,还应当获得放射源诊疗技术和医用辐射机构许可"(笔者认为此后半句中放射"源"诊疗的"源"字不妥,应删去)。可见,明确加强放射诊疗管理与医疗照射防护是又一个很突出的特点。在这方面提出了许多新要求,例如,第 38 条规定,"使用放射性同位素和射线装置进行放射诊疗的医疗卫生机构,应当依据国务院卫生主管部门有关规定和国家标准,制定与本单位从事的诊疗项目相适应的质量保证方案,遵守质量保证检测规范,按照医疗照射正当化和辐射防护最优化的原则,避免一切不必要的照射,并事先告知患者和受检者辐射对健康的潜在影响。"认真加强各种医疗照射的质量保证,就是从根本上推动搞好众多受检者与患者所受医疗照射的防护。

新条例还对各有关监管部门、生产放射性同位素单位的行业主管部门、许可证持有单位、持证单位的有关人员等均分别提出明确的具体要求和应承担的责任。

6.4.5 我国政府各有关部委局颁发的部门规章

我国政府主管各种放射实践和放射防护的部门有原国家环保总局、卫生部、原国防科工委、公安部等。国务院对外贸易主管部门、海关总署、国家质量监督检验检疫总局以及交通运输主管部门等也与放射性物质与射线装置的进出口、运输、检验检疫等环节有关。因此，各有关部委局按照我国政府机构改革后国务院核定的各自分工职责，以及法律法规赋予的权利，分别制定一系列相关的部门规章，更具体落实和规范各个环节的放射防护与安全要求。

这些有关部门规章属于图6.6所示的第3个层次。例如，原国家环保总局已经制定颁发实施的规章有：《核动力厂设计安全规定》、《核动力厂运行安全规定》、《城市放射性废物管理办法》、《放射环境管理办法》等。卫生部和公安部于2001年联合制定并颁发实施《放射事故管理规定》；卫生部单独制定颁发实施的有《放射工作人员职业健康管理办法》（自2007年11月1日起施行）、《放射防护器材与含放射性产品管理办法》、《核设施放射卫生防护管理规定》、《职业卫生技术服务机构管理办法》、《国家职业卫生标准管理办法》、《建设项目职业病危害分类管理办法》、《职业健康监护管理办法》、《职业病诊断与鉴定管理办法》、《职业病危害事故调查处理办法》和《建设项目职业病危害评价规范》等。

随着国务院2005年第449号令发布此新条例，相关部门的管理职能有所调整，因此，这些有关的部门规章凡是与新条例不一致的很快将被废止或修订，或者制定相应新的部门规章来贯彻实施。例如，卫生部和公安部联合制定颁发的《放射事故管理规定》（2001）和卫生部制定颁发的《放射工作卫生防护管理办法》（2002）都因与新条例不一致而失效，并将被相应新出台的部门规章所取代。

2006年，与国务院2005年第449号令发布的新条例相配套的，具体细化新条例的部门规章陆续制定出台，国家环保总局在公布了《放射源分类办法》后，新颁发了《放射性同位素与射线装置安全许可管理办法》；卫生部也新颁发了《放射诊疗管理规定》，均自2006年3月1日起施行。这两个新部门规章，是具体贯彻执行国务院新条例的重要组成部分。所有相关法规还要注意到其时效和适时更新情况。

6.4.6 《电离辐射防护与辐射源安全基本标准》（GB 18871—2002）

1. 放射防护基本标准是指导放射防护工作的总纲

贯彻执行放射防护法规所需要的大量有关放射防护与安全的具体技术规范

和要求,全部都要依据放射防护标准。就放射防护工作而言,放射防护法规与标准是放射防护工作的纲。核科学与电离辐射技术的应用已经覆盖国民经济的各个领域乃至日常生活,于是,放射防护的标准化对象日益繁多,各不相同。但正如 6.4.1 所述,其根本宗旨在于趋利避害,以有效保护人体的健康与安全。因此,必须针对各种各样的放射性物质与射线装置(即各种辐射源)对人体可能造成的电离辐射照射危险,确定统一的放射防护总指导思想和防护原则,这就是集核科学技术及其应用、电离辐射剂量学、放射生物学、放射防护学、放射损伤防治和放射生态学等诸多相关领域的科研成果和放射防护监督管理经验而形成的放射防护基本标准。然后,在放射防护基本标准总原则的指引下,针对形式各异、情况不同的各类放射实践,分别派生出一系列次级专项放射防护标准,分别在各分支领域中具体发挥指南作用,为放射防护监督管理和放射防护监测评价等技术服务提供技术依据。显然,放射防护基本标准是所有次级专项放射防护标准的基础和基本依据,是指导搞好放射防护工作的总纲;而次级专项放射防护标准必须遵从基本标准的原则。同时,放射防护标准又有很强的专业性以及时效性,标准也是不断更新发展的,放射防护基本标准往往集中体现了各个历史时期放射防护领域的最新进展。所以,掌握放射防护基本标准,不仅是放射防护专业人员,而且是所有与放射性工作有关的管理与技术人员都必须具备的最基本条件。

2. 我国放射防护基本标准的 4 代沿革

我国的放射防护基本标准已经经历了 4 代沿革,其发展变化是我国放射防护事业不断进步的缩影。1960 年,国务院批准了《放射性工作卫生防护暂行规定》,由卫生部和国家科委联合下达在国内执行。同时,根据"暂行规定",卫生部和国家科委组织制定了与之配套的《电离辐射的最大容许量标准》、《放射性同位素工作的卫生防护细则》、《放射性工作人员的健康检查须知》3 个技术法规,于 1960 年 2 月与"暂行规定"同时发布试行。显然,"暂行规定"与 3 项配套的标准、细则等,构成了我国最早的合为一体的电离辐射防护法规与标准,可视为我国第 1 代放射防护基本标准。虽然历史原因有许多局限性,但对我国新生的原子能事业的创建与发展依然发挥了十分重要的保障与推动作用。我国第 2 代放射防护基本标准是 20 世纪 70 年代初,全国环境保护会议筹备小组办公室组织有关部门共同编制的《放射防护规定》,正式列为中华人民共和国国家标准 GBJ 8—74,由国家计划委员会、国家基本建设委员会、国防科学技术委员会和卫生部于 1974 年联合批准发布,自 1974 年 5 月 1 日起试行。我国第 3 代放射防护基本标准的制定实施则是改革开放以后,与 ICRP 建立了联系交流渠道并随之参与其工作,进入了与国际逐步接轨的时代。先后发布的基本原则均以当时 ICRP 第 26 号出版物为主要依据,而又有若干差别的两个基本标准,即卫生部批准发布的《放射卫生防护基本标准》(GB 4792—84),自 1985 年 4 月 1 日起实施;国家环境保护局又批准发布的《辐射防护规定》(GB 8703—88),自1988年6月1日起实施。相隔4年颁发的这两个基本标准给各地各有关单位在贯彻实施中带来一些困难。于是,有过此段特殊经历后,大家从工作出发,迫切希望有统一的新基本标准,几个主管部门联合组织研究制定我国统一的第4代放射防护基本标准,GB 18871—2002的发布则势在必行。

3. GB 18871—2002的基本框架和主要特点

现行我国第4代放射防护基本标准《电离辐射防护与辐射源安全基本标准》(GB 18871—2002)是全部技术内容均为强制性的国家标准。由11章和9个附录组成的新基本标准,从我国实际出发,等效采用了IAEA和WHO等6个国际组织共同制定的《国际电离辐射防护与辐射源安全基本安全标准》(IBSS)。新基本标准GB 18871—2002的"前言"、第1章"范围"和第2章"定义"3个部分,是按照标准化工作导则中编写标准的基本规定(GB/T 1.1)要求的格式,给出每个标准都应有的概述要素,明确主题内容及适用范围,并定义本标准中所采用的主要术语。由于新基本标准(GB 18871—2002)的术语多达126条,第2章仅写一句导语,详见附录J。新基本标准规定的内容按一般要求、主要要求和详细要求3个层次逐层深入,第3章"一般要求"、第4章"对实践的主要要求"以及第5章"对干预的主要要求",从一般要求和主要要求这两个层次上概述对电离辐射防护与辐射源安全基本要求的总原则。第6章至第11章,分别针对6种照射对象与情况提出详细要求,展开实质性内容。第6、7、8章分别专门较具体地规定职业照射、医疗照射和公众照射的控制原则。第9章"潜在照射的控制",强调重视辐射源的安全。第10章和第11章分别就"应急照射情况"和"持续照射情况"的干预提出具体要求。这6章是基本标准第3个层次的详细要求,其内容是基本标准的重点。基本标准的主要定量要求以及实施标准的有用资料均列为附录。9个附录中有7个是标准的(规范性)附录。附录是各章实质内容的必要补充,与对应各章内容合成一个有机联系并密切关联的整体。附录A"豁免"、附录F"电离辐射的标志和警告标志"和附录J"术语和定义"都是通用的。附录B"剂量限值与表面污染控制水平"、附录C"非密封源工作场所的分级"和附录D"放射性核素的毒性分组"3个附录相互联系成为第6章"控制职业照射"和第8章"控制公众照射"正文的附加条款。附录E"任何情况下预期应进行干预的剂量水平和应急照射情况的干预水平与行动水平"是第10章的具体补充。附录G"放射诊断和核医学诊断的医疗照射指导水平"从属于第7章。附录H"持续照射情况下的行动水平"则从属于第11章。在标准贯彻实施中,针对某一具体问题往往要注意把前后相应的章和条(包括相关的附录)联系起来理解和施行。

内容十分丰富的新基本标准GB 18871—2002可以归纳出如下8个方面的

主要特点:① 同过去历代放射防护基本标准相比,覆盖了放射防护与安全的整个领域,凸显新基本标准涵盖面广、系统性强。② 不仅具体体现了既与国际接轨,又保留了既往我国基本标准行之有效的内容,具有我国特色。③ 在新基本标准中,"电离辐射防护"与"辐射源安全"有机紧密地结合在一起,则把过去通称的"电离辐射防护"扩展为新术语"放射防护与安全"。④ 强调放射防护与安全不仅要靠良好的防护技术措施,而且必须通过有效的防护管理要求来实现,因此标准中防护管理要求与防护技术要求并重。⑤ 在职业照射的控制方面有许多新的重要改变,关于颇受关注的正常情况下的职业照射年个人剂量控制限值,特整理归纳为可一目了然的表 6.8(包括标注),以方便读者了解和掌握。⑥ 新基本标准明确增加了对一些可控的天然电离辐射照射,提出具体的控制要求。⑦ 尤其是前所未有地在新基本标准中突出强化对不断增加的医疗照射的控制,成为与国际接轨的很重要的新进展。⑧ 新基本标准还充实了干预的防护体系,强调确保防护与安全必须加强应急准备与响应,并增加规定放射性残存物持续照射情况的剂量约束等。

表 6.8 正常情况下放射工作人员职业照射的年个人剂量限值

应用目的	应用类别	放射工作人员的职业照射年个人剂量限值	16~18 岁实习人员年剂量限值
尽可能合理降低随机性效应的发生概率	全身有效剂量 E	审管部门决定连续 5 年的平均值(但不可作任何追溯性平均),每年不超过 20 mSv,但其中任何一年可达 50 mSv	控制低于 6 mSv
有效防止发生确定性效应	器官当量剂量 H_T:眼晶体、四肢(手和足)、皮肤	150 mSv 500 mSv	50 mSv 150 mSv

注:① 规定的剂量限值只适用于实践所引起的照射;并且不适用于医疗照射;也不适用于无任何主要责任方负责的天然照射;这些剂量限值还与潜在照射无关,也与决定是否或如何实施应急干预无关;至于实施应急干预的工作人员,应遵循新基本标准 GB 18871—2002 第 10 章"应急照射情况的干预"等有关要求。

② 规定的剂量限值适用于在规定期间里,外照射引起的剂量和在同一期间内摄入放射性核素所致的内照射待积剂量之和;计算内照射的待积剂量的时间,对成年人的放射性摄入一般算至 50 年。

③ 皮肤当量剂量要在任意 1 cm^2 的面积上平均,其标称深度为 7 mg/cm^2。

因此,突出体现新进展的新基本标准 GB 18871—2002 于 2004 年被国家标准委授予"优秀国家标准"奖。尤其重要的是,这是由卫生部、原国家环保总局(及原核安全局)、原国防科工委(及原核工业总公司)等主管部门联合组织制定的,在技术层面上,各主管部门完全达成了共识。前面概述的两部有关法律和国务院 2005 年第 449 号令发布的条例以及有关各部门规章均指出,放射防护法规所规定需满足的具体技术要求必须依据放射防护标准执行。所以,在今后相当一段历史时期内,GB 18871—2002 是我国具体规范各行各业所有放射防护实践的总指南。可见,认真掌握并贯彻实施 GB 18871—2002 非常重要。

6.4.7 放射防护与安全的次级专项标准

标准是对重复性事物和概念所做的统一规定。它以科学、技术和实践经验的综合成果为基础。经有关方面协商一致,由主管机构批准,以特定形式发布,作为共同遵守的准则和依据。因此,标准的本质特征体现在其科学性、统一性、规范性、应用性和时效性。同时,决定了在一定范围内的有关标准,都存在着客观的内在联系,相互依存,相互补充,构成一个有机整体,形成标准体系。

放射防护标准是统一规定所有放射实践应共同遵守的放射防护与安全准则,是为保障人体健康与安全而制定的特殊技术要求,是我国放射防护法制建设的重要组成部分,是放射防护监测评价、监督管理和有关技术服务不可或缺的技术依据。放射防护标准就是放射防护工作的纲,是确保应用各种放射实践能获得最佳秩序并达到促进最佳社会效益的有力武器。

在新的放射防护基本标准《电离辐射防护与辐射源安全基本标准》(GB 18871—2002)总原则指引下,针对各行各业应用电离辐射技术的具体实际,各有关部门和标准化技术委员会分别组织制定一系列次级专项标准,并形成各个子体系。笔者收集各个系统标准化技术委员会组织制定的一二百项有关标准,根据专业特点和应用方便原则,整理划分为 7 类,即:放射防护基础通用标准、医用辐射防护标准、核设施与辐照装置防护相关标准、非医用职业照射防护相关标准、辐射源安全与潜在照射防护相关标准、公众照射防护相关标准和电离辐射监测方法及监测仪表相关标准。需要注意的是,标准有时效性,由于许多与放射防护有关的次级专项标准分别由多个系统的标准化技术委员会组织制定,如尚未及时按 GB 18871—2002 原则修订,若发生矛盾,则应以现行基本标准 GB 18871—2002 为指南。

为了便于读者查找和使用在生命科学领域应用放射性核素和电离辐射技术中与放射防护相关的各类次级专项标准,特收集一部分有实用价值的次级专项标准列于表 6.9 中。该表列举的 60 项标准中,既有放射防护领域的基础通用标准(如电离辐射量以及术语类和普遍适用标准);更有直接指导生命科学领域应用各种电离辐射技术的放射防护专项标准;还有涉及各种电离辐射监测与评价方法方面的有关标准。由于电离辐射技术的医学应用很广泛,故其中有关各种医用辐射防护标准占据一定比例。同时,表6.9还特地收列若干有关职业性放射性疾病诊断的相关标准,这些在处理放射工作人员所受职业照射的防护中可能需要涉及。如果按标准类型划分,这些标准既有国家标准(用"国标"二字的各自首个汉语拼音大写字母表示的标准代号为GB),也有国家职业卫生标准(标准代号GBZ),以及核工业行业标准(标准代号EJ)等。相对于《中华人民共和国标准化法》所规定的具有法律属性的"强制性标准",凡各类标准代号加有斜线和T的(即/T)属于"推荐性标准"。

表6.9 部分与放射防护相关的一些次级专项标准目录

序号	标准编号	标准名称
1	GB 3102.1—1993	核反应和电离辐射的量和单位
2	GB/T 4960.1—1996	核科学技术术语 核物理与核化学
3	GB/T 4960.4—1996	核科学技术术语 放射性核素
4	GB/T 4960.5—1996	核科学技术术语 辐射防护与辐射源安全
5	GB/T 4960.6—1996	核科学技术术语 核仪器仪表
6	GB/T 4960.8—1996	核科学技术术语 放射性废物管理
7	GB 4075—2003	密封放射源一般要求和分级
8	GB 15849—1995	密封放射源的泄漏检验方法
9	GBZ 114—2002	使用密封放射源卫生防护标准
10	GB/T 9226—1988	标准放射源的检验证书
11	GB/T 7161—1987	非密封放射性物质识别和证书
12	GB 11930—1989	操作开放型放射性物质的辐射防护规定
13	GB/T 16699—1996	放射免疫分析试剂盒的基本要求
14	GBZ 136—2002	生产和使用放射免疫分析试剂(盒)卫生防护标准
15	GB 13367—1992	辐射源和实践的豁免管理原则
16	GB 11806—2004	放射性物质安全运输规程
17	GB 9133—1995	放射性废物的分类
18	GB 14500—2002	放射性废物管理规定
19	GBZ 128—2002	职业性外照射个人监测规范

续表

序号	标准编号	标准名称
20	GBZ 129—2002	职业性内照射个人监测规范
21	GBZ 166—2005	职业性皮肤放射性污染个人监测规范
22	EJ 1153—2004	X 线、γ 射线外照射个人监测规定
23	GB 10264—1988	个人和环境监测用热释光剂量测量系统
24	GB/T 10256—1997	放射性活度计
25	GBZ/T 151—2002	放射事故个人外照射剂量估算原则
26	GBZ 113—2006	核与放射事故干预及医学处理原则
27	GB/T 16141—1995	放射性核素的 α 能谱分析方法
28	GB/T 16145—1995	生物样品中放射性核素的 γ 能谱分析方法
29	GB/T 13161—2003	直读式个人 X 线和 γ 辐射仪剂量当量和剂量当量率监测仪
30	GB/T 14959—1994	个人中子剂量计的性能要求与刻度(中子能量小于 20 MeV)
31	GB 10257—2001	核仪器与核辐射探测器质量检验规则
32	GB 14882—1994	食品中放射性物质限制浓度标准
33	GB/T 14883—1994	食品中放射性物质检验
34	GBZ/T 146—2002	医疗照射放射防护名词术语
35	GBZ/T 149—2002	医学放射工作人员的卫生防护培训规范
36	GB 8279—2001	医用 X 线诊断放射卫生防护要求
37	GB 16348—1996	X 线诊断中受检者放射卫生防护标准
38	GBZ 130—2002	医用 X 线诊断卫生防护标准
39	GBZ 138—2002	医用 X 线诊断卫生防护监测规范
40	GBZ 165—2005	X 线计算机断层摄影放射卫生防护标准
41	GB/T 17589—1998	X 线计算机断层摄影装置影像质量保证检测规范
42	GBZ/T 184—2006	医用 X 线 CT 机房的辐射屏蔽规范
43	GBZ 186—2007	乳腺 X 线摄影质量控制检测规范
44	GBZ 187—2007	计算机 X 线摄影(CR)质量控制检测规范
45	GBZ/T 147—2002	X 线防护材料衰减性能的测定

续表

序号	标准编号	标准名称
46	GBZ/T 184—2006	医用诊断 X 线防护玻璃板标准
47	GBZ 120—2006	临床核医学放射卫生防护标准
48	GBZ 133—2002	医用放射性废物管理卫生防护标准
49	GB 16361—1996	临床核医学中患者的放射卫生防护标准
50	GBZ 134—2002	放射性核素敷贴治疗卫生防护标准
51	GB 16362—1996	体外射束放射治疗中患者的放射卫生防护标准
52	GBZ 131—2002	医用 X 线治疗卫生防护标准
53	GBZ 126—2002	医用电子加速器卫生防护标准
54	GBZ 161—2004	医用 γ 束远距治疗防护与安全标准
55	GBZ/T 152—2002	γ 远距治疗室设计防护标准
56	GBZ 121—2002	后装 γ 源近距离治疗卫生防护标准
57	EJ/T 766—1993	使用后装放射治疗源的基本要求
58	GBZ 168—2005	X 线、γ 射线头部立体定向外科治疗放射卫生防护标准
59	GBZ/T 181—2006	建设项目职业病危害放射防护评价报告编制规范
60	GB/T 18201—2000	放射性疾病名单
61	GBZ/T 191—2007	放射性疾病诊断名词术语
62	GB 18196—2000	过量受照人员的医学检查规范
63	GB/T 16149—1995	外照射慢性放射病剂量估算规范
64	GB/T 18199—2000	外照射事故受照人员的医学处理及治疗方案
65	GB/T 18197—2000	放射性核素内污染人员的医学处理规范
66	GB/T 16148—1995	放射性核素摄入量及内照射剂量估算规范
67	GBZ 96—2002	内照射放射病诊断标准
68	GBZ 112—2002	职业性放射性疾病诊断标准(总则)
69	GBZ/T 156—2002	职业性放射性疾病报告格式与内容
70	GBZ 169—2006	职业性放射性疾病诊断程序和要求

6.5 非密封源放射工作场所的分级及要求

6.5.1 放射源与射线装置的放射危险分类

在生命科学领域应用电离辐射技术中,一般涉及应用各种密封的放射源和非密封放射源,以及各种射线装置等。非密封放射源又俗称为开放型放射性物质,在不少实验室中都会应用到。

为了便于放射防护监督管理,参照国际原子能机构 IAEA 的技术报告,我国国家环保部门把各种放射源按照其对人体健康和环境的潜在危害程度,从高到低将放射源分为 I、II、III、IV、V 共 5 类,而 V 类放射源的下限活度值即为该种核素的豁免活度。

I 类放射源属于极高危险源,指在没有防护情况下,接触这类源几分钟到 1 h 就可以致人死亡;II 类放射源为高危险源,指在没有防护情况下,接触这类源几小时至几天可致人死亡;III 类放射源为危险源,指在没有防护情况下,接触这类源几小时就可对人造成永久性损伤,接触几天至几周也可致人死亡;IV 类放射源为低危险源,指基本不会对人造成永久性损伤,但对长时间、近距离接触这些放射源的人可能造成可恢复的临时性损伤;V 类放射源为极低危险源,不会对人造成永久性损伤。常用的 64 种放射性核素制成的放射源危险分类见表 6.10 所示。

表 6.10 各种放射源分类表 单位:Bq

核素名称	I 类源	II 类源	III 类源	IV 类源	V 类源
Am-241	$\geqslant 6\times10^{13}$	$\geqslant 6\times10^{11}$	$\geqslant 6\times10^{10}$	$\geqslant 6\times10^{8}$	$\geqslant 1\times10^{4}$
Am-241/Be	$\geqslant 6\times10^{13}$	$\geqslant 6\times10^{11}$	$\geqslant 6\times10^{10}$	$\geqslant 6\times10^{8}$	$\geqslant 1\times10^{4}$
Au-198	$\geqslant 2\times10^{14}$	$\geqslant 2\times10^{12}$	$\geqslant 2\times10^{11}$	$\geqslant 2\times10^{9}$	$\geqslant 1\times10^{6}$
Ba-133	$\geqslant 2\times10^{14}$	$\geqslant 2\times10^{12}$	$\geqslant 2\times10^{11}$	$\geqslant 2\times10^{9}$	$\geqslant 1\times10^{6}$
C-14	$\geqslant 5\times10^{16}$	$\geqslant 5\times10^{14}$	$\geqslant 5\times10^{13}$	$\geqslant 5\times10^{11}$	$\geqslant 1\times10^{7}$
Cd-109	$\geqslant 2\times10^{16}$	$\geqslant 2\times10^{14}$	$\geqslant 2\times10^{13}$	$\geqslant 2\times10^{11}$	$\geqslant 1\times10^{6}$
Ce-141	$\geqslant 1\times10^{15}$	$\geqslant 1\times10^{13}$	$\geqslant 1\times10^{12}$	$\geqslant 1\times10^{10}$	$\geqslant 1\times10^{7}$
Ce-144	$\geqslant 9\times10^{14}$	$\geqslant 9\times10^{12}$	$\geqslant 9\times10^{11}$	$\geqslant 9\times10^{9}$	$\geqslant 1\times10^{5}$
Cf-252	$\geqslant 2\times10^{13}$	$\geqslant 2\times10^{11}$	$\geqslant 2\times10^{10}$	$\geqslant 2\times10^{8}$	$\geqslant 1\times10^{4}$
Cl-36	$\geqslant 2\times10^{16}$	$\geqslant 2\times10^{14}$	$\geqslant 2\times10^{13}$	$\geqslant 2\times10^{11}$	$\geqslant 1\times10^{6}$
Cm-242	$\geqslant 4\times10^{13}$	$\geqslant 4\times10^{11}$	$\geqslant 4\times10^{10}$	$\geqslant 4\times10^{8}$	$\geqslant 1\times10^{5}$

续表

核素名称	Ⅰ类源	Ⅱ类源	Ⅲ类源	Ⅳ类源	Ⅴ类源
Cm-244	$\geqslant 5\times 10^{13}$	$\geqslant 5\times 10^{11}$	$\geqslant 5\times 10^{10}$	$\geqslant 5\times 10^{8}$	$\geqslant 1\times 10^{4}$
Co-57	$\geqslant 7\times 10^{14}$	$\geqslant 7\times 10^{12}$	$\geqslant 7\times 10^{11}$	$\geqslant 7\times 10^{9}$	$\geqslant 1\times 10^{6}$
Co-60	$\geqslant 3\times 10^{13}$	$\geqslant 3\times 10^{11}$	$\geqslant 3\times 10^{10}$	$\geqslant 3\times 10^{8}$	$\geqslant 1\times 10^{5}$
Cr-51	$\geqslant 2\times 10^{15}$	$\geqslant 2\times 10^{13}$	$\geqslant 2\times 10^{12}$	$\geqslant 2\times 10^{10}$	$\geqslant 1\times 10^{7}$
Cs-134	$\geqslant 4\times 10^{13}$	$\geqslant 4\times 10^{11}$	$\geqslant 4\times 10^{10}$	$\geqslant 4\times 10^{8}$	$\geqslant 1\times 10^{4}$
Cs-137	$\geqslant 1\times 10^{14}$	$\geqslant 1\times 10^{12}$	$\geqslant 1\times 10^{11}$	$\geqslant 1\times 10^{9}$	$\geqslant 1\times 10^{4}$
Eu-152	$\geqslant 6\times 10^{13}$	$\geqslant 6\times 10^{11}$	$\geqslant 6\times 10^{10}$	$\geqslant 6\times 10^{8}$	$\geqslant 1\times 10^{6}$
Eu-154	$\geqslant 6\times 10^{13}$	$\geqslant 6\times 10^{11}$	$\geqslant 6\times 10^{10}$	$\geqslant 6\times 10^{8}$	$\geqslant 1\times 10^{6}$
Fe-55	$\geqslant 8\times 10^{17}$	$\geqslant 8\times 10^{15}$	$\geqslant 8\times 10^{14}$	$\geqslant 8\times 10^{12}$	$\geqslant 1\times 10^{6}$
Gd-153	$\geqslant 1\times 10^{15}$	$\geqslant 1\times 10^{13}$	$\geqslant 1\times 10^{12}$	$\geqslant 1\times 10^{10}$	$\geqslant 1\times 10^{7}$
Ge-68	$\geqslant 7\times 10^{14}$	$\geqslant 7\times 10^{12}$	$\geqslant 7\times 10^{11}$	$\geqslant 7\times 10^{9}$	$\geqslant 1\times 10^{5}$
H-3	$\geqslant 2\times 10^{18}$	$\geqslant 2\times 10^{16}$	$\geqslant 2\times 10^{15}$	$\geqslant 2\times 10^{13}$	$\geqslant 1\times 10^{9}$
Hg-203	$\geqslant 3\times 10^{14}$	$\geqslant 3\times 10^{12}$	$\geqslant 3\times 10^{11}$	$\geqslant 3\times 10^{9}$	$\geqslant 1\times 10^{5}$
I-125	$\geqslant 2\times 10^{14}$	$\geqslant 2\times 10^{12}$	$\geqslant 2\times 10^{11}$	$\geqslant 2\times 10^{9}$	$\geqslant 1\times 10^{6}$
I-131	$\geqslant 2\times 10^{14}$	$\geqslant 2\times 10^{12}$	$\geqslant 2\times 10^{11}$	$\geqslant 2\times 10^{9}$	$\geqslant 1\times 10^{6}$
Ir-192	$\geqslant 8\times 10^{13}$	$\geqslant 8\times 10^{11}$	$\geqslant 8\times 10^{10}$	$\geqslant 8\times 10^{8}$	$\geqslant 1\times 10^{4}$
Kr-85	$\geqslant 3\times 10^{16}$	$\geqslant 3\times 10^{14}$	$\geqslant 3\times 10^{13}$	$\geqslant 3\times 10^{11}$	$\geqslant 1\times 10^{4}$
Mo-99	$\geqslant 3\times 10^{14}$	$\geqslant 3\times 10^{12}$	$\geqslant 3\times 10^{11}$	$\geqslant 3\times 10^{9}$	$\geqslant 1\times 10^{6}$
Nb-95	$\geqslant 9\times 10^{13}$	$\geqslant 9\times 10^{11}$	$\geqslant 9\times 10^{10}$	$\geqslant 9\times 10^{8}$	$\geqslant 1\times 10^{6}$
Ni-63	$\geqslant 6\times 10^{16}$	$\geqslant 6\times 10^{14}$	$\geqslant 6\times 10^{13}$	$\geqslant 6\times 10^{11}$	$\geqslant 1\times 10^{8}$
Np-237（Pa-233）	$\geqslant 7\times 10^{13}$	$\geqslant 7\times 10^{11}$	$\geqslant 7\times 10^{10}$	$\geqslant 7\times 10^{8}$	$\geqslant 1\times 10^{3}$
P-32	$\geqslant 1\times 10^{16}$	$\geqslant 1\times 10^{14}$	$\geqslant 1\times 10^{13}$	$\geqslant 1\times 10^{11}$	$\geqslant 1\times 10^{5}$
Pd-103	$\geqslant 9\times 10^{16}$	$\geqslant 9\times 10^{14}$	$\geqslant 9\times 10^{13}$	$\geqslant 9\times 10^{11}$	$\geqslant 1\times 10^{8}$
Pm-147	$\geqslant 4\times 10^{16}$	$\geqslant 4\times 10^{14}$	$\geqslant 4\times 10^{13}$	$\geqslant 4\times 10^{11}$	$\geqslant 1\times 10^{7}$
Po-210	$\geqslant 6\times 10^{13}$	$\geqslant 6\times 10^{11}$	$\geqslant 6\times 10^{10}$	$\geqslant 6\times 10^{8}$	$\geqslant 1\times 10^{4}$
Pu-238	$\geqslant 6\times 10^{13}$	$\geqslant 6\times 10^{11}$	$\geqslant 6\times 10^{10}$	$\geqslant 6\times 10^{8}$	$\geqslant 1\times 10^{4}$
Pu-239/Be	$\geqslant 6\times 10^{13}$	$\geqslant 6\times 10^{11}$	$\geqslant 6\times 10^{10}$	$\geqslant 6\times 10^{8}$	$\geqslant 1\times 10^{4}$
Pu-239	$\geqslant 6\times 10^{13}$	$\geqslant 6\times 10^{11}$	$\geqslant 6\times 10^{10}$	$\geqslant 6\times 10^{8}$	$\geqslant 1\times 10^{4}$

续表

核素名称	I 类源	II 类源	III 类源	IV 类源	V 类源
Pu-240	$\geqslant 6\times 10^{13}$	$\geqslant 6\times 10^{11}$	$\geqslant 6\times 10^{10}$	$\geqslant 6\times 10^{8}$	$\geqslant 1\times 10^{3}$
Pu-242	$\geqslant 7\times 10^{13}$	$\geqslant 7\times 10^{11}$	$\geqslant 7\times 10^{10}$	$\geqslant 7\times 10^{8}$	$\geqslant 1\times 10^{4}$
Ra-226	$\geqslant 4\times 10^{13}$	$\geqslant 4\times 10^{11}$	$\geqslant 4\times 10^{10}$	$\geqslant 4\times 10^{8}$	$\geqslant 1\times 10^{4}$
Re-188	$\geqslant 1\times 10^{15}$	$\geqslant 1\times 10^{13}$	$\geqslant 1\times 10^{12}$	$\geqslant 1\times 10^{10}$	$\geqslant 1\times 10^{5}$
Ru-103(Rh-103m)	$\geqslant 1\times 10^{14}$	$\geqslant 1\times 10^{12}$	$\geqslant 1\times 10^{11}$	$\geqslant 1\times 10^{9}$	$\geqslant 1\times 10^{6}$
Ru-106(Rh-106)	$\geqslant 3\times 10^{14}$	$\geqslant 3\times 10^{12}$	$\geqslant 3\times 10^{11}$	$\geqslant 3\times 10^{9}$	$\geqslant 1\times 10^{5}$
S-35	$\geqslant 6\times 10^{16}$	$\geqslant 6\times 10^{14}$	$\geqslant 6\times 10^{13}$	$\geqslant 6\times 10^{11}$	$\geqslant 1\times 10^{8}$
Se-75	$\geqslant 2\times 10^{14}$	$\geqslant 2\times 10^{12}$	$\geqslant 2\times 10^{11}$	$\geqslant 2\times 10^{9}$	$\geqslant 1\times 10^{6}$
Sr-89	$\geqslant 2\times 10^{16}$	$\geqslant 2\times 10^{14}$	$\geqslant 2\times 10^{13}$	$\geqslant 2\times 10^{11}$	$\geqslant 1\times 10^{6}$
Sr-90(Y-90)	$\geqslant 1\times 10^{15}$	$\geqslant 1\times 10^{13}$	$\geqslant 1\times 10^{12}$	$\geqslant 1\times 10^{10}$	$\geqslant 1\times 10^{4}$
Tc-99m	$\geqslant 7\times 10^{14}$	$\geqslant 7\times 10^{12}$	$\geqslant 7\times 10^{11}$	$\geqslant 7\times 10^{9}$	$\geqslant 1\times 10^{7}$
Te-132 (I-132)	$\geqslant 3\times 10^{13}$	$\geqslant 3\times 10^{11}$	$\geqslant 3\times 10^{10}$	$\geqslant 3\times 10^{8}$	$\geqslant 1\times 10^{7}$
Th-230	$\geqslant 7\times 10^{13}$	$\geqslant 7\times 10^{11}$	$\geqslant 7\times 10^{10}$	$\geqslant 7\times 10^{8}$	$\geqslant 1\times 10^{4}$
Tl-204	$\geqslant 2\times 10^{16}$	$\geqslant 2\times 10^{14}$	$\geqslant 2\times 10^{13}$	$\geqslant 2\times 10^{11}$	$\geqslant 1\times 10^{4}$
Tm-170	$\geqslant 2\times 10^{16}$	$\geqslant 2\times 10^{14}$	$\geqslant 2\times 10^{13}$	$\geqslant 2\times 10^{11}$	$\geqslant 1\times 10^{6}$
Y-90	$\geqslant 5\times 10^{15}$	$\geqslant 5\times 10^{13}$	$\geqslant 5\times 10^{12}$	$\geqslant 5\times 10^{10}$	$\geqslant 1\times 10^{5}$
Y-91	$\geqslant 8\times 10^{15}$	$\geqslant 8\times 10^{13}$	$\geqslant 8\times 10^{12}$	$\geqslant 8\times 10^{10}$	$\geqslant 1\times 10^{6}$
Yb-169	$\geqslant 3\times 10^{14}$	$\geqslant 3\times 10^{12}$	$\geqslant 3\times 10^{11}$	$\geqslant 3\times 10^{9}$	$\geqslant 1\times 10^{7}$
Zn-65	$\geqslant 1\times 10^{14}$	$\geqslant 1\times 10^{12}$	$\geqslant 1\times 10^{11}$	$\geqslant 1\times 10^{9}$	$\geqslant 1\times 10^{6}$
Zr-95	$\geqslant 4\times 10^{13}$	$\geqslant 4\times 10^{11}$	$\geqslant 4\times 10^{10}$	$\geqslant 4\times 10^{8}$	$\geqslant 1\times 10^{6}$

注：① Am-241 用于固定式烟雾火灾报警器时的豁免值为 1×10^{5} Bq。
② 核素份额不明的混合源，按其危险度最大的核素分类，其总活度视为该核素的活度。

上述放射源的危险分类原则适用于非密封放射源。但非密封源放射工作场所必须遵照我国新的放射防护基本标准 GB 18871—2002 的规定，按照其所用放射性核素的日等效最大操作量划分为甲、乙、丙 3 级（详见 6.5.3 所述）。甲级非密封源工作场所的安全管理参照 I 类放射源，而乙级和丙级非密封源工作场所的安全管理参照 II、III 类放射源。这 5 类放射源的危险分类分别对应于不同的放射防护与安全监督管理要求。6.4 节所述的有关放射防护法规与标准已经有具体明确的规定可供遵照执行。

各种射线装置也按照其对人体健康和环境的潜在危害程度,从高到低将各种射线装置分为Ⅰ、Ⅱ、Ⅲ 3类(见表6.11)。

各种射线装置的3类划分原则是:Ⅰ类射线装置属于高危险射线装置,事故时可以使短时间受照射人员产生严重放射损伤,甚至死亡,或对环境造成严重影响;Ⅱ类为中危险射线装置,事故时可以使受照人员产生较严重放射损伤,大剂量照射甚至导致死亡;Ⅲ类为低危险射线装置,事故时一般不会造成受照人员的放射损伤。如表6.11所示,根据不同用途的应用特点,又把射线装置分别按医用射线装置和非医用射线装置进行危险分类。所划分不同类别的射线装置则各有对应放射防护法规与标准规定的监督管理办法和相应要求。

表6.11 各种射线装置分类表

装置类别	医用射线装置	非医用射线装置
Ⅰ类射线装置	能量大于100 MeV的医用加速器	生产放射性同位素的加速器(不含制备PET用放射性药物的加速器)
		能量大于100 MeV的加速器
Ⅱ类射线装置	放射治疗用X线、电子束加速器	工业探伤加速器
	重离子治疗加速器	安全检查用加速器
	质子治疗装置	辐照装置用加速器
	制备正电子发射计算机断层显像装置(PET)用放射性药物的加速器	其他非医用加速器
	其他医用加速器	中子发生器
	X线深部治疗机	工业用X线CT机
	数字减影血管造影装置(DSA)	X线探伤机
Ⅲ类射线装置	医用X线CT机	X线行李包检查装置
	放射诊断用普通X线机	X射线衍射仪
	X线摄影装置	兽医用X线机
	牙科X线机	
	乳腺X线机	
	放射治疗模拟定位机	
	其他高于豁免水平的X线机	

掌握所使用的各种密封放射源、非密封源(开放型放射性物质)以及射线装置的放射危险分类,就可根据有关放射防护法规与标准规定,接受与其放射危险分类相对应的监督管理,并且采取相适应的确保放射防护与安全的措施。因此,各领域应用单位必须很清楚地了解本单位所使用各种密封放射源、非密封源(开放型放射性物质)以及射线装置的放射危险分类,有针对性地采取相应放射防护与安全对策和措施。

6.5.2 放射性核素的毒性分组

各种放射性核素的应用很广泛,从实际应用需要和放射防护与安全的角度出发,必须关注核素进入人体后可能引起的放射损伤效应的大小问题等。于是,有必要对所有常用放射性核素,依其本身特性、可致危险的活度浓度、进入人体内后的相对危险性以及核素被吸收的难易程度等,进行放射性核素毒性分组以便于应用。这些毒性分组资料对各种放射性核素操作设施和系统的设计,制定放射性核素的日等效操作量,划分非密封源放射工作场所的实验室级别,放射工作场所的分区,制定相应豁免水平,考虑相应放射性核素的运输以及废物处置要求,包括有关放射性表面污染检测、人员监测、场所监测、环境监测等的评价,乃至体内放射性污染人员处理原则和程序等,均有重要参考价值。我国新的放射防护基本标准 GB 18871—2002 就采用此措施,其毒性分组已根据发展情况进行了适当调整。

我国第 4 代放射防护基本标准 GB 18871—2002 把可能用到的 851 种放射性核素的 1 435 种同位素,分为极毒、高毒、中毒、低毒 4 组。并且在具体分组中,综合考虑到各种核素的肺部廓清速率(快速、中速、慢速)和气态类型等相关因素。

极毒组的放射性核素包括属于 15 种元素的 45 种放射性核素。常见的有:^{148}Gd,^{210}Po,^{223}Ra,^{225}Ac,^{227}Th,^{230}U,^{236}Pu,^{236}Np,^{241}Am,^{240}Cm,^{247}Bk,^{248}Cf,^{253}Es,^{257}Fm,^{258}Md 等。

高毒组的放射性核素包括 53 种核素。常见的放射性核素有:^{60}Co,^{90}Sr,^{210}Pb,^{226}Th,^{236}U,^{237}Np,^{241}Pu 等。这组还有气态或蒸气态放射性核素,如^{126}I,^{193m}Hg,^{194}Hg 等。

中毒组的放射性核素包括 326 种核素。常见的放射性核素有:^{32}P,^{35}S(无机),^{59}Fe,^{63}Ni,^{67}Ga,^{75}Se,^{89}Sr,^{90}Y,^{111}In,^{125}I,^{131}I,^{134}Cs,^{137}Cs,^{153}Sm,$U_{天然}$等。

低毒组的放射性核素则包括 427 种核素。常见的放射性核素有:^{18}F,^{40}K,^{51}Cr,^{59}Ni,^{99m}Tc,^{201}Tl,^{201}Pb,^{232}Th,^{235}U,^{238}U 等。

全部 1 000 多种放射性核素的毒性分组可直接查阅我国新的放射防护基本标准GB 18871—2002的附录 D"放射性核素的毒性分组"。

6.5.3 非密封源放射性实验室的分级

在生命科学领域应用电离辐射技术中,有许多实验室需要操作非密封放射源,即开放型的放射性物质。这类放射性工作场所有可能发生各种非密封放射性物质(制剂、药物等)对人员与环境的污染,甚至造成内照射危害等。因此,根据所操作的非密封放射源的特性,针对操作非密封放射源的工作场所进行科学合理的级别划分,从而合理设计这些实验室和工作场所,分别采取相应的放射防护措施是非常必要的。实践证明,这样的分级措施对于实验室设计、放射工作场所划分以及达到放射防护要求能发挥很好作用。积累的这些宝贵经验,在我国新基本标准 GB 18871—2002 的制定中得到肯定而继续沿用,但内容和形式有所调整。各相应实验室必须遵照新基本标准 GB 18871—2002 的规定贯彻实施。

新基本标准规定,非密封源放射工作场所划分为甲、乙、丙 3 级,主要的依据是其放射性核素的日等效最大操作量(表 6.12)。显然取最大操作量有利于偏安全。

放射性核素的日等效操作量既直接取决于所用非密封放射源的活度,也与所用该放射性核素的毒性、放射性物质的状态以及操作方式密切相关。所以,放射性核素的日等效操作量,等于放射性核素的日实际操作量(Bq)与该放射性核素的毒性组别修正因子之积,再除以与操作方式、放射源状态等有关的修正因子。放射性核素的毒性组别修正因子、与操作方式和放射源状态有关的修正因子,分别见表 6.13 和表 6.14(均引自 GB 18871—2002 附录 C)。各种放射性核素的毒性分组见 6.5.2 所述。

表 6.12 非密封源放射工作场所的分级

实验室级别	放射性核素的日等效最大操作量/Bq
甲级	$> 4 \times 10^9$
乙级	$2 \times 10^7 \sim 4 \times 10^9$
丙级	豁免活度值以上至 2×10^7

引自 GB 18871—2002 附录 C。

表 6.13 放射性核素的毒性组别修正因子

核素毒性组别	核素毒性组别的修正因子
极毒	10
高毒	1
中毒	0.1
低毒	0.01

表 6.14　与操作方式和放射源状态有关的修正因子

操作方式	放射源状态			
	表面污染水平较低的固体	液体、溶液、悬浮液	表面有污染的固体	气体、蒸汽、粉末、压力很高的液体、固体
源的储存	1 000	100	10	1
很简单的操作	100	10	1	0.1
简单操作	10	1	0.1	0.01
特别危险的操作	1	0.1	0.01	0.001

关于表 6.14 中 4 类放射性物质操作方式划分的一般原则是：① 源的储存：指包括把盛放于容器中的放射性核素溶液、样品和废液密封后，放在工作场所的通风柜、手套箱、样品架、工作台或专用柜内的操作。此类操作发生污染的危险较小。② 很简单的操作：指包括把少量稀放射性溶液合并、分装或稀释，以及洗涤污染不太严重的器皿等操作。在这类操作过程中，可能会引起少量的放射性液体洒漏或飞溅。③ 简单操作：指包括放射性溶液的取样、转移、沉淀、过滤或者离心分离、萃取或反萃取、离子交换、色层分析和吸移或滴定核素溶液等操作。此类操作可能会有较多的放射性物质扩散，乃至污染有关表面和空气。④ 特别危险的操作：指包括对放射性核素溶液加温、蒸发、烘干，强放射性溶液取样，粉末放射性物质称量或溶解，以及对干燥放射性物质的收集与转移等操作。在这类操作过程中，可能会产生少量气体或气溶胶，操作过程中发生污染事件或事故的概率较大，后果也较严重。

6.5.4　非密封源放射性实验室的基本要求

非密封源放射工作场所，即操作开放型放射性物质的放射性实验室（亦称活性实验室），必须遵照相应放射防护法规与标准要求，在确定放射性实验室分级基础上，做好相应实验室的设计与建设。其基本要求应包括如下所述的 10 个方面：① 整个相关放射工作场所的合理分区与恰当布局。② 放射性实验室符合相应外照射放射防护屏蔽要求。③ 放射性实验室具备有关法规与标准规定的电离辐射标志和警示标志。④ 放射性实验室的各种表面应满足易于清除污染。⑤ 应能保证适量的通风换气，不断用清洁的空气替换室内可能被污染的空气，并注意通风设施和气流流向的合理组织安排。必要时采取空气净化措施，乃至空气封闭方法。⑥ 应有各种相应密闭式的安全操作设备（必要的通风橱柜、手套箱以及机械手等)。⑦应有方便和安全的放射性废物处理与储存设施。⑧应有与其级别相应的卫生设施(含必要的淋浴室)。⑨应有各种放射性物质的储存设备。⑩配备必要的相应放射防护设施和各种放射防护监测设备等。这些基本原则针对不同级别的放射性实验室各有不同的具体要求。例如,放射性实验室的通风问题,甲级实验室一般采用集中式排风,其排风系统应采用二次过滤,一次在工作箱的气体排出口,另一次是集中通风处的风机前面。而乙级、丙级实验室可比照一般的化学实验室,不一定设置特殊的通风系统,一般只设通风橱柜的排风系统,且大多不设过滤器;但是对有尘操作或因操作量大而用了密闭式工作箱的,应在通风橱柜或工作箱的排出口设置过滤器。关于实验室的换气次数,一般甲级每小时 6~10 次,乙级为每小时 4~6 次,丙级则为每小时 3~4 次(自然通风即可)。

总体而言,为了有效防止与控制可能的放射性污染扩散,并便于放射防护与安全监督管理和监测,放射工作场所应区分清洁区、卫生通过间(包括必要的工作人员淋浴室)、活性区等。其中,活性区应按照所操作放射性物质的活度高低顺序排列。同时,应各有明显标志,并规定合理的出入口和通行路线以防止交叉污染。一般测量室需注意单独恰当地安排,以防止其他放射性物质的干扰。

所有放射性实验室内也需要很简洁地合理布局,如工作台、实验台、通风橱柜、水池、药品柜、仪器设备和废物储存设备等,以及各类供电开关均应按工作流程合理安排,并注意保证足够的人员活动空间,以免妨碍正常工作,同时,绝不堆放无关物品。

放射性实验室内各种表面应易于清除污染;一般墙壁与墙壁、地面与墙壁等交汇处不仅应没有一点缝隙而且最好成弧形;包括工作台面在内的室内各种表面,应尽可能采用不易渗透、抗酸碱腐蚀、易清污的材料作敷面或者喷涂性能合适的漆;水、电、暖气、通风管道等力求暗装设,通风管道也应选用易清洗、易更换、耐化学腐蚀以及不易燃烧的材料;放射性实验室内不要采用直接手动的自来水开关;通风橱柜内应保持一定负压;排气口注意高于周围建筑物,必要时加净化设备。

我国有关法规要求,甲级非密封源工作场所参照 I 类极高危险放射源进行放射防护与安全管理,所以,上述基本要求均应从严,并比较特殊。但通常在生命科学领域应用电离辐射技术的放射性实验室,一般均属于 GB 18871—2002 所规定的乙级、丙级水平。如果使用放射免疫分析试剂盒所涉及的放射性水平低于相应核素的豁免值,则该实验室就不必有专门要求。

为此,特以临床核医学工作场所为实际例子,进一步阐述乙级、丙级非密封源放射工作场所简化的分类方法及其相应的防护与安全要求。这对其他常见属于乙级和丙级放射性实验室均有参考价值。

针对临床核医学的实际情况,在贯彻新基本标准 GB 18871—2002 的原则下,为更具针对性和可操作性并适当简化,参考国际放射防护委员会 ICRP 第 57 号出版物第 6 章"使用开放型放射性核素中工作人员防护的实施问题",特专门给出临床核医学工作场所的放射防护要求。我国现行有效的次级专项标准《临床核医学放射卫生防护标准》(GBZ 120—2006,自 2007 年 4 月 1 日起实施)中就是这样规定的。

一般临床核医学的活性实验室、病房、洗涤室、显像室等工作场所系属于 GB 18871—2002 规定的乙级或丙级非密封源工作场所。为便于操作,针对临床核医学实践的具体情况,可以依据医院计划操作最大量放射性核素的加权活度,把临床核医学工作场所分为另指的 Ⅰ、Ⅱ、Ⅲ 3 类(见表 6.15)。

表 6.15 临床核医学工作场所的具体分类

分类	操作最大量放射性核素的加权活度/MBq
Ⅰ	>50 000
Ⅱ	50~50 000
Ⅲ	<50

注:① 本表至表 6.18 均依据国际放射防护委员会 ICRP 第 57 号出版物。

② 加权活度 = $\dfrac{\text{计划的日操作最大活度} \times \text{核素的毒性权重因子}}{\text{操作性质修正因子}}$

为了按照表 6.15 把临床核医学工作场所具体划分为 Ⅰ、Ⅱ、Ⅲ 3 类,必须根据表 6.15 的表注②计算分类所依据的"操作最大量放射性核素的加权活度"。其中,所需要用到的临床核医学常用放射性核素毒性权重因子和不同操作性质的修正因子,分别见表 6.16 和表 6.17。关于这 3 类核医学工作场所的室内表面及装备结构的基本放射防护要求,则归纳在表 6.18 中,给出了指导意见。

表 6.16 临床核医学常用放射性核素的毒性权重因子

类别	常用放射性核素	核素的毒性权重因子
A	^{75}Se, ^{89}Sr, ^{125}I, ^{131}I	100
B	^{11}C, ^{13}N, ^{15}O, ^{18}F, ^{51}Cr, ^{67}Ge, ^{99m}Tc, ^{111}In, ^{113m}In, ^{123}I, ^{201}Tl	1
C	^{3}H, ^{14}C, ^{81m}Kr, ^{127}Xe, ^{133}Xe	0.01

表 6.17 不同操作性质的修正因子

操作方式和地区	操作性质修正因子
储存	100
废物处理闪烁法计数和显像候诊区及诊断病床区	10
配药、分装以及施给药简单放射性药物制备治疗病床区	1
复杂放射性药物制备	0.1

表 6.18 不同类别临床核医学工作场所的室内表面及装备结构要求

场所分类	地面	表面	实验室通风橱	室内通风	管道	清洗及去污设备
I	地板与墙壁连接无缝隙	易清洗	需要	应设抽风机	特殊要求*	需要
II	易清洗且不易渗透	易清洗	需要	有较好通风	一般要求	需要
III	易清洗	易清洗	不必	一般自然通风	一般要求	只需清洗设备

注：*下水道宜短,大水流管道应有标记以便维修检测。

综上所述,作为典型例子,运用表 6.15 至表 6.18 就可以比较容易地解决一般临床核医学常用工作场所的具体设计问题,并且指出了各类工作场所相应的放射防护要求。

还应进一步说明,临床核医学工作场所中,合成和操作放射性药物所用的通风橱,工作中应有足够风速(一般风速不小于 1 m/s),排气口应高于本工作场所整座建筑的屋脊,并可酌情设有活性炭过滤或其他专用过滤装置,排出的空气浓度不应超过有关法规与标准规定的限值。凡属表 6.15 所示的 I 类临床核医学工作场所和开展放射性药物治疗的单位应设有放射性污水池,以存放放射性污水直至符合排放要求时方可排放。废原液和高污染的放射性废液应专门收集存放。临床核医学工作场所应备有收集放射性废物的容器,容器上应有放射性标志。放射性废物应按其性状以及半衰期的长短分别收集,并给予适当屏蔽。例如,污染的针头、注射器和破碎的玻璃器皿等放射性废物应储存于不泄漏、较牢固、并有合适屏蔽的容器内。放射性废物应及时按有关标准进行处理。临床核医学诊断及治疗用工作场所(包括通道)应注意合理安排与布局,其布局应有助于实施工作程序。例如,一端为放射性物质储存室,依次为给药室、候诊室、检查室、治疗室等,并且应避免无关人员通过。临床核医学诊断用给药室与检查室应分开;如必须在检查室给药,应具有相应的放射防护设备。临床核医学诊断用候诊室应靠近给药室和检查室,并宜有受检者的专用厕所。

6.6 开放型放射性物质的安全操作

6.6.1 开放型放射性物质的放射危险

放射源可分为密封源与非密封源两类。密封源指密封在包壳或者紧密覆盖层里的放射源,该包壳或覆盖层应具有足够的强度,使之在设计的使用条件和正常磨损下,不会有放射性物质散失出来。我国国家标准 GB 4075—2003 具体规定了对密封放射源的一般要求和分级;而 GB 15849—1995 明确规定了密封放射源的泄漏检验方法,旨在保证合格密封放射源的密封性。非密封源则不然,没有密封包壳或覆盖层,系暴露于环境介质中的开放型的放射性物质,则存在着可能向周围环境逸散气态、液态或微尘放射性物质等的问题。而在生命科学领域的科学实验中,经常要用到非密封源,即开放型放射性物质,其潜在放射危险性比较复杂,操作不慎就容易发生放射性物质的溅、泼、洒、滴、漏、扬以及挥发等,有可能对工作场所、外部环境和有关人员产生放射性污染。开放型放射性物质的放射防护不仅有放射性物质的外照射(external exposure)问题,更主要的还是在于防范其可能引起的内照射(internal exposure)。进入体内引起内照射的放射性物质,除了放射性危险外,可能还会有化学毒性的危险。

放射性核素发射的 β 射线、γ 射线或特征 X 线,或者由 β 粒子产生的轫致辐射,能够引起外照射的放射危险;而当各种形态的放射性核素由于消化管食入、呼吸道吸入、通过皮肤吸收或裸露伤口进入体内等,则对人体产生内照射的放射危险(主要考虑的致电离辐射是 α 射线、β 射线)。穿透力强、射程长的 γ 射线在体内反而比 α 射线、β 射线体内污染的危害小;而穿透能力极低、射程极短(体内仅 μm 级)、其外照射危害几乎不存在的 α 射线,在体内污染时则将很大的能量沉积在很小范围的体内器官组织上而导致组织细胞无法修复的损害,故发射 α 射线的放射性核素的内照射危害大。当然,具体危害程度要取决于所发射射线的类型、产额、强度和能量等参数。由前面 6.2 节"有关放射性的基本概念和基础知识"和 6.3 节"电离辐射量与单位梗概"所阐述的基本知识,可以推断出不同放射性核素可能产生的外照射和内照射危险程度。有关常用放射性核素的主要参数可查本章末的附录二或其他文献资料。若一旦导致内照射,还有一个特点是在体内所产生的照射是持续性的,必须直至该放射性物质完全衰变和排出体外才能终止。在前面 6.2.2"放射性衰变"部分已经阐述了进入体内的放射性核素的有效半减期 T_e,取决于该放射性核素的物理半衰期

$T_{1/2}$ 和人体生化代谢的生物半排期 T_b。当然,如果是发射低能的 β 粒子,也可因其能量耗尽在组织中而终止。可见,开放型放射性物质引起的内照射比起单纯的外照射复杂。

放射性物质摄入体内形成内照射的各种可能途径,以及放射性核素在体内参与机体代谢的转移与排泄等归宿,可以用示意图(图 6.8)来概括反映。了解这个过程是掌握内照射的放射防护、内照射防护监测以及内照射剂量估算的基础。

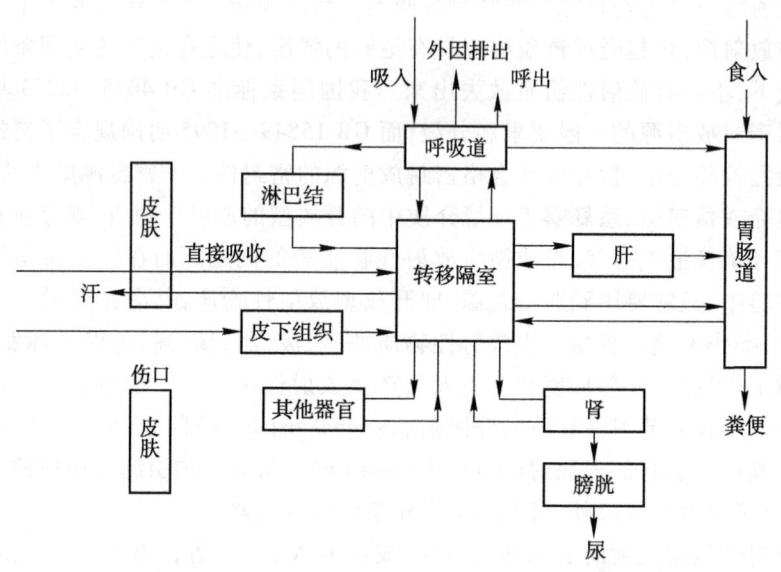

图 6.8 放射性物质摄入体内及其转移和排泄途径示意图

关于使用射线装置和密封放射源,以及包括使用开放型的放射性物质所引起的外照射的防护,首先是根据工作需要,合理地优化选择各类射线装置及其工作的参数条件、密封源或者非密封源的种类与活度。此首条原则即注意选用恰当量的"源",尽可能从源头控制减少用量(内照射防护也如此)。然后,在此基础上,针对优化选取好的"源",综合地并且灵活地运用好已是众所周知的"屏蔽防护"、"距离防护"、"时间防护"3 条外照射防护原则实施防护。即主要通过设置恰当的各种屏蔽层与措施有效地削弱"源"的电离辐射强度;尽可能增加与"源"的距离(包括运用长柄钳夹具、机械手等辅助工具);尽可能缩短操作"源"的时间(包括合理安排和熟练掌握实验程序,以及先练习"空白"实验提高操作熟练程度等)。同时,只要切断外照射来源,就能很快地控制住其放射危险。而内照射的放射防护比起外照射来要复杂得多。除了前面所述的可能兼有放射性和化学毒性两种危险外,还有内污染的放射性物质所产生的持续性照射,需要等到其完全排出体外为止。同时,内照射的放射防护监测比较麻烦,并且内照射所产生的电离辐射剂量估算也相对复杂和困难,既取决于所用放射性核素的物理性质和化学状态,又取决于放射性物质进入体内的方式,以及受照射个体的生物代谢特征等诸多因素(图6.8)。所以,非密封源,即开放型放射性物质的放射防护与安全必须加倍重视。

6.6.2 内照射的放射防护要点

内照射的放射防护必须致力于防止和阻断放射性物质进入人体,尽量控制住放射性物质从各种途径进入人体的一切机会。针对产生内照射的主要途径,内照射放射防护的着眼点应是防止放射性物质经呼吸道吸入体内,经消化管食入体内,经体表皮肤或者经伤口进入体内(图6.8)。由此,可把内照射的放射防护原则总结归纳为相辅相成的4个方面,即采取封锁隔离防扩散措施,清除放射性污染保持环境清洁,努力做好个人防护与安全操作,加强人员和场所环境污染的各种相关监测。

显然,这些内照射的放射防护原则涉及许多环节。例如,封锁隔离防扩散措施,就关系到放射工作场所的合理分区与布局,非密封源放射工作场所分级,不同级别开放型放射性实验室的防护与安全设施,实验室所配置的通风橱或手套箱等设备与设施的性能,可供有关人员使用的合适的各种必要防护衣具等用品,还包括建立严格的规章制度,并要求工作人员遵守安全防护操作规程等。

因此,内照射的放射防护与安全要点可以概括归纳为如下8个方面(可分别参见本章各相应部分):① 非密封源放射工作场所的设计与建设。参见6.5.4 "非密封源放射性实验室的基本要求"所述。必须依据相应的放射防护法规与标准要求,在确定好放射性实验室分级基础上,做好各级开放型放射工作实验室的合理设计与规范建设,分别配置相适应的防护设施,提供保证放射防护与安全的基本工作条件。② 开放型放射性物质的安全防护操作。参见6.6.3内容。③ 加强放射防护监测。放射防护监测是防护安全评价和发现问题的基础。防护监测包括与放射防护体系相关联的各种辐射量的测量,以及在评估和控制内、外照射时对这些测量的解释。监测类型依监测目的可分为常规监测、任务相关监测和特殊监测。如依监测范围可分为工作场所监测和个人监测。工作场所监测又可分为针对外照射水平、空气污染和表面污染的监测;个人监测则分为针对外照射、内照射和皮肤污染的监测。根据不同实际需要,可各有侧重地分别加强相关的防护监测。放射防护监测的内容、方法、周期等具体要求可依照各有关次级专项标准执行,例如,《职业性外照射个人监测规范》(GBZ 128—2002)、《职业性内照射个人监测规范》(GBZ 129—2002)、《职业性皮肤放射性污染个人监测规范》(GBZ 166—2005)等。④ 放射工作人员的职业健康管理。参见6.6.5

内容。⑤ 放射性污染的清除和监测。参见 6.7 节内容。⑥ 放射性废物的处理与处置。参见 6.8 节内容。⑦ 放射事故的防范与处理。参见 6.9 节内容。⑧ 临床核医学诊治患者所受医疗照射的防护。这是开展临床核医学工作单位的特殊防护问题，特专门一段稍加说明于后。

临床核医学诊断或治疗所致患者的医疗照射是一类特殊的照射，患者（包括不一定有病的受检者）自身拟从诊断或治疗的医疗照射中直接获得医疗保健利益，同时，也隐含着要承受某种可能存在的放射照射的危险，显然，必须力求趋利避害。由于各种类型的医疗照射千差万别，个人剂量限值不适用于医疗照射。受检者与患者所受医疗照射的防护只能遵从实践的正当性和防护的最优化两条原则。对经过权衡利弊确有正当理由要施行的临床核医学显像检查，应通过恰当选择合适的放射性显像药物和给药活度用量，并正确选择使用合适的核医学诊断设备。注意采取相应的质量控制和质量保证措施，确保在获取必要的诊断信息的前提下，使患者所受内照射吸收剂量合理地降至最低水平。对于运用放射性核素治疗的患者，则应力求对治疗靶区施给恰到好处的准确剂量，并尽可能减少对正常组织的照射。实际上，临床核医学显像检查一般所致患者的内照射剂量并不大。如果施行放射性药物的内照射治疗，以及个别给药活度较大的放射性核素显像检查，患者在一定时间内其体内放射性活度较大，其排泄物可能污染环境，应采取相应措施减少给患者亲属及其他公众成员带来不必要的照射。例如，接受碘 131 治疗的患者，其体内活度降至 400 MBq 之前不得出院［见《电离辐射防护与辐射源安全基本标准》（GB 18871—2002）和《临床核医学放射卫生防护标准》（GBZ 120—2006）］。因此，凡是开展放射性药物治疗的医院，应有核医学病房（至少应有专用隔离观察室），并应注意设置患者专用卫生间等。另外，育婴哺乳妇女如果临床需要接受核医学检查，应根据所用放射性药物在乳汁中分泌情况适当暂停哺乳时间，以控制给婴儿带来不必要的照射［具体要求完全遵照《临床核医学中患者的放射卫生防护标准》（GB 16361—1996）执行］。随着临床核医学不断发展和普及，临床核医学中诊断与治疗患者所受医疗照射的防护这个特殊问题应当引起足够重视。

6.6.3 放射性物质的安全操作

生命科学领域的许多实验往往较多使用非密封的开放型放射性物质，如前所述，必须严防操作不慎污染环境，以及防止通过消化管、呼吸道或者皮肤体表将放射性物质摄入体内造成内照射。6.6.2 中所归纳的内照射放射防护与安全的 8 个方面要点中，开放型放射性物质的安全防护操作非常重要。即使有了合格的放射工作场所和合乎标准要求的良好实验室条件以及防护设施与用品，如果工作人员不注意安全防护操作，还是达不到防护效果和防护目的。工作人员的安全防护操作还直接关系到运用封锁隔离防扩散和除污净化保洁等内照射防护原则的实施效果。

1. **开放型放射性物质安全防护操作的一般原则**

操作开放型放射性物质的放射工作人员,必须遵照《电离辐射防护与辐射源安全基本标准》(GB 18871—2002)要求,认真贯彻实施放射防护三原则,遵守标准规定的职业照射个人剂量限值(表6.8)。针对开放型放射性物质可能产生的内照射危险,较好地掌握内照射防护的基本要点,应了解如何推导估算所接触各种放射性核素的摄入量限制水平,并注意加强表面放射性污染的控制(参见6.7节)。

在符合标准要求,具备使用开放型放射性物质的合格实验室的基本条件下,应当遵从如下的一般原则:① 应用和操作开放型放射性物质首先应根据实际工作需要,优化选择恰当毒性和数量的放射性核素,尽可能从源头上采取合理减少放射危险的控制措施。② 应注意实验操作流程和工艺方面的合理设计与革新,并尽可能利用机械化和自动化措施,多采用密闭式或隔离式操作,严防发生放射性污染。③ 同时注意提高准确进行实验操作的熟练程度,尽可能缩短操作时间。④ 整个实验工作中必须采用有效的内、外照射防护措施,并加强相应的各类放射防护监测。⑤ 应当正确收集和处理好所产生的各种放射性废物。⑥ 应建立必要的规章制度,加强放射防护与安全管理,并做好应急预案,严防发生意外放射性事故。

获监管部门批准取得许可证开展使用开放型放射性物质的单位法人,必须认真实施我国放射防护基本标准 GB 18871—2002 以及相关次级专项标准。可以基本标准 GB 18871—2002 的规定为依据,根据放射防护最优化原则,制定进一步细化的本单位的各种管理限制水平,以方便结合实际更有可操作性地进行具体管理。例如,① 确定合乎标准要求的放射性物质的最大操作量和存放量。② 工作场所各区域及实验室的辐射水平或者表面污染控制水平。③ 临近区的辐射水平控制值。④ 正常情况下,工作场所空气中的放射性核素浓度。⑤ 正常情况下工作箱内气溶胶浓度和辐射水平。⑥ 排出流的放射性比活度和总活度。⑦ 具体某项特殊工作中的个人剂量限值。⑧ 判定各类防护设施及用品必须维修或者更换的有关参数指标等。

2. **开放型放射性物质的安全防护操作要求**

操作开放型放射性物质的工作人员,首先,必须树立"安全第一"的安全文化观念,并强化认真负责的高度责任感,具备从事相应科学实验和开展放射性工作的基本素质,尤其应注意掌握内照射放射防护的基本要点(参见6.6.2)。在工作中,不折不扣地贯彻实施放射防护法规与标准(参见6.4节),以及遵守本单位制定的规章制度和放射防护与安全操作规程。如果操作兼有易燃易爆物质,或者使用高温、高电压、高气压设备,应同时遵守国家其他有关安全法规与标准。

为保证安全操作开放型放射性物质,要求工作人员必须熟练掌握实验程序与技能,熟悉所工作实验室各有关设备与设施的性能,并且必须注意酌情选用合适的器具、工作条件和程序,以防止发生放射性污染。例如,① 乙级非密封源放射性实验室操作开放型放射性物质时,应在有适当负压的通风柜或工作箱内进行。② 粉末状放射性物质的操作,一般应在密闭的手套箱内进行。③ 操作中应选用由不易吸附放射性物质的材料制成的各种器具。④ 易于造成污染的操作步骤,应在铺有塑料或不锈钢等容易去除污染的工作台面上或搪瓷盘(或各种防溅洒托盘)内进行。⑤ 操作液体放射性物质时,台面上或搪瓷等托盘内应再铺上易吸水的纸或其他材料;操作中使用的存放液体放射性物质的容器应选用不易破裂的,或者在容器外面另加一个足以容纳全部溶液的不易破裂的套桶加以防护。⑥ 吸取液体的操作,必须借助合适的负压吸液器械。⑦ 需要加热或加压的操作时,必须有可靠的防止过热或超压的保护措施,必要时应采取双重保护措施。⑧ 如果遇到伴有较强外照射的操作,应尽量利用合适的屏蔽或者使用长柄器械等防护措施,并力求迅速熟练操作。⑨ 若需要开启密闭工作箱的门放入或取出物品,以及进行危险性较大的操作,应采取相应防护措施,并在有资质的放射防护人员监督下进行。⑩ 进行污染设备与设施的检修时,必须事先制定出工作计划和应急预案,经放射防护管理人员审查同意并落实放射防护措施后方可进行。

除了上述需注意的工作条件与程序的控制外,操作开放型放射性物质的工作人员必须严格规范个人防护行为,按照规定程序和分区路径进出放射工作场所,放射性实验室的仪器及物品均不得随意携带进出。必须切实做好放射工作人员的个人防护,这不仅有利于放射工作人员的自身安全,也是防止发生放射性污染的重要环节。例如,① 操作开放型放射物质的工作人员,应根据实际工作需要正确穿戴好相应的各种有效的个人防护用具(如各种专用工作服、口罩、手套、鞋、帽、眼镜等)。② 可能兼有外照射的工作应按规定佩戴好个人剂量计。③ 在任何情况下,均不允许工作人员用裸露的手进行直接接触放射性物质或污染物件的操作。④ 在任何情况下,绝对不允许用口吸移液管的方式操作放射性溶液。⑤ 放射工作场所应注意经常进行湿式清扫并保持清洁;实验室内严禁进食、饮水、吸烟和存放食物,以及做与实验无关的事情。⑥ 工作人员离开放射工作场所前应仔细进行必要的表面污染检查测量与清洗,在甲级以及乙级非密封源放射性实验室工作的人员,工作完毕后应在卫生通过间里进行淋浴。⑦ 个人防护用品应经常清洗,如发现污染超过规定水平时就应停止使用该用品,有污染的工作服必须在单位专门设置的合乎标准要求的洗衣房或洗衣池内洗涤。

⑧ 注意尽量减少以至杜绝因放射性物质弥散造成的污染,工作中的放射性废物以及消耗品应分类存放在各专用的污物桶内,并定期及时处理。⑨ 操作中应注意防止玻璃器皿等划破皮肤而造成伤口污染,若不慎划伤应接受专业指导进行清洗并妥善包扎处理,原则上如手部有伤口时不宜从事有可能受到污染的实验工作。⑩ 各级放射性工作场所应根据所操作的放射性物质特点,配备适当的医学防护用品和急救药品箱,供意外事故时使用,严重污染事件的医学处理应在专业医学防护人员的指导下进行。

3. 加强开放型放射性物质的安全管理

获监管部门批准取得许可证开展使用开放型放射性物质的单位法人,必须建立相应的规章制度,加强本单位开放型放射性物质的安全管理,这是确保达到防护与安全目标所不可或缺的重要方面。

除了接受国家规定的监督管理部门的放射防护与安全监管外,获准使用开放型放射性物质的应用单位必须组建负责本单位放射防护与安全的自主管理机构,必须配备专(兼)职人员负责本单位放射性物质的安全管理,还应责成各个放射性实验室均有相应的防护与安全负责人,并且将放射防护与安全的责任逐级落实到人。所有放射性物质的保管、领用与注销登记,以及定期进行清点检查等,必须建立并健全制度,以切实落实放射防护与安全的自主管理。

在放射性物质的保管方面,① 要建立健全各种放射性物质的账目档案(如交收账、库存账、消耗账等),并且账与物对应清楚,加强放射性库房管理与保安,严防丢失。② 在各级放射性实验室暂存的放射性物质数量应根据工作实际需要严格控制,一般不使用的放射性物质应当放回专用放射性库房妥善保管。③ 放射性库房中放置放射性物质的保险橱和容器,必须容易开启和关闭,容器在使用前必须经过检漏。容器外必须贴有明显的标签(注明核素的名称、理化状态、射线类型、活度水平、存放起始时间和存放负责人等)。放射性库房以及保险橱的外部都必须贴有醒目的放射防护基本标准 GB 18871—2002 规定的电离辐射标志(图 6.9)或警告标志(图 6.10);顺便指出,2007 年,国际原子能机构和国际标准化组织又联合宣布启用一个新增加的电离辐射防护与安全的警示标志(图 6.11)。新增加的警示标志,由国际传统三叶形电离辐射标志不断发射的电离辐射波、骷髅头和奔跑的人 3 个部分整合在三角形内组成,旨在对广大公众能更加形象和醒目地警示电离辐射的潜在危险,警告人们当接近有较大潜在危险性放射源时应赶快奔跑远离之。④ 必须将放射性物质存放在有可靠防火、防盗等安全防范措施的专用放射性库房中,并不得将放射性物质与易燃、易爆及其他危险物品放在一起。

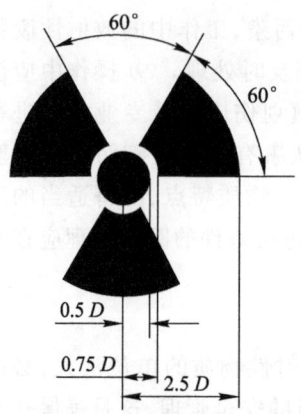

图 6.9 电离辐射的标志

（注：图 6.9 中 D 为黑色三叶形图形中间小圆的直径。）

图 6.10 电离辐射警告标志

（注：图 6.10 中电离辐射警告标志的背景为黄色，正三角形边框及电离辐射标志图形均为黑色，"当心电离辐射"6 个字用黑色粗等线体字；正三角形外边 $a_1=0.034L$，内边 $a_2=0.700a_1$，L 为观察距离。）

图 6.11 新增加的电离辐射防护与安全警示标志

  在严格执行放射性物质的领用与注销登记制度方面，必须只让具备放射性和放射防护基本知识的人员领用；领用时务必履行登记手续；要求领用人做到不准擅自转借，并且按期归还；领用后发现异常情况应及时报告；领用人用毕应办理注销手续。这些措施必须在各个放射性实验室负责人及安全负责人的配合实施。放射性物质领取过程同样遵循上述安全防护操作要求。

  应用单位购买各种放射性物质产品应遵循 6.4 节所述的国家放射防护与安全法规的要求照章办事，各级各地放射防护与安全监管部门均实施有具体的管理办法。从各种放射性物质产品供方向应用单位发送放射性物质的安全运输，则应依据《放射性物质安全运输规程》(GB 11806—2004) 执行。这样，各个环节均有相应的防护措施,可确保全过程的放射防护与安全。

6.6.4 工作人员的放射防护用品

凡获监管部门批准取得许可证开展使用开放型放射性物质的单位,遵照有关防护标准规定,根据所使用各种放射性物质的特性和用量,在确定本单位放射工作场所级别进行各个实验室设计和建设中,就必须注意配备相应的放射防护与安全设施,还应包括为各个实验室放射工作人员提供足够的放射防护用品。这在6.5.4"非密封源放射性实验室的基本要求"以及6.6.3"放射性物质的安全操作"两个部分已经有所涉及。这里,再集中归纳为3个方面的基本要求并分别给出一些典型示例。

1. 开放型放射性实验室常用的防护设施

通风橱、柜和手套箱是非密封源放射工作,即开放型放射性实验室最常用的防护设施,它们能在操作开放型放射性物质时较好地发挥封锁隔离防扩散的围封功能。通风橱、柜和手套箱均有多种类型以适应不同的实际需要,还有更具密闭效果的工作箱等设施。图6.12和图6.13的照片只是通风橱、柜的某种示例,在图6.13中还同时显示了放射工作人员实际操作时穿戴专用工作服的示例。图6.14则是用线条图反映出通风橱、柜的基本结构。通风橱、柜可供把有放射危险的操作区域限制于有限的可控制的范围内,并且通过与其连接的抽风系统(可加过滤器)能及时排除可能被污染的空气,通常还被利用来进行整个实验室内的全面换气。为达到有效控制放射性污染目的,通风橱柜的大小、柜门开设的尺寸以及形状结构等,必须根据具体操作任务与性质决定,而其安设在实验室内的位置应考虑到气流通路的科学性。台面材料铺设应参照前面6.5.4和6.6.3

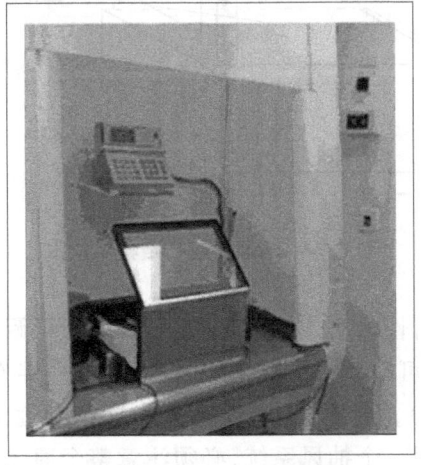

图6.12 通风橱柜的示例

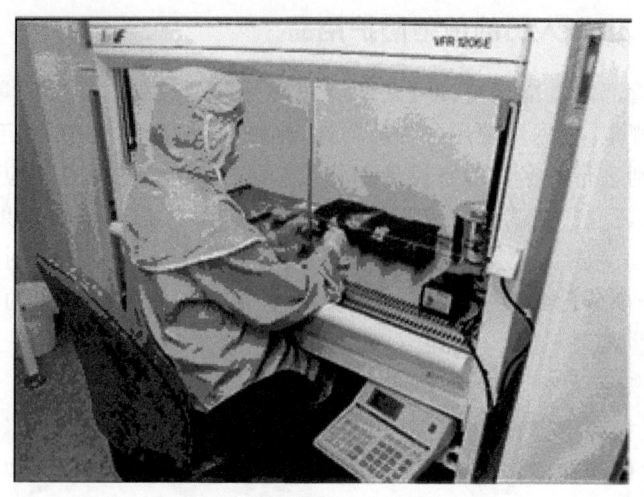

图 6.13　工作人员在通风橱柜操作示例

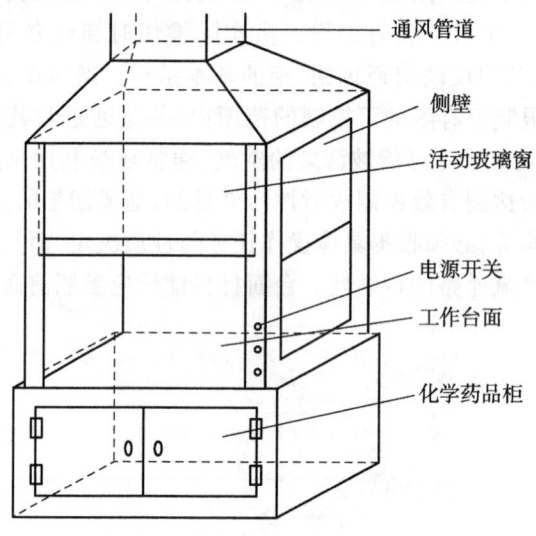

图 6.14　通风橱柜的结构示意图

所述,以不易吸附放射性物质、易于清洁去污、不渗透、耐腐蚀等原则选取。如果可能需要另外附加可移动式屏蔽防护装置(对操作伴有较强 β 射线、γ 射线外照射的放射性物质),则结构上需要特别考虑增加通风橱、柜台面的承重;若多个通风橱、柜共用一个抽风系统,必须注意整个通风系统的合理设计和平衡,并应设置开关连锁装置控制各自的单独抽风,严格防止空气倒流或者交叉污染等。

手套箱的示例见图 6.15 和图 6.16。如果日等效最大操作量达到乙级非密封源放射性实验室水平,特别是操作可能发射 α 粒子或者易于挥发的放射性物质,则应利用各种形式的手套箱来进行放射防护与安全操作。密闭的手套箱可以有效防止放射性物质的扩散,能方便地用安装于手套箱上的各种防护橡胶手套或者借助机械手进行操作。为防止污染空气外逸,手套箱内相对于箱外大气压应有一定的可酌情调节的负压。气流入口和排气口可各加过滤器,前者滤去进入的灰尘,后者阻留箱内可能产生的放射性微粒。如图 6.15 所示,手套箱的前室是专供箱内外转移物件用的缓冲通过区,当然进出物件的操作顺序正好相反,但前室的门与通向箱体内的隔离门绝不能同时开放而失去隔离封锁作用。各种手套箱的结构特点、制作材料与厚度、规格大小、各种配件(包括各种类型的防护手套以及必须使用的机械手)等,应取决于各种各样不同的应用场合和具体用途。箱壁可刷易于清洁去污的漆等。许多方面均与通风橱、柜有共同之处,不再细赘述。如图 6.16 所示的手套箱,还具有屏蔽 γ 射线的功能以适应专门的特殊需要,箱壁的材料与厚度可根据具体要求而选取。相互匹配的机械手也有很多类型,可根据具体需要而专门设计。

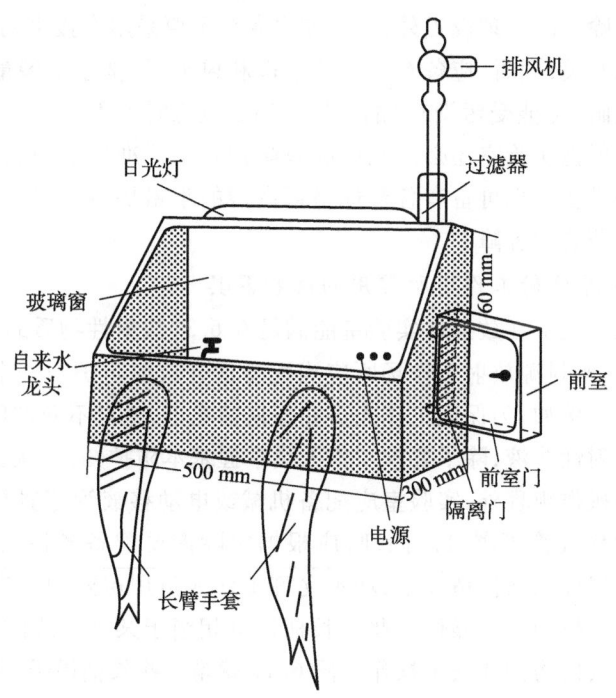

图 6.15 手套箱的一种结构示意图

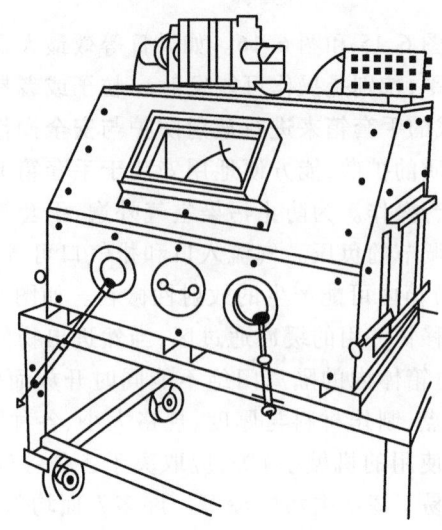

图 6.16　另一种有屏蔽防护功能的手套箱示意图

此外,开放型放射性实验室的必要洗涤设施也是放射防护与安全设施的重要组成部分。除了应合理设置外,需注意水龙头不要采用直接手动开关,可用感应式或者声控开关;同时,应备有一次性手巾和风干器;洗手池旁最好附设有能方便地冲洗眼睛(可能受污染时)的装置以满足应急时需要。

开放型放射性实验室还必须配备屏蔽防护合乎标准要求的放射性废物箱、桶等暂存废物设备。也可备有各种规格可搭接的小铅块,供工作中临时需要时组合成各类屏蔽防护屏障。

2. 非密封源放射工作场所常用的防护器具

为确保工作人员在放射性实验室能满足 6.6.3 "放射性物质的安全操作"所提出的要求,非密封源放射工作场所应当配备适合放射防护与安全需要的常用各类防护器具。例如,为保证工作人员在任何情况下,绝对不允许用口吸移液管的方式操作放射性溶液,除了要求工作人员掌握基本防护知识,认真遵守规章制度和安全防护操作规程外,实验室应配备机械或电动移液管等器具,必要时,可以是远距离的移液管等器具。同理,应根据实际需要配备各种长柄(臂)的镊子、钳等工具,保证在任何情况下,均不允许工作人员用裸露的手进行直接接触放射性物质或污染物件的操作。此类长柄钳也相当于某种形式的机械手,有利于工作人员的放射防护和安全操作。图 6.17 就是一些长柄镊子、钳等器具的示例。图 6.18 照片显示的是工作人员使用长柄钳操作的实际例子。许多临床核医学实践或者其他生物学实验中,经常需要开瓶、分装放射性药物或试剂等,可以借助长柄镊子、钳等器具进行防护与安全操作。而图 6.19 则是可配套安装于图 6.16 手套箱上的长柄钳示意图,也就是一种简易的机械手。如图 6.19 所示,利用球轴承固定安装于密闭工作箱壁上,工作人员便可借助长柄把手方便地调节移动箱体内的钳子进行远距离操纵而实现代替手操作,箱体内的钳子部分还可更换各种类型以适应不同操作需要。如果遇到较强放射性工作场合,如在放射性制剂和放射源产品生产中,应配备各种性能优良的机械手。

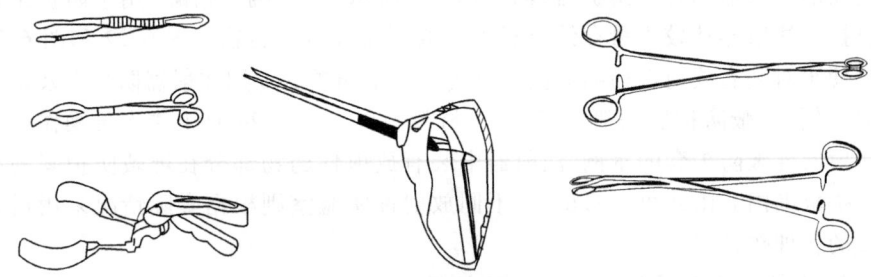

图 6.17 各种镊子和钳等辅助器具

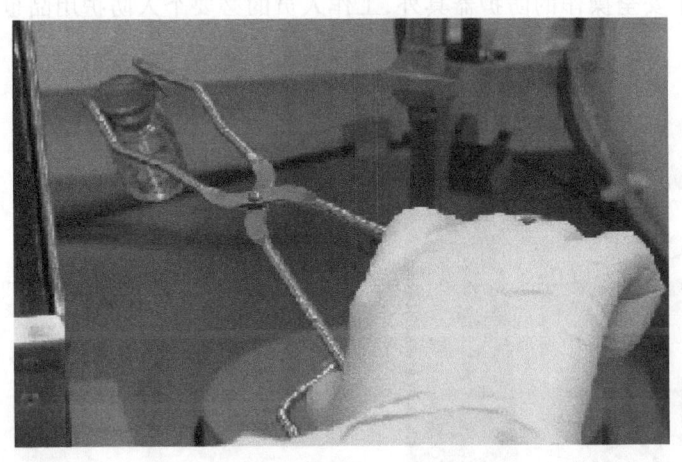

图 6.18 使用长柄钳操作的示例

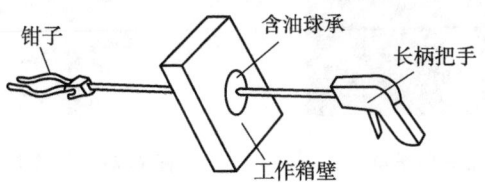

图 6.19 可安装在密闭工作箱上的长柄钳(简易机械手)示意图

还有一些器具属于移动式屏蔽防护用的防护屏和防护盒等。图 6.20 是可移动式防护屏示图,上部可调节倾斜度的屏蔽层部分的中间设有铅玻璃观察窗,临床核医学中可推至病床旁边供工作人员操作给患者注射放射性药物,也可灵活应用于其他需要屏蔽防护的类似工作场合。移动式防护屏可根据实际需要设计成多种屏蔽层厚度及不同规格式样,包括能够调节提升高度以适应安全防护操作需要。

图 6.21、图 6.22 和图 6.23 是临床核医学实践中,可用于屏蔽防护装有放射性药物的注射器的有关防护器具。图 6.21 所示的"可翻转铅罐"用于防护工作人员操作注射器从较大量存储容器中抽取所需放射性药物。图 6.22 和图 6.23 是方便于对装有放射性药物的注射器进行屏蔽防护的专用注射器防护盒及防护套的示例,屏蔽防护层一般用铅、钨等材料制作。图 6.24 是工作人员操作中使用注射器屏蔽防护套的示例,注射器中装有放射性药物部分在屏蔽防护套的有效防护范围内。由此可举一反三,不同放射性实验室则根据实际情况采用适合需要的各种防护器具。

3. 放射工作人员的一些个人防护用品

除了上述要求放射性实验室配备各种常用的放射防护与安全设施,以及配备各种便于安全操作的防护器具外,工作人员的必要个人防护用品也非常重要。

图 6.20 移动式防护屏

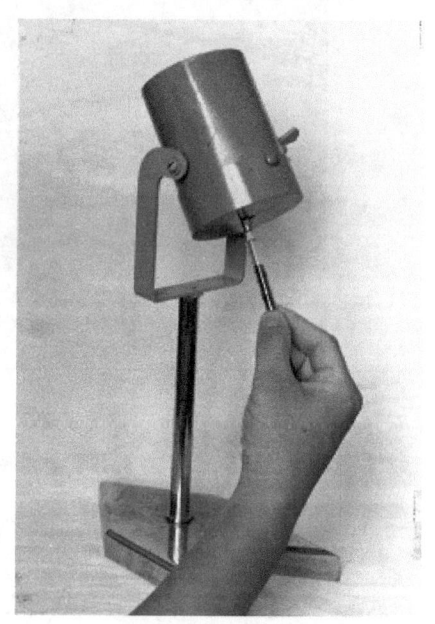

图 6.21 供注射器抽取放射性药物的可翻转铅罐

图 6.22 注射器屏蔽防护盒示例

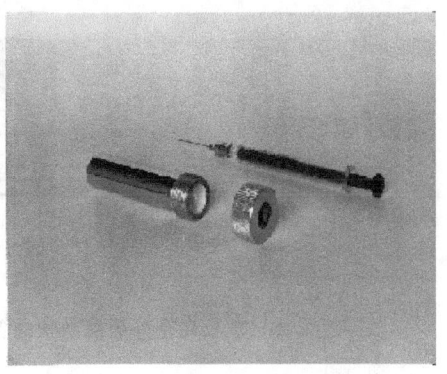

图 6.23 注射器屏蔽防护套示例

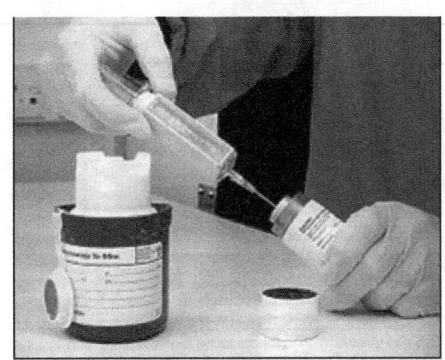

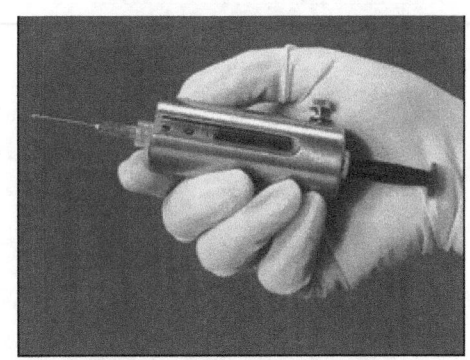

图 6.24 工作人员使用注射器屏蔽防护套示例

往往个人防护用品是放射工作人员直接用于抵御外照射和阻断引起内照射的最贴身屏障。根据不同放射工作场合的实际需要,放射工作人员的个人防护用品种类十分繁多。例如,各种工作服、工作帽、工作鞋、口罩、手套、眼镜、头盔、面罩、围裙和袖套等。以最基本的工作服为例,其材质、结构、形式、规格等就有很多品种,除了众所周知的适合外照射防护用的各种各样的铅橡胶防护服、铅橡胶围裙外(图 6.25),从适应防止发生内照射污染的防护与安全需要出发,合成纤维织品有静电作用易吸附放射性微尘而不宜采用。工作服多为前面套穿而后面系带(扣)的,有从帽子披肩连上衣到裤子(甚至鞋套)一体的(图 6.26,图 6.13),也有便于冲洗的薄膜工作套服,还有适用于可防止高水平放射性气溶胶污染的全包封的"气衣"等。

其他所有的个人防护用品,毫无例外都同样是适应各种不同场合需要而有多种多样的品种可供选择使用。图 6.27 中只是一些防护手套和防护眼镜的示例而已,仅防护手套的材质及类型就有很多种。

图 6.25 主要用于外照射防护的各种铅橡胶防护服与围裙以及衣帽示例

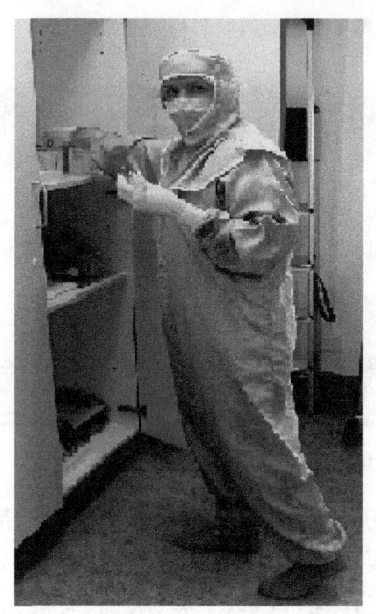

图 6.26 开放型放射性实验室的工作服示例

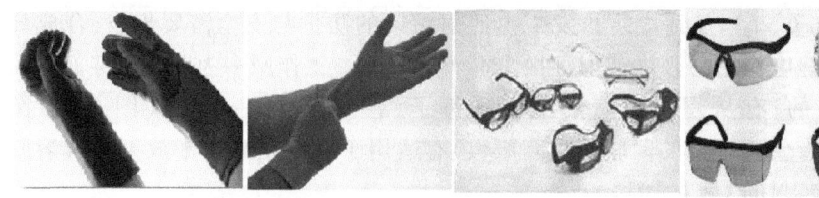

图 6.27 一些防护手套和防护眼镜的示例

防护口罩虽小，却是工作人员防止和减少摄入放射性物质的重要手段。一般宜具备对放射性气溶胶的过滤功能，需注意满足与该实验室的工作条件相适应的过滤效率,并考虑其结构有利于防止侧漏(还与佩戴得当有关)。甲级放射性实验室和特殊放射工作场合还需要有供气设施的过滤面具(图6.28),以及必要时使用严密的防毒面罩(图6.29)等呼吸保护器。

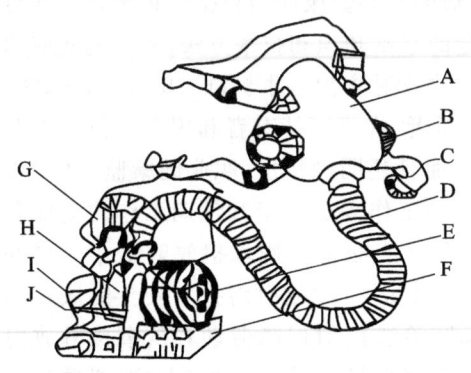 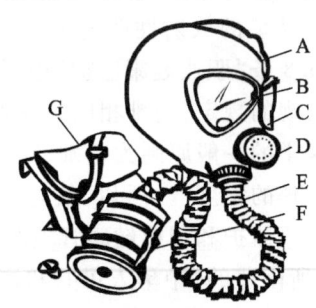

图6.28 电动送风口罩示例
A.主体 B.呼气阀 C.系带 D.导气管
E.过滤器 F.电池 G.口罩袋
H.风机 I.开关 J.电动机

图6.29 防毒面罩示例
A.面罩体 B.口鼻罩及气阀 C.眼罩
D.呼气阀及通话器 E.导气管
F.开关 G.面罩袋

放射性实验室的个人防护用品必须与所从事放射性工作的实际需要相适应;同时,必须注意正确合理使用,有些穿戴不当会严重影响防护效果;而且,还应注意脱去各种个人防护用品的程序和方法。凡兼有外照射场合,需考虑内、外照射的防护与安全需要。整个放射工作场所在合理布局中,必须安排有分别存放未使用和使用过的个人防护用品的柜子,未使用和使用过的个人防护用品不宜混放,以防止可能导致的交叉污染。个人防护用品必须经常更换和清洗,并且经常检查其防护性能是否合格或者有否被污染,以及时替换不合格和有问题的防护用品。

6.6.5 放射工作人员的职业健康管理

为保障放射工作人员的身体健康与放射安全,促进电离辐射技术更加广泛地应用以造福于人类,在加强电离辐射技术应用全过程各个环节的放射防护与安全中,必须重视放射工作人员的职业健康监护与管理。如按规定建立放射工作人员的职业健康监护档案和个人剂量监测档案;进行专门的上岗前体检、上岗后定期职业健康检查、事故或应急照射职业健康检查,以及离岗前职业健康检查等。应及时处理职业健康查体中发现的问题,如果发现职业性放射损伤,其诊断应由法定的专业机构进行,按有关法规与标准处理。

由 WHO 定义并被普遍接受的"健康"的概念是指一种生理、心理和社会适应能力的完好状态,而不只是停留于不患疾病或身体不弱。而与职业工作有关的健康,还应包括对于与工作安全和职业卫生直接有关的、影响健康的身心因素。因此,切不可疏忽的是,放射工作人员的身心健康应当包括能正确认识和对待电离辐射的危害,掌握放射防护与安全的基本知识和技术方法,从而能适应和胜任所从事的放射性职业工作。我国新的放射防护基本标准 GB 18871—2002 在第 6.8 条"职业健康监护"中规定,"注册者、许可证持有者和用人单位应按照有关法规的规定,安排相应的健康监护";而且还明确指出,职业健康监护应"以职业医学的一般原则为基础,其目的是评价工作人员对于其预期工作的适任和持续适任的程度"。所以,放射工作的单位法人必须明确承担放射工作人员的职业健康监护和职业健康管理的责任。本书 6.4 节"放射防护与安全的法规和标准"所阐述的《中华人民共和国职业病防治法》,对保障劳动者从事接触放射性物质等职业危害因素的职业健康权益,已经作了很明确的法律规定,必须认真遵照执行。基于职业医学的一般原则,具体放射性职业健康监护目的在于:① 评价放射工作人员的健康状况。② 决定工作人员承担预定放射性职业工作任务的适任性。③ 提供事故照射、放射卫生防护以及放射性职业危害等方面的有用信息。

为了保障放射工作人员的职业健康与放射安全,根据《中华人民共和国职业病防治法》和国务院《放射性同位素与射线装置安全和防护条例》(参见 6.4 节),卫生部根据发展需要修订了 10 年前的相关部门规章,以卫生部 2007 年第 55 号令正式发布了《放射工作人员职业健康管理办法》,自 2007 年 11 月 1 日起施行。这份新的部门规章以及有关职业卫生标准具体落实了关于放射工作人员的职业健康管理要求和规范。

《放射工作人员职业健康管理办法》规定所有放射工作人员从业的基本条件是:① 年满 18 周岁。② 经职业健康检查,符合放射工作人员的职业健康要求。③ 放射防护和有关法律知识培训考核合格。④ 遵守放射防护法规和规章制度,接受职业健康监护和个人剂量监测管理。⑤ 持有《放射工作人员证》。由卫生部统一制定的《放射工作人员证》,应按规定的管理权限与程序,在放射工作人员上岗前由放射工作单位向所在地的卫生行政主管部门申请办理,其格式见《放射工作人员职业健康管理办法》附件一。

为有效保障放射工作人员的身体健康和合法权益,确保他们能适应和胜任所从事的放射性职业工作,放射工作单位必须认真贯彻执行有关法规,加强本单位放射工作人员的职业健康管理。为此,必须重视就业前的健康查体,这是放射工作单位按有关标准确认该工作人员可否从事放射工作的依据,并为从业后留下自身健康状况的对照资料。各放射工作单位必须为每位放射工作人员建立职业健康监护档案,并且终生保存。放射工作人员的职业健康监护档案应包括:职业史、既往病史和职业照射接触史,历次职业健康检查结果及评价处理意见,职业性放射性疾病诊疗、医学随访观察等健康资料。放射工作人员上岗前应组织他们接受放射防护和有关法律知识培训,并且经考核合格方可上岗;上岗后每两年至少接受一次再培训,以不断更新知识和强化放射防护与安全文化素养。放射工作单位应按规定组织本单位放射工作人员,接受具备法定资质的个人剂量监测技术服务机构的定期个人剂量监测,并且建立和终生保存放射工作人员的个人剂量监测档案;个人剂量监测档案应当包括:常规监测的方法和结果等相关资料,应急或者事故中受到照射的剂量和调查报告等相关资料。放射工作人员的内、外照射个人剂量监测遵照有关法规与标准执行。放射工作人员工作中至少每两年接受一次职业健康检查,放射工作人员的职业健康检查项目见《放射工作人员职业健康管理办法》的附件二。当工作中受到事故照射或应急照射时,应让相关放射工作人员及时接受健康检查或者必要的医疗救治与随访;相关放射工作人员离岗前还应接受职业健康检查。放射工作单位对职业健康检查中发现不宜继续从事放射工作的人员,应当及时调离放射工作岗位,并妥善安置;对需要复查和医学随访观察的放射工作人员,应当及时予以安排。放射工作人员的定期个人剂量监测和各次健康检查结果均应记录在《放射工作人员证》中;放射工作人员有权查阅使用本人的个人剂量档案和健康监护档案。鉴于内照射和妇女的特殊性,放射工作单位不得安排怀孕的女性放射工作人员参与应急处理和有可能造成职业性内照射的工作;哺乳期女性放射工作人员在其哺乳期间应当避免接受职业性内照射。如果放射工作人员发生职业性放射性疾病,其专业诊断鉴定工作按照《中华人民共和国职业病防治法》和卫生部部门规章《职业病诊断与鉴定管理办法》(2002年卫生部第24号令发布),以及国家有关职业卫生标准执行。放射工作人员的职业健康检查、职业性放射性疾病的诊断、鉴定、医疗救治和医学随访观察的费用,由其所在放射工作单位承担。放射工作人员自身必须积极主动配合做好相关的职业健康监护和职业健康管理,并认真履行放射工作人员的应尽职责。

6.7 放射性污染的清除和监测

由于各种原因造成放射性污染工作场所、设备、工作人员以及环境时,必须根据实际情况,选用恰当的去污方法和相应的去污剂等尽快清除污染。工作人员体表、衣物、设备以及实验室工作场所各类表面污染的清除,必须遵循一定的放射防护基本原则,并通过表面污染的放射防护监测辨明是否达到国家标准规定的放射性表面污染控制水平。针对工作人员可能受到的体内污染,往往需要采取有针对性的阻断吸收和加速排出措施,以尽量减少可能产生的内照射危害。显然在内照射防护中,与内照射相关的放射防护监测十分重要,这些监测是及时发现污染和判断去污效果,以及进行内照射剂量估算与评价所不可或缺的,因此,特地集中在本节末的概要介绍。

6.7.1 放射性表面污染的控制水平

电离辐射技术应用中,如操作不慎及失误、违反安全操作规程或者设备与设施故障等多种原因,均有可能意外引发放射性物质的泄漏、逸出、撒泼等,造成放射工作人员身体、工作服、实验室、设备等表面的放射性污染。这些放射性污染可能经消化管或者皮肤渗透转移到工作人员体内,也可能再悬浮到空气中经呼吸道进入体内,形成内照射危险;有些发射较高能量 β 射线和 γ 射线的放射性核素污染,还可能存在外照射危险。如果放射性实验室控制区内被污染的各种物件被转移到非放射场所,或者受放射性污染的物质排放到环境中,则还会造成环境的放射性污染。因此,尤其在实际运行中,加强控制表面放射性污染很有必要。制定放射性表面污染的控制水平,可为放射防护监测与评价提供依据,进而指导放射防护实践。通过放射性表面污染监测,还能及时发现实验操作上或工艺上的疏漏,可及时采取补救措施。

我国放射防护基本标准《电离辐射防护与辐射源安全基本标准》(GB 18871—2002),从本国实际出发,针对 α 和 β 放射性物质,特专门制定了放射工作场所等放射性表面污染的控制水平(见表 6.19),以方便实现对实验室放射工作场所、设备、工作人员等防控放射性表面污染。

必须指出,在具体应用表 6.19 的表面污染控制水平时,还应附加以下 8 点补充说明。

表 6.19 工作场所的放射性表面污染控制水平/$(Bq \cdot cm^{-2})$

表面类型		α 放射性物质		β 放射性物质
		极毒性	其他	
工作台、设备、墙壁、地面	控制区*	4	4×10	4×10
	监督区	4×10^{-1}	4	4
工作服、手套、工作鞋	控制区	4×10^{-1}	4×10^{-1}	4
	监督区			
手、皮肤、内衣、工作袜		4×10^{-2}	4×10^{-2}	4×10^{-1}

* 该区内的高污染子区除外。

（1）表 6.19 所列数值系指表面上的固定污染和松散污染的总数：所谓固定污染是指一般以化学作用存在的表面污染，经多次各种技术方法去污仍不能完全彻底消除；而松散污染是指一般以机械吸附和物理吸附存在的表面污染，采用擦拭、清洗等方法可以转移或去除的污染。

（2）手、皮肤、内衣、工作袜等受到污染时，应及时清洗，尽可能清洗到本底水平；其他表面污染水平超过表中所列数值时，应采取去污措施。

（3）设备、墙壁、地面等经采取适当的去污措施后，如果仍超过表中所列数值时，可视为固定污染，经审管部门或审管部门授权的专业机构检查同意，可以酌情适当放宽其控制水平，但不得超过表中所列数值的 5 倍。

（4）β 粒子最大能量小于 0.3 MeV 的 β 放射性物质的表面污染控制水平，可为表中所列数值的 5 倍。

（5）^{227}Ac、^{210}Pb、^{228}Ra 等 β 放射性物质，按 α 放射性物质的表面污染控制水平执行。

（6）氚和氚化水的表面污染控制水平，可为表中所列数值的 10 倍。

（7）表面污染水平可按一定面积上的平均值计算，皮肤和工作服取 100 cm^2，地面取 1 000 cm^2。

（8）工作场所中的某些设备与用品，经去污处理使其污染水平降低到表 6.19 所列设备类的表面污染控制水平的 1/50 以下时，经审管部门或审管部门授权的专业机构确认同意后，可以当作普通物品使用。

显然，要准确确定表面污染水平与工作人员所受照射剂量的定量关系是相当复杂和困难的。这是因为影响因素很多，如放射性核素的理化性质及其与各种表面的结合程度，污染面积的大小，现场工作人员活动情况，工艺特点，实验室内通风状况，工作人员个人防护衣具的性能及使用情况等，并且，许多因素在不同现场条件下差别较大。需要估算时，只能在一定的简化原则下，考虑各种危害途径，以危害较大的核素作为参考核素进行推估。迄今，国际上尚未能提出一个普遍通用的表面污染控制标准。我国根据既往实践经验，在基本标准中制定了便于实施的放射性表面污染的控制水平，如表 6.19 所示，还应包括上面所述 8 点具体说明。这样对实际应用颇有指导意义。放射性表面污染的控制水平需要通过表面污染监测手段进行确认，目前的 α、β 表面污染监测仪产品已经基本能满足要求。

6.7.2 各类放射性表面污染的清除

1. 清除放射性表面污染的原则

各类表面发生放射性污染，就必须采取措施清除污染，以尽量不超过表 6.19 所列的控制水平，特别应注意防止污染扩大。清除放射性表面污染应掌握如下原则：① 一旦发现各类放射性表面污染必须马上启动应急预案，按照污染事件或事故的应急章程办事。如果发生涉及人员的污染，首先立即冲洗和妥善处理受到污染人员的皮肤以及伤口。② 应抓紧时间及时去污，一般被污染的时间越短则越容易去除，而且有利于适时阻止污染扩大。因为，早期污染物的物理附着多数属于松散污染，稍后，一些污染物会与表面介质发生化学吸附及离子交换作用，形成固定污染，就增加去污难度。时间越长，污染物将渗入表层内部并扩散，致使更难去污。③ 应尽快分析找出污染源及引发污染的原因，便于尽快地控制污染源头并采取有针对性的去污措施。④ 应根据污染源及被污染表面的性质和实际情况（如污染核素及其存在形式、被污染介质性质及特点、去污设施和废物处理条件等），选择高效、安全、经济的合适的去污方法和去污剂。⑤ 去污过程中，必须注意针对实际情况采取恰当的去污程序，特别要严格防止发生交叉污染和扩大污染。⑥ 去污过程所用的擦拭物和去污剂等，除非个别情况可暂时妥当收存后待处理回收有用的放射性物质外，一般均应当作放射性废物处理，切不可又造成新的污染源。有些成本低廉的被污染物件经利弊权衡可不进行去污处理而直接作为放射性废物处理。⑦ 必须及时划定并标示出污染区域及范围，禁止无关人员进出污染区，并不许随意搬动被污染物件形成再次转移污染或者扩大污染。⑧ 注意做好去污全过程中的内、外照射防护，应当注意配备必要的去污工具和各种个人防护用品。⑨ 放射防护监测是发现污染并判断去污效果的基础，必须适时正确监测和评价放射性污染状况，以便有的放矢地指导做好各类放射性表面污染的清除。

2. 放射性表面污染的去除剂

放射性表面污染的去除方法既有物理的（例如，吸、擦、洗、剪、削、刨、超声和电场等），也有化学的（使用各种去污剂等）。通常都是根据污染源的理化特性、被污染表面的性状和特点、去污设备和现场条件等酌情并用这两类方法。例如，利用液体介质与放射性污染物间的物理、化学作用，同时，还可加上机械作用（刷子刷、湿法喷砂抛光以及超声波等）去污。实际上水就是最简便的去污剂，一般还可加入能降低水表面张力的物质，以加快去污溶液与污染面的接触，加快表面润湿作用利于去污。去污溶液主要通过润湿作用、破坏放射性物质与表面介质的联系、防止放射性物质再污染等作用尽可能使污染过程逆转。以下简单介绍6类常用的主要去污剂。

（1）表面活性剂：分子中含有亲水基和憎水基，能吸附于液体与固体界面上，降低溶液表面张力，产生润湿作用和胶体化学性能而达到去污。表面活性剂主要是阴离子型的，也有阳离子型和非离子型。例如，油酸钠、脂肪酸钠（肥皂）、磺酸酯盐与烃基磺酸盐（合成洗涤液）、烃基苯磺酸盐（合成洗衣粉）等。这是最常用也是最易得到的去污剂。

(2) 络合剂(complexing agent)及螯合剂(chelate):螯合剂是具有环状结构的络合剂。这类重要的去污剂能够与放射性金属核素的离子借配价键形成稳定的络合物分子,有良好的水溶性,可使放射性离子不致重新污染物体和机体表面。例如,柠檬酸盐、酒石酸盐、各种多磷酸盐、焦磷酸钠及三或四磷酸钠等缩合磷酸盐。每种络合剂对不同放射性核素的结合均有其最适当的pH,故选择相对应的络合剂或螯合剂(如乙二胺四乙酸,EDTA)作为去污剂后,还应加入可调整pH以提高去污效果的适当的活性添加剂(如碳酸盐、硅酸盐、三聚磷酸盐等)。

(3) 氧化与还原剂:常用的氧化剂,如众所周知的高锰酸钾和过氧化氢。饱和的高锰酸钾溶液即可作皮肤的去污剂,又兼有消毒作用。常用的还原剂,如硫代硫酸钠和亚硫酸氢钠,可用于皮肤放射性碘污染的去除。氧化与还原剂还可用于深部污染的去污。

(4) 酸碱类试剂:常用的无机酸,如5%的硝酸、10%的盐酸等,多用于金属、瓷器、玻璃和涂层表面的去污。常用的有机酸,如柠檬酸、草酸、酒石酸和醋酸等,多用于纺织品的洗涤去污。常用的碱类试剂,如碳酸氢钠、碳酸钠、氢氧化钠等,可用于调节去污溶液的pH。

(5) 同型稳定化合物:采用与污染源同型的稳定性核素构成的化合物溶液,通过同位素交换原理可以达到良好的去污效果。例如,可用磷酸和硝酸组成的洗涤磷溶液,很好地去除 ^{32}P 污染;可用硝酸钡组成的洗涤钡溶液很好地去除 ^{140}Ba 污染;可用40%的碘化钾和56%的碘氢酸组成的洗涤碘溶液很好地去除放射性碘的污染。

(6) 有机溶剂:常用的有机溶剂如煤油、汽油、四氯化碳、丙酮等,多用于塑料材质面的去污。

具体去污溶液的配制,需要根据污染源的性质、污染面的实际情况以及具体条件等恰当选择。一般去污溶液中含有表面活性剂、络合剂和活性添加剂时,其去污效果好。

3. 各类表面的去污方法概述

开放型放射工作实验室可能引发的放射性污染表面有多种多样,兹划分为主要的6类不同表面,具体运用前面所述去污原则与方法以及各种去污剂,概括说明如下。

(1) 人员体表皮肤的去污:工作中,若皮肤(手部居多)受放射性污染,最容易实现的去污措施是立即水洗,污染较轻的在水池冲洗就可,温水可提高去污效果。污染较重应先用棉签浸蘸小量温水或去污剂擦拭污染面,再用大量水反复冲洗。选用去污剂洗涤时,注意不能采用刺激性的,如有机溶剂等,不可采用促进皮肤吸收放射性物质的酸碱类试剂,不可采用角质溶解剂及热水等。常用的去污剂有肥皂、EDTA 肥皂、10% EDTA 水溶液、7.5% DTPA(二乙三胺五乙酸)水溶液、5% 柠檬酸钠水溶液、复合去污剂溶液和复合去污剂粉(EDTA 5 g,十二烷基磺酸钠 5 g,白陶土 10 g,淀粉 5 g)等。可用软毛刷帮助涮洗去污(尤其指甲缝、皮肤皱褶处),但操作要轻柔不可损伤皮肤。

受到放射性碘污染时,可先用 5% 高锰酸钾溶液擦拭,随后用 5% 硫代硫酸钠或 5% 亚硫酸氢钠溶液擦拭,再用 10% 的碘化钾和 5% 碘溶液作为载体帮助去污,然后用大量清水洗涤。而受到放射性磷污染时忌用肥皂,先用 10% 磷酸氢钠溶液擦拭,再用 5% 柠檬酸钠和大量清水洗涤。

身体有些部位皮肤受到污染不便清洗时,可以采用包含表面活性剂和络合剂以及填料的膏剂、粉剂去污。能吸附放射性物质,并且通过机械作用力提高去污效率的填料是去污过程的活化剂,如浮石、滑石粉、白陶土、淀粉、合成树脂、土壤和细软木屑等均可作为填料。

皮肤去污达标后,应涂些护肤油脂加以保护,防止龟裂。若头发受污染,除了可按照上述原则进行去污清洗外,最好直接采取剪去措施更佳。如出现伤口的污染,应先放一些血,用无菌水或生理盐水或 3% 双氧水冲洗,并送专业医疗机构进行对症的医学处理;应设法尽量准确确定污染核素的类型及其量。

(2)工作服的去污:工作服被污染,先通过污染检测确定严重程度,局部高活度污染处可剪去作为放射性废物处理,破损处过后再修补;如属一般性污染,可通过连续多次的洗涤去污。应注意根据工作服的材质和污染核素性质选用前面阐述过的各种相对应的合适去污洗涤剂。凡阴离子放射性污染采用碱性去污溶液洗涤;而阳离子放射性污染时,应采用阴离子表面活性剂和络合剂;棉织品和混纺料工作服可以使用草酸、高锰酸钾等较烈性氧化剂。被污染工作服及织品套袖等个人防护用品应注意收集于专用容器防止污染扩散,这些物品的去污洗涤应使用专门的洗衣机。

(3)乳胶、橡胶、塑料手套与拖鞋的去污:手套是易受污染的个人防护用品。一般性污染时,脱下之前先用肥皂水洗,再用大量清水冲洗;经污染检测如还不达标,再用 1% 柠檬酸溶液和水洗涤。若严重污染,依据污染核素的半衰期长短区别对待,长半衰期核素污染可作废物处理,短半衰期核素污染,可暂妥存至自行衰变后洗涤去污。受污染的塑料拖鞋的去污按同样原则处理。缝道多的工作鞋则应加用刷子仔细洗涮。

(4)设备的去污:放射工作区受放射性污染设备的去污,同样有两类方法,即机械物理方法和化学方法。前者可以用擦、切、削、刨、吸尘和超声等手段,后者即借助各种化学试剂去污。往往也交叉使用两类去污方法以求最佳去污效果。与人员体表皮肤去污有异的是较少禁忌,而且设备表面的放射性污染多数不以离子形式存在,松散污染居多。一般可用吸尘器或湿抹布收集干灰尘状的污染微尘;如污染物系液体则用易吸水的干滤纸、木屑或抹布收集,但应注意防止污染扩散。各种设备的表面材质多种多样,应针对不同表面和污染核素性质采用针对性的去污方法和去污剂(包括去污粉)。

(5)涂漆层、塑料与橡胶地板的去污:鉴于实验室建筑中常用水泥、木材等易吸附和渗透的多孔性材料,一般墙壁和地板以及工作台面均用各种漆涂层覆盖(宜选用易去污的以过氯乙烯及其他合成树脂为主要成分的磁漆和清漆涂层),或者粘贴塑料与橡胶板等铺层(能用高频电流焊接的聚氯乙烯塑料颇佳)以利于清洁去污处理。有些还在涂料层上面再加涂一层可剥离的隔离膜(如蜂蜡、石蜡加胶结剂),则更加有利于清除污染。漆涂层的去污可先用水洗,用刷子擦拭,用加热的表面活性剂溶液处理,用2% EDTA 溶液处理,再用同型稳定性同位素离子的水溶液处理等。各个步骤后均应及时检测去污效果,如果达标就可不再继续进行后面的去污步骤。

(6)玻璃、搪瓷器皿和小器械的去污:烧杯、量杯、移液管、搪瓷杯盘、防洒托盘、注射器等器皿和各种实验用小器械,受放射性污染判断值得做去污处理的,可先用同型稳定性化合物溶液涮洗,然后用肥皂液、洗涤剂溶液涮洗,再用大量清水冲洗;如效果不达标,可以放到3%盐酸与10%柠檬酸溶液的缸中浸泡,再用清水漂洗。如今对小器具去污采用超声波清洗器是很好的选择,不仅显著提高去污效率,还减少工作人员被污染机会。当然所有人工去污均应给去污工作人员配备相应的个人防护用品(尤其是防护手套、防护口罩和防护围裙等)。

4.放射性表面污染去除效果的表达

评价各种放射性表面污染的去污效果,主要依靠表面污染的实际监测结果进行判别。以6.7.1"放射性表面污染的控制水平"中表6.19所列的表面污染控制水平以及该表的8点补充说明为依据。为比较去污效率和衡量去污工作的质量,通常也引入一些可相对表达去污效果的表征指标,如去污率、余污率、去污倍数和去污指数等。

去污率反映经过去污操作后,从污染面去除的污染核素的放射性活度,占去污之前污染面上原有放射性活度的百分比,即去污前、后污染面的放射性活度之差,除以去污前的污染面原有活度,用百分数表示。

余污率是反映经过去污操作后,在污染面上仍然残存的污染核素的放射性活度,占去污之前污染面上原有放射性活度的百分比,即去污后污染面上仍然残存的放射性活度,除以去污前的污染面原有活度,用百分数表示。

去污倍数则是直接比较去污前、后污染面上,污染核素的放射性活度值之比。也有把这个前后放射性活度相对比值称为去污因子。

去污指数就是用上述去污倍数(因子)取对数而表达。去污指数与去污倍数(因子)是用不同的表达形式表征相同的内涵。

6.7.3 体内放射性物质的阻断吸收与加速排出

开放型放射工作实验室的放射性污染有可能造成工作人员的内照射。如在 6.6.1"开放型放射性物质的放射危险"和 6.6.2"内照射的放射防护要点"中所述,体内污染只有在放射性核素自行衰变和生理代谢完全排出后,才能终止其所造成的内照射。而有些放射性核素的有效半减期很长,例如,钚沉积于骨骼将达 100 年(参见 6.2.2"放射性衰变"和表 6.1)。但可以人为采取阻断吸收和加速排出的措施,从而尽可能减少内照射的危险。如图 6.8 所示,放射性物质进入和排出人体都各有 4 个途径。依据这些途径与归宿,尽早施以必要的有针对性的阻断吸收药和促排药物,可以取得显著效果。特别应在放射性物质刚开始进入体内,尚未被吸收入血液和沉积于组织或器官中时采取相应救治措施。

早期的促排措施就是尽快清洗鼻腔和口、咽含漱,以清除沾染在上呼吸道黏膜的放射性物质;也可采用祛痰剂刺激纤毛上皮活动和呼吸道分泌等。吸入放射性锶后,可采用血管收缩剂肾上腺素清洗鼻腔,能排除沉积在上呼吸道的 95% 的放射性锶。吸入螯合剂 DTPA 气溶胶也可取得良好效果。一般情况下,吸入的放射性物质很快转移到胃肠道,可用胃管反复洗胃,同时,用催吐剂阿扑吗啡等药物或用指压刺激软腭引起呕吐反射以达到促排目的。

放射性物质经口腔摄入,也应立即采取漱口和洗胃处理;还可采用肠道阻断吸收剂(如硫酸钡)以及催泻剂(如硫酸钠、硫酸镁)等加速从机体肠道排出。在头 3 h 内,用硫酸镁能减少放射性物质在体内的吸收和在骨骼的沉积。又如,普鲁士蓝(亚铁氰化铁,ferric ferrocyanide)在胃肠道中能与放射性铯牢固结合加速铯的排除。在胃肠道中,褐藻酸钠(sodium alginate,SA)的羟基与放射性锶有络合作用;而磷酸铝凝胶与锶结合能变成不溶性化合物从而减少被机体吸收。

总之,清洗、催吐、洗胃、催泻、稀释、灌洗以及应用各种阻断吸收和促排药物,应有针对性和掌握时效。如用稳定性碘化物(如碘化钾 KI)阻断甲状腺摄取放射性碘[131]I,已经在核事故医学应急救治中获得普遍应用;又如氨基羧基型螯合剂 DTPA(国内商品名为促排灵,化学式为 $CaNa_3$-DTPA)以及新促排灵

（ZnNa$_3$-DTPA），对稀土、超铀及超钚等核素的螯合促排作用也得到明确肯定。此外，需要注意有些促排药的适应证，如 EDTA 对放射性铯的促排无效，DTPA 对放射性锶的排出没有促进作用等。

若遇到放射性物质污染伤口或灼伤表面时，创面是放射性物质的最初沉积处，及时以外科处理清除污染很重要；扩创去污后，还需应用相应的促排药加速排除被机体吸收的那部分放射性物质。

已经被机体吸收的放射性核素，通常采取的体内加速排出措施有同位素稀释法、离子竞争法、加速代谢法、利尿法和螯合剂法等。

6.7.4 与内照射相关的放射防护监测

放射防护监测的重要性，在 6.6.2 "内照射的放射防护要点"中已经列为第 3 个要点概述过。放射性表面污染的发现、去污效果评价、人员体内污染程度以及所受内照射剂量的评估等，更是离不开与内照射相关的放射防护监测。这里再集中介绍放射性表面污染监测、职业照射的皮肤放射性污染个人监测和职业性内照射个人监测。

1. 放射性表面污染监测

放射性表面污染监测是发现各种表面污染的前提，还是评价去污效果的依据。这对操作开放型放射性物质的实验室十分重要。而表面污染又是可能引发内污染的主要因素，所以，放射性表面污染监测是防止发生内照射危害的基础。从前所述各有关部分的内容可以理解，放射性表面污染监测主要针对表 6.19 所列的 α 和 β 污染。表面污染监测仪必须能探测到表面是否受到低水平的放射性污染。尤其对 α 射线（粒子）污染的探测非常重要，因为，发射 α 射线的核素即使浓度很低，只要进入体内就会造成严重的内照射危险。图 6.30 是一个典型的放射性表面污染监测仪配置，更换其探测器头（A 或 B）可以测量不同类型的电离辐射。图 6.30 的 C 是主机，显示表面污染读数，即使探测每秒计数或每分钟计数也应标定刻度至每平方厘米多少 Bq（Bq/cm^2），而这又与所探测核素的特性有关。可见，正确的监测必须选择合适类型并有足够灵敏度的污染监测仪，同时，注意刻度时应顾及所探测辐射的类型与能量响应。

图 6.31 是放射性表面污染监测仪的实物照片示例，如图从左到右顺序连接的探头分别为 ZnS 闪烁探测器、NaI 闪烁探测器和端窗式 G-M 计数管探测器。应用中需要注意到：ZnS 闪烁探头和正比计数器探头可用来区分 α 射线和 β 射线；β 探测器对光子敏感，即使在一个低 γ 射线环境中也会产生较多的计数；α 探头和磷光体对光子不敏感（不响应）；G-M 计数管探头对 α 射线、β 射线和光子都有响应，但不能直接区分。因此，在实际应用中不仅要注意选择监测仪器

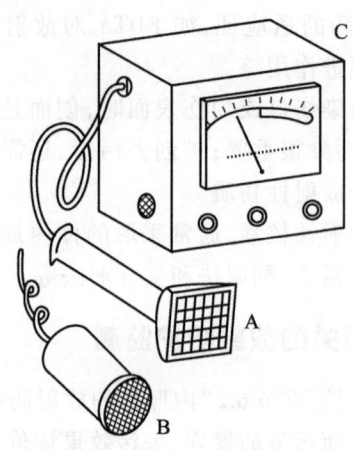

图 6.30 典型的表面污染监测仪示意图
A. ZnS 闪烁探头　B. 端窗式盖格-弥勒(G-M)计数管　C. 污染监测仪主机

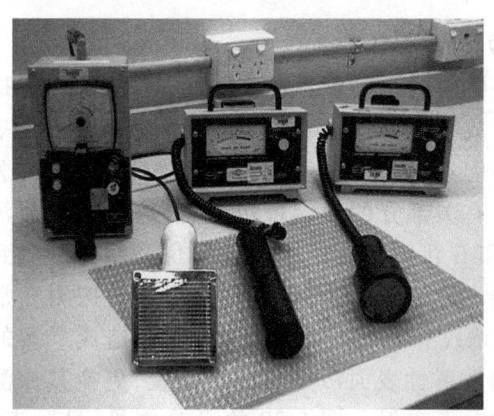

图 6.31　一些放射性表面污染监测仪的示例

及探测器头,而且要正确选取合适的测量方法。至于氚和氚水是发射非常难测的低能β射线,常用闪烁液来测量,把待测的液体加入到闪烁液中,然后在液体闪烁仪器中进行计数测量。除了各类携带式污染监测仪器外,一些条件好的开放型放射工作场所,往往在活性区出口处,设有固定式的各种放射性表面污染监测设备。所有监测仪器均应按国家规定定期进行法定计量检定校准。此外,还有表面污染的干、湿擦拭法及黏带采样等进行间接测量作为辅助监测。

放射防护总是要落实到人员的安全。与内照射有关的放射防护监测,理所当然应关注个人监测。本部分先阐述放射工作人员所受职业照射中,可能受到的体表皮肤的放射性污染监测。

对于使用非密封源的放射工作场所,应根据国家标准和审管部门的要求,对操作开放型放射性物质的工作人员进行皮肤污染监测;对于使用密封源的放射工作场所,仅当密封源发生或者怀疑发生泄漏时需要监测;在一些如挥发性放射性物质造成的空气污染的特殊情况下,也可根据场所监测来估算皮肤表面的污染程度;若皮肤受到放射性污染的同时还伴有皮肤损伤,则应抓紧污染监测并且不延误适时的医学护理与治疗处理。

职业性体表皮肤的放射性污染监测旨在:① 及时发现和测量出工作人员皮肤放射性污染程度,判断其与国家放射防护标准规定的表面污染控制水平(见表 6.19)和职业照射个人剂量限值(见表 6.8)的符合情况。② 及时采取合适的防护措施,有效指导去污,防止污染继续扩散,控制放射性污染后果。③ 在工作人员万一受到过量照射时,为启动和支持适当的职业健康监护及医学救治提供必要信息。④ 为指导内照射防护评价和修订安全防护操作规程提供依据。

职业性体表皮肤的放射性污染监测主要包括工作人员身体暴露部位(如手、足、颈及头发等)的放射性表面污染监测,以及工作人员穿戴的防护用品及内衣等的放射性表面污染监测。

鉴于皮肤污染很少是均匀的,监测中应注意测量皮肤污染的分布。对于常规监测,皮肤及个人防护用品放射性表面污染水平监测的面积一般可取 100 cm^2;对于面积较大或分布不均匀的污染表面,可取多个 100 cm^2 面积上污染水平的平均值作为监测结果。对于手的监测面积则可取 300 cm^2。测量顺序一般应是先上后下,先前后背。在全面巡测的基础上,再重点测量暴露部位,特别要注意发现严重污染的部位。测量中,应控制好污染监测仪探头的移动速度,使其与所用监测仪的读数响应时间相匹配。为了有效探测污染,应控制好监测仪探头离被测表面的距离,测量 α 污染时应不大于 0.5 cm;测量 β 污染时以 2.5~5 cm 为宜。测量时,还应注意避免监测仪探头受到污染。当初始污染或持续污染水平大大高于控制水平时,应注意污染监测仪的饱和上限,必要时,应选用监测上限值更高的监测仪。实施污染测量的具体地点应尽量避开 γ 辐射场干扰。对 α 污染和 β 污染混合场合,应通过带与不带薄吸收体的监测进行鉴别;测量时,应注意处理它们之间的相互影响,尤其对低能 β 污染的监测要注意排除 α 辐射的干扰。每次监测都必须留意进行监测仪的本底测量。

2. 职业性内照射的个人监测

开放型放射性物质的操作中,有可能发生实验室工作场所、有关设备甚至工作人员皮肤等的放射性污染,由此可能导致工作人员受到体内污染的内照射。加强职业照射的内照射个人监测,对保护放射工作人员至关重要。内照射的个人监测旨在:① 及时发现并测量出放射工作人员受到体内污染的程度。② 为指导放射工作人员的内照射防护提供依据,并有助于有关设施的设计和运行控制。③ 估算工作人员所受内照射的器官组织的待积当量剂量,以及全身的待积有效剂量,验证和判断是否符合放射防护与安全的标准与审管要求。④ 在事故照射情况下,为启动和支持任何适宜的职业健康监护和医学救治提供有价值的信息。

原则上,对于在控制区内工作并可能有放射性核素显著摄入的工作人员,应进行常规个人监测;如有可能,对所有受到职业性内照射的人员均应进行内照射个人监测。但如果经验证明,工作中各种放射性核素年摄入量所产生的待积有效剂量总是不可能超过 1 mSv 时,一般可不进行内照射个人监测,但要进行工作场所监测。

根据不同的监测目的,内照射个人监测与外照射个人监测一样,均可区分为常规监测、任务相关监测和特殊监测。伤口监测和医学干预后监测均属于特殊监测。常规监测(routine monitoring)指为了确定工作条件是否适合继续进行操作,在预定场所按有关防护标准,预先规定的监测周期所进行的一类监测。任务相关监测(task-related monitoring)专用于特定操作,旨在为有关运行管理的决策提供判断数据资料,也可用于证明操作是否处于防护最优化的最佳状态。特殊监测(special monitoring)是指为了阐明某一特殊问题而在一个有限期间进行的一类监测,本质上是一种调查性监测。

鉴于体内放射性污染的特殊性,内照射个人监测所要测量的量是有关放射性核素在全身以及有关器官组织中的含量,或者在排泄物中的含量,或者有关放射性核素在关注场所中的空气浓度。因此,常用的内照射个人监测方法有 3 种:直接测量、间接测量、空气采样分析检测。所以,职业照射的内照射个人监测,是指对工作人员体内或排泄物中放射性核素的种类和活度进行的监测,以及利用工作人员所佩带的个人空气采样器或呼吸保护器对该工作人员吸入放射性核素的种类和活度进行的监测。

(1) 全身或器官中放射性核素的直接测量:全身或器官中放射性核素含量的直接测量技术,可用于发射特征 X 线、γ 射线、正电子和高能 β 粒子的放射性核素,也可用于某些发射特征 X 线的 α 发射体。用于较准确地直接测量全身或器官中放射性核素含量的设备比较复杂和贵重,主要由一个或多个安装在低电离辐射本底环境下的高效率探测仪器组成。如图 6.32 所示,既有各种类型的全身测量装置(以前也称之为内照射"全身计数器"),也有身体局部测量装置(如只针对甲状腺或肺部等)。探测器的几何位置应符合测量的目的和要求。对于发射 γ 射线的裂变产物和活化产物,如 ^{131}I、^{137}Cs 和 ^{60}Co 等,可用能在工作场所使用的较简单的探测器进行监测。对少数较难测量的放射性核素,如钚和铀的放射性同位素,则需要高灵敏、高分辨的探测技术。

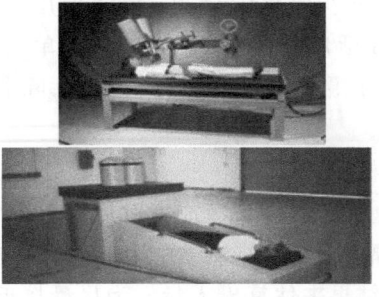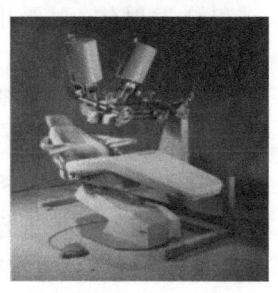

图 6.32 用于内照射个人监测的各种全身以及局部测量装置示例

伤口中能发射高能量 γ 射线的放射性物质,通常可用 β-γ 探测器加以探测。当污染物是某些能发射特征 X 线的 α 发射体的情况下,可用 X 线探测器探测。当伤口受到多种放射性核素污染时,应采用具有能量甄别本领的探测器。伤口探测器应配有良好的准直器,以便对放射性污染物进行定位。

内污染工作人员在接受直接测量前应进行淋浴和表面去污处理,并摘下眼镜、手表及其他装饰物等。如有伤口或皮肤与其他组织器官的放射性物质对肺部测量的干扰,应予以扣除,必要时采取适当的准直或局部屏蔽措施。

(2) 排泄物及其他生物样品分析检测(间接测量)

间接测量是测量内污染工作人员的尿、粪便、呼出气、鼻涕、唾液、汗液、血液、毛发等生物样品的放射性,由此推估出放射性物质在体内或组织内的积存量。

对于不发射 γ 射线或只发射低能光子的放射性核素,机体排泄物检测可能是更加合适的监测技术;而对于发射高能 β 射线和 γ 射线的发射体,排泄物分析也是常用的监测技术。尽管在某些情况下,如当元素主要通过粪便排泄,或要评价吸入慢吸收速率类物质自肺部的廓清时,可能要求分析粪便样,但排泄物监测计划一般安排尿的分析。

分析检测其他生物样品是为了做一些特殊调查,如作为常规筛选技术可分析鼻涕样本或鼻拭样;当怀疑有高水平污染时,视情况可分析血样;在 ^{14}C、^{226}Ra 和 ^{228}Th 的内污染情况下,呼出气活度测量是一项有用的监测技术。在极毒放射性核素(如超铀元素)污染伤口的情况下,应对伤口进行直接测量;施行医学切除处理后,应对已切除的组织样进行制作原样测量。

分析检测生物样品的间接测量方法必须遵照有关标准规范进行才能得到较可靠的结果。例如,仅就达到所要求的灵敏度和克服排泄物的涨落而言,有时需要收集不止 24 h,而是连续 3 d 的尿样等。又如,收集、储存、处理和分析尿样以及粪便样的具体收集与处理等,均有相应具体的标准规范与程序可遵循。

生物样品中的 γ 发射体可用闪烁探测器或半导体探测器直接测定。对 α 和 β 发射体，则要求先进行化学分离，然后采用合适的测量技术进行测量。样品中总 α 或总 β 活度的测量，作为一项简单的筛选技术，有时是有用的，但不能用来定量估算摄入量或待积有效剂量，除非放射性核素的组成是已知的。

(3) 空气采样分析检测

如果没有条件进行上述直接测量，或者对尿样等生物样品的间接测量有困难，对于不发射强贯穿辐射而且在排泄物中浓度很低的放射性核素，则可借助工作场所的空气样品测量结果来估算摄入量。为尽量接近工作人员的实际情况，通常采用个人空气采样器(personal air sampler, PAS)或者固定空气采样器(static air sampler, SAS)。当然，这种方法有很大的不确定度。

个人空气采样器 PAS 是一种专门设计用于通过测量工作人员呼吸带的空气中放射性气溶胶或气体时间积分活度浓度，来估算该工作人员摄入量的便携装置，有相关标准规定其具体性能指标。PAS 的采样头应处于呼吸带内(一般佩戴在衣领上)，采样速率最好能代表工作人员的典型吸气速率(约$1.2~m^3/h$)。可在取样周期结束时对滤膜上的放射性活度用非破坏性技术进行测量，以及时发现不正常的高水平照射。然后将滤膜保留下来，把较长时间积累的滤膜合并在一起，用放射化学分离提取方法和高灵敏度的测量技术进行测量。由 PAS 获得的时间积分空气活度浓度与工作人员摄入期间吸入的空气体积相乘，可求得放射性核素的摄入量。对于在空气中易于扩散的化合物，如放射性气体和蒸汽(如$^{14}CO_2$ 和氚水)，固定空气采样器 SAS(用来监测工作场所条件的装置，并能就放射性核素的构成及粒子大小提供有用的资料)可对其吸入量给出一个较合理的估计，对于其他物质，如在悬浮颗粒，给出的误差可能在一个量级或一个量级以上。通过对 PAS 和 SAS 测量结果的比较，确定二者的比值，可利用该比值解释 SAS 的测量结果。利用 SAS 的测量结果估算个人剂量时，要求对照射条件及工作实践进行仔细评价。

综上所述，内照射个人监测比较复杂和困难。3 种方法各有优缺点，可以相互补充。选择监测方法时，应兼顾考虑到诸多因素，例如，放射性核素的理化特性，污染物的生物动力学行为，生物学廓清及放射性衰变后污染物在体内的滞留特性，所要求的测量频率，所考虑测量设备的灵敏度、方便程度以及是否具有这种设备等。对于常规监测，如果灵敏度可以满足，一般只用一种测量技术；对于氚，只用尿氚分析即可；而对另外一些核素，如钚的同位素，由于测量和数据解释都有一定困难，应结合使用不同的测量方法。对于特殊监测常采用两种或两种以上的监测方法。

由上述各种方法测量得到的摄入量(intake)，是指通过吸入、食入或经由完好皮肤以及伤口进入体内的放射性核素的量。摄入量与相应的剂量系数相乘，可求得内污染工作人员的待积有效剂量。将剂量计算结果与职业照射的年个人剂量限值比较，即可实现对该职业照射的评价。在进行放射防护评价时，也可将摄入量直接与推算的年摄入量限值(annual limit on intake, ALI)进行比较。

6.8 放射性废物的管理

6.8.1 放射性废物的分类

在电离辐射技术的广泛应用中，必然会产生必须处理、处置和管理的各种放射性废物。放射性废物(radioactive waste)是指含有放射性物质或被放射性物质污染，其放射性活度或活度浓度大于国家标准和审管部门规定的清洁解控水平(clearance levels)，并且所引起的照射未被排除，又预计不会再利用的废弃物。

为了对放射性废物进行科学、安全、经济的管理和治理，必须对其进行合理的分类以区别对待。分类方法有许多种，可参见专门的国家标准《放射性废物的分类》(GB 9133—1995)等。

按放射性废物的物理与化学形态，可将其分为放射性"三废"，即气载废物、液体废物和固体废物。

按放射性废物的放射性活度水平，又可将其分为豁免废物、低水平放射性废物(简称低放废物)、中水平放射性(中放)废物及高水平放射性(高放)废物。含气体和气溶胶的放射性气载废物，按其放射性浓度水平又分为低放($\leqslant 4\times 10^7$ Bq/m^3)和中放($> 4\times 10^7$ Bq/m^3)两级。放射性液体废物，按其活度浓度水平分为低放($\leqslant 4\times 10^6$ Bq/L)、中放(4×10^6 Bq/L$<$ Av $\leqslant 4\times 10^{10}$ Bq/L)和高放($> 4\times 10^{10}$ Bq/L)3级。放射性固体废物，则首先按其所含放射性核素的物理半衰期$T_{1/2}$长短以及发射类型分为5种：$T_{1/2}\leqslant 60$ d，60 d$< T_{1/2}\leqslant 5$ a，5 a$< T_{1/2}\leqslant 30$ a，$T_{1/2}>$ 30 a，以及长半衰期的α发射体放射性废物；然后，又再把按半衰期$T_{1/2}$分出的4种类型废物各自的放射性比活度(Bq/kg)水平进一步分为低放、中放和高放3个等级相互交叉。

根据放射性废物处理、处置和管理的需要，还可以各有侧重地按放射性废物的不同来源、发射类型、特殊形状、处置方式、毒性分类、释热性分类、剂量率和同位素组分等特性进行不同方式的分类。在国际上，迄今也没有统一的分类标准，通常以废物放射性水平的低、中、高，并结合所含核素的寿命进行区分。近来，趋向于分出一类"极低放"的废物，可稍放宽要求而不需要用低放废物的管理标准处理，便于在核设施退役中，以及许多放射性核素应用的单位等方便地处理大量相当低放射性水平的废物。生命科学领域应用放射性核素和电离辐射技术所产生的放射性废物多数属于低放废物。

6.8.2 一般放射性废物的处理

鉴于放射性废物不同于其他有毒有害废物,其危害和污染环境很难用物理、化学和生物方法消除,需通过其自身固有的衰变规律来降低放射性水平,故放射性三废受到更加严格的管理和控制。放射性废物的管理(management)包括放射性废物的预处理、处理、整备、运输、储存和处置在内的所有行政管理和运行活动。通常,把有潜在利用价值的放射性污染设备与材料的管理和退役以及环境整治也包括在放射性废物管理范围内。放射性废物的管理涉及废物从产生到最终处置的全过程,其治理的宗旨是力求放射性废物的最小化(minimization),即废物的数量(质量或体积)和活度合理达到的最小值。一般电离辐射技术的应用单位需要自己对工作中产生的放射性废物进行预处理和处理(有时也把二者统称为处理)、暂时储存,再按照有关法规与标准的规定送往指定的放射性废物专门单位处置。通常,放射性废物预处理(waste pretreatment)专指废物处理前的一种或全部的操作,如收集、分拣、化学调制和去污等。而放射性废物处理(waste treatment)是指为了安全或经济目的而改变各种废物特性的操作,如放置衰变、净化、浓缩、减容、从废物中去除放射性核素和改变其组成等,但不包括废物的固定。放射性废物的处置(waste disposal)则是把废物放置在一个经政府有关主管部门批准的、专门的设施里(如近地表或地质处置库等),预期不再回取;处置也包括经审核批准后,将处理过的气态和液态流出物直接排放到环境中进行弥散。

(1)应从源头控制放射性废物的产生,故必须通过对有关设备、试剂材料、工艺流程等进行优化设计,加上合理的运行管理和科学地分类收集,尽可能减少所产生废物的活度和体积,达到废物最小化目标。力求实现放射性废物的最小化,必须采取一切合理可行的措施治理放射性废物,以确保人类健康及环境不论现在或者将来都得到足够的保护,并且不给后代增加不适当的负担。这就包括确保放射性废物及其管理活动所引起的工作人员所受职业照射和公众照射均不应超过国家有关法规和标准的规定,并保持在可合理达到的尽量低的水平;同时,确保各项放射性废物管理活动符合国家有关环境保护政策和要求,有利于经济和社会的可持续发展。总体而言,治理各种放射性废物必须遵循如下 8 条基本原则:保护人类健康,保护环境,保护后代并且不给后代留下不适当的负担,超越国界考虑境外的防护与安全,建立并遵守国家有关法律、法规与标准体系,尽可能控制放射性废物的产生量,处理好废物管理各个步骤与环节之间的相互衔接及依赖关系,保证各种废物治理设施的安全。

(2)放射性废物的预处理,其目标是将废物分类收集、防止混杂以及调整废物的性质,为后续的处理、整备或处置提供良好的条件。分类收集中应注意区分放射性与非放射性、长寿命与短寿命、可燃与不可燃、可压实与不可压实等不同类型的废物,以避免混杂和交叉污染,简化废物的进一步处理或处置。收集和分拣操作一般应在专用的设施或设备中进行,并配有必要的通风、防护、检测和监督手段,以减少对工作人员的照射,防止污染扩散。应尽量把"免管"废物(按照法规标准规定的清洁解控水平可以免除审管控制的废物)、极低放废物和可供再循环、再利用的物料从废物流中分拣或分流出来,以减少废物的处理和处置量。还应注意采取专门措施收集和保存被放射性污染的动物尸体或器官组织,以及其他生物和医疗废物,以防止腐烂和病菌传染。

(3) 所有放射性废物的处理,都是力求降低废物的放射性水平或危害,减少废物处置的体积。无论是放射性废气、废液,还是固体废物,首先均应根据"三废"各自的特性(如物理、化学和生物特性,放射性核素种类和活度浓度,以及有机物或气溶胶浓度等)和后续环节的需要,恰当选择合适的处理工艺,采用安全、高效、二次废物量少、包容性好以及经济的方法和设备。原则上,可以把放射性废物在可控条件下先妥善短期储存放置,直至大多数放射性核素衰变到允许的处置水平。此外,还可以把符合国家标准规定排放限值的气态和液态流出物,分别在国家标准规定的监测与控制条件下,经过滤或稀释后排放到弥散条件良好的大气或水体中。

放射工作场所过滤放射性气溶胶的过滤器、吸附器、洗涤器等,要定期检查其净化效率,并及时更换净化介质或部件。当采用蒸发法净化处理高放废液时,应考虑限制蒸发器加热介质的温度,并设置防爆装置。当采用热解焚烧或湿法氧化法处理有机废液时,也应考虑设置防火、防爆装置。应从系统、设备、管道、阀门与管件、焊接与安装、维修等各方面加强管理,防止发生放射性废液污染事故。对固体废物采用焚烧减容处理时,应根据废物的特性(如化学成分、热焓、含水率、密度、不可燃物含量等)选择合理的焚化炉类型和操作条件,保证燃烧完全,防止炉内架桥、炉箅堵塞和产生有毒物或易爆物;焚烧系统应设置防火、防爆装置,并设有完善的排气净化系统,并保证排入大气的放射性及其他有害物质低于有关标准和审管部门规定的限值;还应根据焚烧灰渣的特性对其再做进一步的相应处理。当对固体废物采用压实减容处理时,应采取措施收集压实时产生的废液,并防止发生气载的污染。各种放射性废物的处理设施均应注意配备完善的防护措施,包括考虑到各种废物因浓缩、减容后放射性活度浓度的提高所导致的影响,保证工作人员的放射防护与安全。《放射性废物管理规定》(GB 14500—2002)明确了通用的放射性三废处理要求,可供结合本单位实际参照执行。

(4) 除了放射源与放射性试剂等产品的生产外,生命科学领域应用放射性核素和电离辐射技术所产生的放射性废物的处理相对较为简单。但同样必须遵循上述放射性废物处理与管理的基本原则,并实施严格有效的管理。放射性废液应包括有关实验与检测所用的闪烁液;放射性固体废物应包括生物废物和放射性实验用过的废弃小器具;临床核医学单位应包括残留药物、服用放射性药物的患者的排泄物、污染医疗用品及其洗涤水等放射性废物的收集和处理,此类可能被污染含有病原体的医用废物,还应注意消毒灭菌程序。低放废物的排放应遵照国家相关标准的规定执行,排放前应单独收集,经衰变并检测合格后才能排放。如《电离辐射防护与辐射源基本标准》(GB 18871—2002)第 8.6.2 条就具体规定了低放废液的排放控制标准。工作场所中放射性气体和气溶胶的排放系统,应经常检查其净化过滤装置的有效性。放射性核素的物理半衰期小于 60 d 的低水平放射性废物,可用放置法妥善处理。分类收集后用放置法处理的放射性废物,其存储容器应符合放射防护与安全要求。放射性活度浓度低于 1×10^4 Bq/L 的废闪烁液,或仅含活度浓度低于 1×10^5 Bq/L 的 ^{3}H 和 ^{14}C 的废闪烁液,可不必按放射性废液处理,但需要按照化学废液处理。特殊的含放射性物质的实验动物尸体,应进行干燥或无机化处理,以防腐烂变质导致病菌传染;含有长半衰期核素的实验动物尸体,可先固化,再按固体放射性废物处理;如进行尸体焚化处理,必须满足有关标准规定的设备与工作条件。不需要特殊放射防护措施就可处理的尸体,其所含 ^{131}I、^{125}I、^{198}Au、^{90}Y、^{32}P、^{90}Sr 等核素的上限值,参见《临床核医学放射卫生防护标准》(GBZ 120—2006)。含有较长半衰期核素的放射性废物,应在完成必要的处理和整备步骤后,送交监督管理部门指定的低、中放放射性废物处置场统一处置。

6.8.3 废旧放射源的管理

生命科学领域越来越多地利用放射性核素和电离辐射技术,与此同时,也就出现了越来越多的随半衰期不断递减等原因造成不能再利用的各种废旧放射源,包括现在不用并且将来也不准备使用的各种开放型放射性物质。实际上,这些是一类特殊的放射性废物,由于失去使用价值后容易被疏忽而误置等,如管理不善、违规处理,会造成各种形式的废旧放射源和放射性物质的失控,往往引发放射事故,可能危及人员和污染环境。此类废旧源由于被非法转移、丢失、盗窃等原因而伤人,甚至混入废钢铁熔炼而扩散污染的事故时有发生。国际原子能机构 IAEA 根据各国的实际情况,于 2001 年发表了《放射源安全和保安行为准则》等技术报告,强调加强废旧放射源的安全和保安管理的重要性和现实意义。《中华人民共和国放射性污染防治法》和国务院发布的《放射性同位素与射线装置安全和防护条例》(见 6.4 节),强化了各类电离辐射源的全过程控制,已经明确规定废旧放射源的监管责任和措施,要求建立放射源管理的责任制度和责任转移制度,确保放射源始终处于有效的监督控制状态。所有涉及放射源的应用单位必须严格遵照要求,认真加强废旧放射源的管理,完善本单位放射源的台账档案,妥善保管,按法规的标准要求安全地送交指定的专门单位处置。如久置的废镭源等容易泄漏,必须注意检测并可靠地密封、整备再运送。密封放射源不允许做压实、切割和焚烧处理,也不允许非法转移。切实加强废旧放射源这些特殊放射性废物的管理,必将显著减少放射性事故,促进放射性核素和电离辐射技术在各个领域的更广泛应用。

6.9 放射性事故的防范与应急预案

6.9.1 防范放射性事故的重要性

电离辐射技术已经越来越密切地关系到生物医学、能源、科研、工业、农业、地质、考古以及军事等国民经济的各个领域,乃至公众的日常生活中;相关工作人员以及广大公众接触电离辐射的机会显著增加了,因此,意外放射性事故的防范格外重要。尤其是电离辐射技术是把双刃剑,在以其独特的作用被日益广泛应用而不断造福于人类的同时,如何防范其在普及应用中可能引发的各种放射性事故,并有效控制由此可能带来的放射性危害等方面的问题则越来越强烈地凸显。

人类发现并有意识地推广应用电离辐射技术仅 100 余年历史。尽管该技术已在各行各业日益广泛普及应用,但放射性危害和放射防护与安全有其特殊性,一方面,专业性特别强,如看不见的射线必须依赖专门的各类仪器或设备进行专业性的检测,而所诱发的放射反应或损伤必须依靠专业的医学诊断与救治;另一方面,放射性污染的彻底清除比较复杂和困难,严重的放射性危害不仅包含属于随机性效应的诱发癌症,并且具有远后期效应。而且,公众往往容易过度敏感地将其与原子弹爆炸等核武器恐怖相联系,对社会和公众的心理造成很大影响,可能导致正常的社会生活和生产秩序发生混乱。国内外较大的放射性事故表明,放射性事故不仅会造成人员损伤和环境污染,而且容易引起社会的不安定,造成不良的社会影响和经济损失。这就不难理解,在当前国际反恐怖斗争中,相当重视如何有效地应对核与放射性袭击这种恐怖手段。由此,更加充分说明了防范放射性事故的特殊重要性。

6.9.2 放射性事故的分级

事故(accident)是指从防护或安全的观点看,其后果或潜在后果不容忽视的任何意外事件,包括操作错误、设备失效或损坏(引自 GB 18871—2002)。而事故分级是指导恰当处理事故的依据之一。

通常把核电站等大型核设施引发的事故称为核事件或核事故,以区别于一般核科学技术应用所引发的普通电离辐射(放射)事故。国际原子能机构 IAEA 于 2001 年制定了与电离辐射安全有关的国际核事件分级表,将所有核事故(含事件)统一分为 8 个等级(即 0~7 级)。0 级为安全上无重要意义,较低级别(1~3 级)称为事件,较高级别(4~7 级)称为事故。最高的第 7 级事故是特大事故,如 1986 年前苏联切尔诺贝利核电站事故。6 级为严重事故;5 级为有场外危险的事故,如 1957 年英国温茨凯尔核反应堆事故和 1979 年美国三哩岛核电站事故;4 级为主要在核设施内的事故;3 级事件为严重事件;2 级为事件;1 级为异常;

2005 年,我国国务院《放射性同位素与射线装置安全和防护条例》(见 6.4 节),统一参照各类事故的分级,根据电离辐射事故的性质、严重程度、可控性和影响范围等因素,从重到轻依次把电离辐射事故分为特别重大辐射事故、重大辐射事故、较大辐射事故和一般辐射事故 4 个等级。分述如下:① 特别重大辐射事故:是指因 I 类和 II 类放射源丢失、被盗和失控造成大范围严重辐射污染后果,或者放射性同位素和射线装置失控导致 3 人以上(含 3 人)急性死亡。② 重大辐射事故:是指因 I 类和 II 类放射源丢失、被盗、失控或者放射性同位素和射线装置失控,导致 2 人以下(含 2 人)急性死亡或 10 人以上(含 10 人)急性重度放射病或局部器官残疾。③ 较大辐射事故:是指因 III 类放射源丢失、被盗、失控或者放射性同位素和射线装置失控,导致 9 人以下(含 9 人)急性重度放射病或局部器官残疾。④ 一般辐射事故:是指因 IV 类和 V 类放射源丢失、被盗、失控或者放射性同位素和射线装置失控,导致人员受到超过年剂量限值的照射。有关放射源的危险分类见 6.5.1 的表 6.10。

顺便指出,2001 年 8 月,卫生部和公安部曾经联合发布了《放射事故管理规定》,把各种放射事故首先划分为人员受超剂量照射事故和丢失放射性物质事故两类,又再根据人员受照剂量的大小和丢失放射性物质的活度,分别把这两类事故分为一般、严重和重大事故 3 级。随 2005 年国务院第 449 号令发布实施《放射性同位素与射线装置安全和防护条例》,与其不一致的下位法规《放射事故管理规定》失效。据悉,新的放射事故管理规章将修订出台。现在必须执行的是 2005 年国务院第 449 号令发布的条例,按照该条例对放射事故的分类进行相应的事故监督管理。电离辐射的医学应用中,尤其以放射治疗曾经发生过重大乃至特别重大事故,导致多位接受医疗照射的患者死伤。图 6.33 是介入放射学实践中操作不当引发患者背部皮肤放射损伤的照片,供引以为戒。一般在生命科学领域应用电离辐射技术的众多实验中,引发的放射事故不大。但仍应务必高度重视防范放射事故,切不可掉以轻心。

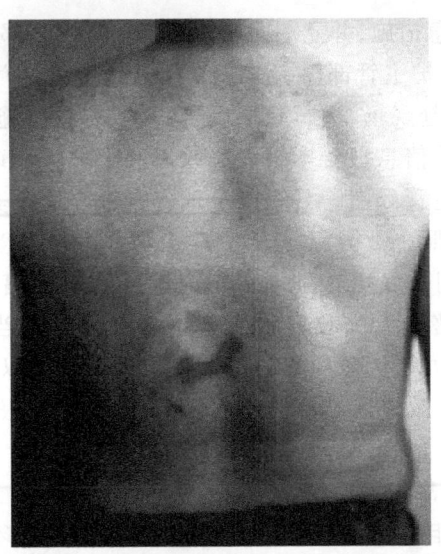

图 6.33 介入放射学导致患者背部皮肤损伤案例

6.9.3 放射性事故的处理原则

一旦发生意外放射事故,必须按照有关法规和标准的要求,在及时向指定的监管部门报告的同时,迅速启动应急预案,立即采取相应的应急处理措施,尽快控制住引发事故的源头,尽力减少事故的不良后果。围绕这个目标的具体处理原则包括:① 立即辨明并切断事故来源,防止事故蔓延扩大。例如,切断射线装置电源;排除密封源控制系统的故障;对中小密封放射源的失控掉落,迅速利用钳子等可用工具或屏蔽材料将其置于有屏蔽防护之处;遇装有放射性溶液的容器破裂泄漏,应将其迅速转移到安全的容器中;发生开放型放射性物质污染事故,应立即封闭现场,撤离人员,严格限制无关人员进入等。② 按照有关法规和标准的规定程序申报放射事故,迅速组织本单位人力和物力或者请求专业机构协助处理事故。③ 对受到事故照射以及可能受到照射的人员尽快区分出来,并进行初级医学处理,发现放射损伤人员应及时送往具备资质条件的专业医疗机构救治。关于操作开放型放射性物质所引发污染人员的医学处理,从本书的针对性出发,后面再单独专门叙述。④ 做好事故有关人员所受内、外照射的辐射剂量监测以及场所与环境的辐射水平监测等。人员和场所的监测资料是受照射事故人员医学救治和事故后果评估的重要依据。⑤ 彻底处理放射事故现场,做好事故总结报告和有关善后处理工作,注意吸取教训,进一步完善防范放射事故的应急预案。

遵照国务院《放射性同位素与射线装置安全和防护条例》的规定,发生辐射事故时,生产、销售、使用放射性同位素和射线装置的单位应当立即启动本单位的应急方案,采取应急措施,并立即向当地环境保护主管部门、公安部门、卫生主管部门报告。环境保护主管部门、公安部门、卫生主管部门接到辐射事故报告后,应当立即派人赶赴现场,进行现场调查,采取有效措施,控制并消除事故影响,同时,将辐射事故信息报告本级人民政府和上级人民政府环境保护主管部门、公安部门、卫生主管部门。县级以上地方人民政府及其有关部门接到辐射事故报告后,应当按照事故分级报告的规定,及时将辐射事故信息报告上级人民政府及其有关部门。发生特别重大辐射事故和重大辐射事故后,事故发生地的省、自治区、直辖市人民政府和国务院有关部门应当在 4 h 内报告国务院;特殊情况下,事故发生地人民政府及其有关部门可以直接向国务院报告,并同时报告上级人民政府及其有关部门。禁止缓报、瞒报、谎报或者漏报辐射事故。

各种电离辐射事故发生后,有关县级以上人民政府应当按照辐射事故的等级,启动并组织实施相应的应急预案。县级以上人民政府环境保护主管部门、公安部门、卫生主管部门,按照职责分工做好相应的辐射事故应急工作如下:环境保护主管部门负责辐射事故的应急响应、调查处理和定性定级工作,协助公安部门监控和追缴丢失、被盗的放射源;公安部门负责丢失、被盗放射源的立案侦查和追缴;卫生主管部门负责辐射事故的医疗应急。环境保护主管部门、公安部门、卫生主管部门应当及时相互通报辐射事故的应急响应、调查处理、定性定级、立案侦查和医疗应急情况。国务院指定的部门,根据环境保护主管部门确定的辐射事故的性质和级别,负责有关国际信息通报工作。

所有涉及各种电离辐射源的应用单位,必须遵照国家的相关规定执行,妥善处理可能发生的放射事故。

操作开放型放射性物质所引发内污染事故,针对受到内污染工作人员的具体医学处理,可参照《放射性核素内污染人员医学处理规范》(GB/T 18197—2000)等。其基本处理原则是:① 疑有放射性核素内污染,应尽快收集样品和有关资料,做有关分析和测量,以确定污染放射性核素的种类和数量。② 对放射性核素内污染及时与正确的医学处理是对内照射损伤的有效预防。应尽快清除初始污染部位的污染;阻止进入体内放射性核素的吸收;加速排出体内的放射性核素,减少其在组织和器官中的沉积。③ 凡放射性核素进入体内可能超过 2 倍年摄入量限值(ALI)以上的人员,应认真估算其摄入量和内照射剂量;采取加速排出治疗措施;并登记随访跟踪观察。④ 放射性核素加速排出治疗的原则应权衡利弊,既要减少放射性核素的吸收和沉积,以降低放射损伤效应的发生率;又要防止加速排出的措施可能给机体带来的毒副作用,特别要注意因内污染核素的加速排出加重肾脏损害的可能性,必要时,应在肾脏损害极期到来之前,早期加速排出。⑤ 放射性核素内污染若伴有其他损伤时,同时也需要作其他相应的医学处理。

关于检测分析受到内污染工作人员的放射性核素摄入量和受照剂量,采取减少体内放射性核素吸收,以及加速排出体内放射性核素3个方面问题,进一步说明于后。

1. 关于放射性核素体内污染量的确定和受照剂量的估算问题

如果发现工作场所放射性物质外溢或放射性气溶胶浓度升高,或者工作人员口罩内层污染,或者体表放射性核素严重污染等,则应立即着手收集有关样品进行污染核素的调查分析,以对受污染工作人员的放射性核素摄入量作初步估计。这些调查包括:① 在工作人员淋浴前做鼻拭子的测量。② 留存口罩作放射化学分析。③ 收集并测量分析尿样,事故最初几次尿样可分别留存,以后连续24 h收集。④ 收集并分析测量粪便样品,至少收集最初3~4 d的样品。⑤ 取呼吸带气溶胶样品作放射性气溶胶粒谱的测量。⑥ 最好进行内照射全身直接测量,如有必要并有条件时进行肺部直接测量(如图6.32所示)。⑦ 必要时留取血、痰和其他样品,摄入镭(Ra)和钍(Th)时需要收集呼出气做氡和钍射气的测量。根据这些样品的放射性核素检测分析结果和全身整体测量数据,估算受污染工作人员的放射性核素摄入量和受照剂量。

2. 关于减少受污染工作人员吸收放射性核素的问题

① 减少放射性核素经呼吸道的吸收:首先,用棉签拭去鼻孔内污染物,剪去鼻毛,向鼻咽腔喷洒血管收缩剂;然后,用大量生理盐水反复冲洗鼻咽腔;必要时给予祛痰剂。② 减少放射性核素经胃肠道的吸收:首先,进行口腔含漱,然后,采取机械或药物催吐,必要时用温水或生理盐水洗胃,放射性核素进入体内3~4 h后可服用沉淀剂或缓泻剂。对某些放射性核素可选用特异性阻吸收剂,如清除铯的污染可用亚铁氰化物(普鲁士蓝),褐藻酸钠对锶、镭、钴等具有较好的阻吸收效果,锕系和镧系核素尚可口服适量氢氧化铝凝胶等。③ 减少放射性核素经体表(特别是伤口)的吸收:首先,应对受到放射性核素污染的体表进行及时、正确的洗消;对伤口要用大量生理盐水冲洗,必要时尽早清创;切勿使用促进放射性物质吸收的洗消剂。

3. 关于加速排出体内放射性核素的问题

主要针对内污染的放射性核素种类选择适宜的加速排出药物:① 针对锕系元素(^{239}Pu、^{241}Am、^{252}Cf等)、镧系元素(^{140}La、^{144}Ce、^{147}Pm等)和^{90}Y、^{60}Co、^{59}Fe等,均可首选二乙烯三胺五乙酸(DTPA),早期促排宜用其钙钠盐,晚期连续间断促排宜用其锌盐,以减低DTPA毒副作用;也可选用喹胺酸盐,其对Th的促排作用优于DTPA。② 针对^{210}Po内污染首选二巯基丙磺酸钠(unithiol),也可用二巯基丁二酸钠(DMS)。③ 针对碘的内污染应服用稳定性碘以阻止放射性碘在甲状腺的沉积,必要时可用抑制甲状腺素合成的药物,如他巴唑。

④ 针对铀的内污染可给予碳酸氢钠;^{3}H 内污染则要大量饮水稀释,必要时用利尿剂。

6.9.4 防范放射性事故的应急准备

国内、外发生的各种放射性事故分析表明,责任事故往往占大多数。以 1986 年发生的前苏联切尔诺贝利核电站事故而言,这起按国际原子能机构 IAEA 核事故分级定为最高第 7 级的特大核事故,除了反应堆本身设计上的固有缺陷外,例行检修中违反操作规程乃是该次核事故的主要诱因。这起空前核事故产生了巨大的波及全世界的社会心理影响和重大损失,一度给全世界核电事业和核技术利用带来相当大的冲击。全世界历经一二十年的不断总结经验教训,在认真强化核安全的同时,又逐步理性回归到积极发展核电,以解决对经济持续发展至关重要的能源问题。

据统计,我国 1988—1998 的 11 年间,共发生各类放射事故 332 起。其中,290 起属于责任事故,占 87.3%;而技术事故有 25 起,仅占 7.5%。可见,人为因素导致的放射事故占绝大多数。如违反放射防护与安全法规标准、管理不善、防护与安全制度缺乏或者有制度而执行不力、操作失误、工作人员缺乏放射防护与安全知识等事故原因,都是有关人员的责任心和放射防护与安全观念出现问题所致,归根到底就是缺乏安全文化素养。IAEA 等国际权威机构总结前苏联切尔诺贝利核电站事故的经验教训,积极倡导大力培植安全文化素养的经验,普遍适用于各行各业的所有放射实践。作为总指南的我国第 4 代放射防护基本标准《电离辐射防护与辐射源基本标准》(GB 18871—2002)与国际接轨,把落实培植安全文化素养以及加强防范事故的应急准备等,均作为该基本标准的制订原则和主要特点,并在相应的各章、条中具体予以体现(参见 6.4 节"放射防护与安全的法规和标准")。

防范事故必须明确责任,各负其责。严格执行放射防护法规与标准,特别要大力培植并不断地提高所有相关人员的安全文化素养。只要从领导(决策)层、管理层直至全体员工都牢固地树立"安全第一,防护先行"的思想,并有相应的制度保证其落实到日常工作各个环节的行动上,就能从根本上防范事故。良好的防护与安全技术措施,必须靠严格的管理制度去落实。欲防患于未然,必须加强放射防护与安全的监督管理(包括本单位的自主管理),并重视定期开展有关人员的放射防护与安全知识的培训和继续教育,切实全面提高所有人员的综合素质和安全文化素养。这些均应具体落实到制订好相应的应急预案和做好应急准备。

基于各种放射性事故的重要性和特殊性,遵照国家有关法规与标准要求,做好防范各类放射性事故的应急准备非常关键。应急(emergency)即需要立即采取某些超出正常工作程序的行动,以避免事故发生或减轻事故后果的状态,有时也称为紧急状态;同时,也泛指立即采取超出正常程序的行动。而应急准备就是为应对紧急状态所进行的一系列准备工作,包括制订应急计划,建立应急组织,准备必要的应急设施、设备与物质,以及进行有关人员的培训与演习等。应急准备就是为了防范事故,以及一旦发生事故实施有效控制,力求尽量减少事故后果。必须充分认识到,并不只是大型核设施或者大型辐照装置才需要做好应急准备,包括生命科学领域在内的,所有应用电离辐射技术的一切工作,均需要加强应急准备。各级医院的 X 射线诊断、介入放射学、临床核医学、放射肿瘤学等施行各种医疗照射也不例外,同样迫切需要做好防范事故的应急准备。当前,这又与国际反恐怖斗争紧密关联。所以,加强核事故与各种电离辐射事故(包括突发的放射性散布等恐怖袭击事件)的应急准备,具有更加重要的现实意义。不仅 IAEA 等机构于 2002 年发表了《核与辐射应急准备和响应》等许多这方面的技术报告,国际放射防护委员会 ICRP 于 2005 年也发表了第 96 号出版物《在放射性袭击事件中人员辐射照射的防护》提供指南。一旦发生各种放射性事故或突发放射性事件,及时、准确与恰当的应急响应是尽快控制意外局势、尽力减少事故与危机后果的关键。而良好的应急响应必须依赖于强有力的技术支撑,全靠常备不懈、积极谦容、踏踏实实做好平常的应急准备与安排。国务院发布的《放射性同位素与射线装置安全和防护条例》第 41 条规定,"县级以上人民政府环境保护主管部门应当会同同级公安、卫生、财政等部门编制辐射事故应急预案,报本级人民政府批准。辐射事故应急预案应当包括下列内容:① 应急机构和职责分工。② 应急人员的组织、培训以及应急和救助的装备、资金、物资准备。③ 辐射事故分级与应急响应措施。④ 辐射事故调查、报告和处理程序。生产、销售、使用放射性同位素和射线装置的单位,应当根据可能发生的辐射事故的风险,制订本单位的应急方案,做好应急准备"。此条所列应急预案的 4 个方面内容,虽然是对行政主管部门制订应急预案的要求,同样可供该条最末一句所要求的各类应用单位在结合本单位辐射事故风险制订应急预案时借鉴。

　　制订应急计划(或称应急预案)是应急准备的关键。应急计划(预案)是为应对紧急状态所制订的经过主管部门审批的文件或一组程序。应急预案实际上就是具体如何应对本单位可能发生放射性事故的方案;同时,一旦发生事故,能够易于操作实施,达到有条不紊地控制事故,并有效减少事故后果。应急计划包括编制宗旨和依据、适用范围、主要任务、工作方针、应急组织与人员等,还有实施单位的应急响应功能和相关设备、设施、物资,以及和外部应急组织间的协调关系等,并可以有专门的执行程序加以补充。应急计划(或称应急预案)可大可小,必须根据本单位所从事工作中涉及的电离辐射实践,确定明确的防范可能发生放射事故的具体目标和方法，实事求是地制订；针对所使用的各种设备和设施、操作技术和程序以及管理手段等可能出事故的各种因素，采取有效的防范与应对措施，切忌纸上谈兵和流于形式。

操作开放型放射性物质的应急预案和应急准备，必须注意加强内照射防护方面的内容。例如，配备相应的各种表面污染和体内污染的监测仪器设备；配备一旦发生污染事故时足够使用的个人防护用品，以及一些减少污染扩散的备用物品（如发生污染可以铺垫的塑料布、吸水纸、敷料、擦拭物、储存容器、小器械等）；并配备必要的内污染应急医疗用品等。

总而言之，防范放射事故的应急预案和应急准备是一项综合性的系统工程。本章前面各节阐述的许多内容几乎都涉及了，强化责任、法规与标准、人员培训、操作规程、设备设施、防护用品、监测评价、质量保证、监督管理等诸多因素与环节密切关联，必须全面协调、相辅相成，以获取最佳效果。努力搞好日常的放射防护与安全，同时，就积累起防止发生事故的有利因素和条件，这不仅有效地保障工作人员和广大公众的身体健康与放射安全，保护环境，而且促进了电离辐射技术更加广泛地应用，以更好地为人类造福。

6.10 结语

当代科技日新月异地迅猛发展，其显著特点之一是"科学技术高度分化与融合并存、互补，学科交叉日益频繁，科技创新加速"（引自中国科学院《2008科学发展报告》一书中路甬祥序）。例如，最近数十年来放射性核素和电离辐射技术的日益广泛应用，成功地渗透到生命科学各个领域并密切交叉融合，引发了生物化学、基础与临床医学等诸多学科的革命性变化，推进了分子生物学、分子免疫学、分子药理学、分子遗传学、分子核医学等新分支学科的崛起与发展。当广泛地应用电离辐射技术这把双刃剑去开创丰功伟绩之时，如何趋利避害也就越来越强烈地凸显出来。因此，现代实验室安全理所当然地必须包括放射安全，并且可能占据越来越重要的地位。毋庸置疑，放射防护学（放射医学与防护）就是为放射性核素和电离辐射技术在各个领域广泛应用保驾护航的。然而，具有独特功能的各种放射性核素和电离辐射技术，其潜在电离辐射风险和对放射防护与安全的认知，又具有很强的专业性和特殊性，似乎蒙上了尚未彻底揭开的神秘面纱。于是，为促进电离辐射技术在各个领域更好地发挥作用，并且保障有关工作人员和广大公众的身体健康与放射安全，保护环境，必须广泛普及放射防护与安全知识。本书专门安排第5章内容，正是适应了这方面的迫切需要。

本章6.1节从概括介绍电离辐射技术在生命科学领域的应用入手，为后面更好地阐述安全防护铺垫。此节用有限篇幅仅挂一漏万地列举核素示踪技术和超微量分析技术,在生物学、医学、药学和农学等领域,体现多学科交叉融合的杰出成果,反映各种放射性核素和电离辐射技术在分子生物学、分子核医学的作用,并给出蓬勃发展的电离辐射技术在医学上各个分支应用概貌。6.2、6.3 和 6.4 共 3 节均属于介绍放射防护与安全的基础知识范畴,力求通俗化地表述专业内容,尽可能地消除不同专业间的隔阂,并配合一些图表以增加可读性和节省篇幅。首先,把放射防护学中既很重要又必须具备的核物理基础,浓缩在 6.2 节的 5 个部分;6.3 节"电离辐射量与单位梗概"是应用电离辐射技术和进行放射防护监测与评价所必不可少的内容,限于篇幅只能摘取电离辐射剂量学中最基础的新进展介绍;6.4 节"放射防护与安全的法规和标准"阐述放射防护体系的宗旨、原则和要点,这些是指导各类放射防护与安全的依据和指南;后面各节都要用到这 3 节基础知识。随后的 5 节内容从包容放射防护与安全的 5 个方面主要问题具体展开阐述,6.5 节提出非密封源放射性实验室的分级和基本防护要求;6.6 节是开放型放射性物质的安全防护操作指南,以及放射工作人员的个人防护与职业健康管理概要;6.7 节涉及放射性污染(含表面污染与体内污染)的清除,以及颇为重要的与内照射相关的放射防护监测;6.8 节述及放射性废物的分类管理和一般放射性"三废"的处理原则;6.9 节专门阐述放射性事故的防范与应急预案。这样,全章各节构成前后呼应相互联系的整体。作者在写作中尽量注意采用最新进展资料,同时,既顾及到广泛的普遍需要进行要点概述,又更多地从本书主要读者群考虑,侧重阐述应用非密封放射源(即开放型放射性物质)的放射防护与安全问题。愿意深入探讨的读者可进一步查阅追踪相应的参考文献。本章末的两个附录旨在提供便利条件,可供相关专业人员较容易地查表解决实际计算放射性核素的衰变程度,以及在工作中查找常用放射性核素的主要参数。

附录一　通用放射性核素衰变计算表

$t/T_{1/2}$	0.00	0.01	0.02	0.03	0.04	0.05	0.06	0.07	0.08	0.09
0.0	—	0.993	0.986	0.979	0.973	0.966	0.959	0.953	0.946	0.940
0.1	0.933	0.927	0.920	0.914	0.908	0.901	0.895	0.889	0.883	0.876
0.2	0.871	0.865	0.859	0.853	0.847	0.841	0.835	0.829	0.824	0.818
0.3	0.812	0.807	0.801	0.796	0.790	0.785	0.779	0.774	0.768	0.763
0.4	0.758	0.753	0.747	0.742	0.737	0.732	0.727	0.722	0.717	0.712
0.5	0.707	0.702	0.697	0.693	0.688	0.683	0.678	0.674	0.669	0.664
0.6	0.660	0.655	0.651	0.646	0.624	0.637	0.633	0.627	0.624	0.620
0.7	0.616	0.611	0.607	0.603	0.599	0.595	0.591	0.586	0.582	0.578
0.8	0.574	0.570	0.567	0.563	0.559	0.555	0.551	0.547	0.543	0.540
0.9	0.536	0.532	0.529	0.525	0.521	0.518	0.514	0.511	0.507	0.504
1.0	0.500	0.497	0.493	0.490	0.486	0.483	0.480	0.476	0.473	0.470
1.1	0.467	0.463	0.460	0.457	0.454	0.451	0.448	0.444	0.441	0.438
1.2	0.435	0.432	0.429	0.426	0.423	0.421	0.418	0.415	0.412	0.409
1.3	0.406	0.403	0.401	0.398	0.395	0.392	0.390	0.387	0.384	0.382
1.4	0.379	0.376	0.374	0.371	0.369	0.366	0.364	0.361	0.359	0.356
1.5	0.354	0.351	0.349	0.346	0.344	0.352	0.339	0.337	0.335	0.332
1.6	0.330	0.328	0.325	0.323	0.321	0.319	0.316	0.314	0.315	0.310
1.7	0.308	0.306	0.304	0.301	0.299	0.297	0.295	0.293	0.291	0.289
1.8	0.287	0.285	0.283	0.281	0.279	0.277	0.276	0.274	0.272	0.270
1.9	0.268	0.266	0.264	0.263	0.261	0.259	0.257	0.255	0.254	0.252
2.0	0.250	0.248	0.247	0.245	0.243	0.241	0.240	0.238	0.237	0.235
2.1	0.233	0.232	0.230	0.229	0.227	0.225	0.224	0.222	0.221	0.219
2.2	0.217	0.216	0.215	0.213	0.212	0.210	0.209	0.207	0.206	0.205
2.3	0.203	0.202	0.200	0.199	0.198	0.196	0.195	0.193	0.192	0.191

续表

$t/T_{1/2}$	0.00	0.01	0.02	0.03	0.04	0.05	0.06	0.07	0.08	0.09
2.4	0.190	0.188	0.187	0.186	0.184	0.183	0.182	0.181	0.179	0.178
2.5	0.177	0.176	0.174	0.173	0.172	0.171	0.170	0.168	0.167	0.166
2.6	0.165	0.164	0.163	0.162	0.160	0.159	0.158	0.157	0.156	0.155
2.7	0.154	0.153	0.152	0.151	0.150	0.149	0.148	0.147	0.146	0.145
2.8	0.144	0.143	0.141	0.141	0.140	0.139	0.138	0.137	0.136	0.135
2.9	0.134	0.133	0.132	0.131	0.130	0.129	0.129	0.128	0.127	0.126
3.0	0.125	0.124	0.123	0.122	0.122	0.121	0.120	0.119	0.118	0.117
3.1	0.117	0.116	0.115	0.114	0.113	0.113	0.112	0.111	0.110	0.110
3.2	0.109	0.108	0.107	0.107	0.106	0.105	0.104	0.104	0.103	0.102
3.3	0.102	0.101	0.100	0.099	0.099	0.098	0.097	0.097	0.096	0.095
3.4	0.095	0.094	0.093	0.092	0.092	0.091	0.091	0.090	0.090	0.089
3.5	0.088	0.088	0.087	0.087	0.086	0.085	0.085	0.084	0.084	0.083
3.6	0.083	0.082	0.081	0.081	0.080	0.080	0.079	0.079	0.078	0.078
3.7	0.077	0.076	0.076	0.075	0.075	0.074	0.074	0.073	0.073	0.072
3.8	0.072	0.071	0.071	0.070	0.070	0.069	0.069	0.068	0.068	0.068
3.9	0.067	0.067	0.066	0.066	0.065	0.065	0.064	0.064	0.063	0.063
4.0	0.063	0.062	0.062	0.061	0.061	0.060	0.060	0.060	0.059	0.059
4.1	0.058	0.058	0.058	0.057	0.057	0.056	0.056	0.056	0.055	0.055
4.2	0.054	0.054	0.054	0.053	0.053	0.053	0.052	0.052	0.052	0.051
4.3	0.051	0.050	0.050	0.050	0.049	0.049	0.049	0.048	0.048	0.048
4.4	0.047	0.047	0.047	0.046	0.046	0.046	0.045	0.045	0.045	0.045
4.5	0.044	0.044	0.044	0.043	0.043	0.043	0.042	0.042	0.042	0.042
4.6	0.041	0.041	0.041	0.040	0.040	0.040	0.040	0.039	0.039	0.039
4.7	0.039	0.038	0.038	0.038	0.037	0.037	0.037	0.037	0.036	0.036
4.8	0.036	0.036	0.035	0.035	0.035	0.035	0.034	0.034	0.034	0.034

续表

$t/T_{1/2}$	0.00	0.01	0.02	0.03	0.04	0.05	0.06	0.07	0.08	0.09
4.9	0.034	0.033	0.033	0.033	0.033	0.033	0.032	0.032	0.032	0.031
5.0	0.031	0.031	0.031	0.031	0.030	0.030	0.030	0.030	0.030	0.029
5.1	0.029	0.029	0.029	0.029	0.028	0.028	0.028	0.028	0.028	0.027
5.2	0.027	0.027	0.027	0.027	0.026	0.026	0.026	0.026	0.026	0.026
5.3	0.025	0.025	0.025	0.025	0.025	0.025	0.024	0.024	0.024	0.024
5.4	0.024	0.024	0.023	0.023	0.023	0.023	0.023	0.023	0.022	0.022
5.5	0.022	0.022	0.022	0.022	0.022	0.021	0.021	0.021	0.021	0.021
5.6	0.021	0.021	0.020	0.020	0.020	0.020	0.020	0.020	0.020	0.019
5.7	0.019	0.019	0.019	0.019	0.019	0.018	0.018	0.018	0.018	0.018
5.8	0.018	0.018	0.018	0.018	0.018	0.017	0.017	0.017	0.017	0.017
5.9	0.017	0.017	0.017	0.016	0.016	0.016	0.016	0.016	0.016	0.016
6.0	0.016	0.016	0.015	0.015	0.015	0.015	0.015	0.015	0.015	0.015
6.1	0.015	0.015	0.014	0.014	0.014	0.014	0.014	0.014	0.014	0.014
6.2	0.014	0.014	0.013	0.013	0.013	0.013	0.013	0.013	0.013	0.013
6.3	0.013	0.013	0.013	0.012	0.012	0.012	0.012	0.012	0.012	0.012
6.4	0.012	0.012	0.012	0.012	0.012	0.011	0.011	0.011	0.011	0.011
6.5	0.011	0.011	0.011	0.011	0.011	0.011	0.011	0.011	0.010	0.010

续表

6.6	0.010 0	7.2	0.006 8	7.8	0.004 5	8.4	0.003 0	9.0	0.002 0	9.6	0.001 3
6.7	0.009 6	7.3	0.006 4	7.9	0.004 2	8.5	0.002 8	9.1	0.001 8	9.7	0.001 2
6.8	0.009 0	7.4	0.005 9	8.0	0.003 9	8.6	0.002 6	9.2	0.001 7	9.8	0.001 1
6.9	0.008 4	7.5	0.005 5	8.1	0.003 7	8.7	0.002 4	9.3	0.001 6	9.9	0.001 0
7.0	0.007 8	7.6	0.005 2	8.2	0.003 4	8.8	0.002 2	9.4	0.001 5	10.0	0.001 0
7.1	0.007 3	7.7	0.004 8	8.3	0.003 2	8.9	0.002 1	9.5	0.001 4		

注：用法说明：根据公式 $N=N_0 e^{-\lambda t}=N_0 e^{-0.693 t/T_{1/2}}$，已知半衰期为 $T_{1/2}$ 的某放射性核素 N_0，可查此表求得经过 t 时间衰变后的 N；即查表中 $t/T_{1/2}$ 所对应的 $e^{-0.693t/T_{1/2}}$ 值与 N_0 相乘而得 N。使用中需注意 t 和 $T_{1/2}$ 所用的时间单位必须一致。

附录二 常用放射性核素主要参数表

原子序数及元素名称	核素符号	半衰期	衰变类型（括号内为每100次衰变中发射的次数）	主要带电粒子及其能量/MeV（括号内为平均100次衰变中发射的次数）	主要γ射线能量/MeV（括号内为平均100次衰变中发射的次数）	产生方式
1 氢 hydrogen	^{3}H	12.33 a	β^-(100)	β^-:0.018 6(100)		A
6 碳 carbon	^{11}C	20.38 min	β^+(>99),EC	β^+:0.096 08(>99)	β^+湮没辐射(>99)	B
	^{14}C	5 730 a	β^-(100)	β^-:0.155(100)		A
7 氮 nitrogen	^{13}N	9.96 min	β^+(100)	β^+:1.190(100)	β^+湮没辐射(100)	B
8 氧 oxygen	^{15}O	122 s	β^+(>99)	β^+:1.723(>99)	β^+湮没辐射(>99)	B
9 氟 fluorine	^{18}F	109.8 min	β^+(96.9),EC	β^+:0.635(96.9)	β^+湮没辐射(96.9)	B
11 钠 sodium	^{22}Na	2.602 a	β^+(90.26),EC	β^+:0.546(90.2)	β^+湮没辐射(90.26) 1.275(99.94)	B
	^{24}Na	15.02 h	β^-(100)	β^-:1.389(~100)	1.369(100) 2.754(100)	A,B

续表

原子序数及元素名称	核素符号	半衰期	衰变类型（括号内为每100次衰变中发射的次数）	主要带电粒子及其能量/MeV（括号内为平均100次衰变中发射的次数）	主要γ射线能量/MeV（括号内为平均100次衰变中发射的次数）	产生方式
12 镁 magnesium	^{28}Mg	21.0 h	β^-(100)	β^-:0.459(100)	0.0306(95) 0.942(36) 1.342(54)	B
15 磷 phosphorus	^{32}P ^{33}P	14.28 d 25.3 d	β^-(100) β^-(100)	β^-:1.711(100) β^-:0.249(100)		A A
16 硫 sulfur	^{35}S	87.4 d	β^-(100)	β^-:0.167(100)		A
17 氯 chlorine	^{36}Cl ^{38}Cl	3.00×10^5 a 37.3 min	β^-(98.1), EC, β^+ β^-(100)	β^-:0.709(98.1) β^-:1.11(31.3), 4.913(57.6)	少量 β^+湮没辐射及 S-kX, 1.642(31.1) 2.168(42)	A A
19 钾 potassium	^{38}K ^{40}K ^{42}K ^{43}K	7.61 min 1.23×10^9 a 12.36 h 22.3 h	β^+(~100) β^-(89.3), EC, β^+ β^-(100) β^-(100)	β^+:2.68(~100) β^-:1.325(89.3) β^-:1.97(18.3), 3.56(81.2) β^-:0.825(87)	β^+湮没辐射 2.168(99.8) 1.461(10.7) 1.525(18.8) 0.373(86) 0.618(80)	B 天然 A,B B

续表

原子序数及元素名称	核素符号	半衰期	衰变类型（括号内为每100次衰变中发射的次数）	主要带电粒子及其能量/MeV（括号内为平均100次衰变中发射的次数）	主要γ射线能量/MeV（括号内为平均100次衰变中发射的次数）	产生方式
20 钙 calcium	^{43}Ca	165 d	β^-(100)	β^-: 0.258(100)	1.297(77)	A
	^{47}Ca	4.563 d	β^-(100)	β^-: 0.684(83.9), 1.981(16.1)	3.084(92)	A
	^{49}Ca	8.72 min	β^-(100)	β^-: 1.95(88)		A
23 钒 vanadium	^{48}V	15.98 d	β^+(49.6), EC(50.4)	β^+: 0.698(49.6)	β^+湮没辐射(49.6) 0.984(100) 1.312(97.5)	B
24 铬 chromium	^{51}Cr	27.70 d	EC(100)	Aug.e.: 0.004 4(56.1), 0.004 9(12.4)	Ti-kX0.004 5(9.49) 0.320(10.2) V-kX0.004 9(19.71)	A,B
26 铁 iron (ferrum)	^{52}Fe	8.27 h	β^+(56.6), EC(43.5)	β^+: 0.804(56.6) Aug.e.: 0.005 2(25.8)	β^+湮没辐射(56.5) 0.169(99)	B
	^{55}Fe	2.7 h	EC(100)	Aug.e.: 0.005 2(53.6), 0.005 8(12.7)	Mn-kX0.005 9(11.7) Mn-kX0.005 9(25.7)	A,B
	^{59}Fe	44.6 h	β^-(100)	β^-: 0.269(47), 0.461(51)	1.099(56.5) 1.292(43.3)	A

续表

原子序数及元素名称	核素符号	半衰期	衰变类型（括号内为每100次衰变中发射的次数）	主要带电粒子及其能量/MeV（括号内为平均100次衰变中发射的次数）	主要γ射线能量/MeV（括号内为平均100次衰变中发射的次数）	产生方式
27 钴 cobalt	^{56}Co	78.8 h	β^+(19), EC(81)	β^+:1.459(18)	β^+湮没辐射(19) 0.847(99.95) 1.238(67.6)	B
	^{57}Co	271 d	EC(100)	Aug.e.: 0.005 7(89.7) IC.e.: 0.007 3(70.3)	Fe-kX 0.122(85.6) Fe-kX0.006 4(46.5)	B
	^{58}Co	70.8 d	β^+(15), EC(85)	β^+: 0.474(15) Aug.e.: 0.005 6(43.5), 0.006 3(10.6)	β^+湮没辐射(15) 0.811(99.4) Fe-kX0.006 4(23.1)	B
	^{60}Co	5.271 a	β^-(100)	β^-: 0.315(~99.7)	1.173(~100) 1.332(~100)	A
29 铜 copper (cuprum)	^{62}Cu	9.73 min	β^+(97.8), EC	β^+: 2.934(97.8)	β^+湮没辐射(97.8)	B, ^{62}Zn子体
	^{64}Cu	12.70 h	β^-(39.6), β^+(19.3), EC(41.1)	β^-: 0.571(39.6) β^+: 0.657(19.3)	β^+湮没辐射(19.3) Ni-kX0.007 5(13.9)	A
	^{67}Cu	61.9 h	β^-(100)	β^-: 0.395(45), 0.484(35), 0.577(20)	0.093 3(17) 0.185(47)	A, B

续表

原子序数及元素名称	核素符号	半衰期	衰变类型（括号内为每100次衰变中发射的次数）	主要带电粒子及其能量/MeV（括号内为平均100次衰变中发射的次数）	主要γ射线能量/MeV（括号内为平均100次衰变中发射的次数）	产生方式
30 锌 zine	^{65}Zn	244.1 d	β^+(1.46), EC(98.54)	β^+:0.325(1.46), Aug.e.:0.007 1(41.0), 0.007 9(10.9)	0.777(18.2) 1.116(50.8) Cu-kX0.008 0(33.2)	A,B
	^{69m}Zn	14.0 h	IT(>99), β^-	极少	0.439(95)	A
31 镓 gallium	^{66}Ga	9.4 h	β^+(56.5), EC(43.5)	β^+:4.153(51.2), Aug.e.: 0.007 5(51.4), IC.e.: 0.082 4(28.5)	β^+湮没辐射(56.5) 1.089(38), 2.753(23) Zn-kX0.008 6 0.093(38)	B
	^{67}Ga	78.3 h	EC(100)		0.185(23.6), 0.30(19) Zn-kX0.008 6(49.4)	B
	^{68}Ga	68.1 min	β^+(90), EC(10)	β^-:1.899(90)	β^+湮没辐射(90) 1.077(3.0)	^{68}Ge子体
	^{72}Ga	14.1 h	β^-(100)	0.650(15.0), 0.666(21.5), 0.956(27.9) 3.158(10.6)	0.063 0(24.4) 0.834(95.6) 2.202(26.1)	A

续表

原子序数及元素名称	核素符号	半衰期	衰变类型 (括号内为每 100 次衰变中发射的次数)	主要带电粒子及其能量/MeV (括号内为平均 100 次衰变中发射的次数)	主要 γ 射线能量/MeV (括号内为平均 100 次衰变中发射的次数)	产生方式
34 硒 selenium	^{73}Se	7.1 h	β$^+$(65) EC(35)	β$^+$:13.2(~59) Aug.e.: 0.009 1(33.9), 0.010 4(9.9)	β$^+$湮没辐射(65) 0.067(71), 0.361(97) 0.136(54), 0.265(58) 0.280(24)	B
	^{75}Se	118.5 d	EC(100)		As-kX0.010 7(51.5)	B
35 溴 bromine	^{75}Br	95.5 min	β$^+$(75.5) EC(24.5)	β$^+$:1.74(62)	β$^+$湮没辐射(75.5) 0.286(91.6) 0.239(22.8)	B
	^{77}Br	57.0 h	EC(>99) β$^+$	β$^-$:0.336(<1)	0.521(22.1) Se-kX	B
	^{82}Br	35.34 h	β$^-$(100)	β$^-$:0.444(98.3)	0.619(43) 0.777(83) 1.044(27) 1.317(27)	A,B

附录二 常用放射性核素主要参数表

续表

原子序数及元素名称	核素符号	半衰期	衰变类型 (括号内为每100次衰变中发射的次数)	主要带电粒子及其能量/MeV (括号内为平均100次衰变中发射的次数)	主要γ射线能量/MeV (括号内为平均100次衰变中发射的次数)	产生方式
36 氪 krypton	^{77}Kr	75 min	β^+(~80) EC(~20)	β^+:1.550(10), 1.700(29), 1.875(38)	β^+湮没辐射(~80) 0.130(84) 0.147(39) 0.190(67)	B
	^{81m}Kr	13 s	IT(100)	IC.e: 0.017 8(23.2), 0.030 2(64)	0.009 4(4.9) Kr-kX0.012 8(15.4)	^{81}Rb子体
	^{82m}Kr	1.83 a	IT(100)		很少	^{83}Rb子体
	^{85}Kr	10.7 a	β^-(100)	β^-: 0.672(99.57)	0.151(78)	A,C
	^{85m}Kr	4.48 h	β^-(79) IT(21)	β^-: 0.84(78.8)	0.305(14)	A,B,C
37 铷 rubidium	^{81}Rb	4.58 h	β^+(27) EC(73)	1.05(20) 3.35(83)	β^+湮没辐射(27) 0.190(66) 0.446(19) Kr-kX	B
	^{82}Rb	75 s	β^+(96) EC	β^+:0.78(11.4) 1.658(10.6)	β^+湮没辐射(96) 0.776(13.6) 0.520(46) 0.530(30)	^{82}Sr子体
	^{83}Rb	86.2 d	EC(100)	Aug.e.:0.010 9(17.4),	Kr-kX	B
	^{84}Rb	32.9 d	β^+(22) EC(75) β^-(100)	1.774(91.2),	β^+湮没辐射(22) 0.883(74)	B
	^{86}Rb	18.8 d	β^-(100)	0.272(100)		A
	^{87}Rb	4.8×10^{18} a	β^-(100)		Kr-kX0.012 6(38.5) 1.077(8.8)	天然

续表

原子序数及元素名称	核素符号	半衰期	衰变类型（括号内为每100次衰变中发射的次数）	主要带电粒子及其能量/MeV（括号内为平均100次衰变中发射的次数）	主要γ射线能量/MeV（括号内为平均100次衰变中发射的次数）	产生方式
38 锶 strontium	^{82}Sr	25.0 d	EC(100)	Aug.e.:0.011 5(21)	Rb-kX	B
	^{85}Sr	64.8 d	EC(100)	IC.e.:0.372(14.7),	0.514(>99)	A,B
	^{87m}Sr	2.80 h	IT(99.7)	1.488(~100),	Rb-kX0.013 3(50.1)	A,B,^{87}Y 子体
	^{89}Sr	50.5 d	EC		0.388(82)	A,B,C
	^{90}Sr	28.3 d	β^-(100)	0.546(100)	极少	A,C
39 钇 yttrium	^{87}Y	80.3 h	EC(99.8)	很少	0.485(92)	B
	^{87m}Y	13 h	IT(98)	IC.e.:0.362(17)	Sr-kX0.014 1(59.8)	B
	^{88}Y	106.0 d	β^+,EC	很少	0.381(78)	B
	^{90}Y	64.1 h	β^+ EC(>99)	β^-:2.288(100)	0.893(91.3)	A,^{90}Sr 子体
	^{91}Y	58.5 d	β^-(100)	β^-:1.545(99.7)	1.836(99.3)	
			β^-(100)		少	

续表

原子序数及元素名称	核素符号	半衰期	衰变类型（括号内为每100次衰变中发射的次数）	主要带电粒子及其能量/MeV（括号内为平均100次衰变中发射的次数）	主要γ射线能量/MeV（括号内为平均100次衰变中发射的次数）	产生方式
42 钼 molybdenum	^{90}Mo	5.67 h	β^+(25) EC(75)	β^+:1.085(25)	β^+湮没辐射(25) 0.122(64), 0.257(78)	B
	^{99}Mo	66.02 h	β^-(100)	β^-:0.450(14), 1.214(84)	Ni-kX0.739(12.6)	A, C
43 锝 technetium	^{99}Tc	2.14×10^5 a	β^-(100)	β^-:0.292(~100)	极少	A,
	^{99m}Tc	6.02 h	IT(>99)	IC.e.:0.119(9.1)	0.141(89)	^{99}Mo 子体
49 铟 indium	^{111}In	2.83 d	EC(100)	Aug.e.: 0.019 2(11) IC.e.: 0.145(9)	0.171(87.6) 0.245(94.2)	B
	^{113m}In	99.5 min	IT(100)	IC.e.: 0.364(28)	Cd-kX0.023 0(23.9) 0.023 2(45.0)	^{113}Sn 子体
	^{115m}In	4.49 h	IT(95) β^-	β^-: 0.83(5) IC.e.: 0.308(38.7),	0.393(64) 0.336(45.9)	A, B ^{115}Cd 子体
	^{117}In	42 min	β^-(100)	0.74(100)	In-kX0.024(27) 0.159(87) 0.553(99.7)	A, ^{117}Cd 子体

续表

原子序数及元素名称	核素符号	半衰期	衰变类型（括号内为每100次衰变中发射的次数）	主要带电粒子及其能量/MeV（括号内为平均100次衰变中发射的次数）	主要γ射线能量/MeV（括号内为平均100次衰变中发射的次数）	产生方式
50 锡 tin (stannum)	^{113}Sn	115.1 d	EC(100)	Aug.e.:0.021(13.5)	0.255(2.1)	A,B
	^{117m}Sn	14.0 d	IT(100)		In-kX0.024(80.1)	A,B
	^{121}Sn	27.1 h	β^-(100)	β^-:0.383(100)	0.159(86.4)	A,B
	^{123m}Sn	40.1 min	β^-(100)	β^-:1.26(100)	0.160(85.5)	A
52 碲 tellurium	^{123m}Te	119.7 d	IT(100)	β^-:0.215(100)	0.159(83.6)	A,B
	^{132}Te	78 h	β^-(100)	IC.e.:0.0166(67)	0.228(88) In-kX0.028(53.7)	C

附录二 常用放射性核素主要参数表

续表

原子序数及元素名称	核素符号	半衰期	衰变类型（括号内为每100次衰变中发射的次数）	主要带电粒子及其能量/MeV（括号内为平均100次衰变中发射的次数）	主要γ射线能量/MeV（括号内为平均100次衰变中发射的次数）	产生方式
53 碘 iodine	^{122}I	3.6 min	β$^+$(77) EC(23)	β$^+$:3.12(69) Aug.e.:0.022 7(8.8), IC.e.:0.127(11.6)	β$^+$湮没辐射(74) 0.564(18)	
	^{123}I	13.0 h	EC(100)		0.159(83) Te-kX0.027(70.9)	B
	^{124}I	4.2 d	β$^+$(25) EC(75)	β$^+$:1.533(11.6), 2.134(12.3) Aug.e.: 0.022 7(13.7), IC.e.: 0.003 7(81.9)	β$^+$湮没辐射(25) 0.603(61),1.69(11) 0.035 5(6.7) Te-kX0.027(119), 0.031(26)	B
	^{125}I	60.2 d	EC(100)	β$^-$: 0.865(29),	0.389(35)	A,B
	^{126}I	13.0 d	β$^-$(46) EC(53)	1.25(9) β$^-$:0.62(52),	0.666(34)	B
	^{130}I	12.36 h	β$^+$	1.04(48)	Te-kX0.027(34) 0.536(99)	A,B
	^{131}I	8.04 d	β$^-$(100)	β$^-$: 0.336(13), 0.607(86)	0.669(96) 0.739(82) 0.364(81)	A,C
	^{132}I	2.28 h	β$^-$(100)	β$^-$: 0.74(12.8), 1.19(18.1),1.47(12.0), 1.62(12.7),2.14(16.4)	0.637(7.2) 0.668(98.7) 0.773(76.2) 0.995(18.1)	^{132}Te 子体

续表

原子序数及元素名称	核素符号	半衰期	衰变类型（括号内为每100次衰变中发射的次数）	主要带电粒子及其能量/MeV（括号内为平均100次衰变中发射的次数）	主要γ射线能量/MeV（括号内为平均100次衰变中发射的次数）	产生方式
54 氙 xenon	^{127}Xe	36.41 d	EC(100)		0.172(24.7) 0.203(68.1) 0.375(17.4) I-kX0.028(79.7)	A,B A,C
	^{131}Xe	5.25 d	β$^-$(100)	β$^-$:0.346(99.1) IC.e.:0.045(52.7)	0.081(36.1) Cs-kX0.031(38.5)	A
	^{127}Xe	9.1 h	β$^-$(100)	β$^-$:0.905(97)	0.250(90)	
56 钡 barium	^{128}Ba	2.43 d	EC(~100)		0.273(14.5) Cs-kX0.031	B
	^{131}Ba	12.0 d	EC(100)		0.124(28) 0.216(22) 0.496(42) Cs-kX0.031	A,B
	^{133}Ba	10.7 a	EC(100)	IC.e.:0.045(46)	0.081(34) 0.356(62) Cs-kX0.031(100)	A,B
	^{133m}Ba	38.9 min	IT(>99)		0.035(23) 0.276(17.5)	
	^{137m}Ba	2.552 min	IT(100)		0.662(89.9)	^{137}Cs子体

续表

原子序数及元素名称	核素符号	半衰期	衰变类型（括号内为每100次衰变中发射的次数）	主要带电粒子及其能量/MeV（括号内为平均100次衰变中发射的次数）	主要γ射线能量/MeV（括号内为平均100次衰变中发射的次数）	产生方式
57 镧 lanthanum	^{134}La	6.67 min	β^+(62) EC(38)	β^+:2.67(62)	β^+湮没辐射(62) 0.605(5.0%)	B, ^{134}Ce 子体
	^{140}La	40.3 h	β^-(100)	β^-:1.150(19), 1.365(46), 1.680(18)	0.487(43) 0.816(22.4) 1.596(95.5)	A, C
70 镱 ytterbium	^{169}Yb	32.0 d	EC(100)	IC.e.:0.006 1(71.2), 0.050 4(35.2)	0.063 1(43.8) 0.177(21.7) 0.198(36) Tm-kX0.050(146.3),	A, B
	^{175}Yb	4.19 d	β^-(100)	β^-:0.466(86.5)	0.058(38.3) 0.396(6)	A
79 金 gold (aurum)	^{194}Au	39.5 d	EC(97) β^+	1.487(<3)	0.294(11.7) 0.328(61) Pt-kX0.068	B
	^{195m}Au	30.6 d	IT(100)		0.262(67)	B, ^{195m}Hg 子体
	^{198}Au	2.696 d	β^-(100)	β^-:0.961(98.6), 0.245(19.3), 0.295(74.1)	Au-kX0.070(22) 0.412(95.5)	A, B
	^{199}Au	3.14 d	β^-(100)	IC.e.:0.144(18.7)	0.158(40.9) 0.208(9.0)	A

续表

原子序数及元素名称	核素符号	半衰期	衰变类型 （括号内为每100次衰变中发射的次数）	主要带电粒子及其能量/MeV （括号内为平均100次衰变中发射的次数）	主要γ射线能量/MeV （括号内为平均100次衰变中发射的次数）	产生方式
80 汞 mercury	^{195}Hg	10 h	EC		0.779(7.9) Au-kX0.070	B, ^{195}Tl 子体
	^{195m}Hg	41 h	EC(49) IT(51)	IC.e.: 0.082(24.9), 0.119(41.0)	0.560(8.6) Au-kX0.070	B
	^{197}Hg	64.1 h	EC(100)		0.071 Au-kX0.070	B
	^{197m}Hg	23.8 h	IT(93)	β^-: 0.212(100)	0.077(19.1) Au-kX0.070(71.8)	B ^{97m}H 子体
	^{203}Hg	46.8 d	EC β^-(100)	IC.e.: 0.194(18.8)	0.134(34.3) 0.279(81.5)	A
81 铊 thallium	^{201}Tl	74 h	EC(100)		0.167(9) Hg-kX0.071(65)	B
82 铅 lead (plumbum)	^{203}Pb	52.0 h	EC(100)	0.016 5(80)	0.279(81) Tl-kX0.073	B
	^{210}Pb	22.3 a	β^-(~100) α(极少)	0.063 0(20)	0.046 5(4)	^{226}Ra 子体
85 砹 astatine	^{211}At	7.21 h	EC(58.1) α(41.9)	α: 5.866(~41)	0.245(12) Po-kX0.079	B

续表

原子序数及元素名称	核素符号	半衰期	衰变类型（括号内为每100次衰变中发射的次数）	主要带电粒子及其能量/MeV（括号内为平均100次衰变中发射的次数）	主要γ射线能量/MeV（括号内为平均100次衰变中发射的次数）	产生方式
86 氡 radon	^{222}Rn	3.823 5 d	α(100)	α：5.49(~100)	极少	^{226}Ra 子体（天然）
88 镭 radium	^{226}Ra	1 600 a	α(100)	α：4.785(94.5)	0.186(3.3)	^{230}Th 子体
90 钍 thorium	^{228m}Th	1.913 1 a	α(100)	α：5.341(26.7) α：5.423(72.7)	0.084(1.2)	^{232}U 子体（天然），A
94 钚 plutonium	^{238}Pu	87.74 a	α(100)	α：5.547(28.3) α：5.499(71.6) IC.e.：0.022(20.7)	U-LX0.013 5(5.1)，0.017 5(7.4)	A，^{242}Cm 子体
95 镅 americium	^{241}Am	433 a	α(100)	α：5.443(12.8) α：5.486(85.2)	0.060(35.7) Np-LX0.013 9(13.3) 0.017 8(19.8)	A，^{238}Pu 子体

续表

原子序数及元素名称	核素符号	半衰期	衰变类型 （括号内为每100次衰变中发射的次数）	主要带电粒子及其能量/MeV （括号内为平均100次衰变中发射的次数）	主要γ射线能量/MeV （括号内为平均100次衰变中发射的次数）	产生方式
98 锎 californium	^{252}Cf	2.64 a （自发裂变半衰期为85.5 a）	α(100) 自发裂变(3.1)	α：6.076(15.3)， 6.118(81.4) 中子产额： 2.32×10 12 /g/s	极少	A

说明：1. 为使本表简明实用，表中各核素的射线仅列出主要者，其中，β$^+$及β$^-$粒子的能量是指最大能量；Aug.e.指俄歇电子；IC.e.指内转换电子。
2. 表中主要产生方式口的代号含义为，A：反应堆中发生的核反应；B：加速器中发生的核反应；C：裂变产物。
3. β$^+$湮没辐射括号内的数字是指一对γ光子发射的概率，若以每个0.511 MeV光子的发射概率计算，则数值应乘以2。

参考文献

1. 中华人民共和国国家标准. 电离辐射防护与辐射源安全基本标准(GB 18871—2002). 北京:中国标准出版社,2003.
2. FAO, IAEA, ILO, OECD/NEA, PAHO, WHO. International Basic Safety Standards for Protection against Ionizing Radiation and for the Safety of Radiation Sources(IBSS). IAEA Safety Series No. 115. Vienna:IAEA,1996.
3. UNSCEAR. Sources and Effects of Ionizing Radiation. New York:UN,2000.
4. 王世真. 分子核医学.2版.北京:中国协和医科大学出版社,2004.
5. 王世真. 中国医学百科全书(核医学).上海:上海科学技术出版社,1986.
6. 汪桂江,郑钧正. 核医学中的辐射防护.北京:科学出版社,1992.
7. ICRP. The 1990 Recommendations of the International Commission on Radiological Protection. ICRP Publication 60. Oxford:Pergamon Press,1991.
8. ICRP. The 2007 Recommendations of the International Commission on Radiological Protection. ICRP Publication 103. Oxford:Pergamon Press,2007.
9. 郑钧正.医疗照射防护//潘自强,等. 电离辐射防护和辐射源安全(上、下册).北京:原子能出版社,2007:312-381.
10. 国家职业卫生标准. 医疗照射放射防护名词术语(GBZ/T 146—2002). 北京:法律出版社,2002.
11. 郑钧正. 电离辐射量与单位的演进.中国辐射卫生,2006,15(1):87-89.
12. ICRP. Individual Monitoring for Intakes of Radionuclides by Workers.ICRP Publication 78.Oxford:Pergamon Press,1997.
13. ICRU. Direct Determination of the Body Content of Radionuclides. ICRU Report 69. Oxford:Oxford University Press,2003.
14. IAEA.Assessment of Occupational Exposure Due to Intakes of Radionuclides(Safety Guide). IAEA Safety standards series No. RS-G-1.2.1999.
15. 郑钧正.我国的放射防护标准体系.中国标准导报,2005,(8):4-7.
16. 全国人民代表大会常务委员会.中华人民共和国职业病防治法.北京:中国法制出版社,2001.
17. 全国人民代表大会常务委员会.中华人民共和国放射性污染防治法.北京:中国法制出版社,2003.
18. 中华人民共和国国务院.放射性同位素与射线装置安全和防护条例.北京:中国法制出版社,2005.
19. 郑钧正.我国放射防护法规与标准体系的新进展.辐射防护通讯,2006,26(3):9-17.
20. 郑钧正.解读《放射性同位素与射线装置安全和防护条例》.国际放射医学核医学杂志,2006,30(5):257-260.
21. 郑钧正.《电离辐射防护与辐射源安全基本标准》关于职业照射的控制.中国职业医学,

2006,33(4):299-303.
22. 卫生部法监司,公安部三局.全国放射事故案例汇编.北京:中国科学技术出版社,2001.
23. 郑钧正,卓维海.当前放射卫生领域重点研究方向(述评).中国公共卫生,2008,24(4):385-387.
24. IAEA. Preparedness and Response for a Nuclear or Radiological Emergency(Safety Requirements).IAEA Safety standards series No.GS-R-2. Vienna:IAEA,2002.

(郑钧正)

第七章 大型生物仪器的安全操作

控制实验室感染的基础包括正确的微生物操作、仪器的安全使用以及有效的防护装备。要求实验室管理人员和工作人员应不断评估所操作的病原微生物及相关操作的生物风险,制订生物安全管理规划、管理制度和管理措施,并确保生物安全制度的有效运行,工作人员应该在相应的生物安全实验室和防护条件下从事相应病原微生物的工作。

因此,要求管理人员操作感染性物质的时候要不断进行风险评估。实验室风险评估是进行合适的微生物操作、选择合适安全的设施、设备和避免实验室相关感染(LAI)的实验室防护装置的过程,这个过程是一个动态的过程。

生物安全实验所涉及的仪器和设备可以大致分为两类,一类是生物安全实验室通用的装备和仪器,如生物安全柜、移液管和移液辅助器、小型离心机、匀浆器和组织研磨器、摇床、搅拌器和超声处理器等。近年来随着分子生物学的普及,一些小型装备,如PCR等也常作为通用设备列装在生物安全实验室内部。另一类是大型生物分析仪器。这些仪器是开展生命科学基础研究和应用技术研发的重要设备,但由于价格昂贵、管理要求较高,通常无法专门列装于生物安全实验室内,而常列装于大学的中心实验室或研究机构的技术支撑平台,按照统一的规章制度进行管理,并对外提供服务。随着生命科学向动态、实时、活体、微观方向发展,越来越多的精密分析需要涉及病原微生物或者相关的组织或血液样品。本章对这些仪器设备的安全操作进行了介绍。对于接触病原样本概率较高的大型仪器,如流式细胞仪和冷冻电镜等,本章着重就样品管理、风险评估和预处理,以及检测过程中的生物安全操作等事项做了介绍。

7.1 生物安全操作的一般原则

(1) 严格遵守生物样本危害性等级分类及管理的法规,在对应的生物安全等级的实验室中进行实验,依照相应安全规范处理实验后残余样本和样本容器;样本传递依法采用对应安全等级的运输方法。

(2) 原则上,所接触的任何生物学样本或材料都应被认为具有生物危害性。

（3）血液来源的样本可能含有危害人体健康的感染源，如需实验，必须经过检验检疫并出具安全性证明；同时，送测方应与操作者签订安全保证和责任协议。

（4）普通实验室条件下，可以检测含有经过有效灭活的高危险性细菌、病毒等成分的样本；送测方务必确保样本的安全性，必须与操作者签订安全责任等协议。

（5）被克隆并在细胞中表达的高危险性细菌和病毒等的单个基因，如无感染性和致病性，可以在普通实验室条件下检测，同样也需签订安全协议。

（6）不确定安全级别的或拟似病原的生物样本，应按最高安全等级标准处置。

（7）每次实验必须做好详细的记录，以备调查。

7.2 流式细胞仪

7.2.1 流式细胞仪的工作原理和基本类型

7.2.1.1 流式细胞仪的工作原理

流式细胞仪（flow cytometer）是一种测量细胞（或类似细胞大小的颗粒）荧光信号的精密仪器。它的一个关键部件是流动室（flow chamber, flow cell），这也是其名称的来源。一般非特殊设计的流动室结构非常简单，就是一个逐渐收窄顶端开口的圆柱锥形小喷嘴（nozzle），其内表面非常光滑，多以坚固耐磨耐腐蚀的陶瓷材料制造。仪器运行时，流动室中预先充满以层流的方式流动的鞘液，其流速分布异常稳定。含有细胞的样本的液流被引入到流动室轴线上并被外围的鞘液包裹，一起以层流方式向前流动并逐渐被收窄，最后从顶端微小的开口出来，从而实现流体动力学聚焦的效应。流体动力学聚焦的效果，一方面是位于液流轴线上的细胞被依次排列形成一条单细胞的队列，沿着一条极为精确而稳定的轨道运动；细胞即使偏离轴线轨道，也能被液流自行再定位回到轴线上；另一方面，与聚集后液流垂直相交的激发光的焦点中心也被定位在液流轴线上，于是，每一个细胞都以同样的位置依次垂直通过这个焦点的中心区域，焦点一般比液流直径大，能垂直照射整个细胞。可见，这种测量方式具备极高的精确性。流式细胞仪可以配备多种波长的激发光源，沿着液流方向依次聚集照射在液流的不同位置上，当细胞依次通过不同波长的激发光焦点时，细胞中的各色荧光探针被其相应的激发光激发，发射出各自的特征性荧光信号。沿着激光入射的方向，可以收集到激光被细胞衍射后的小角度前向光信号；在与"入射光-液流"平面垂直的方向上，用一物镜对各个探测点进行成像，收集激光侧向散射光信号和各种波长的荧光。不同波长的荧光信号再经过由各种波长特异性的二色反射镜和滤光片组成的光路而被分离出来,最终导入到对光信号极为敏感的光电倍增管进行定量测量。荧光信号被转化成电信号并被电子信号系统即时分析处理,结果数据实时、动态、直观地显示在计算机屏幕上。

现代的流式细胞仪都采用上述"空间立体激发"的结构,液流轴线、入射光轴线和物镜轴线精确地两两垂直相交于一个点,这个点也是激发光焦点和物镜焦点所在,液流轴线上的每个细胞都流过该点而被探测。流式细胞仪的液流速度一般在每秒数米至 20 米;细胞被激光照射的时间在 10~100 ns 这个量级;当前,流式细胞仪的测量速度最高可达每秒 200 000 个细胞。

流式细胞仪具备高通量、高灵敏性、高精确性、完全定量和多通道(多荧光)测量等功能特点,当前的流式细胞仪最多已达到 20 色荧光通道。它特别适合于分析多个相互关联的对象,如可以方便地测绘细胞信号转导与调控通路以及网络等;多维免疫细胞的关联性只能利用多参数流式细胞仪来揭示。它的另一大功能是高速细胞分选,由于其对逐个细胞进行检测和分选,这种分选方式天然具备极高的纯度,一般可达 99% 以上,并且还可以分选出样本中含量低至 1/10 000 甚或更低的极少数细胞群。同时,流式细胞仪还能实现多种方式的分选,如单克隆分选,即在 96 孔板(或其他多孔板)的每个孔中分入 1 个(或其他指定数目的)细胞。当前流式细胞仪分选速度可达每秒70 000个细胞。

流式细胞仪的整体功能特点和高速分选功能目前还没有其他手段可以替代。

7.2.1.2 流式细胞仪的基本类型

流式细胞仪的基本结构包括激发光源、液流系统、光信号采集系统、电子电路系统、控制软件系统等。按照设计的不同,流式细胞仪大致可分为开放型系统和封闭型系统两类。

开放型的流式细胞仪,简单来说,就是其多个模块对用户开放,根据实验的不同,光源、光路、液路、光信号收集系统等众多部件均可以调节或更换,用户也可方便地对仪器进行改造。这类流式细胞仪体积大,功能强大,操作复杂繁琐,尤其是要求调节非常精确,对使用者要求很高,需专业人员操作,主要用于科研领域。DakoCytomation 公司(现已被 Beckman-Coulter 公司收购)生产的 MoFlow,BD 公司生产的 FACSVantage Diva 等属于此类。

封闭型流式细胞仪各个部件均被固定封装,除设计允许之外,用户不能自行调节或更改仪器部件。这类流式细胞仪体积相对较小,一般为台式机,功能配置一般较为简单,但也不乏设计功能强大的机型。因采用固定光路设计,可即开即用,操作简单,非常方便易用,用户经简单培训即可自行操作。该类仪器型号繁多,除了科研领域,也被广泛应用于医疗诊断方面,该类机型有 BD FACSCalibur、BD FACSARIA、Partec Cyflow ML、Beckman-Coulter FC500 等。

显而易见,封闭型流式细胞仪的生物安全性比开放型更高。

7.2.2 流式细胞仪在生物学研究中的应用

经过去 30 多年的发展,流式细胞仪和其细胞分选技术已成为生物学研究、医疗、制药和生物技术等众多领域的常规手段。作为一种单细胞荧光定量的工具,流式细胞仪以其高敏感性、高精确度、完全定量、多通道测量的功能特点,成为此领域的金标准。

基于当前发达的荧光标记技术,流式细胞仪所能测定的细胞指标极多,主要的可以归纳为以下几类:① 无需荧光染色即可检测的指标:包括细胞大小和颗粒度(图 7.1)、细胞自发荧光和色素等,并可对细胞进行精确计数。② 关于细胞膜的参数:包括细胞表面糖分子、细胞膜流动性和通透性(药物或染料的吸收与排出)、膜融合和翻转、膜脂质构成、细胞膜及线粒体膜电位等。③ 蛋白质分子:这是最大的一类目标,几乎所有当前能被荧光染料标记的各式各样的蛋白质分子都可用流式细胞仪检测,如离子通道受体、各种抗原、各类酶分子、细胞骨架蛋白、荧光蛋白以及细胞总蛋白质含量(图 7.2)等。除了直接检测各类蛋白分子本身之外,流式细胞仪还能检测蛋白质分子的磷酸化、乙酰化、甲基化修饰以及测定酶活性等。FRET 技术可以检测活细胞内蛋白质的相互作用,它非常适合用流式细胞仪检测,包括双荧光 FRET 和三荧光级联 FRET。其中,免疫荧光标记是最重要的一种荧光特异标记技术。④ 胞内离子浓度:包括 Ca^{2+}、Na^+、K^+、H^+(因而可测量胞内 pH)以及胞内氧自由基水平等。⑤ 核酸分析:这也是流式细胞仪应用得最多的领域之一,它可以检测细胞内 DNA 含量(图 7.3,图 7.4)、RNA 含量,DNA 的合成、降解、断裂,区分核酸单、双链,测量端粒长度、染色质结构等。它还能根据不同染色体碱基对比率的不同,区分出各条染色体,并能分选染色单体。这里有一条经验性总结,即细胞内能够被荧光染料标记的所有指标(分子或事件)都可以用流式细胞仪进行检测。有如此众多的可测量指标,除了极大扩展了流式细胞仪的应用范围外,更能允许研究人员灵活地设计出许多非常巧妙、非常精彩的流式实验,以及可广泛关联扩展研究空间。

在生命科学研究领域,流式细胞仪涉及细胞生物学、分子生物学、免疫学、生物化学、神经生物学、生物技术开发、人工进化、微生物学、病毒学、药物开发研究等众多学科和领域。现在,已被应用于细胞功能研究的几乎所有方面,如细胞周期分析与周期调控、细胞分裂与增殖、DNA 损伤与修复、细胞凋亡、细胞衰老、干

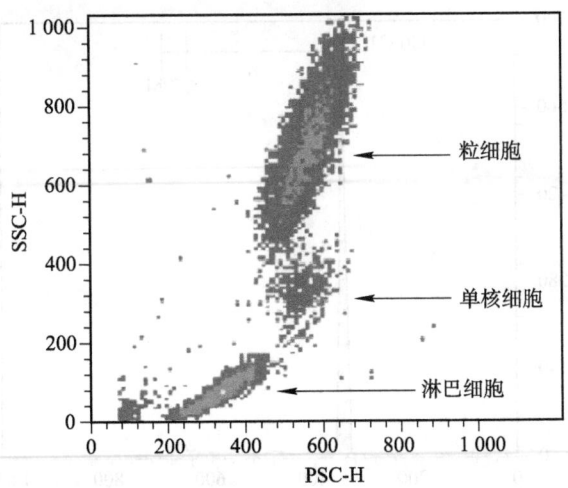

图 7.1 无需染色,仅以 PSC(前向散射光,反映细胞大小)和 SSC(侧向反射光,反映细胞厚度)即可分出红细胞裂解后的人类外周血中的 3 群细胞

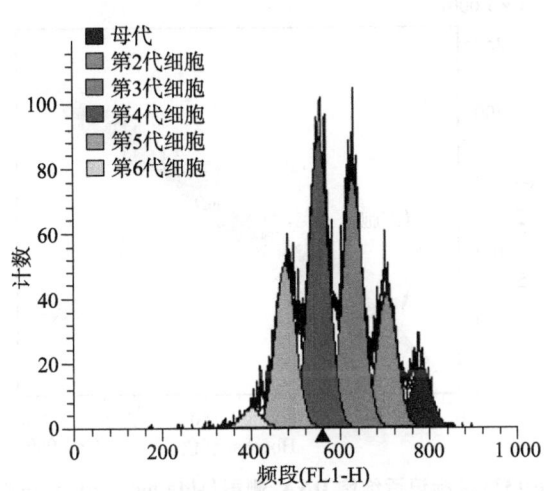

图 7.2 CFSE 标记细胞膜总蛋白质,细胞每分裂 1 次,信号减半,从而检测出细胞各代增殖的状况

细胞及分化、细胞活性测定、离子通道功能研究、细胞信号调控与转导网络研究、药物作用动力学分析、免疫分型、病毒感染研究、微生物的基因表达等。流式细胞仪以其多通道测量能力,对近来兴起的高内容细胞组学(high content cytomics)的发展起着非常重要的推动作用。在当今系统生物学时代,了解蛋白质相互作用的网络,多参数流式细胞仪将成为一种关键性的工具。

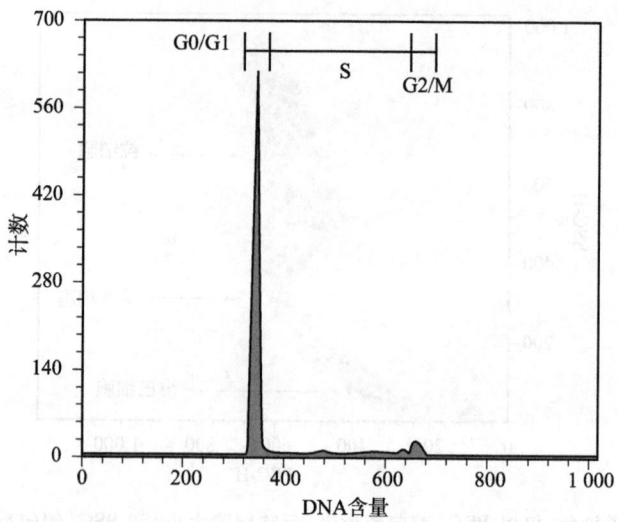

图 7.3 用 PI 标记细胞 DNA 含量,检测细胞周期各时期细胞百分比

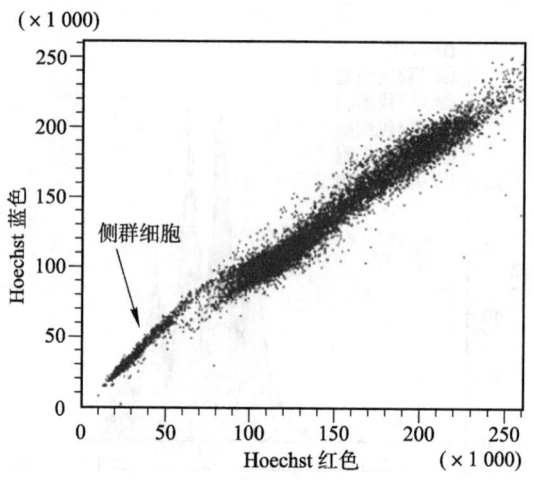

图 7.4 以 Hoechst33342 标记活细胞 DNA,侧群(side population)细胞因能泵出染料,
检测 Hoechst33342 的红色和蓝色荧光信号可以将其区分出来

7.2.3 流式细胞仪的生物安全使用规范

20 世纪 90 年代中后期,流式细胞仪仪器技术(激光技术、光线号探测系统、电子系统)取得极大进步。2001 年以后至今,流式细胞仪已成为相对成熟的系统。当前,各种型号的流式细胞仪其基本原理和结构都是相似的(某些虽称为流式细胞仪,能实现一定的类流式细胞仪功能,但结构原理完全不同的仪器除外),依据其设计和制造思想的不同,相应的生物安全防护也各有差异。本节内

容从生物安全操作的一般性原则入手,依据流式细胞仪共同的工作原理,提出流式细胞仪的生物安全操作规范。

7.2.3.1 流式细胞仪的生物安全操作

在生物学研究领域,流式细胞仪的应用范围很广,几乎细胞功能的每一个方面都可涉及,其样本来源和类型也十分广泛。各类生物样本的危害性分级有明确的法规,"在普通生物实验室条件下,不得检测生物危害性一级以上的样本。"此点必须严格遵守。封闭型流式细胞仪安全性较高,不对外产生废气、废液,普通条件下,一般无需特殊防护措施。为保证生物安全性,应当遵守以下措施:

(1) 流式细胞仪操作人员必须明确了解所用型号的仪器其生物安全性及危及生物安全性的各个因素。在进行检测之前,送检者必须详细告知流式细胞仪操作者该生物样本的来源、类型和安全等级。

(2) 上样前应仔细检测样本管是否有破损、裂痕等,以防样本在高压下外泄;样本管在上机前和检测后必须盖紧。

(3) 开机前,废液罐必须先加入约占其总体积10%的次氯酸钠溶液(其有效成分含量应在1%~2%)。仪器操作者应穿戴乳胶手套和实验服。

(4) 绝不能试图用嘴代替移液器具来吸取样本;换样时裸露的进样针有样本液体残留,注意避免身体暴露部分的皮肤接触到它。

(5) 样本检测过程中,尽可缩短检测或细胞分选的时间,减少样本液体直接暴露在空气中的机会,尽量以最短时间完成实验。如果使用的是空气喷射型流式细胞仪,无论是单纯的检测还是进行分选,将产生大量气溶胶。因此,操作者必须带好口罩;保持细胞分选室的良好封闭,尽量减少打开细胞分选收集室的次数;尽量减少靠近分选收集室观察液流;非操作者不要随意接近仪器;虽然有可能影响无菌条件,但室内应保持良好的通风;某些流式细胞仪具有控制浮质的可选辅助设备,应选配上。

(6) 仔细操作,尽量避免样本回流。操作部分没有防回流装置的流式细胞仪时,可事先在进样针下方放置一敞开容器,预装足量的消毒液,令回流液滴直接滴入如其中,或者放置经消毒液浸泡的吸水棉布之类的物品。

(7) 一定要避免废液缸满溢,并且,抽吸器的气体管路上一定要安装密封的过滤器,并应经常更换。

(8) 被流式细胞仪所检测的样本连同鞘液被仪器回收到废液罐中,在预装氯酸钠溶液的废液罐中处理30 min以上,再根据相应的安全规范和法规处理所得废液;实验完成后,剩余样本也必须以同样方式处理,不可随意丢弃。

(9) 实验结束后,必须使用氯酸钠溶液以较高的速度进行跑样,约10 min,

以此对样本流经的管路进行清洗消毒。

（10）填写详细的实验记录。

7.2.3.2 流式细胞仪检测危险性生物样品的安全操作

各类生物样本的危害性分级有明确的法规，用流式细胞仪检测高危险性的活性生物样本（如被病毒侵染的细胞等），必须依照法规，在相应安全等级的 BSL-2、BSL-3 或 BSL-4 实验室中进行。

目前，我们还没有看到将流式细胞仪移入 BSL-2、BSL-3、BSL-4 实验室的例子。因此，这里需要讨论一个问题：开放式具备高速分选功能的流式细胞体积大，辅助设备多，基本不能放置在生物安全实验室；当前已有一些小体积的封闭型流式细胞仪产品，应该说是有可能置于生物安全实验室中使用，但根据上述安全性影响因素，个人认为应该将其放到生物安全柜中，方可用于高危险性生物样本的检测。于是，生物安全柜有限的体积能否有效的容纳小流式细胞仪，也成为一个问题。当然随着技术进步，将来很有可能出现更小体积的或者生物安全防护级别很高的流式仪器。就具体实施而言，以下几个环节是比较重要的。

（1）废液罐必须装入足量的次氯酸钠溶液。其体积应占废液罐总体积的 30%，有效次氯酸钠质量浓度应在 3%~6%。（注：既要留足够的废液罐空间以容纳废液，防止满溢，又必须保证次氯酸钠始终有效的浓度，能充分消毒，因此暂定为这两个数值。）

（2）首先，仪器的操作者必须经生物安全培训，取得相应等级的资格证书；其次，操作者应当是经过良好的培训并长期从事流式细胞仪方面的工作，经验丰富，了解所用型号的流式细胞仪的工作原理和构造，且熟悉其不安全环节的专门人员。

（3）每次实验前，必须确保仪器的液路无任何泄破损、泄露、被腐蚀之处。管路的微小泄漏往往在较晚的时候才被发现，因此，在测量高危害性样本之前，一定要保证管路的完整密封性。这些管路应当定期检查，尤其应注意各段管路相互衔接的部位，以及一些较脆弱的连接性部件，如二通、四通阀等。这项工作最好由专业的工程师来完成。

（4）制样时，一定要注意仔细察看上样管是否破裂，有无裂缝；装完样本的上样管应立即盖紧密封；装过样本的上样管未处理前不应移出生物安全柜，更不应当直接使用上样管远距传递高危险性生物样本；测量完毕的上样管及管盖必须浸泡在装有消毒液的密闭容器中，经过有效消毒后，才能撤出生物安全柜，做进一步处理；上样管应作一次性使用。

（5）每次上样时，必须注意上样管安装到进样针后的气密性（实际上，这一点一般是难以察觉的),必须注意所用仪器的上样方式和对样本管施加高气压的方式;实验完毕后,对在检测过程中与样本管内部联通的任何上样部位的外表面,必须进行严格的表面消毒,事实上,整个上样区域也必须严格进行表面消毒;定期更换对气密性起重要作用的活动性部件,防止气密性下降而造成样本管内气溶胶漏出。

(6) 上样时,特别小心不要直接接触到有样本残留的进样针;小心操作,杜绝样本回流;如果发生这样的事件,应立即对被污染区按照着实验室安全标准和方法进行消毒处理。

(7) 完成实验后,严格清洗仪器管路,以次氯酸钠溶液为样本跑样,清洗仪器液路管内残留的样本并消毒,同时,应换上另一罐氯酸钠溶液,以其为鞘液,让仪器运行 30 min 以上(这里应当是足够进行充分时间的消毒,并非是固定为 30 min),再换成蒸馏水清洗。

(8) 小心处理废液罐。不同仪器的废液罐设计也大不相同,但都应注意在取下或打开废液罐前,其内壁各部分都应保证已充分接触次氯酸钠溶液足够长的时间,被充分消毒;由于罐内可能存在包含样本成分的气溶胶,因此,必须在生物安全柜中打开,倒出废液并再次装入消毒液进行二次消毒;废液罐附近的表面也必须严格进行表面消毒;导引废液的管路与废液罐的连接处容易残留样本,因此,取下废液罐时,必须喷涂消毒液,并执浸泡消毒液的棉布之类的吸水性物品,垫裹相应部位小心操作。

(9) 实验完毕,进行过消毒后得到的所有液体,都应按实验室安全防护规范进一步处理。

(10) 详细填写实验记录。

(注:次氯酸钠溶液是当前人类发现的最有效的灭绝消毒试剂,但其对金属有较强腐蚀性,并有一定挥发性,因此对金属表面消毒时,使用巴氏消毒水或其他消毒液即可。)

7.2.4 生物样品的处理

制样的步骤一般包括制取单细胞悬液和细胞染色。这一步操作应按照所处理生物样本的危害性级别,在对应的生物安全等级的实验室中进行。各个安全等级(BSL-2、BSL-3、BSL-4)的实验室有其完善安全操作规范,必须严格遵守。

流式细胞仪实验的步骤一般包括:① 制取单细胞悬浮液。② 荧光染色。③ 上机检测。④ 数据分析。其中,决定实验成败和结果好坏的关键是样本制作。

流式细胞仪直接分析检测的对象必须是溶液中悬浮的单个细胞,因此,制备合格的单细胞悬浮液是影响流式细胞仪分选成败的关键。样本中重叠粘连的细胞和团状物等会被识别为一个细胞,形成分析误差,还会造成管路和流动室堵塞,严重者可能导致实验中断和仪器报修。样本中过多的微小杂质和碎片产生的信号会使其中真正的细胞信号难以被适时采集而漏检,大大降低分析分选效率,致使实验失败。

制备单细胞的方法众多,依据细胞来源不同而不同。血液中的细胞是天然分散的单个细胞,因此,是最适合流式细胞仪分析的样本。而实体组织必须进行适当的消化解离等处理,获取其中单个的细胞。解离细胞团块、组织的方法一般包括:

(1) 酶解消化法:即使用胃蛋白酶、胰蛋白酶、胶原酶等破坏组织当中细胞所黏附的胞外基质成分,如胶原纤维,蛋白聚糖,粘连蛋白等;并水解介导细胞黏附、连接的蛋白质装置和黏着因子。不同来源的器官组织的实体样本应采用不同的酶类进行消化,实验室培养皿培养的细胞一般采用胰酶进行消化即可。

(2) 化学解聚法:细胞间彼此粘连是由特定的细胞黏着因子介导,如钙黏素、选择素等,它们均为整合膜蛋白,并多数要依赖 Ca^{2+} 或 Mg^{2+} 才起作用。因此,以螯合剂,如 EDTA,TPB,citrate 等处理样本,将这些离子从组织间取代下来,从而破坏细胞黏附,使之相互分离开来。

(3) 机械破碎法:这类方法包括超声振荡、玻片碾磨和剪碎等。机械法主要是给予组织较大的压力,令单个细胞释放。对于较为疏松的组织,可用机械法得到较好的解离效果,而对于紧密连接的组织,会造成大量的细胞损伤,容易产生细胞团块或大量碎片。因此,用该法处理后的样本特别需要注意去除组织团块和细胞碎片。

流式细胞仪样本制作的另一重要步骤是细胞荧光染色。细胞的荧光染色方法根据检测的细胞目标对象(如蛋白、核酸、离子、膜电位等)、采用的荧光探针和实验方案等的不同而不同,但都是对悬浮状态的细胞染色。必须保证同一批实验的同类样本中,每个细胞吸收的荧光染料与其目标分子含量成正比,荧光信号强度与吸收的荧光染料分子成正比,以达到最好的定量效果。需要强调的是,荧光染色除了遵照染色程序进行之外,还需要精确地协调染料浓度、细胞数、染色时间、温度乃至 pH 和离子强度等;染色前调节细胞状态也是不可忽视的一个环节;这些条件要保证它们对同类样本一致。这些注意事项很少在标准染色程序中被提及,但往往是决定实验结果优劣或成败的关键,实验者需要根据各自具体的实验情况精心摸索。

(刘春春,杭海英)

7.3 电子显微镜

7.3.1 电子显微镜的基本类型

电子显微镜(electron microscope,EM)是揭示微观世界的有力工具,目前包括透射电子显微镜(transmission electron microscope,TEM)、扫描电子显微镜(scanning electron microscope,SEM)和扫描透射电子显微镜(scanning transmission electron microscope,STEM)。

7.3.1.1 透射电子显微镜

透射电子显微镜由电子光学系统、真空系统和供电系统3大部分组成。

1. 电子光学系统

(1) 电子光源:包括热发射和场发射。热发射装置发射源包括钨灯丝和 LaB6 灯丝,场发射又包括冷场发射和热场发射。以钨灯丝为例,钨丝是电子枪的阴极,组成电子枪的还有栅极和阳极。当加热至 2 227℃以上时,其尖端即发射电子。栅极位于阴极和阳极之间,用来控制电子发射的强度并将电子汇聚成束,阳极对电子束产生巨大的加速作用。

(2) 磁电子透镜系列:磁电子透镜包括聚光镜、物镜、中间镜和投影镜。聚光镜的作用是汇聚电子束,一般有两个。第 1 聚光镜是短焦距强磁透镜,第 2 聚光镜是长焦距弱磁透镜。物镜是短焦距强磁透镜,它把样品的精细结构作第 1 次约 60 倍放大,称初级放大像,物镜下装有可变光阑,其作用是控制物镜孔径角,从而控制像的反差和球面像差。另外物镜中还装有消像散器,用来消除机械的或污染造成的像散。中间镜和投影镜的作用是把初级放大像进一步放大。中间镜又叫衍射透镜,是长焦距弱磁透镜,其倍数可变,用来控制总的放大倍数。投影镜位于中间镜的下方,是短焦距强磁透镜,进一步放大图像,使电镜的最高放大倍率可达 100 万倍左右,是电镜中真正能起放大作用的透镜。

(3) 样品室:样品室位于聚光镜和物镜之间,靠近物镜,用于更换和承载样品。样品室有两种类型,顶落实和侧插式,侧插式较多且易操作。为了在更换样品时不至于破坏整个镜筒的真空,样品室设有气锁装置,样品杆携带样品插入镜筒前先进行预抽,达到一定真空后才能进入样品室。样品室是易损害部位,操作不慎会刮坏内壁的线路、撞坏样品杆及与其对接的红宝石等。

(4) 观察和记录装置:观察装置位于镜筒的下方,包括荧光屏、观察窗和立体显微镜。荧光屏上涂有硫化锌镉类制成的荧光粉,用以将电子束所带的样品信息转换成光信号,呈现清晰图像。观察窗中含有铅,用以防护 X 线的逸出。

立体显微镜可以调节屈光度和间距,使其方便观察。记录装置包括照相室及其相关设备。照相室位于荧光屏下方,内装上下两个暗盒,用于存放未曝光的和已曝光的底片。暗室内还可装置 CCD 采像系统和电视图像系统。

2. 真空系统

电镜的真空系统主要包括真空泵、阀门、真空管道和真空检测装置等。真空泵分为机械泵和扩散泵,现今的电镜还装有离子泵和分子涡轮泵。

3. 供电系统

供电系统主要包括小电流高压电源和大电流低压电源两部分。前者用于加速电子和加热灯丝,后者供磁电子透镜聚焦和成像。要求这两种电源必须非常稳定,要经过二级稳压。

7.3.1.2　扫描电子显微镜

扫描电子显微镜主要由电子光学系统,电子信号的收集、检测和显示系统,以及真空系统和供电系统等组成。

1. 电子光学系统

(1) 电子光源:其构造、原理和用途与透射电镜相似。在阴极与阳极加速电压的作用下,形成直径为 $30 \sim 50\ \mu m$ 的高速电子束流。

(2) 系列电磁透镜:又称聚光镜,位于电子光源的下方。一般装有 $2 \sim 3$ 级电磁透镜,有汇聚电子束流的作用,能使其直径汇聚到 $3 \sim 10\ nm$,这种极细的电子束又称为电子探针。

(3) 扫描装置:即偏转线圈,有两组电磁线圈组成,可以控制电子探针在 X 和 Y 两个方向作光栅状扫描。一般扫描电镜中装有 3 个偏转线圈,一个用于电子探针在样品表面扫描,另外两个可以控制用作观察和摄影的显像管,使显像管中的电子束在荧光屏上同步扫描。

(4) 样品室:位于镜筒与真空系统之间,设有空气闭锁装置。这是为了换样品时保护镜筒中的真空。扫描电镜的样品室的特点是大,可以放下直径约 $10\ cm$ 的样品台,另外还装有样品微动装置,使样品可以上下左右移动并能倾斜和旋转,这样大大扩展了观察面。

2. 信号检测与转换系统

扫描电镜装有特定的检测器,如二次电子检测器和背散射电子监测器等,可以检测电子探针与样品相互作用后产生的有关信号。由金属制的筒状收集极位于检测器前方,它的前端装有金属网罩。收集极在工作时需要加上 $200 \sim 500\ V$ 的电压,它的作用吸收电子探针激发样品时所产生二次电子,并使其加速趋向探头。

探头由闪烁体和光导管组成。闪烁体表面有一层短余辉荧光粉,使电子打到上面产生光信号。此外荧光粉的表面又镀有一层极薄的铝制膜状的导电体。扫描电镜工作时,铝膜上 10~12 kV 的加速电压吸引二次电子,并使其通过铝膜后增加动能。光导管位于闪烁体的后面,其作用是传递闪烁体产生的光信号,把它送到光电倍增管中,继而光电倍增管又将光信号转变成电信号,并进行前置放大和视频放大,再将电信号转变成电压信号后输送到现象管的栅极。

3. 信号的显示与记录系统

该系统包括两个显像管、几种调控装置和照相机以及计算机记录装置等。两个显像管分别用作观察和拍照。当电子探针在样品表面作扫描的同时,两个显像管中的电子束在荧光屏上也作光栅状的扫描,三者是同步进行的。选择好拍照条件,就可采象。

4. 真空系统和供电系统

扫描电镜的真空系统和供电系统和透射电镜类似。

7.3.1.3 扫描透射电子显微镜

扫描透射电镜是 20 世纪 70 年代初研制的新型电镜,依靠场发射电子和高灵敏度的检测器,能兼顾扫描电镜和透射电镜的优点。扫描透射电镜分为两种类型,一种是高分辨型,其分辨率已接近透射电镜的水平;另一种是附件型,它是由透射电镜再加上扫描透射电子检测器等组成的。

1. 高分辨型的扫描透射电镜

电子光源系统设有场发射电子枪。场发射电子枪由单晶钨丝针尖阴极和两个阳极组成,第 1 阳极的作用是引发场发射,第 2 阳极的作用是提供使电子束加速的能量,其工作环境要求超高真空(10^{-10} 毛)。电子束在电磁透镜作用下可汇聚成为直径为 0.3~0.5 nm 的电子探针,且能量较高,可维持扫描透射的高分辨率。

2. 附件型扫描透射电镜

给透射电镜装配上扫描透射电子检测器和一些扫描电镜的附件,就使其成为一种具备双重功能的扫描透射电镜。

需要注意的是,当用扫描透射电镜获取样品的扫描图像时,位于样品下方的中间镜和投影镜只对电子束起汇聚作用,而失去了成像透镜的放大作用。因而在这种情况下,它们与图像的放大倍数无关。

7.3.2 电子显微镜在生物学研究中的应用

随着电子显微镜技术的不断发展,分辨率不断提高,制样方法不断创新,电

镜的应用已经拓展到各个领域,在生物学研究中的应用主要有如下几个方面:

(1) 利用超薄切片等技术揭示了细胞整体结构及其各种细胞器的超微结构,观察分离纯化后的各种细胞器,如线粒体、核糖体、内质网等的纯度,研究在信号诱导下其形态功能的变化,通过对细胞内细胞器的特征性变化阐述如细胞分裂与分化、细胞增殖与调控、细胞衰老与凋亡等细胞生物学现象;冷冻蚀刻技术可更好地固定组织细胞从而进行一些特殊电镜样品的制备,通过冷冻固定样品低温断裂可以暴露双层膜中间的部分,用以研究生物膜正常或处理的表观形态,冷冻固定还可以捕捉刺激后突触的瞬间反应,用以研究极短时间内的生物学现象,深度蚀刻可以研究细胞骨架;电镜免疫组化技术可以在纳米级分辨水平上对特定细胞结构和组分进行定位,研究电镜水平上的生化反应,从而将结构与功能有机结合起来。

(2) 在分子生物学的研究中,利用负染和 CryoEM/CryoET 技术可以观察研究核酸和蛋白质生物大分子的纯化状态及形态结构,进行亚显微测量,在此基础上,利用三维重构技术得到生物大分子的空间结构,为进一步确切阐明其功能提供依据。

(3) 在微生物学研究方面,用负染等电镜技术研究病毒、细菌、支原体、寄生虫等超微形态结构,促进了微生物发育史的研究,对新发现的微生物,如 SARS 病毒等作相应形态功能的解释。

(4) 结构生物学方面,利用高压冷冻技术以及 CryoEM/CryoET 技术,快速冷冻固定样品,完好保存样品结构,其深度可达到 600 μm;可以用透射电镜直接对处于细胞中原位的目标进行测定,这不仅测定了该蛋白质复合体的结构,而且可以获得其与周围环境的结构联系的信息;利用三维重构技术对电子密度图分析得到生物样品的三维立体结构,从而为揭示生命科学结构与功能的关系创造有利条件。

7.3.3 电子显微镜的安全使用规范

电子显微镜属于大型精密仪器,其规范的操作和维护至关重要,否则会造成重大的仪器事故;进行电镜样品制备的负染和超薄切片的技术方法需要用到多种有毒有害物品,包括柠檬酸铅、二甲砷酸钠、锇酸等,还有一些有微弱放射性的化学物品,如醋酸双氧铀等;冷冻蚀刻方法用到的液氮和液态乙烷如操作不慎会冻伤身体,乙烷弥漫于空气中达到一定程度会有爆炸危险等。这些在实际造作中都应注意,严格遵守操作规程。

电子显微镜的安全操作及注意事项:

(1) 严格执行培训上机,分级管理的制度。

(2) 严格按照操作规程使用电子显微镜。在工作前后及工作过程中,随时留意仪器的状态。如发现异常,应及时向仪器管理人员报告。

(3) 实际操作中,灯丝控制在饱和点附近,过低影响成像,过高则降低灯丝寿命;防污染器外连的杜瓦瓶中一定要充有液氮,否则在进样时,导致镜筒真空瞬间破坏,灯丝电流瞬间断掉,破坏电子光学系统;样品室是样品由外界大气进入镜筒真空的关键部位,进样的操作要严格按照操作规程并经过一定程度的训练才能进行,防止破坏真空以及样品杆与电镜之间的相互损坏。

(4) 在 Tecnai20 透射电镜设备的高压箱和发射室中,六氟化硫(SF_6)气体被用作绝缘气体。SF_6 气体,无色无味,不易燃烧,由于其比空气密度高,高浓度的 SF_6 气体能导致窒息。SF_6 气体在常温下无毒、无副作用,当过度加热超过 250℃,SF_6 将分解为剧毒气体。

对于 SF_6 可采取如下安全预防措施:由于 SF_6 气体密度大,将沉积在地面上,因此,应在距离地面 10~15 cm 高度安装一个排风扇,直接将室内的 SF_6 排除户外。并且,应随时保证通风设备的正常运转。在任何情况下,严禁将管道与建筑物的中央通风系统相连接。严禁在 SF_6 气体敏感区域吸烟或使用明火。当气体泄漏时,关闭所有热源(包括任何能够产生热量的灯),打开所有窗口进行通风,千万不要打开门,以免 SF_6 气体弥散到整座建筑物;寻找并终止泄漏,必须配戴手套操作被固体分解物污染的零件。

(5) 建立仪器设备的安全巡查制度。建立安全巡查制度,早晚均要对仪器设备进行安全检查,确认仪器的冷却水、电和高压系统、真空和气体系统等正常。仪器使用完毕,要检查并记录仪器运行状态,以便及时发现可能存在和出现的故障和问题。

7.3.4 电子显微镜样品制备过程中的安全规范

电子显微技术中常用的化学药品主要包括醛类和锇酸固定剂、二甲胂酸缓冲液、丙酮或乙醇脱水剂、环氧丙烷中间过渡液、环氧类包埋剂、醋酸双氧铀和柠檬酸铅等重金属染色剂、冷冻剂和防冻剂等。这些化学药品几乎均有不同程度毒性和危险性,有的甚至是剧毒,重金属染液铀、铅、锇的毒性是长期积累的,铀还具有一定的放射性。因此,必须充分了解药品的化学和物理特性并按照如下安全使用规范进行使用:

(1) 必须严格按照"化学药品管理条例"及"废弃物的分类管理细则"使用、保存化学药品及处理废弃物。

(2) 对于易燃易爆的有机溶剂类物品的管理,遵循按需请领、分散存放的原则,避免易燃易爆物品大量集中,以确保安全。使用时要注意通风。

(3) 对于不宜一起放置的化学药品严格分开,严禁混存。如胼类,不宜与任何还原剂以及某些酸类混放;丙烷、苯和甲苯,不宜与铬酸以及过氧化氢混放;易燃液体,不宜与硝酸铵、铬酸、氯、溴以及所有过氧化物等混放。

(4) 铀的化学毒性比它的放射性危险更大些,如果将粉末状铀化合物吸入体内或弄到裸露的皮肤上,都将非常危险,其毒性可伤及肺、肝、和肾脏等,所以,对这种化学药品性质的了解意义重大。按照操作规程工作完毕后,必须用流水冲洗双手和接触过染液的地方。对染液的处理,尤其对醋酸双氧铀的处理应严格按规章进行,应将使用过的染色液用吸管收集起来并放入专门的回收瓶子里,并将瓶盖拧紧,瓶外应贴上标签,写明回收醋酸双氧铀字样,所使用的废弃物连同装满回收的染液应按放射性废弃物进行处理。

另外,用来吸取染液的吸管用完后需用乙醇将残留在滴管管壁的染液清洗干净;用于盛装醋酸双氧铀染液的玻璃瓶不要让其干燥,应及时添加水或适当浓度的乙醇溶液,决不能让粉末状铀化合物残存在滴管或瓶内。

(5) 合理应用实验室的通风橱。由于电子显微镜实验室样品制备经常大量地使用具有毒性的化学药品,因此,许多操作必须在通风橱内进行才能避免或减少对人体的伤害。例如,锇酸具有强氧化作用,对人体的皮肤和黏膜具有强烈的伤害作用,必须在通风橱内且严格保护的条件下进行实验操作。各类包埋介质,如环氧类、水溶性、聚酯树脂、甲基丙烯酸甲酯,以及扫描电镜样品制备中使用的醋酸异戊酯等都具有毒性,可以通过皮肤接触或鼻腔吸入而被吸收,可致癌、气味刺激性强、毒性大、污染环境、易燃,故配制或使用这些介质时必须在通风橱中操作并应戴防护用具。

(6) 正确使用冷冻蚀刻样品制备冷冻剂等危险物品。利用冷冻蚀刻技术将样品迅速通过液氮冷却的凝固点液态乙烷中进行快速冷冻,然后转入液氮中,通过快速冷冻固定以最大限度地保持样品原貌,在真空(3×10^{-7} mbar)、低温(-120℃)条件下使样品断裂、蚀刻,然后喷镀形成反映样品表面形貌的复型膜,将已复型的样品放入适当溶剂中,使样品与复型膜分离,然后在透射电镜下观察样品的形貌。快速冷冻后复型完成前的样品始终保持处于低于-150℃状态。

在使用冷冻剂液氮和液态乙烷时,要注意保护皮肤和眼睛,以免引起冻伤和伤害眼睛。乙烷同时是易燃易爆物,在使用时应避免接近明火,乙烷弥漫于空气中达到一定浓度会引发爆炸,应注意实验室通风。

(7) 制备超薄切片样品。在透射电镜的生物样品制备方法中,超薄切片技术是最基本、最常用的。其他一些制备技术,如细胞化学、免疫电镜等都离不开超薄切片的制作。利用这项技术可以在透射电镜下观察细胞和组织等的超微结构。

超薄切片包括取材、固定、脱水、置换、渗透与包埋、修块与切片、染色与镜检等步骤。常温下,环氧丙烷与树脂以一定的梯度比例作用于样品,最后替换成全树脂,使树脂更好地进入样品内部。作用一定时间后,将样品转入胶囊,加以全树脂,35℃,12 h;45℃,12 h;60℃,24 h,使树脂聚合从而包埋样品。

实验过程中用到的固定剂(主要是锇酸)、染色剂(醋酸双氧铀、柠檬酸铅)及其二甲砷酸钠缓冲液等都有很强的毒性,使用时要在通风橱中进行,且要加一定防护,废液妥善处理。

(孙飞,孙书锋,孙磊,苏瑞刚)

7.4 激光共聚焦显微镜

7.4.1 激光共聚焦显微镜的基本原理、结构及类型

激光扫描共聚焦显微镜(laser scanning confocal microscopy,LSCM)是采用激光作为光源,在传统光学显微镜的基础上采用共轭聚焦原理和装置(针孔),并利用计算机对所观察的对象进行数字图像处理的一套观察、分析和输出系统。具体原理见图 7.5 所示。

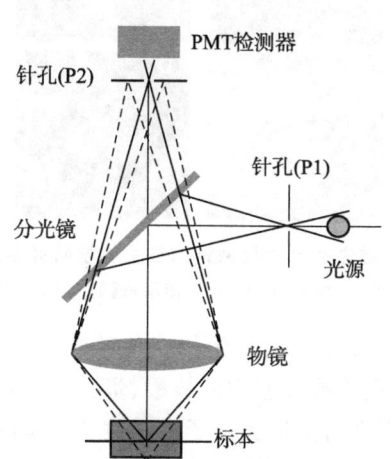

图 7.5 激光扫描共聚焦显微镜基本原理

[注:激光经过照明针孔(P1)形成点光源,由物镜聚焦在样品焦面上,只有被激光扫描的点才能通过检测针孔(P2);来自非焦面的光线(虚线)被检测针孔阻挡,不能到达PMT 探测器,从而提高了成像效果。]

LSCM 主要由以下几个部分组成:激光光源,扫描器(内含针孔、分光镜、发射荧光分色镜、检测器),荧光显微镜系统,计算机图像存储、处理和控制系统等。

自激光扫描共聚焦显微镜问世以来,该技术一直处于不断发展和完善之中。

近年来,一系列新型的共聚焦显微镜相继研制成功并投入使用,如荧光寿命成像共聚焦显微镜、转盘式共聚焦显微镜、4Pi 共聚焦显微镜,双光子共聚焦显微镜等。其中,对传统 LSCM 的改良和应用最广泛的就是双光子共聚焦显微镜,与单光子激光扫描显微镜相比,主要有以下优点:① 光毒性小。② 光漂白区域小。③ 穿透能力强,可以对厚的样品进行层次研究。因此,双光子共聚焦显微镜已成为活体细胞和生物组织无损伤成像研究的重要工具。

7.4.2 激光共聚焦显微镜在生物学研究中的应用

激光扫描共聚焦显微镜是目前生物医学领域中最先进的荧光成像和细胞分析的重要手段之一,与传统的显微镜相比,具有高空间分辨率、无损伤连续光学切片的优势,可实现三维重构、多重荧光成像,活细胞实时动态观察等功能(图 7.6),下面介绍一些具体应用。

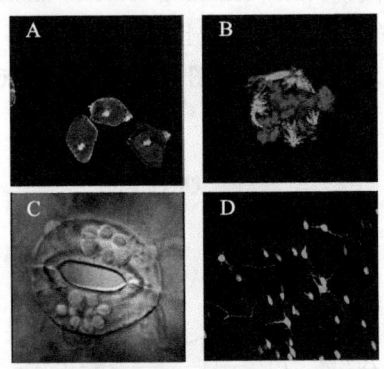

图 7.6　激光共聚焦显微镜的在生物学研究中的应用
A. XY 三重荧光染色　B. XYZ 三维重构　C. 荧光图像+透射光 DIC 图像　D. XYT 实时动态观察

1. 检测组织或细胞内生物大分子的表达及定位

用特异探针标记出组织或细胞内的核酸、蛋白质、多糖、脂质等分子,检测其表达及定位情况,从而实现对上述大分子的定性及定量的研究。

2. 观察细胞及亚细胞形态结构

用激光扫描共聚焦显微镜观察细胞及亚细胞形态结构,包括细胞凋亡、细胞骨架及各类细胞器的检测等,例如,细胞分裂中期(图 7.6B),染色体的多极分裂观察。

3. 动态荧光测定

Ca^{2+}、pH 及其他细胞内离子测定,使用如 indo-1、fluo-3 等多种荧光探针对各种离子作定性、定量分析(图 7.7)。

图 7.7 细胞内钙离子振荡信号

4. 荧光光漂白恢复(FRAP)

荧光光漂白恢复(fluorescence recovery after photobleaching,FRAP)技术是借助高强度激光照射将细胞某一区域的荧光分子漂白一次,从而造成该区域荧光分子的光淬灭,然后观察这一区域内的荧光恢复情况(图 7.8)。定量 FRAP 实验可以获得有关分子运动的信息,如有效扩散系数,扩散的成分等,并由此而揭示细胞结构及相关的机制。

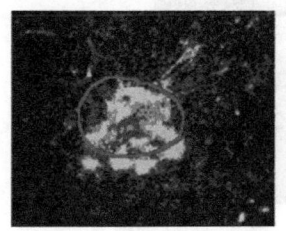 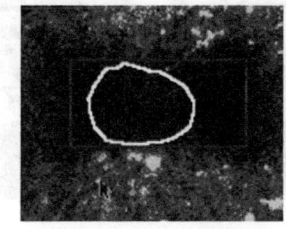 

图 7.8 荧光光漂白恢复

(注:采用 Olympus 共聚焦系统)

5. 能量共振转移(FRET)

能量共振转移(fluorescence resonance energy transfer,FRET)是指两个荧光发色基团在足够靠近时,当供体分子吸收一定频率的光子后被激发到更高的电子能态,在该电子回到基态前,通过偶极子相互作用,实现了能量向邻近的受体分子转移(即发生能量共振转移)。荧光共振能量转移(FRET)被广泛地用于研究活细胞内蛋白质分子间或蛋白质分子内的相互作用。使用共聚焦显微镜进行 FRET 实验时,可以采用两种方法:① 直接测量接受分子荧光强度变化。② 将受体分子漂白,测量供体分子荧光强度的增加(图 7.9)。

6. 其他

除上述应用外,还包括荧光漂白丢失(FLIP)、笼锁-解笼锁测定、黏附细胞分选和胞间通讯研究等。随着生物学、医学等研究的深入及荧光探针技术的发展,其应用日趋广泛。

7.4.3 激光共聚焦显微镜的安全使用规范

操作人员上机前应受过仪器使用方面的培训,熟悉仪器的工作环境要求、软硬件操作及其注意事项等,方可预约使用,从而避免人身伤害和仪器损坏。

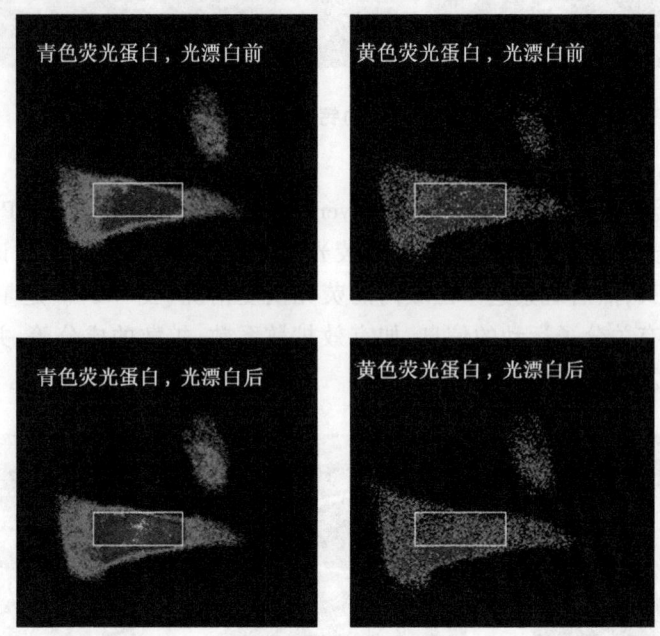

图 7.9　受体漂白法检测能量共振转移

(注:左侧为青色荧光蛋白 CFP 在光漂白前后的对比,右侧为黄色荧光蛋白 YFP 在光漂白前后的对比。)

7.4.3.1　仪器工作环境要求

(1)仪器工作温度一般设在 19~25℃ 的室温;湿度范围是 30%~80%。

(2)环境无尘。灰尘会影响仪器的各部分的正常运行,尤其是光路系统,从而影响图像质量。

(3)室内具有遮光系统,防止光线照射样品使荧光强度改变。

(4)环境无振动及强烈的空气流动。否则,会引起光路偏离、样品漂移,进而影响图像效果和实验结果,因此,仪器一般需要配备防震台装置。

7.4.3.2　仪器安全使用规范

(1)避免激光照射到眼睛和皮肤,尤其是使用多光子显微镜时,必须在光路封闭的状态下进行操作;不得撕下仪器上的安全警告标签,这些标签常贴在激光容易向外辐射的部位。

(2)不要用力拉扯或是歪曲光纤,否则会破坏光路,严重影响仪器的正常使用。

(3)按照操作规程,确保正确的开机和关机顺序;否则会造成仪器损坏或是仪器的使用寿命缩短。

(4) 尽量减少开关机的次数,如关机,至少等待 1 h 以上再重新开机,否则会影响仪器的使用寿命。

(5) 一般开机或改变激光功率,需要 30 min 才达到稳定状态。

(6) 每个月保证激光器连续使用至少 8 h,长期不用,会影响激光器的寿命和稳定性。

(7) 非专用的公共使用仪器不得检测具有致病性或传染性的样品。

(8) 仪器使用完毕后,应及时做好清洁工作,特别是目镜、物镜等容易污染的光学部件;如发现表现表面有灰尘、指纹、脏物等,应及时用镜头纸清洁干净;当污染严重时可用清洁液(无水乙醇:无水乙醚 = 3:7),清洁液易燃,故存放和使用时须远离火源。

7.4.4 生物样品的处理

激光共聚焦显微镜可以测定的生物样品的种类很多,其中,包括组织(切片)、细胞、生物材料等。LSCM 主要用于检测具有荧光的样品,因此,对于本身没有荧光的样品需要用荧光标记的方法对样品进行标记。下面就样品处理及相关的安全规范进行说明。

7.4.4.1 生物样品处理

LSCM 主要用于检测具有荧光的样品,因此,对于本身没有荧光的样品需要用荧光标记的方法对样品进行标记。荧光标记样品的制备过程主要包括生物样品的预处理和荧光探针标记两步;另外,处理好的样品需用合适的器皿承载方可上机进行观察。

1. 生物样品的预处理

生物样品的预处理包括加药、细胞培养和组织切片。其中,加药处理要根据具体的实验目的进行。下面主要介绍组织切片和细胞标本的制备。

(1) 组织切片的制备:用激光扫描共聚焦显微镜进行观察的切片形式有:① 活组织切片:无需固定,观察和测定活性状态下的一些生理指标,缺点是保存条件高、时间短、切片厚。② 冰冻切片:优点是荧光背景低,引入的杂质干扰少。③ 固定组织切片:优点是易操作,样品易保存,缺点是容易引入干扰荧光和引起组织结构改变,因此,需要注意固定剂的选择。切片的厚度一般为 10~50 μm,太厚会影响探针的标记及成像质量。

(2) 细胞标本的制备:荧光标记前细胞标本的制备过程包括细胞的培养和预处理等步骤。

细胞培养要注意根据实验目的调整好细胞的纯度、生长状态、接种密度等。

其中,细胞密度不可太稀或是密得连成片。一般来说,如果是进行形态、结构及定位观察,细胞密度可以稀一些;如果是测定荧光强度,则细胞密度应高一些,以便做大量细胞的统计定量,细胞约占视野面积的80%。

在细胞标本制备过程中,要避免非实验处理因素造成的细胞损伤、形态变化及细胞的丢失。在固定细胞过程中,所使用的固定剂要能够保持细胞的形态和待测组分的完整,同时,要避免引入干扰荧光。

2. 用荧光探针标记样品

用荧光探针标记样品的主要方式有:

(1) 直接标记法:生物样品与荧光探针直接作用,使样品带有荧光。

(2) 间接标记法:荧光探针首选将某些特定分子标记,这些特定分子再与细胞作用,使样品具有荧光,如免疫荧光法以荧光标记药物。

(3) 显微注射法:利用显微注射向细胞导入荧光探针,此方法得到的荧光细胞少,适合监测少量细胞。

(4) 膜通透法:利用透膜剂、低渗培养液等短时间刺激细胞,从而增强荧光探针的跨膜能力。

3. 承载样品的器皿

激光扫描共聚焦显微镜的载物台适合多种器皿,其中,较为常见的是载玻片和盖玻片底平皿(glass bottom dishes)。

(1) 载玻片、盖玻片:通常配合使用,使样品置于二者之间,上机观察测定。这种器皿适合多种样品,如细胞(活的或固定过的贴壁细胞、细胞滴液、甩片)、组织切片、生物材料等。

常规载玻片、盖玻片的优点是价格便宜、易得。缺点是细胞或组织易于干燥、变形,而且一旦封片,则不容易对样品作进一步处理,因此不适合加药和长时间的活细胞观察。

(2) 盖玻片底平皿:其结构特点是在 35 mm 的塑料平皿底打一个圆孔,再贴一片盖玻片(图 7.10)。这种器皿具有平皿和盖玻片的双重优点,既可以进行

图 7.10　盖玻片底平皿

活细胞的培养,又利于显微镜的观察(尤其是倒置高倍镜观察),恰好地弥补了载玻片、盖玻片的不足。其缺点是造价相对高。

一般来说,固定的细胞、组织及细胞悬液样品多用载玻片、盖玻片承载;贴壁活细胞的观察用盖玻片平皿承载。总之,实验人员在选择承载样品器皿时,要根据实验目的、样品种类、物镜的工作距离、载物台的设计等条件而定。

7.4.4.2 生物样品处理安全规范

操作激光扫描共聚焦显微镜观测样本时,为保证生物安全性,应当遵守以下生物样品处理安全规范:

(1) 在进行检测之前,必须详细告知激光扫描共聚焦显微镜操作者该生物样本的类型、安全等级以及相应的防护和处理措施。

(2) 检测具有传染性和致病性的生物样品(如细菌、病毒、血液等)时,须在Ⅱ级以上的生物安全实验室进行,并按照相应实验室的安全管理规定操作。

(3) 如果使用非专用的公共仪器检测具有致病性或传染性的细菌和病毒等微生物,应该首先对样品进行灭活处理,否则不给予检测。

(4) 承载样品的器皿外表要擦拭干净,避免化学物质及生物样品的残留,同时要密封好,避免内部溶液的泄漏。

(滕岩)

7.5 蛋白质单晶 X 线衍射数据收集系统

7.5.1 蛋白质单晶 X 线衍射数据收集系统的基本组成

蛋白质单晶 X 线衍射数据收集系统由 X 线发生器和衍射数据收集系统两个主要部分组成。

7.5.1.1 X 线发生器

早期的 X 线发生器是封闭管的固定靶式阳极。随着对 X 线功率要求的增高,封闭管阳极由于不能承受过大电流所带来的热量,随后,诞生了旋转阳极靶 X 线发生器。从 20 世纪 70 年代至今,旋转阳极发生器一直是实验室级别光源的代表。日本理学公司所设计生产的目前世界上最大功率高聚焦 X 线发生器 FR-E (图 7.11),尽管工作电流和电压并不高,但其使用了先进的电子聚焦方式将电子束汇聚到铜靶的一个极小的区域内,同时,配合人工多层膜反射系统 (confocal max flux mirror system, CMF) 单色聚焦系统,其单位光密度可以和美国 BrookHaven 同步辐射达到同一量级水平。

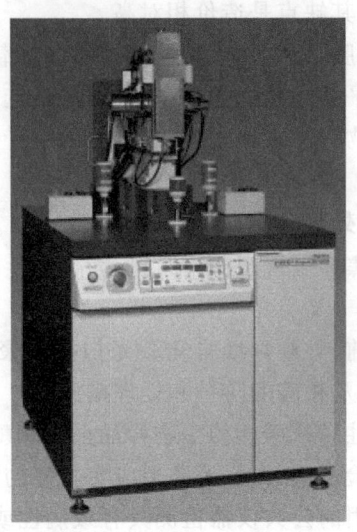

图 7.11　日本理学公司 FR-E X 线发生器

7.5.1.2　衍射数据收集系统

衍射数据收集系统主要包括：胶片→IP→CCD。对应不同的衍射方法，收集数据的系统/仪器也不相同。单晶 X 线衍射数据收集有照相法、衍射仪法以及面探测器法。

1. 照相法

照相法是早期使用的方法。一般挑选 1 粒直径为 0.1~1 mm 的完整晶粒，用胶液黏在玻璃毛顶端，安置在测角头上，用一张感光胶片拍下一批衍射点，通过显影和定影后测量计算出的衍射方向和衍射强度，进而计算晶胞参数，了解体系统消光及晶体对称性等。照相法是用一张底片来收集记录很多数据，容易看出衍射点之间的相互联系和强度分布特征，特别适用于对晶体进行初步考查，了解双晶、无序结构、对称性和晶胞参数等的测定工作。并且设备比较便宜，操作比较容易。20 世纪 90 年代大量兴起的面探测器，就是基于照相法原理而建立的。

常用的照相法有 Laue 法、回摆法、魏森伯法和旋进照相法等，但无论什么方法，它们根本的理论依据都是 Laue 方程和布拉格方程。其中，Laue 法采用白色 X 线，其他方法采用单色 X 线。由于只有当倒易点阵点与反射球相交时才有可能出现衍射线，晶体需要以一定的方式转动（Laue 法除外），以使得尽量多的倒易点阵点与反射球相交，以测量到更多的衍射点。随着计算机控制技术的发展，

7.5 蛋白质单晶X线衍射数据收集系统

照相法逐渐被衍射仪法取代。

生物大分子晶体衍射具有下述特点:① 衍射数据多。② 衍射强度低。这是由于生物大分子晶体的晶胞较大而晶体较小,分子中的原子散射因子也比较小,而且,晶体中一般含水量高。③ 生物大分子晶体具有一定的寿命,抗辐照能力差。为了提高采集衍射数据的效率,在生物大分子晶体衍射中一般采用回摆照相法。由于生物大分子衍射数据多,为了避免衍射斑点重叠,回摆角一般较小。

整个晶体衍射数据收集和处理的流程见图7.12所示。在实际中,每曝光一次,衍射仪只能收集晶体一个方向的衍射信息;而通过连续变换晶体的取向,可以收集到完整的晶体空间衍射信息;但是照相法则可以收集更多的信息。这些衍射点信息需要进一步指标化和积分处理。

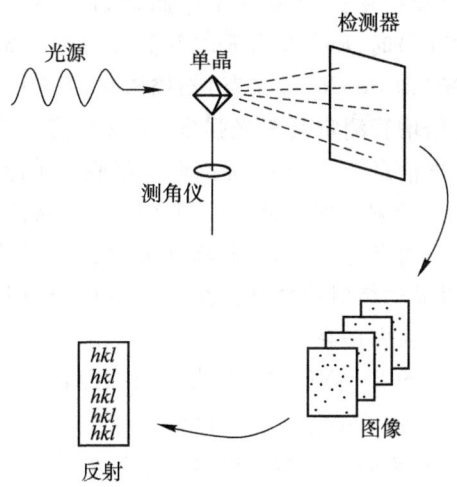

图7.12　X线衍射数据的收集和处理

2. 衍射仪法

衍射仪法一般是逐点地收集衍射强度数据,直接记录单位时间内衍射光束中的光子数,强度数据的准确度高。随着近代电子技术的进步,单晶衍射仪日益发展,设计了如四圆衍射仪、线性衍射仪、魏森堡衍射仪等类衍射仪。

X线四圆衍射仪的主要组成包括测角仪、X线检测器和计算机控制系统3个部分,通过计算机调整晶体坐标轴和入射X线的相对取向以及X线检测器的位置,记录下每一衍射 *hkl* 符合衍射条件的衍射线的位置和强度。通用的单晶衍射仪为四圆衍射仪,每个圆都有一个独立的马达带动运转,由计算机控制,调节晶体定位取向,使各个 *hkl* 满足衍射条件产生衍射,并记录它的强度。四圆衍射仪的X线检测器为单通道检测器,需要逐点记录衍射强度,收集一个晶体的所有衍射点有时需要几天甚至十几天的时间。

3. 面探测器法

20世纪90年代后期,随着X线CCD和IP检测技术的快速发展,在蛋白质晶体学中扮演重要角色的面探测仪也大大地发展起来了,使得在较短的晶体曝光时间和更低的X线剂量下快速准确地记录蛋白质晶体的X线衍射信息成为可能,平面多通道检测器技术取代了衍射仪式单通道检测器。

目前,常用的面探测仪主要有IP(imagine plate)和CCD(charged coupled device)。CCD面检测器和IP检测器兼顾照相底片多个衍射点同时收集与四圆衍射仪计算机的自动控制的特点,是新一代的X线衍射仪。

IP面探测仪实际组成是在一块支持层平板上附着一薄层光敏磷化物感光物质,上面再覆盖一个保护层。IP基本工作原理如下:X线光子照射光敏磷化物感光物质($BaFBr:Eu^{2+}$)时,Eu^{2+}变为Eu^{3+}并储存蛋白质晶体的X线衍射信息画面,接着用红色激光(即He-Ne激光束)扫描磷化物表面,发射蓝色荧光,随后滤去噪声并通过光电倍增管测定其荧光强度,将这些信息输送到计算机处理从而得到有关的衍射数据信息。这个IP面探测仪经曝光消除数据后可重复使用。

CCD是目前在同步辐射光源上使用的更多的面探测仪,它的基本原理就是通过电子探头将每个衍射点记录下来,并将所收集到的光信号转为电信号送入计算机处理,从而获得晶体衍射的数据信息。这种CCD面探测仪使得数据的精度和信号处理的速度都大大提高。

日本理学公司生产的R-AXIS IV++成像板探测器是目前世界上采用较广的一个型号,是在3个以前的型号上不断修改而成型,其后的型号除了多增加成像板数,技术参数均未有提高。该型号可以配用自动或手动底座,搭配不同的单色准直系统,实现不同波长、不同温度乃至不同气体的保护系统,可以广泛应用于大分子和小分子衍射实验。

德国MarResearch公司生产的Mar345成像板探测器系统具有步进马达控制的四维调节机构,整个调节过程可通过计算机遥控进行。在准直器系统中,设有两个电离室探测器和连续可调的水平方向和垂直方向的狭缝,给用户提供了一个快速、精确的调整系统的方法。同时电离室在数据采集过程中起到监测入射X线强度的作用。ϕ轴在360°范围内具有0.002/步的精确度,并能在水平方向有±10 mm的可调范围。该系统配有高灵敏度、高分辨率的CCD照相设备,使得调整晶体样品中心极为方便。

7.5.2 蛋白质单晶X线衍射数据收集系统在生物学研究中的应用

生物大分子的功能又直接取决于它们的结构。在生物体中,有成千上万种不同的蛋白质,它们依靠特定的分子结构,行使着各自的职能,从而维持生物体的生命活动。一旦的分子结构发生变化,它们就会行为异常,进而导致疾病的产生。因此,测定这些生物大分子的结构,并研究其结构与功能的关系,对于揭示生命的奥秘是十分重要的。另一方面,可以利用生物大分子的结构与功能关系的知识,改造生物大分子的性能或设计与其作用的分子,以满足日益增长的人类需求。蛋白质工程及理性药物设计等生物高技术的发展,正是以此为目标的。

单晶X线衍射技术可在原子或接近原子的水平上解析蛋白质的精细三维结构,且适用于各种大小的蛋白质,甚至可以测定相对分子质量达到10^7级的全病毒和2.5×10^6级的核糖体,前提是获得高度有序的蛋白质单晶体。自20世纪50年代测定第一个生物大分子结构到现在,应用最多的蛋白质结构测定手段是晶体学方法,即晶体衍射法。虽然该方法不再是测定蛋白质结构的唯一手段,但仍是应用最广且最有效的方法。用晶体衍射法测定蛋白质结构要经过晶体生长、衍射数据收集及处理、位相计算、电子密度图计算和模型构建以及结构模型精化等多个步骤,最后获得蛋白质原子在空间配置的三维结构。生长合用的蛋白质单晶体是这类结构测定的首要步骤。由于生长高质量的蛋白质晶体并不是一件容易的事,再加上其他步骤相关技术的发展,特别是光源、探测器和计算机软硬件的更新以及样品制备技术的发展,使得蛋白质及其他生物大分子的晶体生长(一般称为蛋白质晶体生长)成为用晶体衍射法研究生物大分子分子结构和功能的关键步骤。

7.5.3 蛋白质单晶X线衍射数据收集系统的安全使用规范

(1) X线具有放射性,对人体有危害。必须严格按照国家和相关部门制订的《放射工作条例》进行人员防护、资格培训和实验操作。

(2) X线实验者只有通过国家《放射工作防护知识》培训并考试合格后才能具有上岗资格;只有在通过实验操作培训、考试合格后才能真正进行实验。无资格者只能请有实验资质者协助进行实验。

(3) X线衍射数据收集系统属于大型精密仪器,价值昂贵、调整维护复杂,必须严格按照《大型仪器使用条例》和《X线实验室管理规定》进行操作。X线实验中重原子衍射实验属于具有较大污染危险的实验,必须严格按照《生物安全管理条例》进行实验操作和相应的污染物处理。

（张竹山，韩毅）

7.6 生物质谱

质谱技术通过测定离子的比荷（m/z）来测定所分析化合物的相对分子质量及其结构信息。质谱技术一直广泛应用于无机、有机小分子的定性、定量分析。随着电喷雾离子化(electrospray ionization，ESI)和基质辅助激光解吸离子化(matrix-assisted laser desorption/ionization，MALDI)两种软电离离子化技术的出现，使得多肽和蛋白质等生物大分子电离产生气相离子成为可能。进一步和碰撞诱导解吸技术结合便可以获得多肽和蛋白质等生物大分子的共价结构信息，如蛋白质的氨基酸序列等。生物质谱随即得到发展并逐渐广泛应用于多肽、蛋白质及核酸等生物大分子的分析鉴定，以及定性、定量分析，并逐渐成为生命科学，尤其是蛋白质科学研究的主要技术手段之一。

7.6.1 生物质谱仪的基本组成和类型

生物质谱仪主要由进样系统、离子源、质量分析器、离子检测器、计算机控制系统、数据处理系统、真空系统以及供电系统组成（见图7.13）。

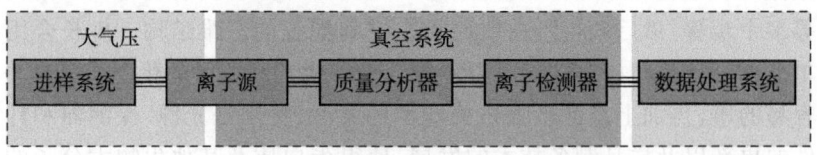

图7.13 生物质谱仪的基本组成框图

7.6.1.1 进样系统

目前，将样品导入质谱仪主要通过气体扩散、直接进样和色谱-质谱联用的方式实现。

1. 气体扩散

在室温和常压下，气态样品可直接通过抽真空的方式经毛细管导入离子源，而沸点低且易挥发的液态样品或具有中等蒸汽压的固态样品可以采用程序升温的方式使之形成蒸汽，然后通过压力陡度，以分子流的形式经漏孔或毛细管渗透入高真空度的离子源。用于气相色谱-质谱的相对分子质量校正和参数优化的标准品过氟三丁胺(perfluorotri-n-butylamine，PFTBA)即通过该方式导入质谱仪。

2. 直接进样

直接进样主要是通过进样杆或靶板将样品直接导入质谱仪。一般而言,高沸点的液体或固体样品可置于进样杆顶部的小坩埚中,通过在离子源附近的真空环境中加热的方式导入质谱仪。事实上,随着基质辅助的激光解吸电离-飞行时间-质谱(MALDI-TOF-MS)的不断发展,直接进样的方式已经扩展到蛋白质、多肽、核酸及脂质等生物分子的分析和鉴定领域。将溶于适当基质的蛋白质、多肽、核酸和脂质样品涂布于金属靶板上,可直接导入离子化室,然后通过高强度的紫外或红外脉冲激光照射实现样品的离子化。

3. 色谱-质谱联用

目前,质谱进样系统发展较快的是色谱-质谱联用技术,用以将色谱流出物导入质谱,经离子化后进行质谱分析,主要包括气相色谱-质谱(GC-MS)和液相色谱-质谱(LC-MS)。GC-MS 是最早商品化的色谱-质谱联用技术,适宜分析小分子、易挥发、热稳定、能气化的化合物。LC-MS 适用于极性、挥发性低、热不稳定化合物以及大分子化合物(包括蛋白质、多肽、多聚物等)的分析测定。毛细管电泳-质谱(CE-MS)联用技术是近年来发展起来的一种新型分离检测技术,它综合了毛细管电泳的高效和快速以及质谱强大的检测功能等优点,广泛应用于生命科学研究各领域,成为分析生物大分子的重要工具之一。

7.6.1.2 离子源

选择适当的电离方式实现样品的离子化(形成带正电荷或负电荷的离子)是质谱分析的前提。质谱仪中,实现样品离子化的装置叫离子源。常见的质谱离子化方法有电子轰击(electron impact,EI)、化学电离(chemical ionization,CI)、快原子轰击电离(fast atom bombardment,FAB)、大气压化学电离(atmospheeric pressure chemical ionization,APCI)、解析电离(desorption ionization,DI)、电喷雾离子化(ESI)及基质辅助激光解析离子化(MALDI)。目前,应用于生物学领域的质谱离子化方法主要有 FAB、ESI 及 MALDI。

1. FAB

FAB 是 Barber 等人于 20 世纪 80 年代发明的离子化方法,被誉为质谱技术进入生物学领域的里程碑。FAB 是将样品溶于或扩散在非挥发性的极性基质中,然后将混合物涂于金属靶上,已被电离并加速的惰性气体快离子流,通过惰性中性原子氙或氩气体室,发生电荷交换。产生的高能快原子作为初级中性原子束,轰击涂有试样的金属靶,使样品发生蒸发和电离。FAB 不影响样品的生物活性,特别适用于高极性、难挥发、分子量大、热不稳定的化合物。FAB 不足之处在于对较低质量范围内基质本底影响较大,非极性化合物灵敏度显著下降,有一定质量范围的限制。随着新型软电离技术的出现,FAB 的使用逐渐减少。

2. ESI

近年来,电喷雾离子化(ESI)和基质辅助激光解析离子化(MALDI)两种新型软电离技术的出现,使质谱在生物学研究中的应用更为广泛和深入,并成为现代科学前沿的热点之一。ESI 工作原理如下:样品溶液在高电场作用下产生微小的带电液滴,随着溶剂分子的蒸发,带电液滴的半径逐渐缩小,液滴表面电场逐渐增大,当电场足够大时,液滴便分裂成更小的液滴,如此重复分裂至极小液滴时,表面电荷形成的电场足够强,最终把样品离子从液滴中解吸出来,进入质谱仪进行检测。ESI 是一种非常软的电离方法,适用于多肽、蛋白质、糖、核酸以及脂质等多种生物分子的分析。

3. MALDI

MALDI 的原理是用高强度的激光照射样品与基质形成的共结晶薄膜,基质从激光中吸收能量传递给生物分子,而电离过程中将质子转移到生物分子或从生物分子得到质子,而使生物分子电离的过程。因此,它是一种软电离技术,适用于多肽、蛋白质、糖、核酸以及脂质等生物分子的测定。

7.6.1.3 质量分析器

目前,质谱质量分析器主要包括四极杆(quadrupole)、离子阱(ion trap)、飞行时间(time-of-flight,TOF),傅里叶转换回旋共振(fourier transform-ion cyclotron resonance,FT-ICR)和轨道阱回旋共振质谱仪(orbitrap)。

1. 四极杆分析器

四极杆质量分析器是由两对平行的棒状电极组成,两对电极中间施加交变射频场,在一定射频电压与射频频率下,特定质荷比的离子在轴向稳定运动而到达检测器,其他质荷比的离子则与电极碰撞湮灭。四极杆分析器的优点是具有较高的灵敏度。

2. 离子阱分析器

离子阱由一对环形电极(ring electrod)和两个呈双曲面形的端盖电极(end cap electrode)组成。在环形电极上加射频电压或再加直流电压,上下两个端盖电极接地。逐渐增大射频电压的最高值,离子进入不稳定区,由端盖极上的小孔排出。因此,当射频电压的最高值逐渐增高时,质荷比从小到大的离子逐次排除并被记录而获得质谱图。离子阱质谱可以很方便地进行多级质谱分析,对于物质结构的鉴定非常有用。

3. 飞行时间分析器

飞行时间分析器是一个无场离子漂移管,离子源产生的样品离子加速后进入漂移管,并以恒定速度飞向离子检测器,离子质量越大,到达接收器所用时间越长,离子质量越小,到达接收器所用时间越短,根据这一原理,可以把不同质量的离子按 m/z 的大小进行分离。

新发展的飞行时间分析器具有大的质量分析范围和较高的质量分辨率,尤其适合蛋白等生物大分子分析。

4. 傅里叶转换回旋共振分析器

FTICR 是由英属哥伦比亚大学(University of British Columbia)的 Marshall 和 Comisarow 两位学者发明的。在一定强度的磁场中,离子做圆周运动,离子运行轨道受共振变换电场限制。当变换电场频率和回旋频率相同时,离子稳定加速,运动轨道半径越来越大,动能也越来越大。当电场消失时,沿轨道飞行的离子在电极上产生交变电流。对信号频率进行分析可得出离子质量。将时间与相应的频率谱利用计算机经过傅里叶变换形成质谱。其优点为分辨率很高,m/z 可以精确到千分之一道尔顿。

5. 轨道阱回旋共振分析器

Orbitrap 是一种通过使离子围绕一中心电极的轨道旋转而捕获离子的装置。Orbitrap 质量分析器形状如同纺锤体,由纺锤形中心内电极和左右两个外纺锤半电极组成。仪器工作时,在中心电极逐渐加上直流高压,在 Orbitrap 内产生特殊几何结构的静电场。当离子进入到 Orbitrap 室内后,受到中心电场的引力,即开始围绕中心电极作圆周轨道运动,同时,离子受到垂直方向的离心力和水平方向的推力,而沿中心内电极作水平和垂直方向的震荡。外电极除限制离子的运行轨道范围,同时检测由离子振荡产生的感应电势,其中,水平震荡的频率和分子离子的质荷比(m/z)的关系通过一定的数学公式进行描述。从 Orbitrap 的每个外电极输出的信号经过微分放大器放大后,由快速傅里叶转换变成频谱,进而转换为质谱。Orbitrap 具有高分辨率、高精确度的优点。

7.6.1.4 离子检测器

目前,常用的离子检测器主要包括微通道板(microchannel plate, MCP)、电子倍增管(electron multiplier)、杂交光电倍增管(hybrid with photomultiplier)以及法拉第杯等(Faraday cup)。法拉第杯是一种最为简单的检测器,灵敏度较低,已经很少使用。由于具有较高的信号稳定性,目前仍被用于同位素质谱。电子倍增器在 20 世纪 30 年代末就已被应用于质谱仪器中,具有灵敏度高、噪声低、响应快、对空气稳定、能直接接收离子等优点,至今仍被广泛应用。由于单个的电子倍增器基本上没有空间分辨能力,难以满足质谱技术日益发展的需要。于是,人们就将电子倍增器微型化,然后集成为微通道板(MCP)检测器。光电倍增管增益高和响应时间短,且它的输出电流和入射光子数成正比,所以在质谱中也有广泛的应用。

7.6.1.5 真空系统

质谱仪的离子源、质量分析器和离子检测器必须处于高真空状态。真空度低可能导致大量的氧烧毁离子源的灯丝,或导致高压放电。质谱的真空系统主要包括真空泵、阀门、真空管道和真空检测装置。真空泵一般由前级泵(常用机械泵)和油扩散泵或分子涡轮泵等组成。

7.6.1.6 供电系统

生物质谱仪通常配备 UPS 电源和稳压电源,可防止因电压波动和突然断电造成仪器设备的损坏。

7.6.2 生物质谱仪的基本类型

将不同的离子源和质量分析器进行组合,或将相同或不同类型的质量分析器在空间或时间上进行串联或杂交组合,可构成许多不同类型的生物质谱仪器系统。目前,市场上常见的生物质谱类型有电喷雾 - 离子阱质谱(ESI - IT - MS)、电喷雾 - 四极杆质谱(ESI - Q - MS)、电喷雾 - 三重四极杆串联质谱(ESI - QqQ - MS)、电喷雾 - 四极杆飞行时间质谱(ESI - Q - TOF - MS)、喷雾 - 离子阱飞行时间质谱(ESI - IT - TOF - MS)、电喷雾 - 傅里叶变换离子回旋共振质谱(ESI - FT - ICR - MS)、电喷雾 - 离子阱傅里叶变换离子回旋共振质谱(ESI - IT - FT - MS)、电喷雾 - 离子阱轨道阱质谱(ESI - IT - Orbitrap - MS)、基质辅助激光解吸附 - 飞行时间质谱(MALDI - TOF - MS)、基质辅助激光解吸附 - 离子阱质谱(MALDI - IT - MS)、基质辅助激光解吸附 - 飞行时间串联质谱(MALDI - TOF,TOF - MS)以及基质辅助激光解吸附 - 四极杆质谱飞行时间质谱(MALDI - Q - TOF - MS)。随着质谱技术的不断发展,各种不同的质谱也不断出现,比如离子淌度质谱就是离子淌度分离与质谱联用的一种新型二维质谱分析技术。

7.6.3 生物质谱仪在生物学研究中的应用

随着电喷雾离子化(ESI)和基质辅助激光解吸离子化(MALDI)两种软电离技术的出现,以及质谱分析技术的不断提高,生物质谱技术的应用已经广泛扩展到生命科学等众多领域。目前,生物质谱技术在生物学研究中的应用主要概括如下:

1. 蛋白质组学

生物质谱技术是蛋白质组学研究的核心工具之一,其应用主要包括:① 多肽和蛋白质的相对分子质量测定和氨基酸序列分析。② 蛋白质翻译后修饰分析(磷酸化、糖基化、乙酰化、硝基化等)。③ 蛋白质复合物鉴定(蛋白质-蛋白质相互用)。④ 蛋白质差异表达分析。⑤ 蛋白质构象解析。

2. 代谢组学

代谢组学分析的对象往往具有组成复杂、含量微小等特点,利用常规仪器和分析方法往往难以得到满意的结果。质谱技术,特别是色谱-质谱联用技术结合了色谱强大的分离功能和质谱准确的鉴定功能,可实现多种代谢物的同步分析、测定。目前,生物质谱技术在代谢物靶目标分析(metabolite target analysis)、代谢物指纹图谱分析(metabolite fingerprinting)、代谢物轮廓分析(metabolite profiling)等代谢组学研究中都有广泛的应用,对许多疾病诊断与治疗以及新药研发提供了重要的工具。

3. 核酸研究

ESI-MS 和 MALDI-TOF-MS 的出现为寡核苷酸及其类似物的结构和序列分析提供了强有力的方法,一定程度上弥补了常规的色谱或电泳技术只能对核酸的浓度和纯度进行分析,对其碱基组成、序列等结构信息却无能为力的缺点,大大推动了质谱技术在核酸研究中的应用,对微生物的分类、鉴定、系统进化等方面的研究具有重要的作用。

以上只是以质谱的分析对象为基础对生物质谱的应用作一个简要的介绍,事实上,基于以上技术,生物质谱可以广泛应用到包括细胞生物学、分子生物学、结构生物学、微生物学等生物学研究领域。

7.6.4 生物质谱仪的安全使用规范

生物质谱仪属于大型精密仪器设备,而且仪器型号较多,应根据不同仪器的特点和要求进行安装、培训、使用和管理。

(1) 生物质谱仪通常需要 24 h 不间断运行,而且系统需维持较高真空度,因此,需配备 UPS 电源和稳压电源,防止因电压波动和突然断电造成仪器设备的损坏。同时,还要保证电源有较好的接地。

(2) 生物质谱仪通常需要配气(如高纯氮气、高纯氦气或氩气等),应该按要求使用高纯度气体,并做好气瓶、气罐的固定、防震等。

(3) 生物质谱仪属于大型精密、高灵敏度的分析测试仪器设备,需保持实验室高度清洁、温度恒定(约 25℃)和较低湿度,做好防尘、防潮等工作。应该按要求使用高纯度试剂,严禁分析高浓度聚合物样品。

(4) 使用人员必须经过严格培训,并严格按照操作规程进行操作。未经培训合格人员不得擅自操作仪器,仪器使用过程中发现异常要及时向仪器管理员反映情况。建立操作规程和使用档案,使用人员要认真做好使用记录,观察并记录仪器的运行状况。每日要对仪器进行安全检查,发现问题要及时解决,必要时和维修工程师联系。

(5) 定期由专业技术人员(操作人员)对仪器进行一般维护和清洗,如更换真空泵油、气体、清洗 ESI-MS 离子传输管等。定期由公司的维修工程师对仪器进行维护和保养,如离子阱的清洗以及 MALDI 离子源的清洗等。

(6) 液相色谱-质谱联用系统需使用对人身有害的乙腈、甲醇、甲酸、三氟乙酸等有机溶剂。离子化室产生的废气应引出室外,液相色谱产生的废溶剂应回收处理,严禁倒入下水道而污染城市水系。

(7) 对于 FT-MS 仪器系统,应注意避免磁性物体靠近仪器,以免影响仪器系统的正常工作和对磁卡等造成损坏。加注液氮、液氦时应避免对身体造成灼伤。

7.6.5 生物样品处理的安全规范

(1) 对于临床生物样品(组织、血清、尿样等体液),尤其是来自传染病源的生物样品,应该首先对样品进行灭活处理,以杀死可能存在的具有传染性的病毒。通常可以使用 8 mol/L 尿素来处理样品,可与质谱鉴定兼容。

(2) 生物质谱仪为高灵敏检测仪器,在分析类样品时,高盐、去垢剂和聚合物(如聚乙二醇 PEG 等)会严重抑制蛋白质和多肽的电离及检测信号,应尽量避免使用。应使用质量较好的样品管,因为质量差的样品管会释放出聚合物而污染样品。

(3) 在酶解蛋白质样品的过程中,尤其是胶内酶解,应避免自身的皮屑、毛发对样品的污染而最终严重影响蛋白质的鉴定。

(4) 利用 MALDI-TOF-MS 分析样品时,应根据样品的不同而选择合适的基质。分析相对分子质量小于 10^4 的蛋白质和多肽常用 α-氰基-4-羟基肉桂酸(α-CHCA)做基质,相对分子质量大于 10^4 的蛋白质常用芥子酸(SA)做基质,小于 50 聚合体的单链 DNA、RNA 用 3-羟基吡啶甲酸(3-IIPA)做基质,大于 50 聚合体的单链 DNA、RNA、糖类、脂质及合成高聚物常用 2,5-二羟基苯甲酸(DHB)做基质。利用 ESI-MS 分析样品时,样品溶液中的三氟乙酸会抑制样品的检测信号,应避免使用。

(杨福全,谢振声,蔡潭溪,薛鹏)

7.7 核磁共振波谱仪

7.7.1 核磁共振波谱仪的基本类型

实现核磁共振检测方法的仪器称作核磁共振波谱仪。现代的核磁共振波谱仪是由超导磁体,包含由射频发生、功率放大、脉冲形成、信号检测等各种功能电子器件构成的主机,以及用于设置和控制实验的计算机系统所组成。当今世界科学技术的发展也促进了核磁共振波谱仪的发展,不仅是谱仪本身已近乎于全数字化,而且,已先后研制成静磁场强度更高(或共振频率更高)的超导磁体。可提供使用的不仅有 600 MHz 高场超导磁体,更有 750 MHz、800 MHz、900 MHz 和 950 MHz 超导磁体。核磁共振技术及实验方法的迅速发展大大扩展了核磁共振波谱仪的应用范围。

核磁共振技术分为溶液高分辨核磁共振、固体核磁共振及核磁共振成像。溶液高分辨核磁共振技术以溶液样品为研究对象,主要用于研究生物分子、药物分子和化学分子在溶液体系中的相关问题。固体核磁共振以固态样品(包括粉末和聚合物)为研究对象,在生命科学研究中是研究膜蛋白结构、蛋白质复合体以及高分子量蛋白质等不可缺少的研究手段。

在生物学领域的研究中,溶液高分辨核磁共振波谱仪的超导磁体主要为标准腔磁体。标准腔超导磁体可配备超低温或普通三共振探头,用于蛋白质溶液体系的结构和功能综合研究,如开展相对分子质量小于 25×10^3 的蛋白质以及小相对分子质量膜蛋白分子溶液结构解析,研究蛋白质复合物、蛋白质与核酸复合物的溶液结构。另外,用于研究蛋白质相互作用、蛋白质与核酸相互作用的动态过程,反映蛋白质发挥生理功能时的动态特性和构象的变化,揭示蛋白质发挥功能的分子机制。

20 世纪 80 年代以来,在运用标准腔溶液高分辨核磁共振研究生物大分子(尤其是蛋白质)的相关问题中,由于遗传工程和基因工程技术的迅速发展,使得蛋白质分子得以在体外大量表达,解决了蛋白质大分子样品的制备问题,促使溶液高分辨核磁共振实验方法朝多维异核核磁共振方向发展。目前,利用各类多维异核核磁共振脉冲程序,已可确定相对分子质量大到 4×10^4 的蛋白质分子的溶液三维空间结构。这为我们在接近生理条件下,在溶液三维结构的基础上研究蛋白质结构与功能的关系提供了重要的研究手段。同时,标准腔超导磁体还可配备 HR-MAS 探头。使用 HR-MAS 探头时的样品制备和实验时间都很短,适合高通量、快速的研究药物、代谢组分、体内水和其他小分子。因而,HR-MAS 在生命科学、医学、生物代谢、肿瘤研究、食品等多个领域中迅速得到了广泛使用。在生命科学研究中主要用于在生理条件下研究肿瘤等组织和细胞及其抽提物的相关问题。

固体核磁共振的超导磁体通常为宽腔磁体,可配备固体魔角探头、活体微成像探头和平板型线圈探头。配备固体探头和微成像探头的高场宽腔核磁共振谱仪是研究固态蛋白质样品(包括膜蛋白和其他难以结晶和溶解的蛋白质)和活体微成像的最理想配置。固体魔角探头以及平板型线圈探头主要用于研究高相对分子质量蛋白质和膜蛋白等生物大分子的固态结构解析(图 7.14)。活体微成像探头用于直接观测细胞、组织以及整个活体的变化(图 7.15),研究蛋白质的体内功能。

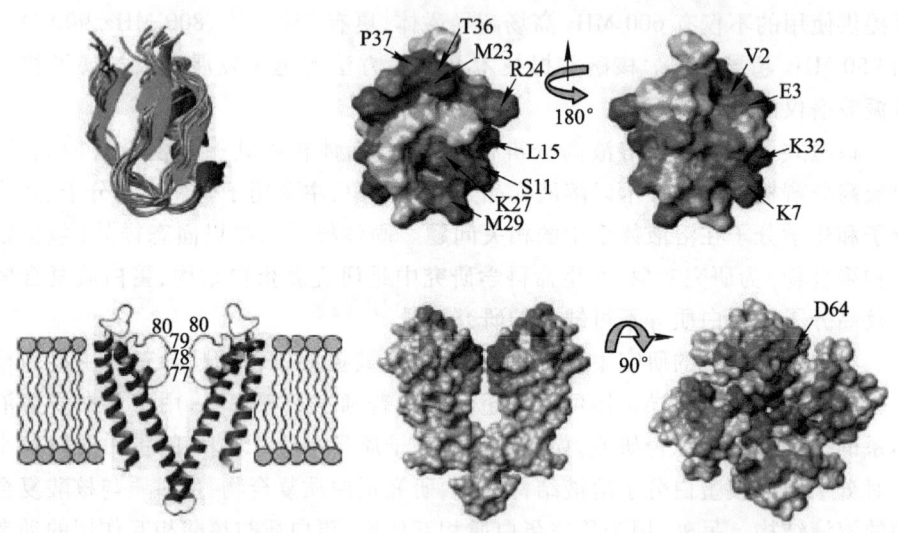

图 7.14　固体核磁共振方法测定的毒素诱导的钾通道构象变化

7.7.2　核磁共振方法及其在生物学研究中的应用

核磁共振是在 20 世纪 40 年代被发现的一种物理现象。所谓的核磁共振就是处在某静磁场中的物质的原子核系统受到一定频率的电磁波作用时,在核能级之间发生共振跃迁的现象。这一物理现象一经发现,便迅速地被发展为一种新的波谱技术方法。在 60 多年的科学技术发展历程内,核磁共振方法在生物学、化学、物理学、药学、医学以及化学工业、食品工业、医药工业等方面显示了强大的生命力,成为研究分析各种物质及其性能的重要边缘学科。

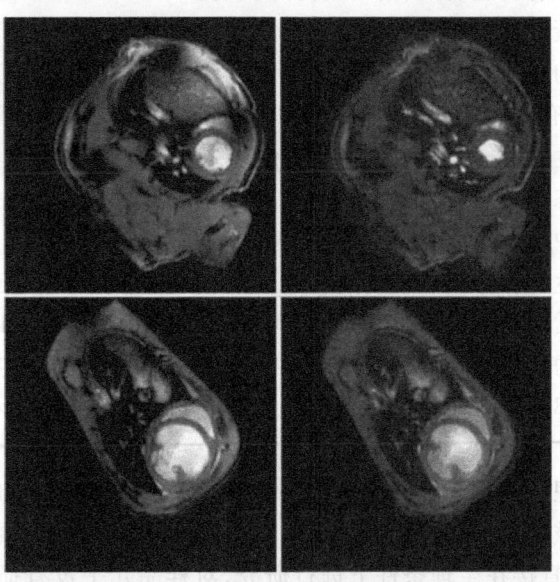

图 7.15　正常和蛋白质过表达小鼠心脏的核磁共振微成像

核磁共振方法在生命科学研究中的应用主要有如下几个方面：

（1）确定蛋白质、蛋白质复合体以及蛋白质和核酸复合体的溶液三维结构。蛋白质是执行生命活动的重要大分子，蛋白质与蛋白质以及蛋白质与核酸的相互作用是生命活动的本质。对蛋白质与其他生物分子相互作用时的构象及动态特性变化的深入了解，有助于我们真正掌握生命活动的过程。生物体中的蛋白质是由 20 种氨基酸按不同组分组成的。而各类氨基酸则是由氢、碳、氮、氧等原子构建而成。由于核磁共振观测的是原子核的信息，运用核磁共振研究蛋白质分子也就是对蛋白质分子中的氢、碳、氮等原子核的核磁共振信号进行检测和分析。因此，核磁共振方法可对在溶液体系中的蛋白质分子的结构与功能关系、蛋白质在发挥生理功能以及蛋白质与靶蛋白或多肽小分子相互作用时的构象变化进行研究。

（2）解析膜蛋白的三维结构。由于小的膜蛋白结晶相对较困难，核磁共振方法所研究的蛋白质样品无需结晶。因此，核磁共振方法是解析小的膜蛋白结构的重要手段。

（3）研究蛋白质相互作用的动态过程，研究蛋白质的内运动特性、蛋白质动态特性和结构功能关系。蛋白质的内运动特性在抗原-抗体识别、酶和底物以及抑制剂相互作用等方面都十分重要。核磁共振观测的信息可以在氨基酸残基，甚至原子水平上直接反映蛋白质的动态变化，反映蛋白质发挥生理功能时的动态特性,揭示蛋白质发挥功能时的分子机制。

(4) 研究蛋白质的折叠原理。蛋白质如何由氨基酸的一级序列结构折叠成具有生理功能的三级结构是一个重要的研究课题。在有关蛋白质分子结构和功能的研究中,只有认识相关蛋白质分子的精细三维结构及其折叠原理,才可能清楚认识疾病发生的分子机制,为临床诊治提供新的方法和途径。核磁共振方法可研究非天然态蛋白质的构象,因而,可研究蛋白质的折叠与去折叠过程,检测蛋白质折叠的中间态,探讨蛋白质的折叠机制。

(5) 研究生物大分子之间的弱相互作用,蛋白质之间的相互作用和结构功能关系。蛋白质-蛋白质弱相互作用(即解离常数 $Kd>10^{-6}$ mol/L)在细胞功能调节中起到关键的作用,但是,通常的 GST-pulldown 和免疫共沉淀实验,以及 X 线晶体衍射方法都不适合研究这些弱的相互作用,而核磁共振技术是这一研究的有效方法。

(6) 在生理条件下的活体细胞、活体生物代谢、肿瘤等组织的蛋白质体内功能的研究。核磁共振方法可以直接进行体内研究,不用进行抽提,甚至无需将活体细胞杀死,而直接在生理条件下进行研究,对样品几乎没有损伤,并且可以进行高通量、多组分的研究,这是其他手段难以实现的。新型的 HR-MAS 探头大大提高了这类研究中谱图的分辨率,提供丰富而灵敏的信息,同时,样品制备和实验时间都很短,适合高通量、快速地研究药物、代谢组分、体内水和其他小分子。

(7) 蛋白质与药物相互作用的研究。核磁共振方法是支持在结构基础上进行新药设计的重要技术手段,可用以鉴定弱结合的化合物而进行药物筛选,可研制药物的类似抑制剂,用作新药发现的先导化合物。

(8) 用于高通量地筛选适合于结构解析的蛋白质(包括那些用于 X 线晶体学的蛋白质),同时,可以用于结构生物学目标蛋白的筛选(包括晶体学的目标蛋白质)。

7.7.3 核磁共振波谱仪的安全运行和使用

核磁共振波谱仪常年不间断地工作,需要稳定的供电系统以及稳定的温度(约23℃)和湿度环境。频繁地断电会极大地损伤主机电子器件,影响谱仪的稳定工作,室温的大幅度波动会极大地影响实验数据的质量,造成实验样品和机时的极大浪费。

虽然,现代的核磁共振谱仪都配置超屏蔽或超超屏蔽超导磁体,但是靠近磁体边缘处的散磁场强度仍然很高(尤其是高场超导宽腔磁体周围),所以,实验工作人员不得携带铁磁性物品进入实验室。在给超导磁体灌输液氦和液氮时,不得将钢瓶靠近磁体,以免发生不测事故。

只有经过专业培训的人员才能操作仪器进行实验。实验人员在使用谱仪进行实验前,必须有明确的实验目的,预先了解所选用的实验脉冲程序,按照实验指南设置脉冲程序,保障实验的顺利进行,以免浪费机时和损伤探头。

出于人身安全考虑,佩戴有心脏起搏器和安装有固定钢钉的人员不得进入核磁共振实验室,尤其是不得靠近超导磁体。

实验工作人员的手表、手机、各种磁卡、信用卡等不得靠近超导磁体,以免造成个人的经济损失。

(王金凤)

7.8 电子自旋共振波谱仪

7.8.1 电子自旋共振波谱仪的基本类型

电子自旋共振(electron spin resonance,ESR)又称电子顺磁共振(electron paramagnetic resonance,EPR),或简称顺磁共振。EPR 是研究含有未成对电子物质(顺磁性物质)的一种最灵敏的无损检测技术,主要用于鉴别和分析自由基、过渡金属离子和稀土离子、辐射产生的顺磁中心、化学反应中间产物,以及研究分子的稳态和动态结构等。EPR 现象的基本原理是含有未成对电子的物质在磁场中会发生电子自旋能级分裂,若同时施加电磁波辐射于样品,当满足共振条件 $h\nu = g\beta H$ 时,自旋体系吸收电磁波能量发生自旋能级跃迁(图 7.16)。EPR 波谱仪检测的是在发生 EPR 现象时,通过样品后电磁波能量的变化(吸收信号)。所以,EPR 波谱仪最基本的组成部分包括磁场系统、微波系统、谐振腔(样品室)和接收放大系统,如图 7.17 所示。

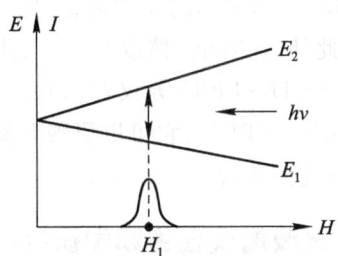

图 7.16 在磁场中电子能级分裂和顺磁共振吸收

(注:H:磁场强度;E:电子能量;I:信号幅度;μ:电磁波频率;h:普朗克常数;β:玻耳磁子;g:样品的 g 因子;$\Delta E = E_2 - E_1 = g\beta\mu$:能级间隔;$H_1 = \dfrac{h\nu}{g\beta}$:共振磁场)

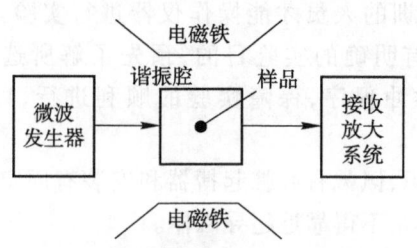

图 7.17　EPR 实验基本原理框图

实际的 EPR 波谱仪是一种大型精密仪器，结构复杂；同时，还包括若干附件或附属设备，以满足对不同性质样品的不同测试要求。EPR 波谱仪可以在很宽的频率范围内工作，如表 7.1 所示。一般来说，频率越高，仪器的灵敏度和分辨率越高，但样品体积越小。EPR 波谱的某些特征以及样品的介电损耗与频率有关。大多数 EPR 波谱仪工作在 X-波段。但由于水对 X-波段微波有严重吸收，故为了研究含水样品、大体积样品或整体小动物，可选用 L-波段或米波段；而为了研究单晶、稀贵样品或分解重叠谱等，选择 Q-波段或更高波段是有利的。

表 7.1　EPR 实验使用的频率和磁场范围

波段	米波	L	S	X	K	Q	E	毫米波
典型频率/GHz	0.3	1	3.2	9.4	25	35	70	300
共振磁场/T（$g=2$）	0.011	0.036	0.114	0.336	0.893	1.25	2.5	10.7

目前，普遍使用的 EPR 波谱仪或称常规顺磁共振波谱仪，是用小功率微波连续辐照样品，观察的是稳态 EPR 吸收信号，称为连续波顺磁共振（CW-EPR）。而脉冲顺磁共振（pulsed-EPR）则是用高功率微波脉冲断续地辐照样品，观察的是非稳态 EPR 弛豫信号；此外，还有电-核双共振/三共振（ENDOR / triple resonance）和时间分辨顺磁共振（TR-EPR）等仪器，则各有其特殊用途。特别是电子顺磁共振成像（EPR imaging, EPRI），它可以影像化显示和测量样品中自由基的分布及其变化过程，日益受到重视。

7.8.2　电子自旋共振波谱仪在生物学研究中的应用

EPR 用于研究具有不成对电子的分子或化合物。不成对电子可能是天然产生的；辐射诱导产生的或作为探针人为加入的。EPR 在生物学研究中的应用大致有以下方面：

（1）生物膜的结构和功能。例如，膜脂双层流动性，极性分布，膜的通透性，膜中脂质-蛋白质相互作用等。

(2) 蛋白质、核酸等生物大分子的结构与功能。

(3) 酶反应机制。

(4) 黄素与黄素蛋白等的氧化还原机制。

(5) 光生物学中光合作用、光敏作用机制。

(6) 放射生物学中辐射损伤机制、辐射防护、辐射剂量标准等。

(7) 细胞和生物组织中的自由基和过渡金属离子测定和分析。

(8) 组织中的活性氧(如 $\overline{O_2^{\cdot}}$、$^1O_2$、$HO^{\cdot}$)的作用,SOD 活化作用。

(9) 生物系统中的氮氧自由基(NO)测定分析。

(10) 细胞和组织中氧的浓度和分布测定,氧的代谢和作用。

(11) 自由基和疾病、衰老的关系,抗氧化剂,自由基清除剂的作用。

(12) 致癌物反应机制,肿瘤发生机制。

(13) 药物、激素等的药理效应,药物的新陈代谢,毒品检测。自旋免疫测定法。

(14) 食品评估,辐照食品控制。

7.8.3 电子自旋共振波谱仪的安全使用规范

顺磁共振波谱仪是高灵敏精密仪器,对外界干扰敏感。仪器工作时会产生强磁场、高电压,并可能有微波辐射,所以应严格遵守安全使用规范,避免造成人身伤害或仪器损坏。

1. 特别注意事项

(1) 机房附近不得有强的地面震动源和强的电磁辐射干扰。

(2) 若被测样品有腐蚀性或毒性,应特别小心操作,遵守相应的操作规程。

(3) 仪器工作时,不得将铁磁性物质(包括工具)靠近磁铁,特别是磁极头!

(4) 仪器工作时,避免人体直接接触高压零、部件(严重时可致人伤亡!)。

(5) 要小心微波辐射损伤,特别是不得用眼直视开启的波导口(微波对人眼伤害甚大)。

(6) 定期(2~3 月 1 次)更换循环冷却水,应使用去离子水或蒸馏水。

(7) 雨季时,机房应用空调或去湿机去除湿汽,避免水冷部件出现水汽凝结。

(8) 样品必须装在合适的样品容器中,样品不得外溢,容器外壁必须清洁。

2. 仪器安全操作规范要点

(1) 开机前应检查仪器主要参数设置是否处在安全值。

(2) 按正常开、关机顺序开机和关机。

(3) 微波系统调整正确后,方可根据需要逐步增加微波功率至 35 dB 以上。

(4) 切勿将仪器主要参数长期停留在高限或极限状态(磁场 ≥8 000 G,微波功率≥100 mW,rf 功率≥50 W,调制幅度≥30 G)。若必须在这种状态下工作时,应密切注意仪器工作状态。

(5) 每次换样品时,一定要先把微波功率减小至 50 dB 以下。绝对不要在高微波功率(≥40 dB)情况下放入或从腔中取出样品或移动样品管位置。

(6) 若出现异常,应迅速判明性质,采取适当措施。若情况紧急,应迅速切断电网电闸。查明原因,排除故障,恢复各部件或设备至初始状态后,方可重新开机。并作记录和报告。

(7) 若电网突然停电,应立即切断仪器各电源开关。电网供电恢复后再按正常程序开机。绝对不可开着仪器,等待供电恢复。

7.8.4 生物样品的处理

1. 样品和样品管

顺磁共振仪器测试的样品可以是天然材料,也可以是通过化学或生物方法制备的样品。样品性状可以是液体、固体、粉末、单晶或生物组织。样品管材料可用石英、玻璃、聚苯乙烯等,但必须没有 EPR 本底信号。在 X-波段,样品管外径一般为 $\phi 3 \sim \phi 5$ mm;最大不超过 $\phi 11$ mm。有效装填高度 <20 mm。对于含水样品或其他介质损耗大的样品,要使用内径 $\phi \leqslant 1$ mm 的毛细管或石英扁平样品池。对于生物组织切片可使用专门的生物组织池。在样品制备时,必须充分考虑各种环境因素的影响,以及人为信号的干扰,如自由基信号对温度的依赖性、氧的影响、顺磁性物质污染等。

2. 含水样品

具有生物学意义的样品大多数是含水的。在 X-波段,由于水对微波的介质损耗,造成仪器灵敏度急剧下降,甚至无法调节仪器进行检测。有以下一些解决办法,可根据情况选择。

(1) 若有条件,可选择 L-波段或米波段仪器。此时,水的介质损耗较小;且适合于较大样品,甚至整体器官或小动物,但灵敏度和分辨率较 X 波段差。

(2) 对溶液样品可使用 $\phi<1$ mm 的毛细样品管。但缺点是样品装填量小,而且样品形状不适合于在必要时进行光照,更不适宜装固体样品。

(3) 采用石英扁平样品池(两宽面间距<1 mm)或生物组织池。扁平池比毛细管样品装填量较大,光照时曝光面积较大。缺点是不易清洗,且价格较高。

(4) 去掉水分(干燥或冷冻脱水)。但可能会破坏样品中原有自由基。

(5) 快速冷冻法。水被低温冻结时,介质损耗大大减小,有利于测量;而且对样品的扰动小,即所谓能给出冷冻前细胞态的"快速照像"。但如果样品对冷冻破坏很敏感,此法就不适用。

3. 氧的影响

氧分子在正常状态下含有 2 个未成对电子,因此,非常容易和含有未成对电子的其他分子发生反应。因此,在样品制备和测量时要设法控制氧浓度,必要时,样品应抽真空或充氮气处理;在测量时可将氮气吹入腔中排除空气。

4. 自旋标记法(spin label and spin probe technique)

这是一种将顺磁性的报告基团(称为自旋标记或自旋探针)与被研究的体系相结合,借助于报告基团的 ESR 波谱来间接地研究非顺磁性体系的 ESR 技术方法。最常用的自旋标记化合物为氮氧自由基(NO),可根据需要将标记物结合到被研究体系的某个特定部位。此法很适合于研究生物大分子的结构和动力学特性。

5. 自旋捕捉法(spin trapping)

其原理是将自旋捕捉剂加到反应体系中,反应中生成的短寿命自由基与捕捉剂结合生成一种比较稳定的自由基(称为自旋加合物)。利用这种加合物的 ESR 波谱来间接地研究分析原来的短寿命自由基。自旋加合物也是 NO 基。

6. 短寿命自由基

快速反应和瞬态顺磁性中间产物为短寿命自由基,可采用以下方法研究:① 快速冷冻法。② 连续流动法或"止-流"法。③ 闪光光解或脉冲射解技术。④ 低温测量。⑤ 自旋捕捉法。⑥ 时间分辨 EPR 技术。

7. 同位素取代

多数具有生物意义的体系中,ESR 波谱常包含复杂的超精细分裂(HFS)结构,增加了解析困难。同位素取代可简化波谱结构,便于分析研究。例如,^{2}H 取代 ^{1}H、^{15}N 取代 ^{14}N、^{33}S 取代 ^{32}S、^{13}C 取代 ^{12}C 等。

8. 定量测定问题

对样品中所含不成对电子自旋数或自由基浓度进行定量测定时,可采用绝对测量法和相对测量法。由于绝对测量十分复杂,故一般采用相对测量法,即与标准样品进行比对。有时,也可用不同浓度的一系列同种样品进行自身比对。这时,就要制备一系列样品,制备条件应严格一致,并要使用同种材料制造的相同尺寸的样品管。

(万谦)

7.9 原子力显微镜

7.9.1 原子力显微镜的基本类型

原子力显微镜(atomic force microscope,AFM)是由 1986 年扫描隧穿显微镜

(scan tunneling microscope, STM)的发明者之一葛·宾尼(Gerd Binnig)博士(图7.18)在美国斯坦福大学与Quate和Gerber等人合作研制成功的。当时,AFM的横向分辨率达到2 nm,纵向分辨率达到0.01 nm,放大倍数高达100万倍以上,而且,AFM对工作环境和样品制备的要求比电镜低得多,因此立即得到了广泛的重视。

图7.18　扫描隧穿显微镜(STM)
(发明人 Heinrich Rohrer & Gerd Binnig,IBM,1986年诺贝尔奖)

最早的AFM主要是作为观察样品表面形貌的显微镜使用的。由于表面的高低起伏状态能够准确地以数值图像的形式获取,AFM也作为检查表面粗糙度和测量仪器来使用。目前,通过控制并检测针尖-样品之间的相互作用力,原子力显微镜已经发展成为扫描力显微镜家族的重要成员。它不仅可以高分辨表征样品表面形貌,而且可以分析研究与作用力相对应的各种表面性质。另外,利用探针的尖锐针尖,可以操纵原子和进行纳米加工。因此,AFM在纳米科学与技术中发挥着日益重要的作用。

原于力显微镜(AFM)是在STM的基础上发展起来的,二者各有异同。它弥补了STM对样品导电性的要求,可以用来研究导体,也可以用于半导体和绝缘体的研究,成为人们研究物质表面结构的强有力的实验技术。AFM与STM同属扫描探针显微镜(scan probe microscope)家族重要成员(图7.19)。

原子力显微镜包括以下4个核心构件:为反馈光路提供光源的激光系统(laser);进行力-距离反馈的微悬臂系统(cantilever);执行光栅扫描和z轴定位的压电扫描器(piezo-scanner);接收光反馈信号的光电探测器(detector)。仪器结构框图,如图7.20所示。

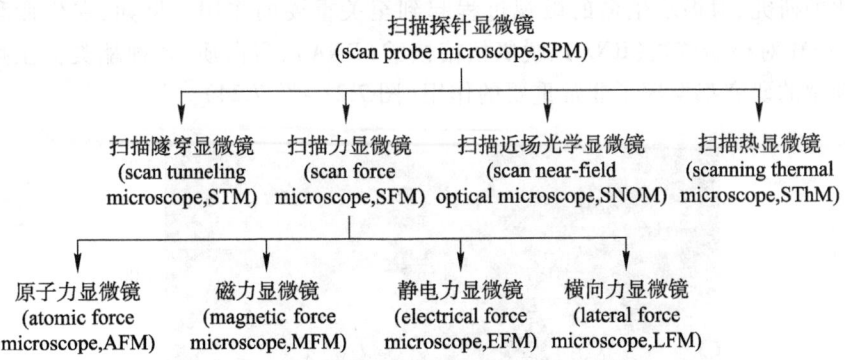

图 7.19　扫描探针显微镜家族组成成员

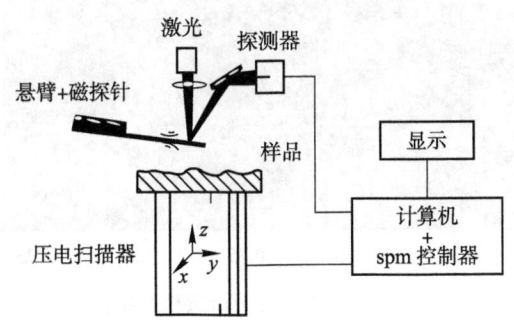

图 7.20　AFM 仪器结构框图

根据选择探针和样品间的力-距离关系,可将原子力显微镜的操作模式分为 3 大类型:接触模式(contact mode)、非接触模式(non-contact mode)和轻敲模式(tapping mode)。对于生物样品的应用中,以成像为主要目的的操作一般采用轻敲模式;以纳米加工为主要目的的操作一般采用接触模式。

7.9.2　原子力显微镜在生物学研究中的应用

对比已有的其他显微工具,原子力显微镜以其高空间分辨率、广泛的试验对象、制样方法简易及适合多样化的试验环境等特点而备受青睐,在材料科学、生命科学等领域的研究上发挥着重大作用。

在生物科学中,因 AFM 有着很高的三维空间分辨率,故可以直接进行样品表面的形貌测定。用 AFM 对生物大分子成像的意义在于,不仅可在分子水平上认识大分子的形态,而且通过对生物分子结构及生物分子相互作用前后构型的变化的研究,对揭示生命的微观过程起到至关重要的作用。例如,在生命科学中,AFM 对核糖核酸(RNA)、脱氧核糖核酸(DNA)、蛋白质、各种酯类甚至病毒和细菌的研究都发挥了非常重要的作用(图 7.21~图 7.24)。

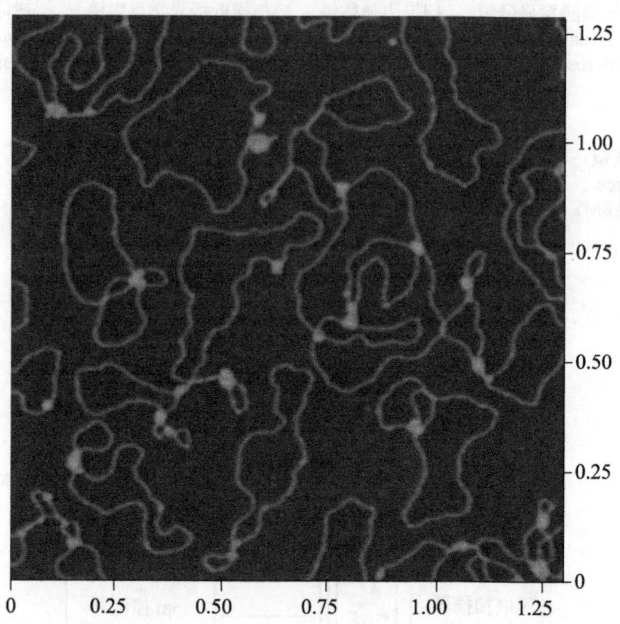

图 7.21 DNA 与蛋白质相互结合
(注:图像范围:1 250×1 250 nm;高度范围:5 nm)

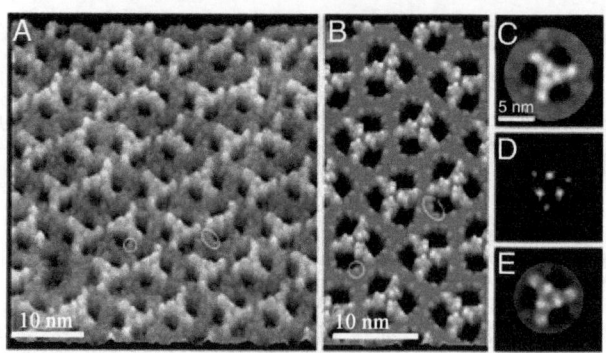

图 7.22 膜孔蛋白(OmpF porin)在缓冲液中的成像
(引自 Muller,et al,1999)

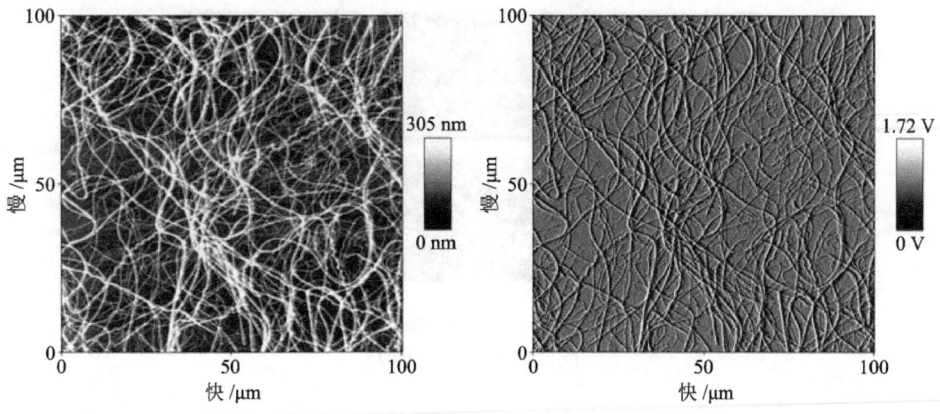

图 7.23　胎牛肌腱第一型胶原蛋白纤维

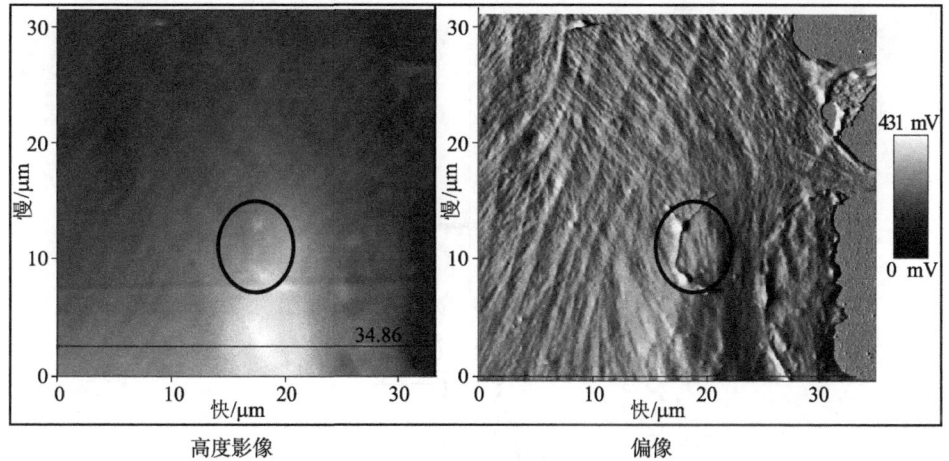

高度影像　　　　　　　　　　　　　偏像

图 7.24　造骨细胞（osteoblast cell）

（注：可以清楚看见细胞表面突起构造,此构造无法用其他显微镜观察得到。）

原子力显微镜不仅能对单个分子进行观察,而且能对其进行可控操纵（图 7.25,图 7.26）。由于原子力显微镜的样品制备简单,其对样品的破坏性相对较小。此外,AFM 还能够在多种环境,包括空气、真空和液体中运作,可在生理条件下对生物分子直接成像,还能对活细胞进行实时动态观察,测量分子间（如受体和配体）的作用力。从原子力显微镜诞生至今,在生物大分子的观察和操纵方面已取得明显的进展,表现出独有的特点。

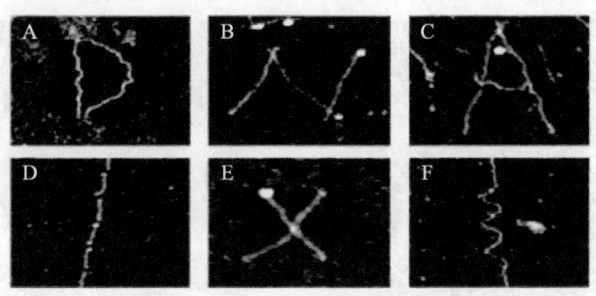

图 7.25 对 DNA 的纳米加工

（引自 J.Hu, et al, 2002）

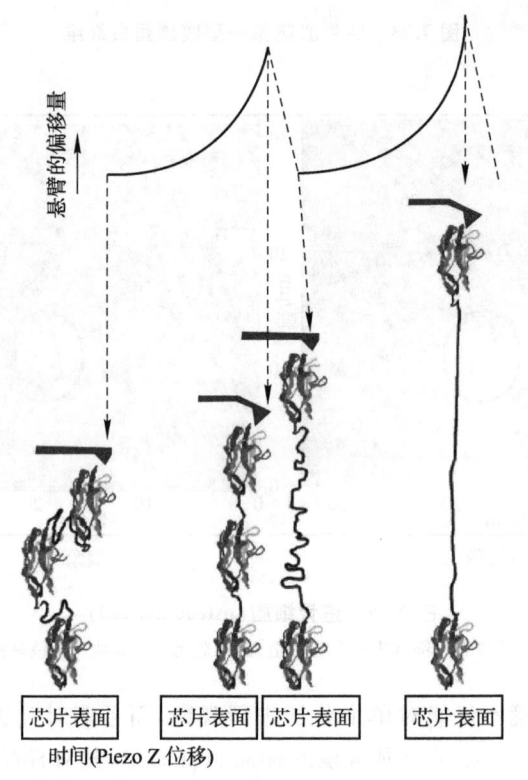

图 7.26 紫膜 BR 蛋白质去折叠,图中红色曲线为针尖受力曲线,
对应将 BR 蛋白质中各个域的去折叠过程

原子力显微镜除了单独使用外,还可以与其他分析技术和显微技术互补（图 7.27,图 7.28）,这是其他生物检测技术所难以比拟的。尤其是近几年,将

AFM 的成像和对生物分子的操纵相结合,实现了对细胞乃至单个分子进行精确可控的修饰,成为其成像和功能研究的一种独特的研究方法,并取得了较大进展。

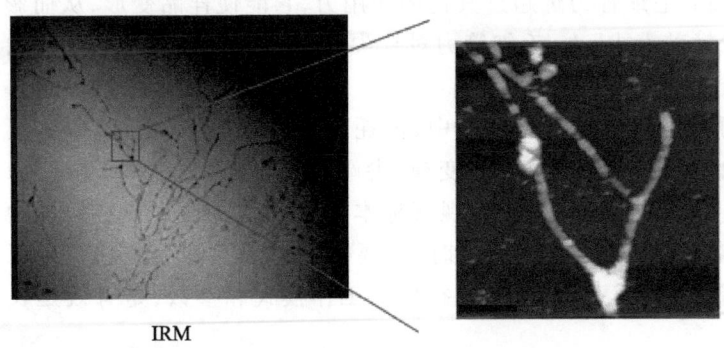

图 7.27 原子力显微镜结合反射式干涉显微镜

(注:IRM:interference reflection microscopy)

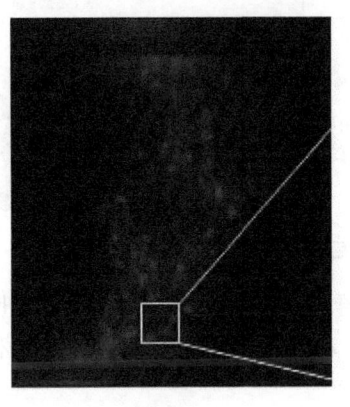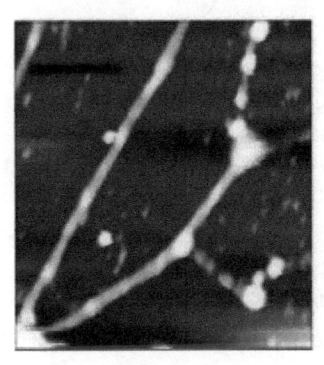

图 7.28 原子力显微镜结合全内反射荧光显微镜

(注:TIRFM:total internal reflection fluorescence microscopy)

7.9.3 原子力显微镜的安全使用规范

原子力显微镜属于精密仪器,对工作环境的条件有比较严格的要求,主要体现在温度、湿度、防震等几个方面。

原子力显微镜所在的实验室应符合"万级"超净间标准,并配有恒温和室温控制条件,在空气中扫描样品时,应保持空气湿度<50%。当空气湿

度>50%时,样品的表面会形成一层薄液面。温度设定在 20~25℃,避免明显的温度波动。每台原子力显微镜都配有防震台,在观察样品时应将防震台开关打开。如有条件,还可以将防震台放置于沙箱上起到进一步防震的目的。液面对针尖的毛细管力远超过其他的作用力,它能使样品变形,从而影响了分辨率。在"轻敲模式"中,毛细管力对针尖的作用明显减少,因此,成像时最好使用"轻敲模式"。

在原子力显微镜的所有部件中,消耗最快的是探针。原子力显微镜的针尖是锥形的,使用一段时间后会变钝、尖端增宽,导致分辨率下降。为了保证分辨率,必须适时更换针尖。在观察标本后,尤其是液态中观察,针尖可能会被标本污染(图 7.29),再次使用时,需要事先清洗,同时,注意针尖可能会对生物样本造成损伤。如何正确选择仪器工作模式和参数,是有效延长探针寿命的关键。

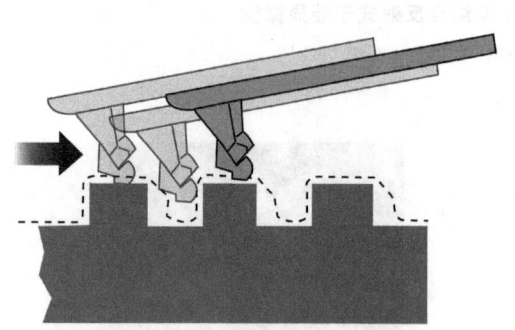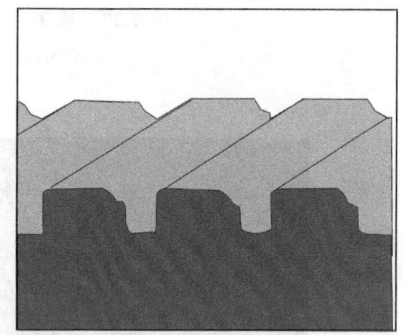

图 7.29　针尖被样品污染后得到的虚假形貌

在接触模式中,针尖始终与样品接触,样品扫描时,针尖在样品表面上滑动,针尖-表面间的黏附力有可能使样品产生一定程度的变形,并可能会损坏探针,从而影响图像的质量和真实性。

在非接触模式中,针尖与样品间的作用力是很小的,适合研究柔软的或有弹性的表面。针尖始终不与样品表面接触,因而针尖不会对样品造成污染。非接触模式由于针尖-样品之间始终保持一定的距离,致使分辨力低于接触模式。

轻敲模式是介于接触模式和非接触模式之间的一种操作模式,扫描过程中针尖与样品表面间断地接触。轻敲模式适合于分析研究柔软、脆性的样品。由于针尖与样品接触,分辨率通常与接触模式可比,但因为接触是短暂的,就大大降低了对样品的损伤,很适合用于生物样品的成像。

7.9.4 生物样品处理

与电镜、X线衍射等技术相比,原子力显微镜制样简单,制样过程对样品原始形态影响小。无需用重金属包裹样品或者制作金属复制物,可以在空气或者各种溶剂体系中直接观测,能够在接近生理环境的条件下直接进行研究;通过控制成像操作力的大小,采用合适的成像模式,不会引起样品分子的漂移和损坏,可以提高图像的重复性;现场操作性好,能够研究监测整个生化反应的动力学过程;载体的选择简单,范围也大。

在空气或真空观察时,可以将样品直接滴加到成像载体上,吸附一定时间后,用滤纸吸干、自然晾干或氮气吹干的方法去掉多余的水分,然后进行扫描成像。在液体中测定时,为了避免样品的漂移,需选择合适的固定方法和载体以得到理想的实验结果。

AFM的成像载体种类比较多,根据研究工作对成像载体表面粗糙度及其他表面特性的要求,可选择云母片、硅片、玻璃片、金膜、生物膜、石墨等做基底,其中,最常用的是云母。云母是一种相当平的基底,几平方微米范围内的表面粗糙度只有几埃,吸附能力强,价格便宜,容易剥离得到新鲜洁净的表面,且可进行化学修饰。云母的这些优点决定了它是一种理想的基底,能用于许多物质的成像。由于云母表面带一层阴离子,所以,如果样本带负电(如DNA分子),则一般需要加入一定量的二价阳离子(如 Mg^{2+}),使其在云母片和负电样品分子之间起到盐桥的作用。从DNA到活细胞的成像都能采用云母作为基底。

金膜和硅片作为载体也用得比较多,虽然金膜较云母贵,但它易于与巯基化合物使用Au—S键形成牢固的共价键合。通过对其末端基团进行修饰、控制,可以得到不同性质的表面。由于这种固定方法主要是利用结合比较强的Au—S键,所以固定效果好,无论在大气还是在液体中成像或进行力曲线测定都可以。

(靳刚,葛林)

7.10 离心机

7.10.1 离心机的基本类型

离心机是生化实验必备的使用工具,它是应用转子绕固定旋转轴旋转产生离心沉降运动,对物质中的不同密度、不同分子量的组分进行分离。

1. 离心机按用途分为制备用离心机,分析用离心机。

2. 离心机按转速可分为低速离心机、高速离心机、超速离心机、分析超速离心机。

(1) 低速离心机一般转速在 10 000 r/min 以下。低速离心机分常温离心和冷冻离心两种。为方便使用又分为台式和落地式两种,台式容量较小,落地式容量较大。

(2) 高速离心机一般转速在 10 000~30 000 r/min。基于高速运转需要,普遍装有冷冻温控设备,为方便使用分为台式和落地式两种。

(3) 超速冷冻离心机,一般转速高于 30 000 r/min 的离心机称为超速离心机,目前,最高转速达到 150 000 r/min。基于高速运转需要,所有离心机都装有冷冻温控设备和抽真空设备。

(4) 分析超速离心机。分析超速离心机是制备离心机和光学检测系统相结合的仪器,该设备具备以下特点:① 转速高达 60 000 r/min。② 需要用于半径校准的参比池和特殊组装的样品池。③ 可调温度 0~40℃。④ 备有两种检测器可供选择:紫外(XL-A):190~800 nm,高灵敏度;干涉光(XL-I):适用于没有紫外吸收之样品,如糖类和高浓度样品(<50 D 值)。⑤ 专利椭圆形全息衍射光栅及四倍光束系统,减少散射光干扰。⑥ 采用光电倍增管,大大提高检测灵敏度。⑦ 精确可靠的控制软件及数据处理。⑧ 在超速离心过程中,生物分子是以非变性状态在相关溶液条件下进行鉴定。

目前,分析型超速离心机在科研和工业生物制药研究领域的应用日趋广泛,主要应用范围有:① 绝对/相对分子质量测定。② 样品纯度、浓度测定。③ 分子的聚和、解离分析。④ 热动力学和流体力学参数确定。⑤ 核酸、蛋白及病毒测定与分析。⑥ 分子间之互相作用。⑦ 配合核磁共振应用。

7.10.2 离心机的安全使用规范和常见事故分析

7.10.2.1 离心机的安全使用规范

离心机是与实验室生物安全密切相关的设备,操作不当、机械故障以及试管破碎等都可以导致气溶胶的产生。因此,在生物安全实验室中的离心机必须遵循以下的安全操作规程:① 认真检查离心管是否存在破损。② 使用配套并平衡等重的离心管。③ 离心前要将离心管盖紧密封,尽可能使用专门的安全离心杯。④ 要确保转头在离心轴上锁好。⑤ 盖好离心机盖后再离心。⑥ 等离心机完全停下来后再开盖。⑦ 每次离心后均须进行消毒。如有溶液溅出,应立即用消毒液反复擦拭被污染表面确保病原彻底灭活。

对于分析型超速离心机,操作时还要注意以下几点:① 严格按照说明书顺序组装离心池,其中应特别注意垫片的安放,否则有损石英玻璃。② 参比池一定要放在转子的第 4 个孔。③ 转子中离心池与参比池的底部标线一定与转子底部的标线对齐,并确认池子安装到转子孔的底部。④ 光路装置底端狭缝处严禁被光直射,安装光路时应注意针孔相对,并做好固定。⑤ 样品最好预先经过分子筛的纯化,取峰尖位置的样品,质量浓度范围为 10 μg/mL～5 mg/mL(取决于应用和使用的光学系统)。沉降速度实验要求样品体积为 380 μL,对照缓冲液体积为 400 μL;沉降平衡实验要求样品体积为 110 μL,对照缓冲液体积为 125 μL。需要强调的是,对照缓冲液与样品缓冲液应完全一致。

7.10.2.2 离心机使用常见事故分析

凡初次使用离心机者,必须依照使用说明书,严格按操作规范进行操作。如果使用不当就会发生重大责任事故,严重时危及人身安全。以下列举几种事故及事故原因和防范措施。

1. 转头在离心腔内爆炸或飞出腔体造成重大事故。

(1) 原因:① 超速运转。② 转头长期使用超过说明书规定的寿命仍满速运转。③ 使用不锈钢管套管及高密度样品未减速(样品密度超过 1.2 g/mL 时应降速使用)。④ 转子、吊桶底部腐蚀。⑤ 不慎将转子强力碰撞或失手落地使转头轴孔部位损伤。

(2) 防范措施:① 严禁超速。② 按规定降低转速。③ 按规定对套管,不锈钢管及高密度样品实施减速运转。④ 每次运转后清洗(特别是使用重金属盐做梯度离心后)一般情况下禁止在铝合金转头、吊桶中使用重金属盐的梯度离心。⑤ 碰撞损伤后或发现转头孔腐蚀、损伤后即请厂方专业人员检验。

2. 甩平转头的吊桶从转头本体中甩脱造成转头、驱动轴及离心腔严重损坏。

(1) 原因:① 吊桶的吊钩或转销在运转前没有装妥。② 铝合金吊桶受腐蚀后在高速运转中炸裂。③ 超速使用造成吊桶转轴损坏。

(2) 防范措施:① 稳妥安装,反复检查吊桶是否挂好。② 严格按照离心管瓶的耐蚀性使用离心机材料,超速甩平转头加样应距管口 3 mm,发现漏液及时清洗。③ 严禁超速使用。

3. 高速运转中或加速过程中转子盖脱落,造成盖及转头损坏,驱动轴弯曲,轴承及减震器损坏,离心腔内壁破裂。

(1) 原因:① 转头盖没盖紧。② 转子盖与转头连接螺纹处未涂润滑油,虽手感已旋紧,实际螺纹之间并未咬死,很容易松脱。③ 转头盖上或转头上密封圈脱落,不在槽内或老化、缺损。

(2) 防范措施:① 按正确方式旋紧转头盖。② 常在螺纹结合处涂少量 MoS_2 脂。③ 每次使用前检查盖上或转头上"O"型密封圈是否在槽内,有无老化、断裂和脱落。

4. 离心机旋转主轴弯曲或断裂。

(1) 原因：① 严重不平衡运转或运行中离心管破裂造成不平衡。② 转头盖脱落。③ 驱动轴超寿命运转，引起转轴疲劳破损。④ 由于冷凝水侵蚀，引起主轴上轴承损坏，进而影响主轴。⑤ 离心管放置不对称或离心管重心不一样。

(2) 防范措施：① 正确的平衡方式。② 一旦发现不正常噪声及震动应立即停机。③ 在驱动轴规定寿命范围内使用离心机。④ 发现腔内有积水时应及时擦干，发现转动过程中出现不正常高频噪声立即停机。⑤ 对称放置离心管，不但重量要一样，重心高低必须一致。

5. 离心过程中离心管破裂，反卷造成离心失败，转头或吊桶被腐蚀。

(1) 原因：① 离心管材料老化。② 离心管使用次数过度。③ 离心管被样品腐蚀。④ 薄壁管样品未加满或管盖未盖紧，甩平转头样品未加足到规定水平或过满溢出。⑤ 使用了不同规格或牌号的离心管。

(2) 防范措施：① 按说明书规定寿命使用离心管，发现老化、变色、龟裂的离心管坚决不用。② 严禁使用有裂纹变形的离心管。③ 仔细阅读有关离心管材料耐蚀性表，不同样品使用不同材料的离心管。④ 按说明书规定安装盖帽和装样品高低。⑤ 使用相同材料规格和牌号的离心管。

需要注意的是：大多数事故的前兆都是在运转中有不正常噪声发生，因此在离心开始到达到所需转速时绝不能离开离心机，一旦有异常声音发生时，应立即按"停止"按钮，使转动部快速停止，以较少损失。如果此时切断电源造成制动失灵，损失加大。

(周忠年，于晓霞)

7.11 生物分子相互作用检测仪

生物分子相互作用是一种基本的生命现象，也是现代生命科学研究的重大科学问题之一。因为，这些相互作用不仅控制着基因转录、细胞分裂和细胞增殖，同时，还介导细胞坏死过程中的信号转导、致癌转化和凋亡等。定量分析生物分子的相互作用和相关的动力学对于揭示生物反应过程的分子机制和研究生命现象发生发展的基本规律具有十分重要的意义。日益增加的新蛋白质和DNA序列数据也迫切需要能够准确、快速鉴定生物作用的方法。生物分子相互作用仪 BIAcore(biomolecular interaction analysis)是基于表面等离子共振(surface plasmon resonance，SPR)，并用于实时观察生物分子相互作用的技术。通过它可以得到很多传统技术难以提供的生物分子互作信息，因为，它可以实时观察分子相互作用过程中的每一秒变化的情况。

7.11.1 生物分子相互作用仪简介

基于 SPR 原理的生物分子相互作用仪的生产厂家主要是 BIAcore 公司。该公司在此类仪器的研发上已经有了十几年的历史,并且有不同的仪器型号适于不同的研究领域,在通量和检测灵敏度以及数据处理上日益完善。目前,主要型号有 BIAcore X、BIAcore 2000、BIAcore C、BIAcore 3000、BIAcore S51、BIAcore T100、Flexchip 和 BIAcore A100 等。最近,Bio-Rad 公司也推出了 SPR 检测仪 ProteOn XPR36。以下以 BIAcore 系统为例介绍。该系统的 3 个核心部分是传感器芯片,SPR 光学检测系统和微射流卡盘。

传感器芯片是实时信号传导的载体。芯片是在玻璃片上覆盖了一层金膜,在金膜的表面连有不同的多聚物以形成不同的表面环境以利于固定不同性质的生物分子。每个芯片表面有 4~400 个通道(与仪器型号有关),可以独立做实验,也可以做实时的对照实验。为了满足分析各种生物体系的要求,从各类小分子化合物、多肽、蛋白质、寡核苷酸和寡聚糖直至类脂、噬菌体、病毒和细胞,有多种传感器芯片满足实验设计。

SPR 技术是一种基于物理光学特性的分析技术。当入射角以临界角入射到两种不同透明介质的界面时将发生全反射,且反射光强度在各个角度上都应相同。但若在介质表面镀上一层金属薄膜后,由于入射光可引起金属中自由电子的共振,从而导致入射光在一定角度内大大减弱,其中,使反射光完全消失的角度成为共振角。共振角会随金属薄膜表面通过的液相的折射率而改变,折射率的改变又与结合在金属表面的生物分子质量成正比(1 000 RU 的变化表示传感片表面 1 ng/mm 的质量变化)(图 7.30)。因此,可以通过对反应全过程中各种分子反射光的吸收获得初始的数据,并经相关处理获得结果-传感图(图 7.31)。

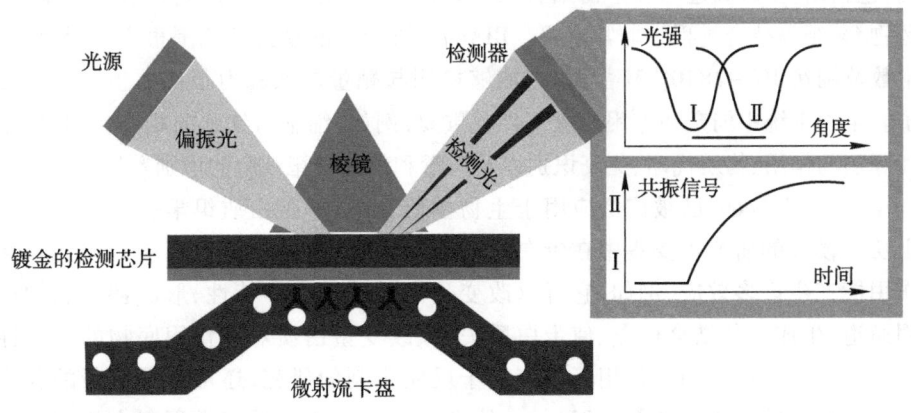

图 7.30 SPR(表面等离子共振)的基本原理

微射流卡盘是一个液体传送系统,通过软件的控制自动地传送一定体积的样品至传感器芯片表面。通过对管道内微型气阀的控制,形成各种液体流动回路,将样品或缓冲液送到传感片表面的不同通道,甚至自动进行样品的回收。

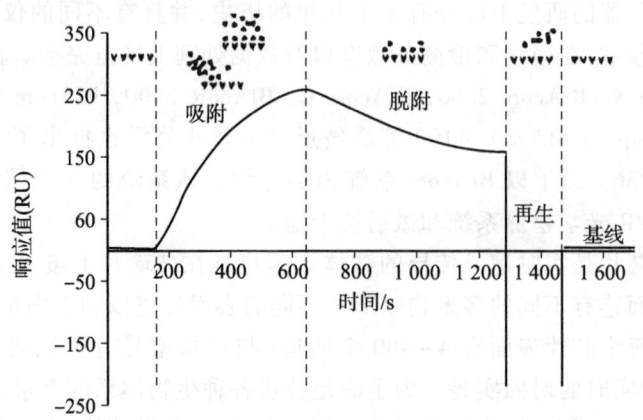

图 7.31　BIAcore 生物分子相互作用仪的检测曲线

7.11.2　生物分子相互作用仪在生物学研究中的应用

BIAcore 将 SPR 的物理光学检测技术与集成化多元芯片技术相结合,发展形成了新型的并行、快速生物分子识别和检测技术。实验时,先将一种生物分子(ligand)固定在传感器芯片的葡聚糖表面,将与之相互作用的分子(analyte)溶于溶液(或混合液)流过芯片表面。SPR 检测器能跟踪溶液中的分子与芯片表面的分子结合、解离整个过程的变化,记录成一张传感图(图 7.31)。通过 BIAcore 不仅可以了解分子结合的特异性,只要设计合理的实验,还能精确计算分子结合的动力学数据,包括结合/解离速率和平衡结合/解离常数。这在研究抗原/抗体、配体/受体、药物/药靶等结合过程中非常重要。BIAcore 所测量的动力学范围很广,平衡结合常数范围在 $10^4 \sim 2\times10^{10}$ M^{-1},所以,能够检测与靶蛋白亲和力很低的生物活性分子。生物系统中弱亲和作用的意义日益重要,例如,细胞与细胞的相互作用、细胞和底物的作用、物质代谢、免疫识别以及病毒和细菌与靶细胞的识别等。

目前,BIAcore 已被广泛应用于生物学研究中,如蛋白质组学研究。蛋白质组功能模式的研究主要集中在蛋白质间相互作用的网络关系上。蛋白质的相互作用能产生许多效应,例如,它可以改变蛋白质的动力学特性、形成特异底物作用通道、生成新的结合位点、使蛋白质失活、改变蛋白质对其作用底物的专一性等。了解蛋白质的相互作用不仅有助于反应机制的研究,还可以寻找新的药物靶点和疾病的标志分子等。BIAcore 技术已经成为蛋白质组学研究中的重要手段,可以筛选配体/受体,揭示蛋白质相互作用,分析复合物的组装顺序以及结合位点等。在信号转导研究领域方面，BIAcore 技术可以在胞外环境中研究信号传递途径中的相互作用，不仅可以了解传递通路，还可以寻找疾病的分子靶点和设计合适的药物，目前，已应用在细胞凋亡、分化、能量代谢和细胞周期等多种信号转导研究中。随着人类基因组计划的完成和蛋白质组学的开展以及新化合物合成技术的高速发展，新药开发的主要内容是药物靶点的发现以及药物分子与药靶之间的相互作用。BIAcore 技术因其实时、灵敏以及直接分析小分子化合物（BIAcore S51 可以检测 $M_r>100$ 的分子）等优势成为新药研发中的有效工具。除此之外，BIAcore 在遗传学分析和食品检测上也有应用。

7.11.3 蛋白质相互作用仪的安全使用规范

(1) 对于 BIAcore 仪器来说，由于微射流卡盘与芯片组成的流通池(flow cell)的高度只有 20 μm，因此，该仪器对样品和缓冲液的要求很高，否则会造成堵塞。

(2) 使用过程中，要注意样品架与 control 软件中所设置的一致，否则进样针碰到阻碍会被损坏。

(3) 有些试剂在仪器上不能使用，或者只能短时间进样，如 70%乙醇、50%乙腈、50% DMF、50% DMSO、70%蚁酸、40%甲酰胺和 8 mol/L 尿素等，因此，对于非常用试剂需要先查看说明书，否则会对仪器内的重要配件造成化学损伤。

(4) 芯片要在低温封闭的环境中保存，保持其性能，防止污染。

(5) 每周至少进行 1 次 Desorb 以去除蛋白(试剂为 0.5% SDS 和 50 mmol/L 甘氨酸-NaOH，pH 9.5)，每月至少进行 1 次 Sanitize 除菌(0.07% NaClO)。

(6) 短时间不用仪器(低于 4 d)时，进行 stand by，保持缓冲液(如无菌水)流动，防止仪器内部长菌；超过 4 d 可以 close down 或者 shut down(需 70%乙醇处理)。

7.11.4 样品处理

(1) 实验所采用的缓冲液一定要经过 0.22 μm 的膜过滤除气，防止在仪器内造成堵塞。

(2) 仪器常用的样品主要包括各类小分子化合物、多肽、蛋白质、寡核苷酸和寡聚糖直至类脂、噬菌体、病毒和细胞，对于不同的样品有不同的要求。

(3) 对于蛋白质、DNA、多肽、寡聚糖、类脂等样品，要保证其在溶液中的可溶性，无沉淀产生。在上样前低温高速离心，取上清。

(4) 有污染或者毒性的分子，如病毒等，要保证在实验前经过灭活处理(如甲醛灭活)，在实验结束后立刻进行 Desorb 除蛋白，Sanitize 除菌。

(5) 对于细胞裂解液等黏稠浓度高的样品，需要低温高速离心并经过 0.22 μm 的滤器过滤，处理后立刻进行实验；如果放置时间太长，裂解液有可能会重新聚集，实验结束后立刻进行 Desorb 除蛋白。

(6) 对于血清或其他组织液样品,实验者需首先声明样品的来源和危害性,穿戴保护措施,如手套、口罩等;同样,要对样品进行高速离心和过滤处理,实验结束后立刻进行除蛋白和除菌程序,用消毒液擦拭样品槽等配件。

(7) 对于细胞样品,由于真核细胞本身比较大,而且容易变形聚集,所以此类实验对仪器的风险较大,容易导致 IFC 堵塞,上样时一定要保证细胞被均匀打散。

(毕利军,陈媛媛)

7.12 离子通道研究仪器系统——膜片钳

7.12.1 膜片钳技术简介

镶嵌于细胞膜上的离子通道蛋白是细胞内外信号传导的重要途径。1976年,德国的两位细胞生物学家 Neher 和 Sakmann 发明了膜片钳技术(patch clamp),以记录通过离子通道的离子电流来反映细胞膜上单一或多个离子通道蛋白分子的活动。这一技术运用玻璃微管电极接触细胞膜,并与之形成 $G\Omega$(gigaohm seal, $10^{10}\ \Omega$)以上的阻抗,使电极尖端开口处与相接的小片细胞膜片在电学上与其周围的细胞膜分隔,从而可对此膜片上 pA(10^{-12} A)量级的离子通道电流进行检测。这一技术使对细胞电活动的研究精度提高到皮安以下的电流分辨率,数微米的空间分辨率和数微秒的时间分辨率水平,是细胞和分子水平生物学研究领域的一次革命性突破。

7.12.2 膜片钳技术的各种模式及其在生物学研究中的应用

膜片钳记录系统是研究细胞膜离子通道功能的重要工具,广泛应用于药理学、生理学、神经科学、细胞生物学、分子生物学、病理学等各个方面。膜片钳技术有 4 种基本记录模式(图 7.32)。

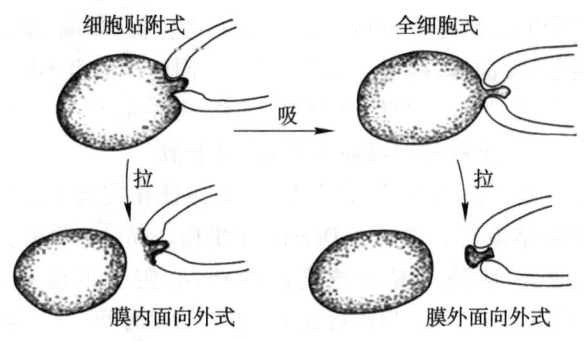

图 7.32 膜片钳技术的记录模式

1. 细胞吸附模式(cell-attached mode)

微电极在显微镜下贴近细胞后,给微电极施加一负压,形成高阻抗封接。此时可看到背景噪声明显减少,通常选取电极下仅有一个通道的膜片进行分析,即单通道记录,以利于不失真的观察一个通道的活动状态。该方法的优点是对细胞膜结构和细胞状态干扰小,能准确反映通道的活动状态;但缺点是不能控制跨膜电压。

2. 全细胞记录法(whole-cell mode)

高阻抗封接后,将电极覆盖部分的细胞膜吸破,使电极内液与整个细胞内液相通,可记录进出整个细胞的电流。该方法的优点是电流大,信噪比好。但此法使得细胞内容物,包括其中的调控因子被稀释。

3. 外面向外(outside-out)和内面向外(inside-out)模式

这两种技术分别是在细胞吸附式和全细胞记录的基础上改进而成,优点是可以从细胞膜内侧面和外侧面研究化学因素对通道功能的影响。而且,由于膜片与细胞处于分离模式,机械稳定性较高。

此外,膜片钳记录系统还可进行脑片膜片钳记录、脂质体记录、在体膜片钳记录、细胞器离子通道记录、膜电容测定,单细胞 RT-PCR,光电同时检测等。

7.12.3 膜片钳记录系统的电学噪声和机械震动噪声的消除

膜片钳记录系统是电生理研究的重要工具,已经从传统的膜片钳电学检测系统发展成为复杂的光机电联合应用系统,包括膜片钳单细胞记录系统、膜电容记录系统、光解释放系统、荧光测钙系统,加药灌流系统,显微操作系统等多个子系统。在应用过程中普遍存在着电学噪声和机械震动噪声的干扰。

好的放大器内源噪声一般只有几十个飞安(fA,10^{-15} A)。因此,外源噪声是膜片钳系统中主要面临的噪声。外源噪声可分为辐射噪声、地环路噪声和磁感应噪声。辐射噪声主要来源于实验室各种照明灯源和电源插座的工频噪声(50 Hz),计算机的高频噪声等。辐射噪声可以通过接地的导电屏蔽层来隔断辐射路径进行削减。屏蔽层连接到微电极放大器的信号地。使用屏蔽笼可有效地屏蔽实验系统外部大部分空间辐射噪声。当一个变化的磁通量切割一个环路线圈时,就会发生磁感应,并在线路中产生电流,引发磁感应噪声,将电源远离敏感电路可以削减这种噪声。当屏蔽层出现多点接地时,如果不同的接地点有些微不同的电位,就在屏蔽层中产生电流,形成地环路噪声。简单地将所有屏蔽层连起来,然后仅仅只在一点接地,就可消除大部分地环路噪声。

机械震动会直接导致封接失败和记录错误。在膜片钳系统中,导致电极尖端的机械震动和漂移是两种主要的机械干扰。具有良好缓冲性能的防震台可以有效隔离来自地面的垂直震动。为防止电极尖端发生漂移,膜片钳实验中使用的微操必须坚固紧凑,其移动部分(包括微操、夹持器、电极尖端、室中的细胞)应尽可能短;环境温度应保持恒定。同时,使电缆自由放置,从而不对微操施加作用力。

7.12.4 使用膜片钳仪器系统的注意事项

(1) 防止放大器过载,影响使用寿命。应避免手指直接接触放大器探头的输入端芯线,因为人体所带静电可能会损害探头的输入电路。实验前,应使人体所带静电通过接地线释放。试验中,如发现放大器指示灯持续指示过载,应立即关闭放大器,待查明原因后,再重新启动。

(2) 向探头插入电极时,应当用一只手托住微超,一只手安装电极,以避免安装电极时使微超吃力,影响其精度。

(3) 每次更换加热丝、更换不同型号的玻璃微管时,都应该对电极拉制参数进行重新调试。除要求很低噪声的试验外,可选用熔点低、管壁薄的微电极,以延长拉制仪的寿命。

(4) 质子浓度和渗透压变化可修饰多种离子通道的功能,二价离子可影响细胞膜表面电荷,从而平移电压感受型离子通道的激活和失活特性,而无钙外液可极大影响细胞的状态;因而配制试验溶液时,应保持细胞内外液的渗透压、酸碱度平衡以及使二价离子维持其生理浓度。

(5) 参比电极和测试电极的银丝通常需镀上 AgCl,该镀层随着玻璃电极的使用或大电流的流过,会发生脱落,影响电流的稳定性;因而应定期将银丝镀上 AgCl。并且经常清理探头和电极夹持器内的镀层残渣,保持探头和夹持器清洁。

(6) 氯离子是浴液与放大器间的初级电荷转运离子,因而电极内外液必须含有数毫摩尔的氯离子。此外,浴液中氯离子浓度发生较大变化时,会产生电极电位的漂移。

(7) 进行灌流试验时,应防止溶液泄漏到显微镜。

(咸智)

7.13 停留谱仪

7.13.1 停留谱仪的基本类型

停留谱仪是含有停留附件的光谱仪器,任何光谱仪器只要能够而且加装了停留附件,就构成了停留谱仪,所以,荧光谱仪、吸收谱仪、圆二色谱仪都可以构成停留谱仪。本节主要介绍的停留谱仪(PiStar-180 Spectrometer),如图 7.33 所示。

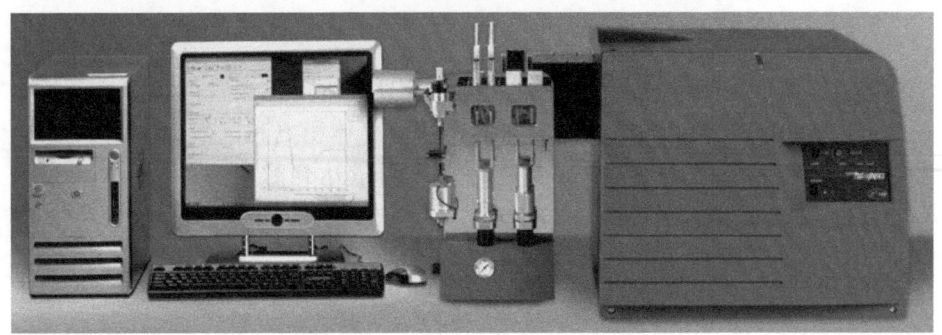

图 7.33 PiStar-180 型停留谱仪

气泵推动两个管路中的液体以不同的比例同时进入停留谱仪样品池,在样品池内发生非常迅速的混合,通常 1 ms 内即可完成,因此,可以用来进行快速动力学分析,研究溶液中两种物质混合后最初阶段的谱特征指标的变化,从而弥补人工手动混合造成的测量时间空白。为了达成充分混合,需要一定的时间,在此期间无法测量,为死时间(dead time);另一方面,出于快速混合的考虑,样品池容量较小,这导致经过一段时间后,扩散作用逐渐显著。因此,不推荐进行长时间测量,典型停留谱仪测量的时间范围在毫秒到分钟量级。停留谱仪主要应用在化学和生物学研究中。

7.13.2 停留谱仪在生物学研究中的应用

停留谱仪目前主要应用于以下领域:
(1) 酶动力学研究:主要是恒态前动力学(pre-steady-state kinetics)研究。
(2) 蛋白质折叠动力学:研究蛋白质折叠/去折叠过程,探察动力学中间体。
(3) 蛋白质、核酸、药物分子等之间的相互作用过程。

这些研究除利用传统的谱手段外,近来也利用了 FRET、淬灭等新技术。然而最常规的还是圆二色(CD)指标。

7.13.3 停留谱仪的安全使用规范

停留谱仪属于大型贵重仪器,使用上对操作人员来讲相对是安全的,需要注意的是避免仪器损坏。

开灯前一定要先通高纯氮气,实验结束关灯后,也一定要通高纯氮气!

对仪器保管人员来说,需要注意,在更换光源例如 Xe 灯和 Hg-Xe 灯时,一定要佩戴防护目镜,以免内部充满高压气体的灯体爆炸伤人,特别是灯还处于高温状态时。

7.13.4 生物样品处理

停留测量所使用的样品量较少,单次测量只要覆盖连接管体积和样品池体积就可以了,以 PiStar-180 为例,参与混合的两路体积之和一般为 200~400 L。不过为了取得可重复数据,一般要进行多次测量达到稳定后,再多次测量取平均。

（柯莎,王新宇）

附录一 ××××所实验风险评估表

实验室名称		实验室负责人	
实验项目简介			
实验活动期限		风险评估修改否	
病原微生物名称			
病原体特点描述			
危害程度分类	1☐ 2☐ 3☐ 4☐	生物安全实验室级别	1☐ 2☐ 3☐ 4☐
1	所操作病原体是否对人类致病？	是☐ 否☐	
2	实验中是否通过反向遗传技术而产生新的致病性毒株？	是☐ 否☐	
3	是否为强致病性毒株？可以选用无致病性或弱致病性毒株代替吗？	是☐ 否☐	
4	所操作病原体传播途径？		
5	实验室操作中的可能传播途径？		
6	导致人或动物发病的感染剂量？	高☐ 低☐	
7	是否有实验室感染事件的报道？	是☐ 否☐	
8	是否有预防措施？有哪些预防措施？	是☐ 否☐	
9	疑似实验室感染后可以进行快速准确的诊断吗？用什么方法？	是☐ 否☐	
10	易感性？对某些人群（比如怀孕妇女）的特殊风险？	是☐ 否☐	

续表

11	实验室工作人员都知道潜在实验室感染发生的严重性吗?	是□ 否□	
12	有针对潜在感染的治疗方法吗?如何治疗?	是□ 否□	
13	在处理过程中感染性病原体的最高浓度或毒力?日常使用浓度或毒力?		
14	一次处理感染性材料中的感染性病原体的最高浓度或毒力?		
15	出现溅洒的风险?如何降低风险?	是□ 否□	
16	产生气溶胶的风险?如何降低风险?	是□ 否□	
17	需要离心吗?如何降低存在的风险?(生物安全离心机,离心机就近生物安全柜)	是□ 否□	
18	使用锐器吗?如何降低存在的风险?(锐器盒充足,且摆放正确?)	是□ 否□	
19	使用压力仪器吗?	是□ 否□	
20	要超声处理吗?如何降低存在的风险?	是□ 否□	
21	其他风险(热、冷)或风险操作(运输等)?	是□ 否□	
22	可以用其他低风险性操作来代替吗?	是□ 否□	
23	有有效的消毒措施吗?	是□ 否□	
24	实验室是否适于感染性材料的分装?	是□ 否□	

续表

25	是否所有实验人员都参加过适当的培训？请提供具体培训内容。	是□ 否□	
26	仪器维护人员进入实验室是否存在风险？可能有哪些风险？	是□ 否□	
27	在生物安全柜内操作病原体吗？	是□ 否□	
28	工作时需要配备哪些个人防护装备？		
29	需要其他特殊的防护装备吗？		
30	是否要求额外的生物安全保障措施？有何种理由？	是□ 否□	
31	工作中是否使用危险或易燃化学品？有哪些？	是□ 否□	
32	附加文件资料（如文献、报告、SOP）		
33	是否报所生物安全委员会讨论并批准？	是□ 否□	如果是，日期
参与风险评估人员签字			
项目负责人		日期	

附录二　××××所样品检测申请表

申请单位：　　　　　　　　　　　　　　　　　日期：　年　月　日

样品名称		检测目的	
样品类别	□一类　　□二类　　□三类　　□四类		
课题(项目)名称及任务来源			
可能传播途径			
防护/灭活条件			
所需生物安全实验室级别	□一级　　□二级 □三级　　□四级 □其他	课题负责人	（签字） 年　月　日
申请单位室主任意见	（签字） 年　月　日		
申请单位实验室管理部门意见	（签字） 年　月　日		
申请单位生物安全委员会主任意见	（签字） 年　月　日		

附录三　××××所样品检测审批表

申请单位：　　　　　　　　　　　　日期：　年　月　日

样品名称		检测目的	
毒种/样品类别	□一类　　□二类　　□三类　　□四类		
课题（项目）名称及任务来源			
可能传播途径			
防护/灭活条件	□具备　　□不具备		
检测人		检测科室评估人	（签字） 年　月　日
检测科室主任意见	（签字） 年　月　日		
实验室管理部门意见	（签字） 年　月　日		
所生物安全委员会主任意见（高致病性）	（签字） 年　月　日		

附录四　××××所样品检测管理责任书

申请单位：

课题名称：

课题来源：

课题编号：

为确保样品检测过程中的生物安全，我课题组（研究室、实验室）指派_____、_____等人员（具有生物安全培训上岗资质）负责本课题实验过程中_____样本的检测工作，并保证严格遵守《病原微生物实验室生物安全管理条例》的有关规定。并郑重承诺：根据生物风险评估要求进行相关实验，不隐瞒、不虚报所操作病原的生物风险，严格接受××××所的各项生物安全管理要求，进行相关实验操作。

申　请　人（签字）：_____

样本运送人（签字）：_____

课题负责人（签字）：_____

单位负责人（签字）：_____

___年___月___日

参考文献

1. 李楠,王凤翔,周春喜.激光扫描共聚焦显微镜显微术.北京:人民军医出版社,1997.
2. 袁兰.激光扫描共聚焦显微镜技术教程.北京:北京大学医学出版社,2004.
3. 李素文.细胞生物学实验指导.北京:高等教育出版社,施普林格出版社,2001.
4. 许险峰,徐锡金,霍霞.共聚焦激光扫描显微镜技术.激光生物学报,2003,12(2):156-159.
5. Pawley J.Handbook of Biological Confocal Microscopy.3rd ed.NewYork:Springer,2006.
6. White J G,Amos W B.Confocal microscopy comes of age.Nature,1987,328(6 126):183-184.
7. Egger M D.The development of confocal microscopy.TINS,1989,12:11.
8. Tadrous P J.Methods for imaging the structure and function of living tissues and cells:2.Fluorescence lifetime imaging.J Pathol,2000,191(3):229-234.
9. Piston D W.Imaging living cells and tissues by two-photon excitation microscopy.Trends Cell Biol,1999,9(2):66-69.
10. Bahlmann K,Jakobs S,et al.4Pi confocal microscopy of live cells.Ulamicroscopy,2001,87(3):155-164.
11. Straub M,Lodemann P,Holroyd P,et al.Live cell imaging by multifocal multiphoton microscopy. Eur J Cell Biol,2000,79(10):726-734.
12. BD Bioscience.FACSVantage SE Training Manual.2001.
13. 左连富,王凤荣.流式细胞术样品制备技术.北京:华夏出版社,1991.
14. Daniel J M,Andreas E.Voltage and pH-induced channel closure of porin OmpF visualized by atomic force microscopy.Journal of Molecular Biology,1999,285(4):1 347-1 351.
15. Hu J,Zhang Y,Gao H B,et al.Artificial DNA patterns by mechanical nanomanipulation.Nanoletters,2002,2(1):55-57.

第八章 实验室生物安全应急体系与预案

生物安全实验室的应急预案是每个实验室,特别是高等级实验室的必备文件和制度。对应急预案的不重视和准备不足是很多生物安全事故不能得到及时有效处理的主要原因。本章将就生物安全操作中意外事件的种类、处理、检测和防范作一介绍,以供各级实验室制定制度和执行参考。

8.1 实验室生物安全应急体系与预案的必要性和重要性

8.1.1 概述

任何国家和单位对自身的安全都要做到有备无患,从国家层面讲,对来自国内外的各种威胁(其中包括突发卫生事件)都有系统、详细的应急预案。从单位层面上讲也是同样,特别是有致病微生物实验室的单位更要如此。因为,实验室相关感染事件的发生,非但造成直接的人身伤亡和财产损失,而且在没有准备的条件下,很可能使事件进一步传播蔓延,造成全国性乃至世界性的传染病流行。近年的新加坡、我国台湾和北京的实验室感染就是惨痛实例。尤其是北京 SARS 实验室感染,对实验室工作人员发生与从事病原体引发疾病类似症状时毫无警惕和准备,任其感染者自由活动,没有预警、预报和应急措施,发生了病原再次传播和病例扩散,震惊了世界,损失惨重。痛心疾首、痛定思痛,我们不能再犯同样的错误。各实验室,特别是有高等级生物安全实验室的单位,应务必做好生物安全实验室的应急预案。

8.1.2 世界卫生组织(WHO)的要求

WHO《实验室生物安全指南》第 3 版在谈到实验室生物安全应急体系和预案时强调:由于存在仪器设备或设施出现意外故障以及操作人员出现疏忽和错误的可能性,生物医学实验室发生意外事件是不可避免的。所以,任何生物安全实验室在其建立之初或从事某项危险的实验活动之前,各个单位均应结合本单位实际,建立处置意外事件的应急指挥和处置体系,制订各种意外危险的应急预案并体现在实验室生物安全手册中,并不断修订,使之能满足实际工作的需要。有关应急预案应定期演练,使所有工作人员熟知。本章就有关实验室意外事件应急处置的有关原则加以介绍。这些内容是原则性的,读者可以根据本单位的实际灵活地加以修改和补充。

8.1.3 有关概念和定义

1. 预警

实验室生物安全预警,是引导相关工作人员防止对个人和公众健康产生威胁的一种方法,是有限而又能确保人群健康的科学方法,是在缺乏确定的因果关系或缺乏剂量-反应关系情况下,提出危险警告,促进和调整预防行为或者在健康威胁之前采取措施。实质上,在资料不全、危害不确定的情况下,经过分析后,仍要采取措施进行危害警告。这往往成为制订国家公共卫生政策和卫生质量标准的依据之一。预警技术的依据是预警监测和预警分析。前期分析决定了监测内容,监测结果提供了分析的依据。生物安全实验室的预警监测内容包括实验室、安全柜的空气压力和气流,HEPA阻力,各种机械状态,高压灭菌效果,室内空气和表面实验生物因子污染的情况等。

2. 预案

预案是在事件发生前采取的应对方案。预案的制订以预警为基础。正确的预警来自正确的分析和正确的监测。对于实验室突发事件的正确分析包括一系列可能发生事件的分析和定义。制订简单易行的单行本式操作程序,以便有章可循,达到降低突发事件的危害程度,保护生命、财产和环境的目的。

3. 应急

应急是指在发生突发事件时,能够在短时间内配备人力、物资和能源,迅速采取措施,把突发事件的损失减少到最低限度的一种措施或体系。

8.1.4 应急预案的作用

通过预警监测、分析,提出预案,采取应急措施,可以排除非生物安全因素避免事故,保障工作顺利进行,否则相反。例如:① 及时发现和排除设施设备机械故障。② 及时发现实验室及其设备空气压力的紊乱和正压,及时纠正或处置,避免生物因子气溶胶污染、感染和扩散,保障公众安全。③ 及时发现HEPA的泄漏,规避个人和公众危害。④ 及时发现废物灭菌不彻底,避免被试生物因子泄漏,以保证公众安全。⑤ 及时发现和正确处理工作人员由于疏忽和错误造成的各类危险操作,预防事故。⑥ 及时发现和正确处置工作实验室工作人员出现的各种病状,一旦发生实验室相关感染能正确处置,不发生再次传播。⑦ 及时正确诊治实验室相关感染,取得最好的治疗效果,并保障不发生再次感染传播。⑧ 有利于传染病、公共卫生事业的科学研究和管理水平的提高。

8.2　微生物实验室硬件意外故障应急预案

8.2.1　应急准备

应急操作规范

WHO 要求每一个从事病原微生物工作的实验室都应当制订针对所操作的微生物和动物危害的安全防护措施。在任何涉及处理或储存危险度 3 级和 4 级(即中国的危害程度第 1 类和第 2 类)微生物的实验室,都必须有一份关于处理实验室和动物设施意外事故的书面方案。国家和/或当地的卫生部门要参与制订应急预案。

(1) 应急操作规范内容:意外事故应对方案应当提供以下操作规范:① 防备火灾、洪水、地震和爆炸等自然灾害。② 意外暴露的处理和污染清除。③ 意外事故发生时的继续操作、人员紧急撤离和对动物的处理。④ 人员暴露和受伤的紧急医疗处理,如医疗监护、临床处理和流行病学调查等。

(2) 在制订意外事故应对操作规范时应考虑以下几方面问题:① 高危险度等级微生物的检测和鉴定。② 高危险区域的地点,如实验室、储藏室和动物房。③ 明确处于危险的个体和人群及这些人员的转移。④ 列出能够接受暴露或感染人员进行治疗和隔离的单位。⑤ 列出事故处理需要的免疫血清、疫苗、药品、特殊仪器和其他物资及其来源。⑥ 应急装备和制剂,如防护服、消毒剂、化学和生物学的溢出处理盒、清除污染的器材的供应。⑦ 处理事故中应明确责任人员及其责任,如生物安全管理人员、地方卫生部门、临床医生、微生物学家、兽医学家、流行病学家以及消防和警务部门的责任。

在制订的应急预案中应包括消防人员和其他服务人员的工作。应事先告知他们哪些房间有潜在的感染性物质。有可能的话,要安排这些人员参观实验室,让他们熟悉实验室的布局和设备。发生自然灾害时,应就实验室建筑内和/或附近建筑物的潜在危险向当地或国家紧急救助人员提供资料。只有在受过训练的实验室工作人员的陪同下,做好个人防护才能进入这些区域。感染性物质应收集在防漏的盒子内或结实的一次性袋子中,经消毒处理后,由生物安全人员依据当地的规定决定是继续利用还是销毁。

经常收集相关信息,定期修改规范,使之形成动态发展的规范。

(3) 在设施内应在显著位置张贴以下电话号码及地址:① 实验室。② 研究所所长。③ 实验室负责人。④ 生物安全员。⑤ 消防队。⑥ 医院/急救机构/医务人员(如果可能,提供各个诊所、科室和/或医务人员的名称)。⑦ 警察。⑧ 工程技术人员。⑨ 水、气和电的维修部门。

8.2.2 应急物资储备

生物安全实验室应储备下列物资以备应急使用:① 急救箱,包括常用的和特殊的解毒剂。② 泡沫式灭火器和灭火毯。③ 全套防护服(连体防护服、手套和头套——用于涉及第1类和第2类病原微生物的事故)。④ 有效防护化学物质和颗粒的全面罩式防毒面具(full-face respirator)。⑤ 房间消毒设备,如喷雾器和甲醛熏蒸器。⑥ 担架。⑦ 工具,如锤子、斧子、扳手、螺丝刀、梯子和绳子等。⑧ 划分危险区域界限的器材和警告标示。

8.2.3 实验室可能遇到的紧急情况

当发生自然灾害(如地震、水灾等)或设施出现故障时,有可能使保存菌(毒)种等感染性材料的容器发生破裂,而对操作者、环境和后续的抢险清理人员的健康造成威胁。生物安全柜等关键设备出现故障或/和实验室内压力、气流等发生逆转等时,可造成感染因子的泄漏而对操作者造成威胁。针对这些情况的处理原则如下:

1. 地震

在地震区不应建设 BSL-3 以上实验室。万一发生地震,应根据实验室被破坏的程度进行处理。

(1) 房屋倒塌:BSL-2 以上实验室首先是设立适当范围的封锁区;其次是进行适当范围的消毒,边消毒边清理;最后由专业人员在做好个人防护的前提下对实验室边消毒边清理,清理到菌(毒)种保存室。如果菌(毒)种的容器没有破坏,可安全转移到其他安全的实验室存放。如果菌(毒)种的容器已有破坏和外溢应立即用可靠的方法进行彻底消毒灭菌。处理现场的人要进行适当的医学观察。

(2) 实验室轻微损坏:可由专业人员按照上述方法处理。

2. 水灾

在经常发生水灾的或可能发生水灾的地区,包括水库的下游、易受水患的河旁等不应建设高等级实验室。实验室应实时获取气候的信息,预警分析,依据预案采取规避措施,一旦发生水灾报警时应停止工作,转移菌(毒)种和相关材料,对实验室进行彻底消毒。对仪器设备消毒转移和做有关防水处理。水灾过后应进行消毒清理维修和试运转、安全参数检测验证合格后方可重新启用。万一实验室被水淹没、冲垮,实验室单位和当地相关政府部门应组织对口专家进行流行病学监测,并制订预防控制生物因子传播感染的措施。

3. 火灾

实验室修造时应尽可能考虑采用抗燃材料,达到要求的防火级别。实验室内应配备防火器材,禁止储存易燃易爆物品,电线管道严防起火。实验中尽可能不或少用明火。实验室平时应加强防火意识,万一发生火灾,BSL-3 以上实验室,首先要考虑实验人员安全撤离;其次是工作人员在判断火势不会迅速蔓延时,可力所能及地扑灭或控制火情。消防人员不得进入实验室,不得用水灭火。消防部门重点控制火情,以便火灾不会殃及邻居。

4. 停电

要迅速启动双路电源或备用电源或自备发电机,电源转换期间应保护好呼吸道;如时间较短,应屏住呼吸,待正常后恢复正常呼吸;如时间较长,应该加强个人防护,如配戴专用的头盔。

5. 生物安全柜出现正压

生物安全柜工作状态时,柜内空气压力相对于实验室应为负压。若生物安全柜出现正压,被视为房间有较多试验因子污染,对操作者有一定危险,应立即关闭安全柜电源,停止工作,缓慢撤出双手离开操作位置,避开从安全柜出来的气流。在保持房间负压的条件下,如 5 min 不能恢复正常应放弃工作,对安全柜附近表面或空气取样,测定被试生物因子作为预警监测,其监测结果供预警分析使用,根据监测、分析结果决定是否启动预警方案。如在 5 min 之内能够恢复正常,依据实际情况决定是否恢复正常工作;如果恢复实验工作,应在 30 min 后进行适当消毒后方可重新工作。

6. 房间正压而安全柜负压

应被视为房间轻微污染,此时危险不大,应停止工作,报告实验室负责人,进行检修。如果能及时恢复正常,在安全柜内始终保持负压、严密个人防护的条件下,可以继续工作。但必须一如既往地注意周围地区流行病学观察和预防。

7. 房间和安全柜均为正压

若房间和安全柜均出现正压,则被视为发生严重污染,应立即关闭实验室和安全柜,停止工作,报告实验室主任,进行检修。工作人员要加强个人防护,按下列程序撤出:

(1) 对实验室应进行喷雾消毒。

(2) 进入第 2 缓冲区,对全身进行淋浴消毒或喷雾消毒,脱外层防护服、帽、鞋等。洗手,对房间喷雾消毒,离开进入半污染区,锁住或封住缓冲区的外门。

（3）对半污染区进行喷雾消毒，个人消毒后进入第1缓冲区，锁住或封住进入半污染区的门。

（4）在第1缓冲区进行消毒净化处理，有条件者用肥皂水洗澡，离开实验室，锁住或封住实验室进口，并标明实验室污染。

（5）待通风系统维修能正常运转，通风2 h后，工作人员穿戴个人防护装备进入，进一步彻底消毒，全面维修，重新启动实验室。在启动前应重新检测实验室各项安全参数。

8.3 意外事故的处理

每个实验室工作人员都应严格按照操作规程（SOP）进行病原微生物的操作。但实际工作中，操作者在实验过程中的疏忽或错误时有发生，有时会造成严重后果，对操作者本人、共同进行操作的工作人员和实验室环境造成威胁。因此，妥善、果断地处理这些意外差错和事故，对于保证实验室安全至关重要。

8.3.1 菌（毒）外溢处理的一般原则

1. 在台面、地面和其他表面

（1）戴手套，穿防护服，必要时需进行脸和眼睛防护。

（2）用布或纸巾覆盖并吸收溢出物。

（3）向纸巾上倾倒适当的消毒剂，并立即覆盖周围区域。通常可以使用5%漂白剂溶液（次氯酸钠溶液），如苯扎溴铵等。

（4）使用消毒剂时，从溢出区域的外围开始，向中心进行处理。

（5）作用适当时间后（如30 min），将所处理物质清理掉。如果含有碎玻璃或其他锐器，则要使用簸箕或硬的厚纸板来收集处理过的物品，并将它们置于可防刺透的容器中以待处理。

（6）对溢出区域再次清洁并消毒（如有必要，重复第2~5步）。

（7）将污染材料置于防漏、防穿透的废弃物处理容器中。

（8）在成功消毒后，通知主管部门目前溢出区域的清除污染工作已经完成。

2. 在安全柜内菌（毒）种洒溢

（1）如果在生物安全柜内、台面有消毒巾、洒溢量少，危险不大，经消毒后可继续工作，没有严重后果可定为差错。

（2）如果在安全柜内洒溢量比较大，视为有一定危险应及时处理，停止工作，对安全柜消毒并检查是否正常。没有严重后果可定为重要差错。

3. 污染、半污染区内安全柜外洒溢

视为有较大危险,应停止工作,按要求处理后,安全撤离,对当事人进行一定的医疗观察。如果是干粉,危险性很大,应根据危害评估的结果对当事人进行隔离预防治疗,如果没有造成严重后果可定为严重差错。

4. 在污染半污染以外洒溢

视为有很大危险,应立即在加强个人防护条件下进行消毒处理,如果没有造成严重后果可定为一般事故。

5. 洒溢在防护服上

被视为危险,应立即就近进行局部消毒。然后,对手进行消毒,到第 2 缓冲区按操作规程脱掉被污染的衣服,用消毒液浸泡(后进行高压灭菌处理)。换上待用的防护服。对现场可能污染的表面用消毒巾擦消,对可能污染的空气靠通风和紫外线去除和消毒。只有把可能的污染去除才可继续工作,如果没有造成严重后果可定为差错。

6. 菌(毒)外溢到皮肤黏膜

被视为有较大危险,应立即停止工作,撤到第 2 缓冲区或半污染区。能用消毒液的部位可进行消毒,然后用肥皂水冲洗 15~20 min,之后立即安全撤离,视情况隔离观察,期间根据条件进行适当的预防治疗。对事故中环境表面和空气的污染应由有经验的人在加强个人防护(如戴上面具和特殊的呼吸道保护装备)下按规程处理,如果没有造成严重后果可定为一般事故。

8.3.2 皮肤刺伤(破损)

被视为有极大危险,应立即停止工作,对局部进行可靠消毒、挤血、包扎等处置。如果手部损伤应脱去手套(避免再污染),撤离到第 2 缓冲区或半污染区。由另一位工作者戴上洁净手套对伤口进行消毒、挤血(向外挤),用水冲洗 15 min 左右(冲洗废水收集灭菌),按规程撤离实验室。视情况隔离观察,其间根据条件进行适当的预防治疗,如果没有造成严重后果可定为一般事故。

8.3.3 感染性物质的食入

视为有很大危险,应立即停止工作,按规程撤离实验室,转移到专用隔离病房或隔离室。单位生物安全委员会和相关医师共同研究医学处理方案,其中,包括了解食入材料的剂量和事故发生的细节,制订隔离和预防治疗措施,并保留完整适当的医疗记录,如果没有造成严重后果可定为一般事故。

8.3.4 潜在危害性气溶胶的释放(在生物安全柜以外)

视为很大危险,所有人员必须立即撤离相关区域,任何暴露人员都应接受医学咨询。应当立即通知实验室负责人和上级领导。为了使气溶胶排出和使较大的粒子沉降,在一定时间内(如 1 h 内)严禁人员入内。如果实验室没有中央通风系统,则应推迟进入实验室(如 24 h)。

应张贴"禁止进入"的标志。过了相应时间后,在生物安全实验室负责人参加或指导下来清除污染,应穿戴适当的防护服和呼吸保护装备,如果没有造成严重后果可定为一般事故。

8.3.5 容器破碎及感染性物质的溢出

视为有很大的个人危险和环境污染,当事人应当立即用布或纸巾覆盖受感染性物质污染或受感染性物质溢洒的破碎物品,然后在上面倒上消毒剂(并使其作用适当时间),开启紫外消毒、撤离现场。然后,立即向室主任或上级负责人汇报。根据危险评估和操作规程,作用一定时间,由有经验的人在加强个人防护下,进入现场将布、纸巾以及破碎物品清理;玻璃碎片应用镊子清理。然后再用消毒剂擦拭污染区域。清理的破碎物,应当对他们进行高压灭菌或放在有效的消毒液内浸泡。用于清理的布、纸巾和抹布等应当放在盛放污染性废弃物的容器内。在所有这些操作过程中都应戴手套。如果实验表格或其他打印或手写材料被污染,应将这些信息复制,并将原件置于盛放污染性废弃物的容器内,如果没有造成严重后果可定为一般事故。

8.3.6 离心管发生破裂

非封闭离心桶的离心机内盛有潜在感染性物质的离心管发生破裂。这种情况被视为发生气溶胶暴露事故,应立即加强个人防护力度,其处理原则如下:

(1)如果机器正在运行时发生破裂或怀疑发生破裂,应关闭机器电源,停止后密闭离心筒至少 30 min,使气溶胶沉积。

(2)如果机器停止后发现破裂,应立即将盖子盖上,并密闭至少 30 min。

发生这两种情况时都应报告实验室负责人。随后的所有操作都应加强个人呼吸保护并戴结实的手套(如厚橡胶手套),必要时可在外面戴适当的一次性手套。当清理玻璃碎片时应当使用镊子,或用镊子夹着的棉花来进行。所有破碎的离心管、玻璃碎片、离心桶、十字轴和转子都应放在无腐蚀性的、已知对相关微生物具有杀灭活性的消毒剂内。未破损的带盖离心管应放在另一个有消毒剂的容器中,然后回收。离心机内腔应用适当浓度的同种消毒剂反复擦拭,然后用水冲洗并干燥。清理时所使用的全部材料都应按感染性废弃物处理。

(3) 在可封闭的离心桶(安全杯)内离心管发生破裂

所有密封离心桶都应在生物安全柜内装卸。如果怀疑在安全杯内发生破损,应该松开安全杯盖子并将离心桶高压灭菌。还可以采用化学方法消毒安全杯,如果没有造成严重后果可定为一般事故。

8.3.7 发现相关症状

若操作者或其所在实验室的工作人员出现与被操作病原微生物导致疾病类似的症状,则应被视为可能发生实验室感染,应及时到指定医院就诊,并如实主诉工作性质和发病情况。在就诊过程中,应采取必要的隔离防护措施,以免疾病传播。这里特别强调的是,一旦发生了实验室相关感染,必须加以严格控制,必须杜绝再传播。杜绝传播的关键是做好实验室相关感染的预测、预警,严格按着预防方案处理。其中,提供警惕,及早诊断、及早隔离治疗非常重要。

8.4 事故报告制度

8.4.1 事故等级划分建议

1. 差错

(1) 一般差错:由于操作不慎而能及时安全处置的疏漏或错误引起的危险事件。例如,生物安全柜内少量洒溢,没有造成严重后果。研究室内处理,当事人在紧急处理后立即向室领导汇报。

(2) 重要差错:由于操作不当或违反操作规程而能及时安全处置的疏漏或错误引起的危险事件。例如,安全柜内大量(以毫升计算)感染性材料洒溢,污染、半污染区和工作服小量(以滴计算)洒溢,没有造成严重后果视为重要差错,实验室所在单位处理。当事人在处理的同时向室领导汇报,室领导及时向单位领导口头和书面汇报。

2. 事故

(1) 一般事故:由于严重违反操作规程造成影响较大的事件。例如,感染性材料洒溢在实验室的清洁区、皮肤、黏膜,消毒不彻底,气溶胶外溢,非高致病微生物实验室相关感染,但没有可能造成严重后果。实验室所在单位领导必须及时向上级主管部门报告。同时,要按照实验室预案对相关人员进行医疗监护。

(2) 严重事故：发生高致病微生物实验室相关感染，但没有可能死亡和病例扩散。要及时严格按照实验室预案处置，实验室主管部门必须及时向省、市、自治区卫生主管部门汇报。

(3) 重大事故：发生高致病实验室相关感染并可能死亡或病例扩散，高致病微生物丢失、被盗。省级卫生主管部门必须及时向国务院卫生主管部门卫生部或农业部报告。事故部门要认真负责地控制感染的扩散。

8.4.2 事故差错报告原则

凡涉及病原微生物操作的单位均应建立实验室事故报告制度。实验室事故的报告制度一般应遵循以下程序和原则：

(1) 发生上述突发事件或事故或严重差错，在妥善处理的同时向实验室负责人口头报告，负责人应立即向上级报告，必要时及时进入现场进行处理。

(2) 事故现场处理后，应及时翔实填写事故及事故处理记录，并事故当事人、实验室负责人签字上报。

(3) 处理后，负责人应立即向单位生物安全委员会作详细汇报。

(4) 生物安全委员会和负责人应认真负责，及时对事故做出危险程度评估并提出下一步的对策。

(5) 单位领导及时向单位上级主管部门就事故、事故处理过程以及已经和拟采取的下一步对策进行详细汇报。

(6) 对事故的经过以及事故的原因和责任进行实事求是的分析，对感染者的发病过程作详细记录和检验。

(7) 事故有了结果以后，当事人、负责人应深入实事求是地找出事故的根源，总结教训写出书面总结。单位领导要向上级主管部门写出书面报告，报告事情的经过、后果、原因和影响。

(8) 实验室相关感染首先受害者是当事人，各级领导除了帮助他们总结经验教训外，对他们应倍加关怀，体现"无责备"原则。

8.4.3 实验室相关感染的记录

对差错、事故实际情况记进行实事求是的记录。

(1) 由当事人在紧急处理现场后及时记录，包括时间、地点、人物，感染性材料的浓度、剂量，暴露途径、扩散方式、污染的范围等。

(2) 现场处理实际情况，由处理人员执笔，记录内容包括处理人员的个人防护，消毒剂种类、浓度、剂量、作用时间，实施程序、方法等。

(3) 信息报告和传递由实验室领导负责记录，包括报告人、上级对报告的批示等。

（4）生物安全委员会对事故的危险评估和采取措施的决定。

（5）患者的发病时间、症状、病程、物理体征、化验检查结果、治疗措施和用药等，由医师和实验室领导共同实施。

8.5 实验室相关感染的监测和预判

8.5.1 实验室相关感染

在实验室生物安全领域，把实验室工作人员和其他人员在研究病原微生物的过程中感染了该病原微生物的事件称为实验室相关感染或实验室获得性感染（实验室感染）。其主要原因可能是：

（1）实验工作人员的误食、误注病原体。这只是局部事件。

（2）被研究的病原微生物泄漏，造成各种人员的各种途径的直接暴露感染。这可能造成局部实验室感染事件，也可能是突发公共卫生事件。

（3）已有实验室感染病例再传染他人，即同事、亲人和医护。这可能导致医院感染，形成人与人的感染链。

8.5.2 实验室感染的负面影响

尽管病原微生物操作早就有比较系统的标准操作规程（SOP），但古今中外，直至今天，实验室感染还是时有发生，成为人类与传染病斗争的绊脚石，实验室感染一旦发生，其负面影响特别大。概括述之：

（1）对实验室工作人员健康和生命的直接伤害和精神上的压力。

（2）对公众健康和生命构成很大威胁，破坏正常生活、生产、社会稳定。

（3）为本单位和本国政府带来很大麻烦，影响国际往来，包括政治、文化、教育和经济合作等方面。

（4）造成直接的经济损失。

8.5.3 实验室感染原因回顾和分析

实验室感染有主观原因和客观原因，前者，是指由于操作人违反 SOP 或犯错误造成的，有人估计 90% 以上是由于主观原因造成的；后者，是指设施设备意外故障或其他意想不到的原因引起的实验室感染。从实际的实验室感染来看，原因是十分复杂而多样，请见下表 8.1 和表 8.2。表中所列病例数不是实验室感染的全部，没有比例关系，只是说明感染原因或侵入途径的种类。

8.5 实验室相关感染的监测和预判

表 8.1 实验室感染原因的回顾和点评

原因	感染例数	微生物种类	操作内容	点评
昆虫叮咬	1	疟原虫	饲养按蚊	10 个孢子可感染
动物咬伤				
感染材料溅在				
眼				
脸			扩散和沉淀实验	保护黏膜和
手	3	肝片形吸虫	和动物感染	皮肤是重点
衣		血吸虫	不戴手套	
台面				
地面				
误食				
误伤				
误注				
划伤				
气溶胶				
不明原因				

表 8.2 实验室感染事例回顾和原因分析

微生物种类	例数	操作种类	原因分析	点评
大肠杆菌 *E.coli* 0517:H7	2	实验操作	防护不到位	10 个/g 食品即可感染
伤寒沙门氏菌 *Salmonella*	1/4	实验操作,家人 14 岁子女感染	防护不到位,消毒不彻底,清场不彻底,把菌带回家	接触感染是主要途径
志贺氏菌 *Shigella*	6/19	1. 手污染,洗手 2. 直肠拭子掉在工作台上,样品小滴落在脸上	手套污染手动洗手,经脸皮肤感染	溅洒和扎伤最为多见,不用手动洗手开关
鼠疫耶尔森 *Yersinia pestis*	2	实验操作,戴一般口罩	气溶胶吸入感染	少量细菌气溶胶吸入即可感染,发烧和孕妇不宜进入这种实验室

续表

微生物种类	例数	操作种类	原因分析	点评
淋病奈瑟氏菌 Neissria gonorrhoeae	1	针头与针管脱离，感染性材料溅在脸和左眼	违反操作规程，缺少面部防护	针头与针管脱离，非但溅洒而且产生大量气溶胶
副溶血弧菌 Vibrid parahaemolylticus	1	实验室操作，污染了手臂和衣服	不戴手套	应注意个人防护和洗手
弯曲菌（胎儿弯曲）Compylobacter	1	实验室操作，溅出在工作台和手上	个人防护不到位	应戴手套和护目镜
幽门螺旋杆菌	2	实验室操作	1名曾把手指放在口里，另1名不知原因	感染剂量不大，从事胃镜工作者应警惕
结核分枝杆菌 Mycobacterium tuberculosis	2	实验室袖套箱内操作	手套划破桡骨，背侧皮肤擦伤无意识感染	多种途径可以感染
布鲁菌属 Brucella spp.	14	培养细菌	无生物安全柜 冻干 离心	气溶胶感染，操作在安全柜内离心、冻干封口需在负压条件下进行
钩端螺旋体 leptospira	4	家兔接种和解剖	注射器滑落扎脚，清理破碎玻璃伤手，手术刀伤	动用利器一定要小心
梅毒螺旋体 Treponema pallidum	1	家兔感染	家兔挣扎，注入拇指	苍白螺旋体对人有很大的感染力
沙眼衣原体 Chlamydia trachomatis	2	小鼠静脉注射、鸡胚卵黄囊接种	针头意外脱落，没戴面罩，喷溅在脸眼上	皮肤黏膜，也可能气溶胶感染
立克次氏体 Rickettsia 落基山斑疹热	6	落基山斑疹热培养液，解剖感染的鸡胚和动物	意外扎手，气溶胶，蜱叮咬腹部	落基山斑疹热，疫苗不理想，猴呼吸道实验室感染成功

续表

微生物种类	例数	操作种类	原因分析	点评
伯纳克克次体 Q 热 Coxiella burnetii	1	妊娠羊胎儿实验	不知原由,呼吸道	呼吸道感染例数较多
病毒实验室相关感染腺病毒 Adenovirus 8 型	4	兔免疫	不戴手套,无护目镜,试管破漏溅入眼内	黏膜呼吸道感染
流感病毒 Influenza virus	1	接触雪貂	气溶胶	人呼吸道敏感
人类微小病毒 Human parvovirus B19 (HPV)	1	实验室操作	气溶胶	诊断抗原应灭活,B19 呼吸道敏感,孕妇不宜从事此病毒工作
新城鸡瘟 Newcastte disease virus	5	过滤病毒、重新悬浮,液溅在脸、眼和头发,鸡胚尿囊火焰上爆裂,研磨病死鸡	皮肤、黏膜、气溶胶	应严格执行 SOP
SARS severe acute respiratory syndrome	1	实验室研究西尼罗病毒	SARS 病毒污染样品	实验室感染具有集结性并存有人间传播链
	1	SARS 研究	无个人防护临时进实验室	
	9	BSL-3外SARS病毒分子生物学工作	SARS 病毒灭活没有经过验证	
脊髓灰质炎病毒 Polio virus, polio	1	野毒株,猴免疫重冲洗研磨病毒	?	经口,也可能气溶胶
汉坦病毒 Hantanvirus	136	(1) 在手上观察病鼠 (2) 群养鼠类(黑线姬鼠大白鼠等)清扫垫料 (3) 注射器针刺 (4) 扑鼠伤手 (5) 鼠尧	接触,革螨叮咬气溶胶吸入,黏膜外伤、针刺	提高安全意识,围场操作,加强个人防护,动物饲养应负压

续表

微生物种类	例数	操作种类	原因分析	点评
跳跃病毒 Louping ill virus	26	动物病毒滴鼻实验	气溶胶感染	呼吸道排放气溶胶,必须在负压中围场操作
委内瑞拉马脑炎 Venezuelan equine encephalitis virus (VEEV)	30	打破毒种管在实验室楼梯 消毒不彻底 一般研究工作	气溶胶	气溶胶吸入人体极度易感
猴疱疹病毒 Herpes virus saimiri(B virus)	10	B 病毒研究 接触短尾猴、恒河猴和猴肾细胞 有的不戴手套和面罩	猴咬 针刺 外伤 实验材料和粪便喷溅入眼	对短尾猴提高警惕 操作猴时应戴长臂强化手套和防护面罩 少用锐器 猴笼不可有锐利部分,操作猴的人取血检查 B 病毒,每年重复一次
沙粒病毒 Arenavirus 拉沙热 马秋波 鸠宁病毒	3 2 21	尸体解剖 病毒操作	相关动物和操作形成气溶胶吸入感染	无症状相关动物分泌、排泄物和血液中含有病毒在操作中形成气溶胶
埃波拉病毒 Ebola virus	3	解剖死黑猩猩 使用注射器豚鼠实验	刺破手指 气溶胶	死亡率很高 1976 年,扎伊尔 88%(280/318) 苏丹 53%(151/284)
黄热病毒 Yellow fever virus	34	检查患者吐物、血液,尸体解剖病毒分离把蚊子放在手臂上	多种途径	感染动物和患者体液散发气溶胶,也可能经皮和黏膜

续表

微生物种类	例数	操作种类	原因分析	点评
马尔堡病毒 Marburg virus（MBGV）	31	来源于乌干达猴的病毒免疫研究实验，在马尔堡（23）、法兰克福（6）、贝尔哥来德（3）发生，解剖长尾猴 猴肾细胞培养，和患者接触	针头刺伤 气溶胶	人传人 猴传人患者血、尿、体液、精液、唾液和肺等脏器中含病毒
萨比亚热病毒 Sabia virus	1	高速（10 000 r/min）Vero 细胞病毒培养液，离心中没发现异常，打开时发现离心液漏入转头底部，戴外科口罩手套，处理完后继续工作3~4 h	离心管破漏产生气溶胶感染	个人防护强度不够，在处理突发离心管破漏事件中没有配戴正压呼吸器事后没有停止工作
淋巴细胞性脉络丛脑膜炎 Lymphocytic choriomeningitis virus（LCMV）	181	饲养仓鼠人 放射治疗人 治疗仓鼠肿瘤 尸体解剖	接触 呼吸道	家鼠体液、排泄物含病毒 应加强个人防护 控制饲养条件

参考文献

1. 世界卫生组织.实验室生物安全手册(修订本).2 版.陆兵,等译.北京:人民卫生出版社,2004.
2. 世界卫生组织.实验室生物安全手册(中文版).3 版.北京:中国疾病预防控制中心,2005.
3. 马文丽,郑文岭.实验室生物安全手册.北京:科学出版社,2003.
4. 车凤翔.空气生物学原理及应用.北京:科学出版社,2004.
5. 俞詠霆,李太华,董德祥.生物安全实验室建设.北京:化学工业出版社,2006.
6. 曲连东,张永江.动物实验的生物安全与防护.北京:中国农业科学技术出版社,2007.

第九章 实验室生物安全管理

由温家宝总理签发的国务院424号令《病原微生物实验室生物安全管理条例》(以下简称条例)对中国实验室生物安全管理有全面明确的规定。其管理的实验室主要指与病原微生物操作相关的场所,主要有研究用实验室、动物实验室、临场检验实验室、公共卫生实验室、传染病监测实验室等。其目的是在工作中保证实验室安全,即控制所从事的有害性生物因子对工作及其相关人员和公众环境风险达到可接受的程度。近年来,频发的生物安全事件大大促进了相关科研工作的进展,实验室生物安全管理体系的重要意义也日益得到国家和社会的重视。

9.1 中国实验室生物安全管理体系

9.1.1 概述

管理(manage)是指挥或控制、协调实验室活动的行为或职责。体系(system)指若干相互关联、互相制约,以一定结构形式所组成的有机整体。优质的要素和协调的结构组成要素的体系。因此,科学合理地确定要素在体系中的位置,以及正确处理要素与要素的关系至关重要。管理体系(MS)应建立实验活动的方针、安全目标及确立实现目标的要素和协调措施。概括地说,我国实验室生物安全管理体系的诸多要素包括法规、政府、人员、感染性材料、设备设施、个人防护和操作规程(SOP)等。法规是系统的主导要素(纲),政府是关键要素、主持领导,人员和感染性材料是管理的主要对象(安全目标和矛盾两个方面),其他三项是达到目标的具体措施。

9.1.2 实验室管理组织体系

实验室管理组织体系是把上述要素有机地组合到管理体系中,确定他们在体系中的位置及其相互的关系。自从《条例》发表以来,实验室生物安全管理从单位管理变成政府管理,从主要专家专业管理变成法规管理,从用时管不用时不管(无固定组织)变成为日常化管理(有固定组织)(如图9.1所示)。

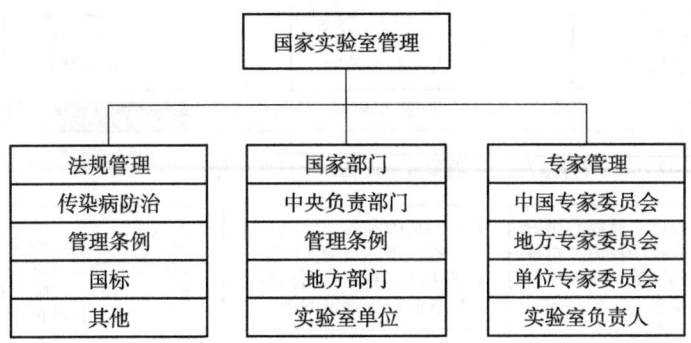

图 9.1 实验室生物安全管理体系示意图

9.1.3 法制管理

法制管理是中国实验室生物安全管理的法律根据,其主要内容包括以下内容:

(1) 由胡锦涛主席 2005 年 3 月签发的《中华人民共和国传染病防治法》除了对传染病防治的全面要求,对实验室生物安全也有重大原则性要求,实验室生物安全问题涉及国家法律,在工作中,相关人员的自由度要受到某种程度的限制,即有所为有所不为。

(2)《条例》是部门或地方省、市、自治区对各行各业根据国家法律的基本原则作出的管理规定,它虽然低于法律,但也属于社会法则,从制订到贯彻执行都是强制性的。

(3) 标准通常是国家或世界生产同类产品时需要遵守的统一技术指标。目前,国际上有 200 多个制订标准的组织,多在日内瓦。标准的产生与前二者不同,在起草委员会完成以后,必须提交成员国或会员单位进行表决通过才能算术。例如世界标准化组织(ISO)出台的标准必须得到 75% 的赞成票。标准在产品生产上的作用至关重要,谁占有了标准,谁的产品就畅销。俗话说"三流企业搞产品,二流企业搞技术,一流企业搞标准"。《实验室生物安全通用要求》(GB 19489—2004,GB 19489—2008)就是我国生物安全新的统一技术标准,自 2009 年 7 月 1 日开始执行。

(4) 其他文件:各级政府有关各部门根据相关法规、条例、标准制订了各种具体的文件和要求,如卫生部发布的《人间传染的病原微生物名录》《人间传染的高致病性病原微生物实验室和实验活动生物安全审批管理办法》等也应该先坚决执行。

生物安全法规体系如图 9.2 所示:

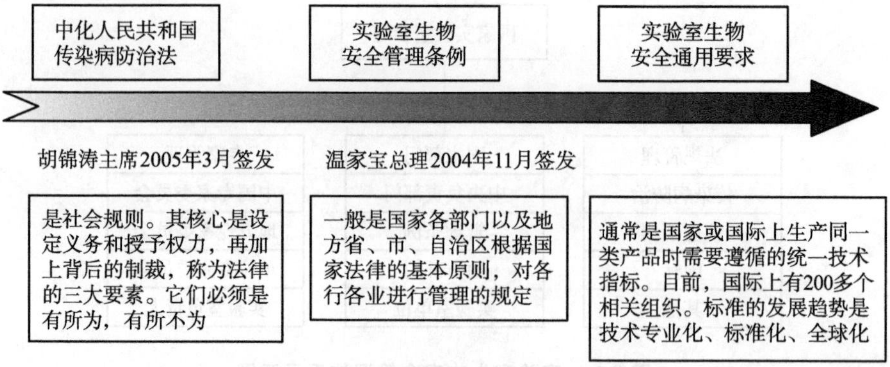

中化人民共和国
传染病防治法
实验室生物
安全管理条例
实验室生物
安全通用要求
胡锦涛主席2005年3月签发
温家宝总理2004年11月签发
是社会规则。其核心是设定义务和授予权力，再加上背后的制裁，称为法律的三大要素。它们必须是有所为，有所不为
一般是国家各部门以及地方省、市、自治区根据国家法律的基本原则，对各行各业进行管理的规定
通常是国家或国际上生产同一类产品时需要遵循的统一技术指标。目前，国际上有200多个相关组织。标准的发展趋势是技术专业化、标准化、全球化

图 9.2　生物安全法规系统示意图

9.1.4　政府管理

我国对实验室生物安全管理是由各级政府职能部门组织实施。按照《条例》，对病原微生物，根据致病对象进行分类管理，即对人致病的由卫生主管部门负责，对动物致病的由兽医主管部门负责；根据致病危害程度进行分级管理，即高致病性的由中央主管部门负责，其他的由地方主管部门负责并在中央主管部门备案。中央和地方各部门的责任和隶属关系如图 9.3 所示：

部委
省、市
单位
(主管、法人、生物安全委员会、
室主任、安全员、工作人员)
向上级负责
逐级领导
科技部、卫生部、农业部、建设部、技术监督部门

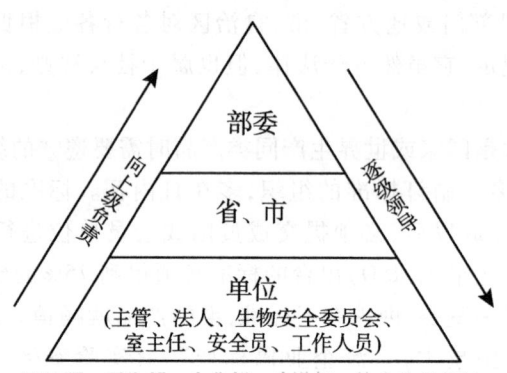

图 9.3　领导关系示意图

1. 中央主管部门责任

（1）对高等级生物安全实验室的建设由国务院发改委和科技部负责项目的立项审批。

（2）由国务院环境保护部门负责组织进行实验室环境评价。

（3）实验室工程质量由建设部组织检测验收。

（4）实验室使用前由国家认证认可委员会认可，并由国务院认证认可监督

管理部门依照《中华人民共和国认证认可条例》的规定,对实验室认可活动进行监督检查。

(5) 由卫生部或农业部验收认证,并发放"从事高致病实验活动资格证书"。

2. 县级以上地方人民政府的卫生主管部门和兽医主管部门依照各自的分工履行下述职责

(1) 对病原微生物菌(毒)种的采样、运输、存储进行检查监督。

(2) 对从事高致病性病原微生物相关活动的实验室是否符合《条例》的规定进行监督检查。

(3) 对实验室或其所属单位的培训、考核其工作人员和上岗人员的情况进行监督检查

(4) 对实验室是否按照有关国家标准、技术规范和操作规程从事病原微生物相关实验活动进行监督检查。

(5) 县级以上人民政府卫生、兽医、环保主管部门有权进入被检查单位和病原微生物泄漏单位或者扩散现场调查取证、采样、查阅复制有关资料。需要进入高致病微生物实验活动实验室调查取证、采样时,应由卫生主管指定或委托有能力的单位进行。

(6) 发挥专家的作用。国家病原微生物实验室生物安全专家委员会和以下各级专家委员会在政府和单位职能部门领导下参与实验室生物安全的咨询、认证和认可的论证工作。其职责包括:① 工作中以国家相关法律、条例、标准和其他规定为依据。② 以既保证实验室安全又保证开展必要的工作为目的,实事求是,认真负责。③ 对不同意见,以客观科学的"百花齐放、百家争鸣"的方针解决,实行民主集中制。

专家咨询体系如图 9.4 所示:

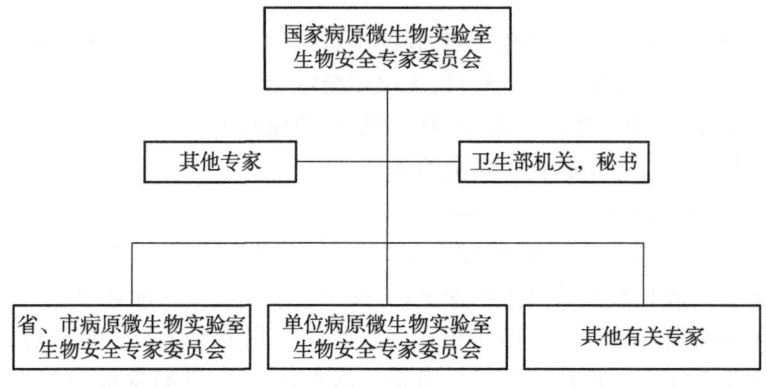

图 9.4 专家咨询体制示意图

9.1.5 实验室单位管理

实验室或实验室所属上级单位,是日常管理的主要负责者,其职责包括:

(1) 确立科研计划,组织有一定素质的科研团队,指定具有一定资历和能力的项目以及实验室安全和质量保证负责人,任命感染性材料和资料保管人等。

(2) 对职员、资金、设施、设备、仪器和材料等进行宏观安排、协调和监督。

(3) 审核确立各个负责人的工作计划并实施检查执行情况。

(4) 审核批准标准操作规程(SOP)。

(5) 审核试验结果、总结、论文。

实验室管理责任如图 9.5 所示:

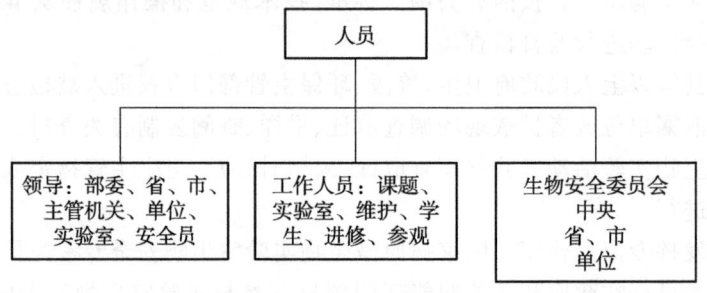

图 9.5 人员责任示意图

9.1.6 实验室人员责任

1. 实验室安全负责人

实验室安全负责人一般是实验室主任,或者是单位生物安全委员会成员。其职责是:

(1) 制订实验室生物安全计划,并维护贯彻执行已经确立的安全计划。

(2) 制订实验室安全操作规程,确保实验室设施、设备、个人防护器材、材料等符合国家要求,定期组织检查、维修、更新以确保其工作性能。

(3) 监督并阻止实验室不安全的活动。

2. 项目负责人责任

除了高质量地完成研究任务外,在实验室生物安全方面应有以下职责:

(1) 首先应熟悉实验室生物安全,与实验室安全负责人配合默契。

(2) 制订研究工作安全标准和安全操作程序,并保证参试人员执行。

(3) 对参试人员进行实验室生物安全的责任教育,执行实验室生物安全进出程序和其他一切规定。

(4) 每次进入实验室试验前,列出安全数据单并让参试人员阅读。

3. 试验人员职责

所有参试人员除了完成在授权范围内的科研任务外,在生物安全方面应有下列职责:

(1) 学习生物安全理论和实践,持证上岗,积极参与自身医疗监督。
(2) 保证遵守实验室的各项规定。
(3) 完成各项岗位任务。
(4) 在统一安排下完成硬件管理维修。

其管理要素如图 9.6 所示:

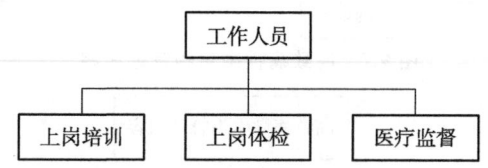

图 9.6 人员管理结构框架示意图

9.1.7 致病微生物的管理

《条例》规定了我国的微生物危险分类,根据病原微生物的传染性、感染后对个体或者群体的危害程度,将其分为 4 类:

第 1 类病原微生物:是指能够引起人类或者动物非常严重疾病的微生物,以及我国尚未发现或者已经宣布消灭的微生物。

第 2 类病原微生物:是指能够引起人类或者动物严重疾病,比较容易直接或者间接地在人与人、动物与人、动物与动物间传播的微生物。

第 3 类病原微生物:是指能够引起人类或者动物疾病,但一般情况下对人、动物或者环境不构成严重危害,传播风险有限,实验室感染后很少引起严重疾病,并且具备有效治疗和预防措施的微生物。

第 4 类病原微生物:是指在通常情况下不会引起人类或者动物疾病的微生物。

第 1 类和第 2 类病原微生物统称为高致病性病原微生物。我国对高致病微生物的管理有严格规定(图 9.7),有一系列的认证、认可和批准程序(图 9.8),相关生物安全单位必须遵守。

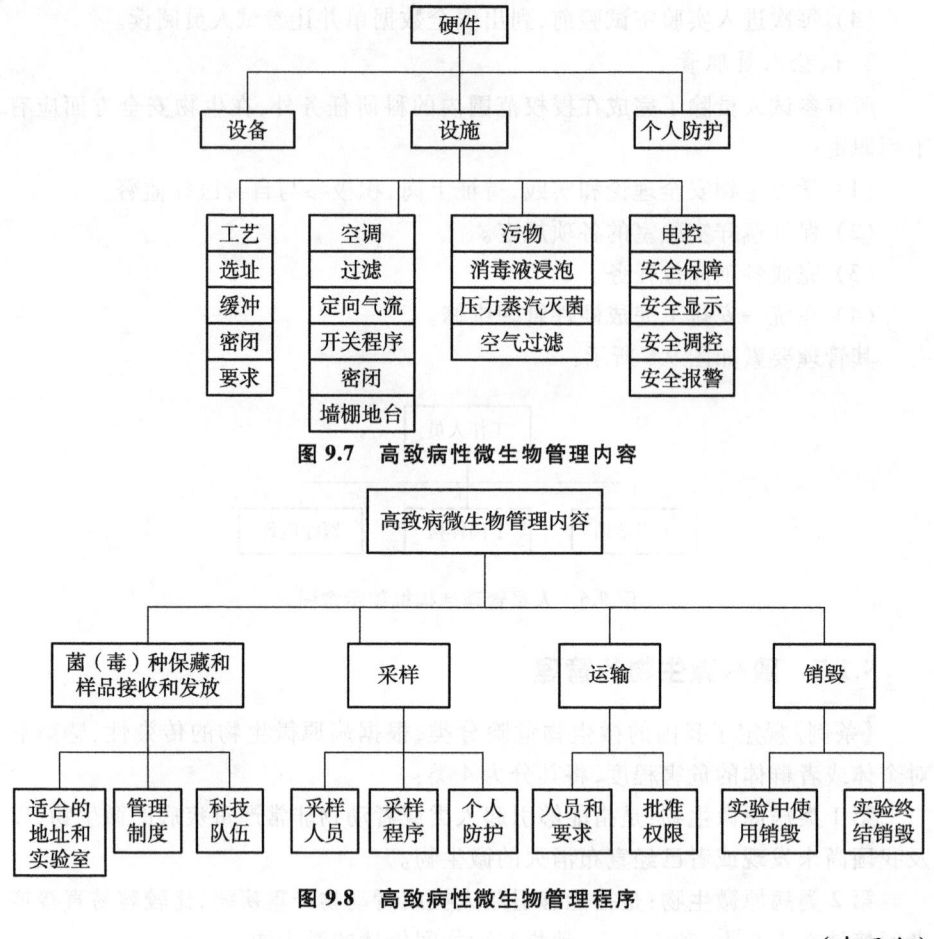

图 9.7 高致病性微生物管理内容

图 9.8 高致病性微生物管理程序

(车凤翔)

9.2 管理制度

上述有关对病原微生物实验室生物安全的要求和工作质量，必须通过完整、周密的规章制度并严格贯彻执行来体现和落实。卫生部、兽医局等主管部门及其下属单位对实验室生物安全都制订了符合自身情况的规章制度。下面列举具有相对通用性的规章制度（但不限于这些）。

9.2.1 人员培训制度

所有实验室相关人员在上岗前都必须经过相应的培训。培训要有计划性、可持续性和更新性，并有完整的培训记录。应对培训者和被培训者进行考核评估，经考核合格方可上岗。

9.2.2 实验室准入制度

(1) 凡是进入实验室的人必须经过实验室安全负责人(一般是实验室主任)批准。

(2) 进入者必须被告知实验室的潜在风险。

(3) 进入者身体必须符合要求,下列情况不得入内:① 孕妇。② 未成年人。③ 免疫力底下者,如正经历放疗、化疗以及疲劳过度等的人员。④ 感染后可能导致严重后果者,如患严重心脏病、高血压和肾病等的人员。

9.2.3 安全计划审核、检查制度

(1) 实验室对本室的安全计划应经上级批准,并每年至少审核和检查1次,包括但不限于下列要素:① 安全和健康规定,包括健康监护。② 书面工作程序,包括安全行为。③ 安全教育及培训,包括对工作人员监督考核。④ 危险材料和物质的保管、使用和消耗。⑤ 急救和设备。⑥ 实验记录和统计。⑦ 差错、事故或潜在事故危险调查。

(2) 实验室负责人及其工作人员应每年对实验环境条件进行1次大检查,包括设施设备。以保证:① 安全设施设备和个人防护器材状态完好。② 实验和应急装备,特别是危险报警体系和应急功能正常。③ 危险物质泄漏、应急危险控制的程序和物资完好。④ 有害材料和感染性菌(毒)种保存得当。

9.2.4 标准操作规程(SOP)制度

有关实验室生物安全单位在涉及病原微生物操作时,必须制订保证安全的SOP,以保证把风险降低到可接受的程度。SOP除了应能够严格按照科学程序完成实验操作,更应能够保证其全部过程中工作人员、公众和环境的安全。

SOP的制订和内容主要包括但不只包括如下内容:

(1) 就SOP的制订、批准、颁发、分类、编号、执行和存档等应制订相应的规定。

(2) SOP应放在实验室生物安全单位,必须醒目、使用方便地方。

(3) 实验室生物安全单位负责人必须对SOP内容进行动态管理,定期或不定期进行评估和修改。

(4) 在生物安全实验室,每一步操作至少必须明确以下内容:① 可能潜在的危险。② 潜在危险的环节。③ 用何种措施控制风险。

9.2.5 高等级实验室批准制度

国家根据实验室对病原微生物的生物安全防护水平,并依照实验室生物安

全国家标准,将实验室分为一级、二级、三级和四级。

(1) 一级和二级实验室不得从事高致病性病原微生物实验活动。

(2) 新建、改建、扩建三级和四级实验室,或者生产、进口移动式三级和四级实验室应当遵守下列规定:① 符合国家生物安全实验室体系规划,并依法履行有关审批手续。② 经国务院科技主管部门审查同意。③ 符合国家生物安全实验室安全标准。④ 依照《中华人民共和国环境影响评价法》的规定进行环境影响评价,并经环境保护主管部门审查批准。⑤ 生物安全防护级别与其拟从事的实验活动相适应。

前款规定所称国家生物安全实验室体系规划,由国务院投资主管部门会同国务院有关部门制订。制订国家生物安全实验室体系规划应当遵循总量控制、合理布局、资源共享的原则,并应当召开听证会或者论证会,听取公共卫生、环境保护、投资管理和实验室管理等方面专家的意见。

(3) 三级和四级实验室应当通过实验室国家认可。

国务院认证认可监督管理部门确定的认可机构,应当依照实验室生物安全国家标准以及本条例的有关规定,对三级和四级实验室进行认可。通过认可的实验室,颁发相应级别的生物安全实验室证书,证书有效期为 5 年。

(4) 三级和四级实验室从事高致病性病原微生物实验活动,应当具备下列条件:① 实验目的和拟从事的实验活动符合国务院卫生主管部门或者兽医主管部门的规定。② 通过实验室国家认可。③ 具有与拟从事的实验活动相适应的工作人员。④ 工程质量经有资质部门依法检测验收合格。

国务院卫生主管部门或者兽医主管部门依照各自职责,对三级和四级实验室是否符合上述条件进行审查;对符合条件的,颁发从事高致病性病原微生物实验活动的资格证书。

(5) 取得从事高致病性病原微生物实验活动资格证书的实验室,需要从事某种高致病性病原微生物或者疑似高致病性病原微生物实验活动的,应当依照国务院卫生主管部门或者兽医主管部门的规定,报省级以上人民政府卫生主管部门或者兽医主管部门批准。实验活动结果以及工作情况应当向原批准部门报告。

9.2.6 监督管理制度

(1) 县级以上地方人民政府卫生主管部门和兽医主管部门依照各自分工,履行下列职责:① 对病原微生物菌(毒)种和样本的采集、运输、储存进行监督检查。② 对从事高致病性病原微生物相关实验活动的实验室是否符合本条例规定的条件进行监督检查。③ 对实验室或实验室的设立单位培训、考核其工作人员以及上岗人员的情况进行监督检查。④ 对实验室是否按照有关国家标准、技术规范和操作规程从事病原微生物相关实验活动进行监督检查。

县级以上地方人民政府卫生主管部门和兽医主管部门,应当主要通过检查可反映实验室执行国家有关法律、行政法规以及国家标准和要求的记录、档案、报告,切实履行监督管理职责。

县级以上人民政府卫生主管部门、兽医主管部门、环境保护主管部门在履行监督检查职责时,有权进入被检查单位和病原微生物泄漏或者扩散现场调查取证和采集样品,查阅复制有关资料。需要进入从事高致病性病原微生物相关实验活动的实验室调查取证、采集样品的,应当指定或者委托专业机构实施。被检查单位应当予以配合,不得拒绝和阻挠。

(2)国务院认证认可监督管理部门依照《中华人民共和国认证认可条例》的规定对实验室认可活动进行监督检查。

(3)卫生主管部门、兽医主管部门、环境保护主管部门应当依据法定的职权和程序履行职责,做到公正、公平、公开、文明、高效。

(4)卫生主管部门、兽医主管部门、环境保护主管部门的执法人员执行职务时,应当有2名以上执法人员参加,出示执法证件,并依照规定填写执法文书。

现场检查笔录和采样记录等文书经核对无误后,应当由执法人员和被检查人或被采样人签名。被检查人或被采样人拒绝签名的,执法人员应当在自己签名后注明情况。

(5)卫生主管部门、兽医主管部门、环境保护主管部门及其执法人员执行职务,应当自觉接受社会和公民的监督。公民、法人和其他组织有权向上级人民政府及其卫生主管部门、兽医主管部门、环境保护主管部门举报地方人民政府及其有关主管部门不依照规定履行职责的情况。接到举报的有关人民政府或者其卫生主管部门、兽医主管部门、环境保护主管部门,应当及时调查处理。

(6)上级人民政府卫生主管部门、兽医主管部门、环境保护主管部门发现属于下级人民政府卫生主管部门、兽医主管部门、环境保护主管部门职责范围内需要处理的事项的,应当及时告知该部门处理;下级人民政府卫生主管部门、兽医主管部门、环境保护主管部门不及时处理或者不积极履行本部门职责的,上级人民政府卫生主管部门、兽医主管部门、环境保护主管部门应当责令其限期改正;逾期不改正的,上级人民政府卫生主管部门、兽医主管部门、环境保护主管部门有权直接予以处理。

9.2.7 实验室感染事故报告控制制度

(1)实验室的设立单位应当指定专门的机构或者人员承担实验室感染控制工作,定期检查实验室的生物安全防护、病原微生物菌(毒)种和样本保存与使用、安全操作、实验室排放的废水和废气以及其他废物处置等规章制度的实施情况。

负责实验室感染控制工作的机构或者人员应当具有与该实验室中的病原微生物有关的传染病防治专业知识,并定期调查、了解实验室工作人员的健康状况。

(2) 实验室发生高致病性病原微生物泄漏时,实验室工作人员应当立即采取控制措施,防止其扩散,并同时向负责实验室感染控制工作的机构或者人员报告。

(3) 实验室工作人员出现与本实验室从事的高致病性病原微生物相关实验活动有关的感染临床症状或者体征时,实验室负责人应当向负责实验室感染控制工作的机构或者上级人员报告,同时派专人陪同及时就诊;实验室工作人员应当将近期所接触的病原微生物的种类和危险程度如实告知诊治医疗机构。接诊的医疗机构应当及时救治;不具备相应救治条件的,应当依照规定将感染的实验室工作人员转诊至具备相应传染病救治条件的医疗机构;具备相应传染病救治条件的医疗机构应当接诊治疗,不得拒绝救治。

(4) 负责实验室感染控制工作的机构或者人员接到报告后,应当立即启动实验室感染应急处置预案,并组织人员对该实验室生物安全状况等进行调查;确认发生实验室感染或者高致病性病原微生物泄漏的,应当依照《条例》的规定进行报告,并同时采取控制措施,对有关人员进行医学观察或者隔离治疗,封闭实验室,防止扩散。

(5) 卫生主管部门或者兽医主管部门接到关于实验室发生工作人员感染事故或者病原微生物泄漏事件的报告,应当立即组织疾病预防控制机构、动物防疫监督机构和医疗机构以及其他有关机构依法采取下列预防、控制措施:① 封闭被病原微生物污染的实验室或者可能造成病原微生物扩散的场所。② 开展流行病学调查。③ 对患者进行隔离治疗,对相关人员进行医学检查。④ 对密切接触者进行医学观察。⑤ 进行现场消毒。⑥ 对染疫或者疑似染疫的动物采取隔离、扑杀等措施。⑦ 其他需要采取的预防、控制措施。

(6) 医疗机构或者兽医医疗机构及其执行职务的医务人员发现由于实验室感染而引起的与高致病性病原微生物相关的传染病患者、疑似传染病患者或者患有疫病、疑似患有疫病的动物,诊治的医疗机构或者兽医医疗机构应当在 2 h 内报告所在地的县级人民政府卫生主管部门或者兽医主管部门;接到报告的卫生主管部门或者兽医主管部门应当在 2 h 内通报实验室所在地的县级人民政府卫生主管部门或者兽医主管部门。接到通报的卫生主管部门或者兽医主管部门应当依照《条例》的规定采取预防、控制措施。

(7) 发生病原微生物扩散,有可能造成传染病暴发、流行时,县级以上人民政府卫生主管部门或者兽医主管部门应当依照有关法律、行政法规的规定以及实验室感染应急处置预案进行处理。

（车凤翔）

9.3 人员管理

每个单位要成立一个由高层管理人员为首的生物安全管理委员会,对实验室工作人员和参观者的生物安全负责;制订和修改生物安全管理计划,保证计划的贯彻实施并进行安全检查。实验室应任命有经验并能胜任的人作为安全负责人,协助管理层工作。安全负责人需要制订实验室生物安全计划和培训计划并进行维护和监督,还负责对实验室的生物安全提出建议和指导,对微生物危害性作评估,监督实验操作过程中的生物安全,及时发现隐患,提出解决方案。此外,实验室还应根据具体需求设立相应的质量保证体系和档案管理体系,并配备相应的负责人。

人为的失误和不规范的操作会极大地影响对实验室人员的防护效果。因此,让工作人员具有安全意识,熟悉如何识别与控制实验室危害因素,采取必要的安全措施等,是预防实验室感染、差错和事故的关键,不断地进行安全措施方面的培训是非常必要的。在病原微生物实验室工作的人员必须是受过专业教育的技术人员,必须清楚地了解工作中潜在微生物的种类和危害级别,介绍安全防护知识,严格遵守生物安全规章制度和操作规程,防止出现差错事故,避免操作人员获得实验室感染。实验室高级人员必须经常地、定期地对所有人员进行培训,保证每个人具有良好的微生物操作技术及识别和控制生物危害因子的能力,掌握接触病原微生物后预防感染的方法。新进人员上岗前应熟悉操作规程,非专业技术人员、无专业技术职称者不得从事检验技术工作。

9.3.1 病原微生物工作人员的选录

（1）项目负责人:负责制订研究计划书,指定研究项目的主要研究者及各岗位具体负责人。监控整个研究计划的进程,对质量保证等部门提出的问题及建议进行记录并采取正确的解决措施。

（2）安全负责人:负责制订有效的实验室安全计划并监督执行。一个有效的安全计划应包括教育、定位和培训,以及审核及评估等促进实验室安全行为的程序,同时,应制订相关规定和程序确保实验室设施和器材等符合国家安全要求,定期检查、维护、更新,确保其设计性能不会降低。

（3）质量保证负责人:主要职责是对研究各阶段进行定期检查并记录内容和结果,同时,写出现状检查报告书,提出存在问题和解决的办法,形成书面材料提交给项目负责人。确认研究过程及结果是否背离计划,是否符合 SOP,并最终制作、签署研究质量证明书。

（4）实验技术人员：负责完成项目负责人指定的、权限范围内的研究工作，遵守实验室安全管理的相关规定，保证所负责的研究项目按要求进行。

（5）动物管理负责人：负责引入动物的质量监控，实验动物的日常管理及检疫，保证实验动物质量符合研究项目的要求。关注动物饲育人员的健康状况，发现异常应及时采取措施，防止人畜共患疾病的发生。

（6）资料保管人员：按档案管理 SOP 要求，对原始记录、研究报告、技术文件等书面档案以及计算机数据等各类资料的登记、立卷归档及管理。

9.3.2　工作人员培训和上岗

实验人员上岗前都必须经过相应的培训。培训分为生物安全培训和实验技术培训两类。

生物安全培训包括各种试验中可能发生的危险情况的避免方法和一旦发生后的紧急处理办法，保证员工的生命安全和研究设施的安全。一项安全培训计划至少要有消防和预备状态、化学和放射安全、生物危险和传染预防等内容。课程应按照实验人员的岗位制订，应适当考虑怀孕、免疫缺陷和身体残障等情况。应有一套系统评估每个实验人员对提供给其信息的理解力。所有实验人员必须接受生物安全培训，认真做好个人的生物安全防护，防止个人污染，防止病原微生物扩散或者外泄造成生物安全事故，从而避免实验室生物安全事故发生。一项全面的培训计划始于书面的规划，应包括对新实验人员的指导以及对有经验的实验人员进行周期性再培训。实验人员应按要求在某一领域工作前阅读并理解适用的安全手册，包括其执行日期。

实验人员还应受过急救培训，应了解所提供的物品和程序以减少涉及潜在传染性材料、化学品或有害物质的不利作用和事件的发生；应有救治指南；必要时，还应有与实验室内可能遇到的危险相适应的紧急医学处理措施。所有实验人员应熟悉被刺伤后所执行的处理程序。

实验人员还应接受个人安全防护培训。实验人员选择的任何个人防护装备应符合国家有关标准的要求。在危害评估的基础上，按不同级别的防护要求选择适当的个人防护装备。实验人员应接受关于个人防护装备的选择、使用、维护等使用指导和培训。所有实验人员应接受免疫，以预防其可能被所接触的生物因子感染；应按有关规定保存免疫记录。对一特定实验室的免疫计划应根据文件化的实验室传染危害评估和地方公共卫生部门的建议制订。

实验技术培训是提高研究质量和水平的必要措施。研究单位要创造条件为员工提供必要的技术培训。每个技术岗位上的技术人员，必须经过相应的培训，取得相应的专用经验，并要通过相应的考试。实验室工作人员需经过专业技术培训,在高年资技术人员指导下工作一段时间,通过岗位培训考核后方可独立工作。保证每个人具有良好的微生物操作技术及识别和控制生物危害因子的能力,掌握接触病原微生物后预防感染的方法。实验室还应制订技术人员培养和业务进修计划,经常地、定期地对各级技术人员培训和考核,注重对业务技术骨干和学科带头人的培养。不同的岗位有不同的技术要求,随着研究经验的增加和能力的增强,同一研究人员可获得多个技术岗位资格。对各种岗位资格要定期重新认定,进行动态管理。不被重新认定者,自动失去相应资格。

员工参加的各种培训要形成培训记录,作为档案永久保存。应定期对人员进行业务考核,对技术人员的工作能力和效果应进行日常评估。由质量保证负责人通过日常试验检查、报告检查以及专门的考核结果,形成最终结论记入个人技术档案,并决定其上岗资格。

9.3.3 工作人员医疗监护

所有人员应有文件证明其对工作及实验室全部设施中潜在的风险受过培训。所有人员应定期接受健康检查,检查结果作为存档资料由资料负责人保管。

建立有效的预防措施或治疗方法是要考虑的另外一个重要因素。应根据文件化的实验室危害评估和地方公共卫生部门的建议制订具体的实验室免疫计划。最常用的预防形式是疫苗免疫接种。危险评估包括确定是否存在有效的免疫方法,在一些情况下,免疫可以影响生物安全水平。免疫也可以是被动的,但要意识到免疫仅仅是在工程控制、特定的操作技术和实验规程及使用个人保护措施外,起到一种附加的保护作用。有时进行免疫或治疗干预(抗体或抗病毒治疗)在特定条件下更为重要,所以,对工作人员进行免疫是危险管理的组成部分。医疗监督保证已经确定的保护措施可以产生预期的健康效果。

医疗监督也是危险管理的重要内容,它包括建立血清库、监控工作人员的健康状况以及参与接触病原体后的管理。

(王盛典)

9.4 感染性材料的管理

随着科技进步和生物技术的迅猛发展,目前,生物安全问题已经成为影响国家乃至世界政治、经济、安全与和平的大命题。所谓病原微生物实验室的生物安全(biosafety)是指避免危险生物因子造成实验室人员暴露,向实验室外扩散并导致危害的综合措施,以防止实验人员感染和防止感染因子外泄而污染环境。随着形势发展的需要,近年来,国际上又将生物安全提升到生物安全保障(biosecurity)的概念,即单位和个人为防止病原体或毒素丢失、被窃、滥用、转移或有意释放而采取的安全措施,以避免因微生物资源的不适当使用而危及公共卫生安全。

感染性病原实验室应按以下内容制订和完成感染性废物的管理程序:
(1)指定专人负责和协调感染性废物的管理。
(2)确定感染性废物的产生地并确定废物的成分及数量。
(3)建立有关减少废物产生的文件。
(4)建立隔离、包装、转运、保存和处置程序。
(5)建立审核及质量保证程序。
(6)建立有关废物管理培训、紧急情况处理和安全操作等的程序及相应文件。
(7)有关操作要求文件化,要有记录。

9.4.1 病原微生物菌(毒)种库

参照现有的病原体危害等级划分评定,根据病原微生物或其毒素的毒力、致病性、生物稳定性、传播途径,以及病原体的传染性、有无有效的疫苗和治疗方法等指标,对研究中涉及的各种病原微生物进行评估,选择一个恰当生物安全水平并立卷归档,构建实验室的病原微生物菌(毒)种库。需要注意的是,不同的病原体在不同国家的危害等级可能有所不同,所采取的生物安全水平也有差异。截至目前,我国尚无关于各种不同病原体的实验室危害评估及有关实验室生物安全防护的详尽资料,因此,要注意结合各自的实际情况加以考虑。

9.4.2 感染性样本的采集(接收)和保管

操作感染性或任何有潜在危害的废物时,必须穿戴手套和防护服。对有多种成分混合的感染性废料,应按危害等级较高者处理。处理含有锐利物品的感染性废料时,应使用防刺破手套。

(1)隔离:有关单位必须对实验室可能产生的感染性废物加以确定,并采取安全、有效、经济的隔离和处理方法。必须由专业人员严格区分感染性和非感染性废物,一旦分开后,感染性废物必须加以隔离。

(2)锐利物:锐利物品包括针、刀和任何可以穿破聚乙烯包装袋的物品。实验室应尽量减少使用可生成锐利物的用品。采用有皱的包装材料包装易碎的玻璃和塑料制品,在包装中同时加入吸附性材料。针或刀应保存在有明显标记、防泄漏、防刺破的容器内。

(3)标签:已经确认的感染性废物应分类丢入垃圾袋,所有收集感染性废物的容器都应有"生物危害"标志,或使用"红色"容器。装有锐利物品的容器在任何时候都应有"生物危害"标志。所有运输未经处理的感染性废料的容器上都应有"生物危害"标志。

（4）包装：所有的感染性废物都必须进行包装，并应依据废物的性质及数量选用适合的包装材料。应使用红色或橘黄色聚乙烯或聚丙烯包装袋，并应标记有感染性物品。有液体的感染性废料时，应确保容器无泄漏。

1. 感染性样品的一般处理原则

（1）标本容器：是玻璃的，但最好使用塑料制品。标本容器应当坚固，正确地用盖子或塞子盖好后应无泄漏。在容器外部不能有残留物。容器上应当正确地贴标签以便于识别。标本的要求或说明书不能够卷在容器外面，而是要分开放置，最好放置在防水的袋子里。

（2）标本在设施内的传递：为了避免意外泄漏或溢出，应当使用盒子等二级容器，并将其固定在架子上，使装有标本的容器保持直立。二级容器可以是金属或塑料制品，应该可以耐高压灭菌或耐受化学消毒剂的作用。密封口最好有一个垫圈，要定期清除污染。

（3）标本接收：要接收大量标本的实验室应当安排专门的房间或空间。

（4）标本包装的打开：接收和打开标本的人员应当了解标本对身体健康的潜在危害，并接受过如何采用标准防护方法的培训，尤其是处理破碎或泄漏的容器时更应如此。标本的内层容器要在生物安全柜内打开，并准备好消毒剂。

2. 装有冻干感染性物质安瓿的开启

应该小心打开装有冻干物的安瓿，因为其内部可能处于负压，突然冲入的空气可能使一些物质扩散进入空气。安瓿应该在生物安全柜内打开，建议按下列步骤打开安瓿：

（1）首先清除安瓿外表面的污染。

（2）如果管内有棉花或纤维塞，可以在管上靠近棉花或纤维塞的中部锉一痕迹。

（3）用一团酒精浸泡的棉花将安瓿包起来以保护双手，然后手持安瓿从标记的锉痕处打开。

（4）将顶部小心移去并按污染材料处理。

（5）如果塞子仍然在安瓿上，用消毒镊子除去。

（6）缓慢向安瓿中加入液体来重悬冻干物，避免出现泡沫。

3. 装有感染性物质安瓿的储存

装有感染性物质的安瓿不能浸入液氮中，因为这样会造成有裂痕或密封不严的安瓿在取出时破碎或爆炸。如果需要低温保存，安瓿应当储存在液氮上面的气相中。此外，感染性物质应储存在低温冰箱或干冰中。当从冷藏处取出安瓿时,实验室工作人员应当进行眼睛和手的防护。以这种方式储存的安瓿在取出时应对外表面进行消毒。

4. 感染性血清的分离

(1) 只有经过严格培训的人员才能进行这项工作。

(2) 操作时应戴手套以及眼睛和黏膜的保护装置。

(3) 规范的实验操作技术可以避免或尽量减少喷溅和气溶胶的产生。血液和血清应当小心吸取,而不能倾倒。严禁用口吸液。

(4) 移液管使用后应完全浸入适当的消毒液中。移液管应在消毒液中浸泡适当的时间,然后再丢弃或经灭菌清洗后重复使用。

(5) 带有血凝块等的废弃标本管,在加盖后应当放在适当的防漏容器内进行高压灭菌和/或焚烧。

(6) 应备有适当的消毒剂来清洗喷溅和溢出标本。

9.4.3 感染性物质运输

感染性物质的运输是全球公共卫生保健和生物医药科学研究重要的一个课题。2003年初,严重急性呼吸综合征(SARS)爆发期间,对患者标本安全、迅速地运输,为这一突发高传染性疾病的迅速确认和控制起到了重要作用。为了确保感染性物质运输过程中人员、财产和环境的安全,国际组织和国家相应主管部门都制订了感染性物质的运输管理规范,以促进感染性物质的安全运输,保护参与感染性物质运输的人员及社会公众免受感染的危险。

为了提高全球感染性物质运输的协调性,联合国制订了"危险性货物运输"的规章范本为基础。依此规章范本为基础,有资格的各国际组织也都制定了适合不同运输环境的国际危险货物运输规则。如世界卫生组织(WHO)的《感染性物质运输》,国际民用航空组织(ICAO)的《危险性货物安全空运的技术指南》,国际空运协会(IATA)每年发布的《感染性物质运输指南》等。IATA成员运输上述物品时,则必须遵守IATA指南。

我国参照联合国"危险性货物运输"规章范本的要求,结合我国具体情况,对危险货物运输制定了相应法规、国家标准和行业规范。2004年11月12日,国务院签发实施的《病原微生物实验室生物安全条例》,对高致病性病原微生物菌(毒)种或样本的运输作了较为明确的规定。2006年2月1日,卫生部第45号令又发布了《可感染人类的高致病性病原微生物菌(毒)种或样本运输管理规定》。

感染性及潜在感染性物质的运输要严格遵守国家和国际的规定。实验室人员必须按照可适用的运输规定来运送感染性物质。按照规定执行可以实现以下步骤:

1. 包装分类

病原性微生物在实验室环境下的危害程度,与运输过程中的危害程度不完全一样。实验室工作人员需要经常操作直接操作微生物,感染风险很高,而且实验室的某些操作,如涡旋、混合和离心等,会产生气溶胶,可通过空气传播,实验室人员感染的风险更高,而这些情况在运输过程中不易发生。

国际民用航空组织的《危险物品航空安全运输技术细则》中将感染性物质分为 A 和 B 两类。

(1) A 类:以某种形式运输的感染性物质,在发生暴露时,可造成人或动物的永久性残疾、生命威胁或致命性疾病。其中,可使人或同时使人和动物致病的感染性物质,归入 UN 2814;只使动物致病的感染性物质,归入 UN 2900。

(2) B 类:不符合 A 类标准的感染性物质,归入 UN 3373,其正式运输名称为"诊断样品"或"临床样品"。

2. 基本的 3 层包装系统

在感染性及潜在感染性物质运输中应该选择使用 3 层包装系统,内层容器、第 2 层包装以及外层包装。装载标本的内层容器必须防水、防漏并贴上指示内容物的适当标签;内层容器外面要包裹足量的吸收性材料,以便在内层容器打破或泄漏时,能吸收溢出的所有液体。防水、防漏的第 2 层包装用来包裹并保护内层容器;有些包装好的内层容器可以放在独立的第 2 层包装中;有些规定中包括了感染性物质包装的体积及质量限度。第 3 层包装用于保护第 2 层包装在运输过程中免受物理性损坏。按照最新规定的要求,还应提供能够识别或描述标本的特性,以及能够识别发货人和收货人的标本资料单、信件和其他各种资料及其他任何所需要的文件。高危险度的生物体则必须按更严格的要求进行运输。

3. 溢出清除程序

当发生感染性或潜在感染性物质溢出时,应采用下列溢出清除规程:

(1) 戴手套,穿防护服,必要时需进行脸和眼睛的防护。
(2) 用布或纸巾覆盖并吸收溢出物。
(3) 向纸巾上倾倒适当的消毒剂,并立即覆盖周围区域(通常可以使用 5% 漂白剂溶液;但在飞机上发生溢出时,则应该使用季铵类消毒剂)。
(4) 使用消毒剂时,从溢出区域的外围开始,朝向中心进行处理。
(5) 用消毒剂作用适当时间后(如 30 min),将所处理物质清理掉。如果含有碎玻璃或其他锐器,则要使用簸箕或硬的厚纸板来收集处理过的物品,并将它们置于可防刺透的容器中以待处理。
(6) 对溢出区域再次清洁并消毒。如有必要,重复(2)~(5)步。
(7) 将污染材料置于防漏、防穿透的废弃物处理容器中。

(8) 在成功消毒后,通知主管部门目前溢出区域的清除污染工作已经完成。

9.4.4 感染性废物的处理

废弃物是指实验室将要丢弃的所有物品。大多数的玻璃器皿、仪器、实验服以及一些可再生的资源经过适当处理都可以重复使用。但是,被病原微生物污染的物品,如果处理不当,会造成实验室污染和工作人员的感染,或造成外界环境的污染,后果更加严重。因此,我国和国际有关组织对含有微生物标本的处理均制定了相关的法规及条例,如《医疗废物管理条例》、《医疗废物集中处置技术规范》(试行)、《医疗废物专用包装物、容器标准和警告标识规定》等。在实际工作中,处理含有微生物的物品必须遵守有关规定,对感染性物质及其包装物分别进行相应的处理。

在实验室内,废弃物最终的处理方式与其污染被清除的情况是紧密相关的。对于日常用品而言,很少有污染材料需要真正清除出实验室或销毁。废弃物处理的首要原则是所有感染性材料必须在实验室内清除污染、高压灭菌或焚烧。用以处理潜在感染性微生物或动物组织的所有实验室物品,在被丢弃前应考虑的主要问题有:① 是否已采取规定程序对这些物品进行了有效的清除污染或消毒? ② 如果没有,它们是否以规定的方式包裹,以便就地焚烧或运送到其他有焚烧设施的地方进行处理? ③ 丢弃已清除污染的物品时,是否会对直接参与丢弃的人员,或在设施外可能接触到丢弃物的人员造成任何潜在的生物学或其他方面的危害?

感染性废料的处置即减少或限制其潜在致病性的过程,灭菌和焚烧是最常用的处置方法。处置的主要目的是去除污染,使病原体数量减少到致病水平以下。现将处置方式详述如下:

(1) 压力蒸汽灭菌:感染性实验室的废物、设备和玻璃器皿均可通过压力蒸汽灭菌去除污染。至少每月应使用一次生物指示剂(如 *Bacillus stearothermophilus* 孢子)监测处理效果。处理过程应保证在121℃进行(被处理物中心温度不低于115℃),时间60~90 min(不少于 20 min)。

(2) 干热处理:由于不使用蒸汽而需要更长的加热时间和更高的温度以达到去除污染的目的。必须对要处理的废物进行标准化分类,以适应不同物体的导热特性。

(3) 气体灭菌:使用化学蒸汽,如环氧乙烷也可达到灭菌效果,但费用较高,常用于不可进行压力消毒的器械或物品,并应确保感染性废物能充分暴露于化学蒸汽中,且持续一定的时间。

(4) 化学消毒:适用于处理液体废物和物体表面,对表面无孔和无吸附作用的废物,消毒效果较好。常用的化学消毒剂有酸、碱、醛、乙醇、过氧乙酸、H_2O_2

等。消毒方法应根据污染物种类、污染程度、蛋白质含量等确定使用化学消毒剂的种类、浓度及消毒时间。

（5）填埋：应在指定的地点进行。

（6）焚烧：可使生物活性灭活90%以上，可用于所有种类的感染性废物。对空气的污染指标应符合有关规定。

（7）卫生间排水道：得到有关部门许可后，对少量的血液或体液废物可注入卫生间下水道，同时放水冲洗。处理大量废物时，工作人员应有防护措施。倾倒感染性废物的下水道不得用于洗手。微生物培养基不得倒入卫生间下水道。

此外，对于医疗类感染性废物的处理还应注意的几个问题：

（1）应当对医疗废物进行登记：医疗卫生机构和医疗废物集中处置单位，应当对医疗废物进行登记。登记内容应当包括医疗废物的来源、种类、质量或者数量、交接时间、处置方法、最终去向以及经办人签名等项目，登记资料至少保存3年。

（2）医疗废物不得随意处置：医疗卫生机构和医疗废物集中处置单位，应当建立、健全医疗废物管理责任制，其法定代表人为第1责任人；应当制订与医疗废物安全处置有关的规章制度和在发生意外事故时的应急方案。

（3）医疗废物禁止转让、买卖和邮寄：禁止任何单位和个人转让、买卖医疗废物，禁邮寄医疗废物，禁止通过铁路、航空运输医疗废物；禁止在运送过程中丢弃医疗废物；禁止在非储存地点倾倒、堆放医疗废物或将医疗废物混入其他废物和生活垃圾。有陆路通道的，禁止通过水路运输医疗废物；没有陆路通道必须经水路运输医疗废物的，应当经该区市级以上人民政府环境保护行政主管部门批准，并采取严格的环境保护措施后，方可通过水路运输。禁止将医疗废物与旅客在同一运输工具上载运，禁止在饮用水源保护区的水体上运输医疗废物。

（4）运送医疗废物专用车辆不得运送其他物品运送医疗废物的车辆必须做到"专车专用"，不得运送其他物品。医疗卫生机构和医疗废物集中处置单位用于运送医疗废物的车辆，应当遵守国家有关危险货物运输管理的规定，使用有明显医疗废物标识的专用车辆；达到防渗漏、防遗撒并符合其他环境保护和卫生要求。

（5）储存和处置医疗废物应远离居民区、水源保护区和交通干道：医疗废物集中处置单位的储存和处置设施，应当远离居（村）民居住区、水源保护区和交通干道，与工厂和企业等工作场所有适当的安全防护距离，并符合国务院环境保护行政主管部门的规定；运送医疗废物过程中，应当做到确保安全，不得丢弃、遗撒医疗废物；要安装污染物排放在线监控装置，并确保监控装置经常处于正常运行状态。

（6）医疗废物包装应有明显警示标识：医疗卫生机构应当及时收集本单位产生的医疗废物，并按照类别分置于防渗漏、防锐器穿透的专用包装器或者密闭的容器内，并应按照国务院卫生行政主管部门和环境保护行政主管部门的规定设置明显的警示标识和警示说明，不得露天存放医疗废物，医疗废物暂时不得超过 2 d。

（王盛典）

9.5 实验动物的管理

实验动物饲养管理（laboratory animal husbandry）即对各种实验动物进行标准化和法制化饲养管理。实验动物的种类繁多，其分类方法也很多。例如，按来源及实验用途分类、按遗传学控制程度分类和按微生物学控制程度分类等。也可按照动物体型大小粗略分类，如小型实验动物、大型实验动物和特大型实验动物等。这些动物大都易感染一些人畜共患病，例如，淋巴细胞脉络丛脑膜炎和出血热等，对人类的健康会造成严重危害，同时，对自然界其他物种也具有很大威胁。在饲养有关动物时必须采取以下措施：

（1）分析可能会有哪些人畜共患病存在，并作针对性预防。

（2）根据实验动物种类对其进行有针对性的检查，确认反应呈阴性方能使用。新进入的动物应进行防疫隔离，地区性防疫隔离时间为：小鼠、大鼠、沙土鼠、金黄地鼠和豚鼠 5~15 d，兔、猫、犬 20~30 d，非人类灵长类 40~60 d。

（3）对有些动物在未知有无人畜共患病之前，要按照传染性动物进行操作和个人防护。

除此之外，对动物的健康管理也应该得到应有的重视。① 隔离检疫的管理，在动物发生疫情或怀疑有传染时应立即隔离检疫。② 动物发生疫情时应坚决隔离，不能控制时则应坚决处死，彻底灭菌，消灭传染源；对相关动物进行及时检疫；有需要时把一同饲养的动物全部处死。③ 为动物创造良好合格的生活环境，保证其所需食物营养，进行科学卫生的管理。

9.5.1 小型动物的管理

小型实验动物包括啮齿类动物和一些体型较小的哺乳动物，如小鼠、大鼠、兔和猫等。下面以小鼠为例介绍小型动物的饲养管理。

小鼠的体温调节能力较差，因此，对环境因素的变化比较敏感，故其饲养环境的温度以 22 ± 2℃ 为宜，湿度以 40%~60% 为宜；日常管理中，应注意设施环境温度和湿度的变化，尤其要避免低温的发生。小鼠宜群养，成年小鼠以每笼不超过 5 只,且饲养密度不小于 0.01 m²/只为宜。成年小鼠(体重 20~40 g)每天采食饲料量为 4~6 g,加料的基本要求是:① 对于生产和常规实验中的小鼠,要做到少喂勤添,即每周加料 2 次,每次的加料量不超过笼内动物 4 d 的总采食量,既能满足其自由采食的需要,又能尽量避免饲料的浪费和污染。② 对于限量饲养的小鼠,应根据实验要求和小鼠的每天平均采食量而加料。

小鼠在日常管理中应注意观察动物的临床表现,以判断其健康状况。例如,若发生打斗或体表有伤,则可能是由应激反应或合笼引起的"动物社会关系"被破坏所导致,应加强管理或将无外伤的小鼠分出单养;若多数动物出现啃咬笼具等异嗜行为,则应考虑饲料的营养是否适当;若发现动物体表局部脱毛,出现鳞屑,则应检查动物是否感染了体外真菌或寄生虫;若发现动物精神萎靡、行动迟缓、背毛粗乱、粪尿和饮食欲异常,则应警惕动物群是否发生了微生物感染等。当发现上述异常情况之一时,动物饲养人员应及时向兽医报告,兽医应按照标准操作规范及时采取相应的隔离和诊断措施。

9.5.2 大型动物的管理

大型实验动物比小型实验动物体型明显变大,如犬、猴、小型猪等,一般应该饲养在专用的笼子或房舍内。下面以非人类灵长类实验动物猕猴为例,论述如何对该类动物进行安全饲养管理。

1. 检疫

新购入的非人类灵长类动物必须进行检疫,单独房舍或单笼饲养,经过一段时间驯化和检疫后,证明是健康的方可投入实验。检疫项目中,微生物寄生虫检查可按照国标规定的检测项目检查;特别要重视检查人和猴共患的病原体,如结核菌、沙门菌、志贺菌及猴 B 病毒等;同时,做血常规检查和肝功能检查,对检出的患病动物立即隔离,对饲养笼具应严格消毒。

2. 管理

灵长类实验动物的笼舍和设施的设计必须充分考虑为动物提供舒适的环境和足够的空间,使动物能够自由活动,有条件的单位应设置管道、秋千或其他玩具。另外,要设有防止动物逃跑的护栏。总之,灵长类实验动物的笼舍应保证动物正常的生活、生长和繁殖,有益于动物的安全与健康。

动物饲养管理由专人负责,禁止非工作人员进入饲养室,工作人员进入饲养准备间必须穿工作衣、工作鞋、戴口罩、手套,经过消毒液足浴后进入饲养室,每日观察记录动物活动状况、食欲及粪便情况。定期消毒饮水瓶、饲料盆及笼具。室内温度应为 20~25℃,夏天不宜超过 35℃,冬季不低于 0℃,湿度为 40%~60%,要保持空气新鲜。在安全措施方面,猴房门窗、笼舍一定要牢固完好,防止猴外逃。被公猴遗弃的母猴应及时调整,放到合适的笼舍。在母猴房内,不能有两只有交配能力的公猴存在;要及时对胆小或年老体弱者给予专门的饲养管理。

3. 饲养

饲料配方要充分考虑动物的生理习性,并注意饲料的适口性,如猴为素食性动物,有杂食性、食谱广、进食快、爱挑食等特点,饲料配合要多样化,注意适口性。猴喜食水果、蔬菜及玉米等粮食作物,饲养中要注意合理搭配。为保证其营养需要,成猴饲料中的粗蛋白质含量一般应达到16%,幼猴还应高些,应达到18%~20%。应注意饲料中的钙磷比例,补充维生素C。为达到饲养标准,满足动物粗蛋白质及代谢能的基本需要,其饲料配方应由专业的人员根据饲料品种、季节变化、饲料来源制订相应配方,并定期检测饲料营养成分。国内外已有用固型饲料饲养喂灵长类动物的经验,以便实现饲养和饲料的标准化。实验动物饮用水应达到城市生活用水标准,并随时注意水质变化;舍内应设自动饮水设备。

4. 消毒防疫

猴舍的一切物品未经消毒不得任意带出饲养区;饲养区外的物品未经处理不许带入工作区。非工作人员未经许可不得擅自进入动物区,确需进入时,应经过更衣消毒后,由有关人员陪同进入。饲养区应建立消毒制度,一般情况下应该空二消一,即空2 d消毒1次;夏天、梅雨季节应该空1 d消毒1次;特殊情况(如发生传染性疾病)应1 d消毒1次或按兽医要求消毒,并不得随意更改。

饲养场门前应设立消毒室、消毒池。消毒室内应设立紫外线消毒灯。消毒池内应随时放置有效消毒药液(3%~5%的来苏水),并保持有效浓度,每周应更换1次。工作人员经过消毒后方可进入饲养室。定期进行预防性消毒。动物房常用工具物品,如料桶、料盆、食盒、水盒等,要经常用0.1%~0.5%的新洁尔灭浸泡消毒,一般每周不得少于1次。猴舍、猴笼、捕猴网和设备间通常使用2%过氧乙酸喷雾消毒,每半个月消毒1次。室内设有消毒桶,扫帚、拖把、抹布等使用后,应以0.1%新洁尔灭浸泡,清洗晾干后使用。散养的猴舍地面卫生消毒十分重要,通常喷洒消毒液进行消毒。

9.5.3 特大型动物的管理

特大型实验动物包括驴、马、牛和羊等体态相对巨大的哺乳动物,由于饲养所需占用空间较大,饲料用量也较大,因此,饲养管理较复杂,费用也较高。下面以羊为例探讨如何进行特大型动物的安全饲养管理。

实验动物中,羊包括山羊和绵羊。山羊可供人工心脏的移入置换研究;绵羊的血可作培养基,制备免疫血清;羊的红细胞可作补体结合的材料等。实验用羊可以在肝癌、胆管扩张症和肺水肿、放射病等疾病研究,以及在人工心脏植入和制备免疫血清进行免疫学研究等基础研究方面起到非常重要的作用。

设计饲养该类动物的笼子时,必须保证动物的生活条件,又要保证实验人员的安全。可靠的安全措施,不会使动物逃走;合理的格局设计,保护实验人员不会受羊的伤害,避免多个羊之间相互传染,在进行实验时捕捉动物比较方便。

(都培双)

9.6 实验室硬件管理

9.6.1 实验室设备管理

9.6.1.1 生物安全柜检测和验证

在安装生物安全柜以后,每隔一定时间,应由有资质的专业人员按照生产商的说明对每一台生物安全柜的运行性能以及完整性进行认证,以检查其是否符合国家及国际的性能标准。生物安全柜防护效果的评估应该包括对生物安全柜的完整性、HEPA 的泄漏、向下气流的速度、正面气流的速度、负压/换气次数、气流的烟雾模式以及警报和互锁系统进行测试。还可以选择进行漏电、光照度、紫外线强度、噪声水平以及震动性的测试。在进行这些测试时,检测人员要经过专门的培训,采用专门的技术和仪器设备。选择正确类型的生物安全柜进行安装并正确使用,同时,每年进行认证。这是一个复杂的程序,强烈推荐在经过良好培训并具有丰富的生物安全操作经验的专家监督下进行上述工作。该专家应非常熟悉相关文献,并且经过了有关生物安全柜各方面的相关培训。操作者应接受有关生物安全柜操作和使用的正规培训。下面列举了几项主要的国际安全柜认证:

  EN12469∶2000(欧盟生物安全柜统一标准)

  NSF49∶2002(美国生物安全柜标准,Ⅱ级生物安全柜)

  JIS K3800∶2000(日本生物安全柜标准)

  SFDA YY0569—2005(中国国家食品药品监督管理局生物安全柜标准)

在 2000 年 5 月,欧洲标准化委员会(CEN)颁布了生物安全柜欧洲标准 EN12469∶2000,正式替代了德国 DIN 12950、英国 BS5726 和法国 NF X-44-201 等欧盟成员国生物安全柜的标准,成为欧盟区域内生物安全柜的统一标准。

NSF49 在 20 世纪 70 年代就已经出现,被公认为目前生物安全柜领域最完善的标准。在 2002 年,ANSI/NSF49 正式获得了美国国家标准学会(American National Standard Institute,ANSI)的官方认可,成为美国生物安全柜的统一标准。

由日本空气净化协会(JACA)颁布于 1994 年的日本生物安全柜标准

JIS K3800：2000是以美国 NSF49 标准为基础,在微生物挑战方面有更加严格的要求。

中国国家食品药品监督管理局在 2005 年 7 月建立并颁布了生物安全柜标准。YY0569—2005。此标准以美国标准 NSF49：2002 为基础,并结合了欧盟标准 EN12469：2000 的逐项特色,如 KI Discus 快速生物挑战测试以及对气流显示和警报系统的要求。YY0569—2005 标准已于 2006 年 6 月 1 日开始实施,成为中国医药卫生行业强制标准。

9.6.1.2 压力灭菌器的检测和验证

灭菌设备安装调试完成后,应该进行检测评价。检测内容包括温度、压力指示器的计量检测,门的灵活性和密闭性,并按有关标准进行灭菌效果的生物学评价。对于预真空压力蒸汽灭菌器,还需用 B-D 纸进行检测。对温度、压力表和减压阀等影响灭菌效果和安全性的部件,应该建立年检制度。大型压力蒸汽灭菌器要由有资质的单位进行检测评价,本单位也应该定期进行检测维护,一般每 3 个月进行 1 次。每天还需进行一些常规检查,包括如下内容：

（1）检查门框与橡胶垫圈有无损坏、是否平整、门的锁扣是否灵活、有效。

（2）检查压力表在蒸汽排尽时是否到达零位。

（3）由柜室排气口倒入 500 mL 水,查有无阻塞。

（4）关好门,通蒸汽检查是否存在泄漏。

（5）检查蒸汽调节阀是否灵活、准确,压力表与温度计所标示的状况是否吻合,排气口温度计是否完好。

（6）检查安全阀是否在蒸汽压力达到规定的安全限度时被冲开。

（7）手提式和立式压力蒸汽灭菌器主体与顶盖必须无裂缝和变形;无排气软管或软管锈蚀的手提式压力蒸汽灭菌器不得使用。

（8）卧式压力蒸汽灭菌器输入蒸汽的压力不宜过高,夹层的温度不能高于灭菌室的温度。

（9）预真空压力蒸汽灭菌器每天进行 1 次 B-D(Bowie-Dick test)测试,检测它们的空气排除效果。具体做法如下:B-D 测试包由 100% 脱脂纯棉布折叠成长 30 cm±2 cm、宽 25 cm±2 cm、高 25~28 cm 大小的布包裹;将专门的 B-D 测试纸,放入布测试包的中间;测试包的质量为 4 kg±5%或用一次性 B-D 测试包。B-D 测试包水平放于灭菌柜内灭菌车的前底层,靠近柜门与排气口底前方;柜内除测试包外无任何物品。134℃,3.5~4 min 后,取出 B-D 测试纸观察颜色变化,均匀一致变色,说明冷空气排除效果良好,灭菌锅可以使用;反之,则灭菌锅有冷空气残留,需检查 B-D 测试失败原因,直至 B-D 测试通过后该锅方能使用。

压力蒸汽灭菌器的验证需专业人员提供相关服务。

9.6.1.3 仪器、设备的标识(标定时间、状态等)

仪器、设备彩色标志管理是为了实现对实验室仪器设备状态的有效控制,强化实验室仪器设备的管理,根据实验室仪器设备的实际状态张贴不同种类的彩色标志。在实验室管理过程中,通常采用"绿、黄、红"三色标识来表示"合格、准用、停用"等计量检定标识。彩色标志是用不同颜色和文字表示仪器设备被确认的状态,仪器设备使用者可根据标志来确认该仪器设备可否使用,避免误用,从而确保检定、校准和检验结果的准确可靠。对此,《检测和校准实验室能力的通用要求》(ISO/IEC 17025—1999)和我国与其等效的文件《检测和校准实验室能力的通用要求》(GB/T 15481—2000),以及《法定计量检定机构考核规范》(JJF 1069—2003)和《产品质量检验机构计量认证/审查认可(验收)评审准则》都有相应规定。

9.6.2 实验室设施管理

9.6.2.1 实验室的调试和运转

实验室的调试(即试运行)可以定义为对已经完成安装、检查、功能测试的指定实验室的结构部分、系统和/或系统的组成部分所进行的系统性检查,然后形成文件,证明其符合国家或国际标准。试运行合格的要求根据每一个建筑系统的设计标准和设计功能的不同而不同。

一到四级不同生物安全水平的实验室,其试运行要求也可能各有不同,并逐渐变得复杂。

应尽早确立试运行程序和接受标准,最好是在建造或改建计划的规划阶段就确立好。在计划早期确认了试运行程序后,建筑师、工程师、安全和卫生人员以及实验室最终用户就能了解特定实验室的性能要求,并为实验室和/或动物设施的性能指标设定统一的期望值。试运行程序为实验室所在机构和周围社区提供一个高度可信的保证,即实验室的结构、电力、机械和管道系统、防护和净化系统以及安全保障和警报系统将按设计要求运行,可以确保对特定实验室或动物设施中所操作的所有潜在危险性微生物提供有效的防护。

试运行工作通常在实验室或动物设施的项目计划阶段就开始,并贯穿于整个施工过程和随后的保修期。一般推荐那些与参与该实验室设施的建筑和设计的建筑工程公司无关的单位作为试运行机构。试运行机构作为实验室建造或改建单位的支持者,可以认为是设计队伍中的成员;他们必须在计划早期参与工作。某些情况下,实验室所在单位也可以担任自己实验室的试运行机构。对于更为复杂的实验室设施(三级或四级生物安全水平),实验室所在机构可能希望从外面聘请那些对试运行复杂生物安全实验室和动物设施方面具有成功经验的试运行机构。除了试运行机构以外,实验室所在机构的安全官员、项目官员、计划经理以及操作和维护工作人员代表也可推荐作为试运行队伍中的成员。

下列各项虽然并非实验室系统和组成部分的全面内容,但在根据改建或建造的实验设施的防护水平来进行功能测试时,这些内容可能包括在该试运行计划中。

(1) 包括与远程监视和控制点相连接的建筑自动化系统。
(2) 电子监控和检测系统。
(3) 电子安全锁和接近装置阅读器。
(4) 暖气、通风(送风和排风)和空调(HVAC)系统。
(5) 高效空气粒子过滤器(HEPA)。
(6) HEPA 净化系统。
(7) HVAC 和排风系统控制以及互锁控制。
(8) 密封隔离调节阀。
(9) 实验室制冷系统。
(10) 锅炉和蒸汽系统。
(11) 火情探测、扑灭和警报系统。
(12) 市政水回流阻止器。
(13) 水处理系统(即反渗透蒸馏水)。
(14) 废水处理和中和系统。
(15) 管道排水引流系统。
(16) 化学除污系统。
(17) 医学实验室供气系统。
(18) 呼吸供气系统。
(19) 仪器设备供气系统。
(20) 实验室和支持区域不同级别压力差的验证。
(21) 局域网(LAN)和计算机数据系统。
(22) 正常电源系统。
(23) 应急电源系统。
(24) 不间断电源系统。
(25) 应急照明系统。
(26) 照明固定装置的穿透密封。
(27) 电和机械设备的穿透密封。
(28) 电话系统。

(29) 气锁门互锁控制。
(30) 气密门密封。
(31) 窗户和可视面板的穿透密封。
(32) 屏障传递口穿透。
(33) 结构完整性查核:混凝土地板、墙及天花板。
(34) 隔离涂层的查核:地板、墙及天花板。
(35) BSL-4 防护外壳的加压和隔离功能。
(36) 生物安全柜。
(37) 高压灭菌器。
(38) 液氮系统和警报器。
(39) 渗水监测系统(如流入防护区)。
(40) 净化淋浴和化学添加剂系统。
(41) 笼具的洗涤和中和系统。
(42) 废弃物处理。

9.6.2.2 实验室设备测试和验证

实验室是一个复杂而动态的环境。当今的生物医学研究和临床实验室必须能够快速适应不断发展的公共卫生需要和压力。一个典型的例子为,实验室需要调整重点以应付新出现的或重新出现的传染性疾病的挑战。为了确保这些动态实验室的环境能适应并维持在适当和安全的状态,所有生物学研究实验室和临床实验室都应该定期进行"认证"。实验室测试和验证工作有助于确保:

(1) 采用了正确的工程控制并能按设计正常运行。
(2) 适当的现场和规章的专门管理控制到位。
(3) 个体防护装备能满足所进行工作的要求。
(4) 充分考虑对废弃物和已用过材料的清除污染,适当的废弃物管理程序到位。
(5) 包括物理、电和化学安全的常规实验室安全程序到位。

实验室设施测试和验证是对实验室内部的所有安全特征和过程(工程控制、个体防护装备以及管理控制)进行系统性检查。对生物安全操作和规程也要进行检查。实验室认证应定期进行,是一种不断进行的保证质量和安全的活动。

受过充分培训的安全和卫生或生物安全专业人员可以进行实验室认证工作。实验室所在机构也可以雇用一些人员,他们有认证程序所需要的熟练的审核、考察和检查的技能。但实验室所在机构也可以考虑或可能被要求让第 3 方来进行认证工作。

生物医学研究实验室机构和临床实验室机构可以制订各种检查表格，以利于确保认证过程的一致性。这些表格应该有足够的灵活性，以适应不同实验室结构和程序上的差异，这些实验室需要在同一时间在实验室所在机构内部用统一的方法进行各种类型的工作。必须注意的是，只有经过适当培训的工作人员才允许使用这些表格，以使这些表格不会用来替代可靠的生物安全专业评估。

检查结果应与实验室人员和管理者一起讨论。对于在检查过程中发现的所有不足之处，实验室应指定专人负责采取改正措施。在所有的不足之处妥善处理之后，实验室认证才算完成，实验室才能允许运行。

9.6.2.3 实验室的维护

实验室初期的建立和运行需要严格的标准和管理，而后期的维护往往更为重要。这种维护包括对实验室设备和设施两方面的工作。同时，需要针对各个级别的生物安全实验室设施，如实验室仪器的维修和维护、电气设备的管理以及维护，水、电、汽、气系统的供给以及排放的维护，以及生物安全柜的要求进行合理正确的维护等。具体举个例子，对于生物安全三级实验室中的高效过滤器等关键设备必须不断检测，3~6个月就必须更新，如果一旦停止维护，很快就会报废。

除了对硬件的关注，对于实验室的这种维护还基于两个方面，一是管理规范到位，二是人员培训到位。只有做到硬件和软件两个方面的紧密结合，实验室的维护才是最有效、最有序的。

（邓红雨）

9.7　实验室软件管理

生物安全实验室，是从事以微生物为对象的实验室，建立生物安全实验室的主要目的是预防生物危害。生物安全实验室依靠实验室进出空气经过具有高效滤器的生物安全柜的作用保护操作人员不受微生物的侵害，又可保障环境的安全。然而，生物安全实验室对于保障生物安全来说仅是具有硬件保障，而与之相应的配套管理措施是发挥生物安全实验室功能的重要软件。实验室生物安全管理的核心内容是实验室感染的控制、实验室对周围环境影响的控制以及对实验室和感染性材料的管理控制，在具体措施上要重点做好以下几项工作。

9.7.1　生物安全责任管理

按照国家有关规定建立实验室所在单位负责人、部门负责人、实验室负责人的三级生物安全责任监管体系。要成立专门的实验室生物安全管理机构,并设立专人负责实验室生物安全措施的落实、监督和日常管理,实验室管理层对所有员工和实验室来访者的安全负责;对有潜在感染危险的种毒、种菌以及实验材料等,要有专人严格按规定和规程进行保存和销毁;实验室的生物安全活动要主动接受 卫生、兽医、环保等有关部门的监督检查。

9.7.2 生物安全防护管理

生物安全实验室应配备必要的生物安全防护设施,例如,生物安全柜、安全罩、高压灭菌器、口罩、手套、防护眼镜、防护服和急救箱等,切实落实人员防护和环境保护措施。生物安全柜在实验室的广泛应用,可以有效防止操作过程中产生的感染性气溶胶的扩散,有效保护工作人员和实验室内环境。

9.7.3 工作人员制度管理

由于实验室工作人员不可避免的需要长时间在实验室工作,实验室工作人员的管理已就成为实验室生物安全管理的核心内容之一。一是要建立工作人员的档案制度。既要对实验室所有工作人员建立个人技术档案,技术档案包括个人身份资料、学习培训资料、年度考核资料、个人健康资料等。二是要实行培训上岗制度。实验室工作人员上岗前都必须经过相应的安全培训和实验技术培训,上岗后,还需根据各个岗位的具体要求,定期进行技术培训以适应工作实际的需要。三是要建立健全健康检查制度。所有实验室工作人员在进入实验室工作前都要进行健康检查,留取血清样品,并根据可能接触的生物因子有计划进行免疫预防;进入实验室后,要定期进行健康检查,发现实验室工作人员患病后应及时报告相关负责人,并根据病情决定该人员是否可以继续从事相关工作。四是要完善内务管理制度。实验室要根据实际情况制订严格的内务管理制度,对实验室个人行为、工作习惯等进行规范,并指定专人负责监督执行。实验室所有工作人员应自觉保持良好内务行为,养成安全、卫生的工作习惯。

9.7.4 标准操作程序管理

由于生物安全实验室是专门从事具有感染性物质的研究场所,每一项实验操作都可能存在感染的危险,所以不管是世界卫生组织还是各国职能部门,在编写实验室生物安全的有关指南以及指定实验室生物安全的有关法规时,都强调各实验室应针对所操作微生物制订相应的标准操作规程,以保证所有实验操作都在风险最小的情况下开展工作。

9.7.5 生物安全档案管理

由于生物安全实验室所从事工作的特殊性，其档案管理除按一般实验室要求做好各种档案资料的整理、鉴定、保管、统计利用等工作外，还应针对实验室的生物管理，收集整理实验室生物安全设施运行维护记录、实验室工作人员的健康检查资料、培训记录、实验室危害评估记录、危险废弃物处理和处置记录、实验室危险区域示意图、实验室不利事件或事故以及处理措施等生物安全资料，并建立专门档案，以便于对实验室安全运行情况进行科学评估，不断完善管理措施，减少和防止实验室安全事故的发生概率。

9.7.6 风险防范和应急管理

实验室应尽可能通过"硬件"和"软件"的最佳组合以预防各类实验室事故的发生，同时，也应针对各类事故制订应急处置的最佳方案。应急处置措施包括紧急撤离路线、灾害事故报告、伤害人员救治、生物学评估与监测、事故原因分析、防范措施完善、事故记录等。应急预案制订后，实验室负责人应组织实验室的所有工作人员进行认真学习，并定期进行演练，让所有人都熟悉应急处置的程序和措施。

9.7.7 生物安全评价管理

实验室建成后要定期组织专家对实验室进行生物安全验证和评价，尤其是对实验室的操作程序、采用的技术和方法、生物安全防护设施的运行情况以及生物安全管理措施等进行系统评价，并对发现的问题及时进行改进和完善，确保实验室的安全运行。

生物安全管理体系建立并运行后，加强对工作人员的培训，提高人员素质。持续改进生物安全管理体系的管理办法，不断完善、不断提高管理水平。我们要重视日常的改进活动，发现问题，及时进行纠正，找到问题的根源，采取有效的纠正措施，减少错误的发生，使改进活动得以持续。也要重视重大的改进活动，如对管理体系文件中不合理的要素进行修改，对管理体系的适宜性、充分性和有效性的全面评价等，使管理体系不断地得到完善。

生物安全管理体系的建立运行，既要满足于生物安全相关的法规、标准和技术规范的要求，又要不断学习和借鉴各国、各地先进的管理经验和模式，并结合自己的具体情况，以形成比较科学的、有效的、适用的生物安全管理体系，并在实践中不断改进与完善，才能最大限度地保护实验室工作人员的健康，防止病原微生物污染环境，保障公众的安全与健康。

综上所述，生物安全软件管理一是要建立内部监督管理机制，成立相应的生物安全委员会,加强事故的预防、报告和处理,督促各项安全措施和制度的执行;二是要健全制度,强化岗位安全的教育与培训,对安全措施要制度化和文字化;三是坚持规范操作,尽量避免人为意外事故或违章操作而造成感染事故的发生;四是要统一认识,与时俱进,不断提高相关专业水平,适时更新知识,实验室工作人员要定期对实验生物安全问题进行讨论,及时发现问题和解决问题,务必做到防患于未然。

(曹远林)

9.8 实验室标准操作规程(SOP)

实验室标准操作规程(standard operating procedure,SOP)也称为作业指导书,是用来明确某项具体工作的操作程序或技术要求,是规章制度的细化和充实,是告知从业人员应该如何操作的文件。因此,SOP必须具有针对性、程序性、规范性和可操作性。针对实验动物设施运行管理,SOP至少应覆盖以下几方面内容:实验动物福利伦理审查程序与方法;人员、物品、动物出入设施的通过程序与净化方法;各种物料的准备与消毒处理方法;设施内环境的保持标准与方法;设施内、外环境的秩序与卫生管理;各种设备的操作程序与维护方法;不同品种、品系动物的繁育饲养管理程序与方法;动物疾病控制的程序与方法;各种文件资料的记录与保存方法等。

9.8.1 微生物标准操作

9.8.1.1 操作规程

(1) 正在处理培养物或标本时,由实验室主管限制或控制外来人员进入实验室。

(2) 实验人员在处理完生物活性物质、脱下手套、离开实验室之前必须洗手。

(3) 工作区内不得进食、喝水、抽烟、处理隐形眼镜、使用化妆品以及存放工人食用的食物。戴隐形眼镜的实验人员仍需佩戴护目镜或面罩。食物应存放于工作区外的专用橱柜或冰箱内。

(4) 禁止使用口吸移液技术,应使用机械移液装置。

(5) 制订使用锐利器具,如注射器针头、手术刀片等的安全保护方案。

(6) 仔细进行每一步操作,以减少飞溅物或气溶胶的产生。

(7) 工作台面应至少每天消毒一次,发生生物活性物质泼洒时应及时消毒。

(8) 所有培养物、储存物及其他废物在排放前,应先经过可靠的消毒,如高压灭菌处理。需在实验室外邻近处进行消毒处理的物品,必须存放于结实耐用、防扩散的容器中,从实验室运出时应密闭,并依据当地政府的相关规定进行安全包装后,才能从实验室移出。

(9)有传染性病原体时,应在实验室入口贴上生物危害的标志,标志上要包括所使用的病原体名称以及研究者的姓名和联系电话。

(10)昆虫和啮齿类动物管理方案参看《实验室生物安全手册》。

9.8.1.2 微生物标准操作注意事项

(1)在开始进行微生物操作时,在台前应铺以浸有消毒液并拧干的毛巾以减少培养物滴落形成的气溶胶。

(2)在实验室中,养成不以双手接触口、鼻、眼、面的习惯。做完一种工作即应洗手消毒,切勿通过工作人员的手造成新的污染。

(3)接触危险性较大的微生物(包括血清诊断标本)时,应戴乳胶防护手套。

(4)玻璃器皿应尽量用塑料制品代替,以减少打碎或外伤事故。

(5)养成工作后清理环境的习惯,不要在工作台上或污物盘中遗留污染物品。所有存放菌种或污染物品的容器都应密闭,并标以通用标记以引起其他人员注意。

(6)定期检查清理存放菌种和标本的冰箱、液氮罐或其他容器,将不需要的东西消毒处理。对危险性较大的微生物,检查处理时应戴口罩与手套。

(7)密闭性自动化检验设备一般有助于减少污染,但必须实验证明确实安全后再予推广。

9.8.2 化学品标准操作

在生物安全实验室,工作人员不仅会接触动物和致病微生物,也会接触化学品,因此,充分了解这些化学品的毒性作用、暴露途径以及可能与操作和储存这些化学品有关的危害是非常必要的,所以进一步制订标准化的操作规程和使用规定等管理制度就显得尤为重要。

生物安全实验室对化学品的管理和使用应遵循以下原则:

(1)在实验室中,对化学品的存放、处理、使用及处置的规定和程序均应符合良好的化学实验室行为标准。

(2)应按照相关标准在每个存储容器上标明每个产品的危害性质和风险性,还应在使用中材料的容器上清楚标明。

(3)对化学、物理及火灾危害应有足够且可行的控制措施。应定期对这些措施进行监督,以确保其有效可用。应保存监督结果记录。

（4）应要求所有人员按照安全操作规程工作，包括使用被认为适用于所从事工作的安全装备或装置。

（5）对实验室内所用的每种化学制品的废弃和安全处置，应有明确的书面程序。该程序应包括对相关法规的充分及详细说明，以保证完全符合其要求，使这些物质安全及合法地脱离实验室控制。

9.8.3 实验室仪器标准操作

9.8.3.1 注射器的使用

用注射器取血或有关操作，戴手套可以较好地防止皮肤与各种污染物直接接触，但不能预防刺伤性感染。

取血时，是否受到带有 HIV、HBV 及其他血传病原体的污染，与下列因素有关：① 卫生保健人员技术熟练程度。② 操作频率和常规还是紧急情况操作。③ 动物体液是否染有 HIV、HBV 和其他血传病原体，及其血浓度的高低。④ 接触时是否有皮肤损伤。⑤ 个人对 HBV 是否有过注射免疫。

在普遍防御中，所有的血液都被认为是传染的，有下列情况必须戴手套：手有伤，因动物不合作有可能使操作者受到感染；用注射器注射微生物时，也容易出现问题造成事故。由于操作不当，误注射常有发生。为此，应注意以下事项：

（1）针头必须牢固安装在注射器上，防止用力过大使针头突然脱落产生气溶胶。最好是使用带锁扣的针头与注射器。

（2）从带橡皮塞的瓶中抽取微生物悬液时应用棉球将瓶口与针头围住，以防向内注入空气或拔出针头时产生的气溶胶溢出。

（3）抽吸微生物悬液时，尽量减少泡沫的产生；推出气体必须用棉球包住针头。吸有悬液的注射器的针头也应用棉球包好，以防不慎推动针栓将悬液喷出。

（4）动物必须确实固定好后才能注射，注射时要选择柔软部位；注射时受阻应改换部位或检查原因，排出故障，不得过分用力推动针栓。

（5）在注射前后都应用乙醇消毒动物的注射部位，防止微生物悬液污染皮毛后产生气溶胶，或造成其他污染。

（6）操作者手的位置一定要保持在针头的后面，以防误伤自己。

（7）注射完毕，应将注射器针栓抽出并全部浸入消毒液内。

9.8.3.2 接种环、吸管和移液管标准操作

（1）应使用移液辅助器，严禁用口吸取。

（2）所有移液管应带有棉塞，以减少移液器具的污染。

(3) 不能向含有感染性物质的溶液中吹入气体。

(4) 感染性物质不能使用移液管反复吹吸混合。

(5) 不能将液体从移液管内用力吹出。

(6) 刻度对应（mark-to-mark）移液管不需要排出最后 1 滴液体，因此，最好使用这种移液管。

(7) 污染的移液管应该完全浸泡在盛有适当消毒液的防碎容器中。移液管应当在消毒剂中浸泡适当时间后再进行处理。

(8) 盛放废弃移液管的容器不能放在外面，应当放在生物安全柜内。

(9) 有固定皮下注射针头的注射器不能够用于移液。

(10) 在打开隔膜封口的瓶子时，应使用可以使用移液管的工具，而避免使用皮下注射针头和注射器。

(11) 为了避免感染性物质从移液管中滴出而扩散，在工作台面应当放置一块浸有消毒液的布或吸有消毒液的纸，使用后将其按感染性废弃物处理。

9.8.3.3 利器标准操作

利器标准操作注意事项如下：

(1) 禁止用手处理破碎的玻璃器具。

(2) 使用塑料器材代替玻璃器材。

(3) 用过的针头禁止折弯、剪断、折断、重新盖帽，禁止用手直接从注射器取下。

(4) 用过的针头必须直接放入防穿透的容料中。

(5) 非一次性利器必须放入厚壁容器中，应运送到特定区域消毒，最好进行高压消毒。

9.8.3.4 粉碎、搅拌器标准操作

1. 粉碎机操作规程

(1) 开机前，首先了解粉碎机电器部分的工作原理及其功用。

(2) 开机前，打开封盖检查转子及钢板网有无松动或破碎，固定钢板网机堂内有无金属材质异物。

(3) 检查完毕后，关闭封盖压紧封盖螺丝。

(4) 检查吸尘袋有无松懈并系紧吸尘袋。

(5) 落实磁铁棒的位置，以防金属屑进入机堂内损坏钢板网。

(6) 检查无误，合闸启动电机。

(7) 开机后待空机运转正常后方可上料粉碎。

(8) 上料时要注意大块料的挑拣，以防阻碍粉碎的正常进行。

(9) 开机后,要经常检查料斗的下料情况和钢板网固定的松紧度。

(10) 粉碎结束,停机后要打开前封盖检查钢板网有无破碎,卸净储料斗上的余料。

2. 恒温磁力搅拌器标准操作及维修保养规程

(1) 将磁力搅拌棒放入盛有溶液的烧杯中。

(2) 将烧杯放在加热板上,插入传感元件。

(3) 打开电源,调节加热速度,开启搅拌。

(4) 搅拌时,须慢慢调节调速钮,调节过快会使搅拌转子脱离磁钢磁力,不停跳动。此时,应迅速将旋钮至停位,待搅拌子静止后,缓缓升速搅拌,逐级稳定升速。室温时黏度较大的液体,常常热传导性能也较差,加热搅拌时,不宜迅速升温,以免容器破裂。应充分利用恒温装置,逐步分级升温,且须将传感元件插入外加水套中。

(5) 欲测容器内温度,可缓缓转动调温旋钮使温度指示红标下降,当红灯亮起,即时红标指示温度即为测元件插着液体之温度。

保修及注意事项

(1) 本装置必须可靠接地,以确保设备与人身安全。

(2) 搅拌时,须慢慢调节调速钮,调节过快会使搅拌转子脱离磁钢磁力,不停跳动。应迅速将旋钮至停位,待搅拌子静止后,缓缓升速搅拌,逐级稳定升速。

(3) 加热板表面铝盘,若落上液体,会腐蚀盘面或发热冒气,影响电热元件和电动机,需立即关掉电源清除之。

(4) 室温时黏度较大的液体,常常热传导性能也较差(如环氧树脂),加热搅拌时,不宜迅速升温,以免容器破裂。应充分利用恒温装置,逐步分级升温,且须将传感元件插入外加水套中。

9.8.3.5 离心机标准操作

传染性离心操作不当可产生大量的气溶胶,很容易造成吸入式感染。有很大部分以往原因不明的实验室感染几乎都是由于气溶胶吸入引起,其中,离心产生的气溶胶最为严重。

(1) 用离心管前,应检查是否配套并有无破损,离心管过大或底端与套管脱空,都可造成离心管破碎事故,最好使用塑料离心管。

(2) 用离心管时,必须把盖子盖严,外壁不得有病原微生物污染,不要沿离心管壁倾倒微生物悬液,否则事后应消毒管壁。

(3) 安放离心管前,应将套管内留存的杂物,如玻璃碎屑等清除干净,以免离心时损坏离心管。套管中可放少量的消毒液以减少离心管破碎时造成的污染。

(4) 离心机转速应逐渐调整,不得突然加速或停止。

(5) 由于离心后离心管内形成大量气溶胶,对于致病力较强的微生物应在操作箱内打开。

(6) 离心传染性强的微生物时,离心机最好置于负压通风柜(橱)内,或采用带负压罩的离心机。

9.8.4 标准操作规程(SOP)的写作

标准操作规程(SOP)是用来明确生物实验室工作人员如何操作仪器和设备的指导性文件,因此,在针对性、程序性、规范性和可操作性方面具有重要意义。

首先,针对不同生物安全实验室等级和不同实验对象,SOP 的侧重点和针对性也不同。安全级别高的实验室,对各种仪器的使用操作规范要求也越高,实验室中涉及的病原微生物的种类和感染特性的差异也会影响制订 SOP 的标准化程度。因此,在 SOP 撰写过程中,应充分考虑本生物安全实验室的要求和针对性,既充分保证操作制度的规范性,又须避免冗长和繁琐的操作流程。

其次,SOP 的程序性非常重要,这是关系到实验室生物安全和仪器正确使用的必然要求。实验室的 SOP 应涵盖所有的质量活动,包括检测或校准计划、管理性程序、技术性程序、项目操作程序和记录表格等。由于影响每个实验室的质量活动的条件和因素不一样,一个 SOP 只在某一个实验室内有效,而不一定适用于其他实验室。写作中,对 SOP 的程序性流程的具体要求如下:

(1) 对完成各项质量活动的方法作出规定,每个 SOP 都应对一个或一组相互关系的活动进行描述。

(2) 每个 SOP 应说明该项质量各环节的输入、转换和输出所需的文件、物资、人员、记录以及它们与有关活动的接口关系。

(3) 规定开展质量活动的各个环节的物资、人员、信息和环境等方面应具备的条件。

(4) 明确每个环节转换过程中各项因素的要求,即由谁做、做什么、做到什么程序、达到什么要求,如何控制、形成什么记录和报告,以及相应的审批手续。

(5) 规定在质量活动中需要注意的例外或特殊情况的纠正措施。

(6) SOP 应简练、明确和易懂,并且工作人员应熟练掌握和严格遵守。

此外,SOP 写作过程中的用词和操作说明一定要符合国际认定的通用标准,具国际水平的规范性是 SOP 制订者应遵循的标准,也方便今后实验室工作人员在国际相关领域间的交流和合作。最后,实验室配套设施的完备程度和人员的素质水平的差异也应考虑到所以,有效的 SOP 规程的制订,也须针对本地实验室的具体情况既保证科学严谨性,又有很强的简单易学的可操作性。

(都培双)

参考文献

1. 俞詠霆.生物安全实验室建设.北京:化学工业出版社,2006.
2. 世界卫生组织.实验室生物安全手册(中文版).3 版.北京:中国疾病预防控制中心,2005.

(统稿:董先智)

词 汇 索 引

ABSL-1　19,20,63
ABSL-2　19-21,63
ABSL-3　19,21,22,63,64
ABSL-4　19,22,64
AFM　193-198
BSL-1　3,15,17-20,43,63
BSL-2　3,4,15,17-20,38,45,63,216
BSL-3　4,5,15,17-21,38,39,46,63,65,216
BSL-4　3-5,15,19,21,22,31,48,50,51,64,65
CCD　170,180,181
CDC　9,11,40,53,56
DNA　3,10,54,67,69-71,165,167,187,195,197,198,200,202
DSA　71,106
ESI　183
EDTA　126-129,169
EPR　190-193
ESI　58,182,183,185-187
ESR　190,193
FAB　183
HEPA　22,24,25,28,38,42,48,49,63,215
HEPA 过滤器　27,28,31,242
HIV　3,249
HBV　249
ICRP　78,82,85-91,97,109,110,140,142
IRMA　69
Laennec　2
MALDI　182,183,185-187
NIH　2,40,53,56

PET   70,71,106

Q 热   2,58,224

Q 热立克次氏体   5

RIA   68,69,165

RNA   69-71,82,88,112,142,165,187,195

SARS   1,4,8,9,11,37,58,172,214,224,237

SAS   133

SIV   3

SOP   209,217,221,224,227,231,234,248,251,252

SPR   200,201

X 线衍射   179,181,182

X 线衍射仪   106,181

※※※※

α 射线   74,79,81,112,129

β 射线   74,75,79,81,112,124,130

γ 射线   69,73-75,77,79,81,82,87,90,102,112,118,124,130,132

A

阿米巴病   57

癌症   54,90,136

艾滋病   1,3,12,54

艾滋病病毒   43

安全镜   15,17

安全罩   36,39

螯合剂   126,129

B

巴斯德   2

白喉杆菌   2,14

白色念珠菌   60

败血症   2,14

半污染区   20,21,38,39,41,47,48,50,51,63,217-219

报警器   7,20,51,63,105

标本   37,44,50,64,177,178,197,236-239,248,249

标准操作规程   43,221,230,231,247,248,251

冰箱　31,45,237,248,249
病毒　2,3,5,7-9,12,14,15,24,27,29,32,42,54,57-62,68,69,163,165,166,
　　　168,172,179,181,186,195,199,201,202,224-226,235,241
病毒病　1
布氏杆菌　2-4,14,59

C

超净台　7,27,41
出血热　54,58,240
出血热病毒　59
传染病　1,5,11,12,42,43,54-60,62,63,65,66,186,214,215,221,227,228,
　　　233,234

D

丹毒杆菌　59
胆固醇　67
蛋白质结构　181,187
电离辐射　67,69-71,73,74,77-79,81-92,95-100,103,107,109,112-114,
　　　116,117,122,124,129,132-138,140-143
电喷雾　182,183,185
电子自旋共振　190,191

E

二级生物安全防护实验室　43,45

F

防毒面具　15,16,18,216
防护服　4,14,15,18,19,21,22,24,26,34,35,39,42-44,48-51,62,64-66,
　　　120,121,215-219,236,238,246
防护屏　24,43,109,119,120
放射防护标准　82,86,87,89,92,95-97,99,131,142
放射免疫分析　67-69,100,109
放射性废物　78,92,94,96,100,101,109,111,113-115,119,126,127,133-
　　　136,142
放射性衰变　74,76,79,84,85,112,128,133

放射源　71,77,78,94-96,100,103,105,107-109,111,112,116,119,135-138,142
放线菌　8
非密封源　98,103,105,107-113,115,117-119,131,142
焚烧炉　20,63,65
疯牛病　9,58

G

肝炎　3,12,14,54
肝炎病毒　3,61
隔离器　36,37,64
隔离系统　37,64
钩端螺旋体　14,57,60,61,223
钩端螺旋体病　3
观察窗　32,33,119,170
过滤面具　121
过滤器　17,18,25,26,28-33,35,36,47-50,52,109,117,118,122,135,167

H

核磁共振　68,71,187-190
核磁共振波谱仪　187
核素　26,28,67-79,81,84,85,88,90,98-105,107-110,112-114,116,124-129,131-136,138,139,141,142,144,146
核素放射性衰变　76
猴免疫缺陷病毒　3
护目镜　15-17,206,223,224,248
缓冲间　8,20,21,46,47,50,51,63
缓冲区　217
霍乱　3,14,61

J

鸡瘟　224
激光共聚焦显微镜　174-177
激光扫描共聚焦显微镜　174,175,177-179,213
急救箱　55,216

寄生虫　32,56,57,65,172,241
酵母丙氨酸转移核糖核酸　67
结核病　12
结核患者　2
解剖台　37
晶体衍射法　181,182
警报器　36

K

口蹄疫　9
口蹄疫病毒　9,59
口炎　58
口罩　8,15,17,18,34,115,120-122,128,139,167,202,222,241,246,249
狂犬病　54,58
狂犬病毒　59,62
昆虫　19,55,222,248

L

类牙巴病　58
离心管　3,5,199,200,219,226,251
离心机　21,28,31,33-36,39,48,163,198-200,208,219,251
离心机安全罩　38,39
离子阱　183-186
离子阱质谱　184,185
离子通道　165,166,202-205
立克次氏体　2,8,61,223
立克次氏体气溶胶　2
裂谷热　57
淋浴装置　21,48,51
流式细胞仪　163-169
氯乙烯　8,128
螺旋体　8,61,223
裸鼠　54
络合剂　126,127

M

麻风病　54
麻醉剂　55
密封源　111,112,131,138
面罩　4,7,8,14-19,41,44,65,120-122,216,223,225,248
灭菌锅　32,37,243
灭菌器　20-22,24,35-39,42,45,48-50,64,243,245,246
膜片钳　202-204

N

脑膜炎　3,57,59,60,226,240
脑膜炎病毒　59,61
脑炎　57,225
脑炎病毒　62
能量共振转移　176,177
疟原虫　222

P

排风系统　25,27,28,31-33,47-51,109
排水道　239
排泄物　17,55,113,132,133,135,225,226
喷雾器　21,64,216
屏障系统　64

Q

气溶胶　2-8,11,14-18,20-22,24,25,28,29,33-35,42-45,48,54,55,60,63-65,108,114,120,121,129,133-136,139,167-169,199,208,215,218-220,222-226,237,238,246,248,249,251
气溶胶学　42
禽流感　1,12
禽流感病毒　58
青蒿素　67
清洁区　21,22,33,38,39,41,47-51,63,109,220
去污剂　124,126-128

犬鼠 58

R

人免疫缺陷病毒 3
人畜共患病 57,58,60,240
乳胶 16,17,127
乳胶手套 17,20,33,45,167

S

三级生物安全防护实验室 43,46
扫描电子显微镜 170
扫描透射电子显微镜 170,171
沙门氏菌 59,60
伤寒 3,14,58,61
伤寒沙门氏菌 222
射线衍射 179
生物安全 1-12,14,15,17,19-25,27,31,34-58,60,62-67,163,165,167-169,
179,182,199,207-212,214-216,218-221,226-238,242,244,246-
249,251,252
生物安全柜 4,7,8,12,17,20-36,38,39,41-53,56,62-66,163,168,169,208,
209,216-219,223,242,243,245,246,250
生物安全离心机 208
生物安全眼镜 17
生物安全应急体系 214
生物分子相互作用仪 200,201
生物恐怖 1
生物危险标志 51,52
生物武器 1,11
湿热灭菌 37
示踪剂 68,69
手套 4,14-20,26,31-37,44,62,65,108,109,113,115,117-122,125,127,
128,173,202,216-219,222-225,236-238,241,246,248,249
手足口病 12
鼠咬热 3,14,60
鼠疫 2,3,12,14,54,57,58,60,61,222

树脂　16,17,127,128,173,174,251
四级生物安全防护实验室　22,43,52

T

炭疽　1,5,9,55
炭疽芽孢杆菌　61
体液　17-19,44,54,59,69,186,225,226,239,249
天花　9,45,47
天花病毒　7,9
天花病毒气溶胶　8
听力保护器　15
停留谱仪　205,206
通风橱　21,27,48,109,111,113,117,118,173,174
同位素　36,67-70,72-74,76,81,92-97,106,107,122,126,128,129,132-134,136-138,140,143,193
同位素质谱　184
头盔　8,18,120,217
透射电子显微镜　170
图像存储与传输系统 PACS　71
兔拉热　3,14
豚鼠　2,5,14,55,59,240

W

围裙　15,18,19,65,120,121,128
污染区　7,8,20,21,30,31,33,34,36,38,39,41,47,48,50,51,63,64,126,168,219
无菌动物　36,37,54,64

X

悉生动物　36,37,54
洗手装置　21,39,48
洗眼器　38
显微镜　31,32,67,170,172-174,176,177,179,193-195,197,204,205,213
消毒剂　5,21,32,33,35,45,55,64,215,217,219,220,237-239,250
鞋套　15,18,19,65,120

性病 7,12,14,43,56,62,66,208,228,229,231-233,236,238,248
血吸虫 12,57,222
血液 17-19,44,54,69,128,132,163,169,179,225,237,239,249

Y

芽孢杆菌 37,55
亚屏障系统 37,64
烟曲霉菌 60
衍射仪 180,181
眼镜 7,15-17,19,34,35,41,44,65,115,120-122,132,246,248
摇床 163
野鼠 55,57
一级生物安全防护实验室 42
衣原体 8,61,223
胰岛素 67
移液管 2,44,115,119,128,163,237,250
隐球菌 60
鹦鹉热 57
鹦鹉热衣原体 5
荧光光漂白恢复 176
预案 92,95,114,115,125,136,138,140-142,214-216,220,233,234,247
原子力显微镜 193-198
圆二色谱仪 205
匀浆器 163

Z

支原体 8,172
志贺氏菌 59,222
质谱 68,182-186
致病微生物 1,3,4,7,14,15,21,22,25,37,41,43,214,220,229-231,249
肿瘤 54,59,65,68,70,71,78,90,140,187,189,191,226
肿瘤病毒 54
注射器 2,5,6,44,54,111,119,120,128,223,224,248-250
注射器豚鼠 225

郑 重 声 明

高等教育出版社依法对本书享有专有出版权。任何未经许可的复制、销售行为均违反《中华人民共和国著作权法》，其行为人将承担相应的民事责任和行政责任；构成犯罪的，将被依法追究刑事责任。为了维护市场秩序，保护读者的合法权益，避免读者误用盗版书造成不良后果，我社将配合行政执法部门和司法机关对违法犯罪的单位和个人进行严厉打击。社会各界人士如发现上述侵权行为，希望及时举报，我社将奖励举报有功人员。

反盗版举报电话　（010）58581999　58582371
反盗版举报传真　dd@hep.com.cn
通信地址　北京市西城区德外大街4号　高等教育出版社法律事务部
邮政编码　100120

图书在版编目(CIP)数据

实验室生物安全/徐涛主编.—北京：高等教育出版社,2010.3（2022.10 重印）

ISBN 978-7-04-028498-0

Ⅰ.①实… Ⅱ.①徐… Ⅲ.①生物学-实验室-安全技术 Ⅳ.①Q-338

中国版本图书馆 CIP 数据核字(2010)第 006326 号

策划编辑	李冰祥	责任编辑	张晓晶	特约编辑	卢 琛
封面设计	张志奇	责任绘图	尹 莉	版式设计	余 杨
责任校对	俞声佳	责任印制	赵义民		

出版发行	高等教育出版社		网　　址	http://www.hep.edu.cn
社　　址	北京市西城区德外大街 4 号			http://www.hep.com.cn
邮政编码	100120		网上订购	http://www.hepmall.com.cn
印　　刷	北京中科印刷有限公司			http://www.hepmall.com
开　　本	787×1092　1/16			http://www.hepmall.cn
印　　张	22.5			
字　　数	410 000		版　　次	2010 年 3 月第 1 版
购书热线	010－58581118		印　　次	2022 年 10 月第 2 次印刷
咨询电话	400－810－0598		定　　价	52.00 元

本书如有缺页、倒页、脱页等质量问题，请到所购图书销售部门联系调换。

版权所有　侵权必究

物料号　28498-00